FOTOLITHOGRAFIE

Grundlagen der Mikrostrukturierung

Autoren:
Dr.-Ing. Christian Koch
Dr.-Ing. Titus J. Rinke

Gestaltung und Satz:
Wanja Rinke
Lisa Mattis

Druck:
Siegl Druck & Medien GmbH & Co. KG
Friedrichshafen

SEHR GEEHRTE LESERIN, SEHR GEEHRTER LESER,

seit 2001 beliefern wir einen ständig wachsenden Kreis an Instituten, Startups und Fertigungseinrichtungen mit Substraten und Chemikalien für die Mikrostrukturierung.

Dabei waren und sind wir stets bemüht, Ihnen als Anwender unserer Produkte durch unsere technische Beratung die Arbeit im Reinraum so effizient wie möglich zu gestalten.

Mit diesem Buch möchten wir Ihnen umfassendes anwendungsorientiertes Know-how zu Wafern, Fotochemikalien und damit durchgeführten Strukturierungsschritten vermitteln. Theoretische Grundlagen werden nur in dem Umfang behandelt wie sie für das Verständnis der Zusammenhänge zwischen den Prozessparametern hilfreich sind. Dadurch bleibt der Schwerpunkt auf der Schilderung und Erläuterung praktischer Beispiele.

Fertige Rezepte mit Erfolgsgarantie können wir Ihnen leider nicht (immer) mit auf den Weg in den Reinraum geben. Unser Hauptanliegen ist es vielmehr, Ihnen in den folgenden Kapiteln alles notwendige Verständnis zur Planung, Durchführung und Optimierung Ihrer Lithografie-Prozesse in allen Teilschritten mit minimalem Zeitaufwand zu vermitteln.

Viel Erfolg dabei wünscht Ihnen
Ihre MicroChemicals

Dr.- Ing. Christian Koch

Dr.- Ing. Titus J. Rinke

INHALT

WAFER

FOTOLACK PROZESSIERUNG

GEWÄHRLEISTUNGS- UND HAFTUNGSAUSSCHLUSS

MARKENRECHTE

Der Begriff *Fotolithografie* kennzeichnet die Strukturierung metallischer, keramischer, organischer oder aus Halbleitern bestehender Materialien.

In der Mikroelektronik, -mechanik oder -optik kommen hierfür üblicherweise mit *Wafer* bezeichnete, flächige Substrate aus Silicium, Quarz oder Gläsern zum Einsatz.

Das folgende Kapitel erläutert deren Herstellung, Eigenschaften und Spezifikationen.

KAPITEL 01

WAFER

1. HERSTELLUNG UND SPEZIFIKATIONEN VON SILICIUM-WAFERN

Das Element Silicium ist seit Jahrzehnten das führende Halbleitermaterial für mikroelektronische Schaltungen. Es lässt sich einkristallin in extrem reiner Form herstellen und gezielt mit Fremdstoffen dotieren, was die Einstellung der elektrischen Leitfähigkeit über ca. sechs Größenordnungen erlaubt. Ein großer Vorteil von Silicium gegenüber anderen Halbleitermaterialien wie Germanium oder Galliumarsenid ist die Möglichkeit, durch gezielte thermische Oxidation zu SiO_2 integriert aus dem Substrat selbst einen chemisch sehr stabilen, elektrischen Isolator mit hoher Durchbruchfeldstärke zu erzeugen.

Als Substrat für mikroelektronische Schaltkreise muss Silicium einkristallin in Reinstform als auf atomarer Skala polierte Scheiben vorliegen: In Form sogenannter Silicium-Wafer, deren Herstellung und Spezifikationen in diesem Kapitel beschrieben wird.

1.1 Vom Quarz-Sand zum hochreinen Silicium

Herkunft und Vorkommen von Silicium

Silicium fusioniert im Inneren massereicher Sonnen bei Temperaturen oberhalb 10^9 K aus Sauerstoffkernen und wird am Ende des Sternenlebens bei Supernova-Explosionen ins Weltall geschleudert. Von der von Wasserstoff und Helium dominierten sichtbaren Materie im Universum bildet Silizium weniger als 0,1 % der Gesamtmasse (Abb. 1).

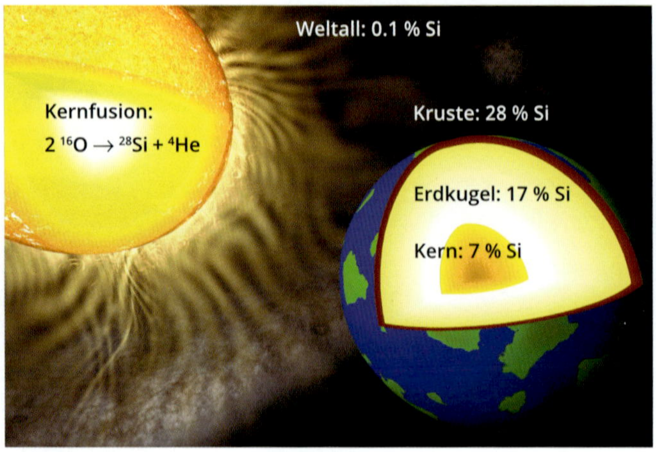

Abb. 1: Die Entstehung von Silicium im Inneren massereicher Sonnen und dessen Vorkommen im gesamten Universum sowie der Erde

In unserem aus der „Asche" früherer Sternexplosionen gebildeten Sonnensystem hat sich Silicium v. a. in den inneren Planeten, die durch die Nähe zur zentralen Sonne den größten Teil flüchtiger Elemente verloren haben, angereichert. In der gesamten Erdkugel ist Silicium mit ca. 17 % das nach Eisen und Sauerstoff dritthäufigste Element, dicht gefolgt von Magnesium. Im vorwiegend aus Eisen bestehenden Erdkern steht Silicium mit ca. 7 % an zweiter Stelle.

Die ca. 40 km dicke Erdkruste enthält als nach Sauerstoff zweithäufigstes Element etwa 28 % Silicium in Form silikatischer Minerale oder Quarz (SiO_2), sowie als Kieselsäure ($Si(OH)_4$) gelöst in den Weltmeeren. Die natürlichen Vorkommen von gediegenem, also elementarem Silicium spielen dagegen mengenmäßig keine Rolle.

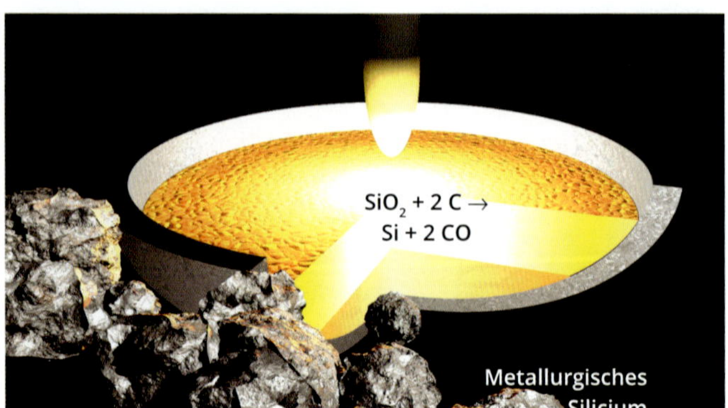

Abb. 2: Quarzsand (oben) wird mit Grafit in Schmelz-Reduktionsöfen (rechts: Schema eines Lichtbogenofens) zu Rohsilicium reduziert.

Herstellung und Verwendung von Rohsilicium

Zur Herstellung von elementarem Silicium wird Quarzsand (SiO_2) in Schmelz-Reduktionsöfen bei ca. 2000°C mit Kohlenstoff zu Rohsilicium (auch *metallurgisches Silicium* genannt) mit einer Reinheit von ca. 98 - 99 %, durch die Verwendung reinerer Ausgangsstoffe und Elektroden auch deutlich darüber, reduziert (Abb. 2). Der größte Teil der vorwiegend in China und Russland statt findenden Weltproduktion (im Jahr 2014 ca. 7 Mio. Tonnen) findet als Legierungsbestandteil für Stähle und Aluminium sowie als Ausgangsstoff zur Herstellung von Silikonen Verwendung.

Nur ca. 2 % des Rohsiliciums werden wie im folgenden Abschnitt beschrieben zu Reinstsilicium aufbereitet, wovon ca. 90 % zur Herstellung von Silicium Solarzellen verwendet werden. Einige 100 Tonnen pro Jahr schließlich gehen in die Herstellung von Silicium-Wafern für den Halbleiter-Sektor ein, denen dieses Kapitel gewidmet ist.

Aufbereitung von Rohsilicium zu Reinstsilicium

Für einen Einsatz als Halbleiter in der Mikroelektronik oder Photovoltaik ist die Konzentration von Verunreinigungen im Rohsilicium noch um viele Größenordnungen zu hoch. Um die erforderlichen elektronischen Eigenschaften zu erzielen muss das Rohsilicium daher zu Reinstsilicium „veredelt“ werden.

Im ersten Schritt dieser Aufbereitung zu Reinstsilicium wird Rohsilicium bei ca. 300°C mit HCl in Trichlorsilan ($HSiCl_3$) über $Si + 3\,HCl \rightarrow HSiCl_3 + H_2$ umgewandelt, wobei bereits viele Verunreinigungen wie Eisen, welche keine bei diesen Temperaturen flüchtigen Chlor-Verbindungen bilden, zurück bleiben. Das mit anderen Chlorverbindungen verunreinigte Trichlorsilan wird durch mehrfache Destillation auf einen Reinheitsgrad bis 99,9999999 % („9N“) gebracht und anschließend thermisch zu polykristallinem Silicium zersetzt.

Dies geschieht im sogenannten Siemens-Prozess (Abb. 3): Hierbei wird das hochreine Trichlorsilan zusammen mit Wasserstoff an einem auf ca. 1100°C erhitzten Si-Stab, der *Silicium-Seele* via

$$HSiCl_3 + H_2 \rightarrow Si + 3\,HCl$$

zu polykristallinem Silicium und HCl zersetzt, was der Umkehrreaktion der Trichlorsilan-Bildung entspricht.

Polykristallines und einkristallines Silicium

Das im Siemens-Prozess gewonnene polykristalline Silicium weist mit einer Fremdatomkonzentration von $< 10^{14}$ cm^{-3} zwar einen hohen Reinheitsgrad, jedoch kristalline Korngrenzen auf, welche elektronische Störstellen bilden die den Wirkungsgrad daraus hergestellter Solarzellen verringern und einen Einsatz im Bereich der Mikroelektronik ausschließen.

Als Ausgangsmaterial zur Herstellung von Silicium-Wafern als Substrate für mikroelektronische Bauteile kommt nur einkristallines Silicium in Frage, welches wie in den folgenden Abschnitten beschrieben, im Czochralski- oder Float-Zone-Verfahren aus polykristallinem Silicium hergestellt wird.

Hierbei erfolgt auch die gezielte Dotierung des Siliciums mit Fremdatomen, um die elektrische Leitfähigkeit der daraus hergestellten Wafer definiert und über den gesamten Kristall homogen einzustellen.

Abb. 3: Die Abscheidung von polykristallinem Silicium aus der Gasphase aus hochreinem Trichlorsilan und Wasserstoff im sog. Siemens-Prozess

1.2 Kristallzucht mit dem Czochralski-Verfahren

Prinzip des Czochralski-Verfahrens

Beim Czochralski-Verfahren wird wie in Abb. 4 schematisch dargestellt ein zylindrischer Silizium-Einkristall aus einer Si-Schmelze gezogen.

Hierzu wird zunächst polykristallines Silizium (z. B. aus dem Siemens-Prozess stammend) zusammen mit Dotierstoffen in einem Quarztiegel oberhalb 1400°C in einer Inertgas-Atmosphäre (z. B. Argon) eingeschmolzen. Der Quarztiegel sitzt hierbei bündig in einem Grafittiegel, welcher aufgrund seiner sehr hohen Wärmeleitfähigkeit die Temperatur der Heizwandung gleichmäßig auf den Quarztiegel überträgt.

In diese nun nahe über dem Schmelzpunkt von Silizium gehaltene Si-Schmelze taucht ein Si-Einkristall („Impfkristall" bzw. „Impfling") der gewünschten Kristall-Orientierung (z. B. <100>, <110> oder <111>), woran das geschmolzene Silizium durch die Wärmeabfuhr über den Impfling auszukristallisieren beginnt.

Der Impfling wird langsam aus der Schmelze gezogen, wobei der wachsende Kristall und der Tiegel zur Optimierung der Homogenität des Kristalls und dessen Dotierung gegenläufig rotieren. Die Ziehgeschwindigkeit von typ. einigen cm/Stunde bestimmt dabei den möglichst konstant gehaltenen Durchmesser des wachsenden Si-Zylinders.

Vor dem Ende des Kristallwachstums wird dessen Durchmesser durch eine Zunahme der Ziehgeschwindigkeit kontinuierlich auf Null verringert um thermische Spannungen im Kristall durch ein abruptes Heben aus der Schmelze zu vermeiden.

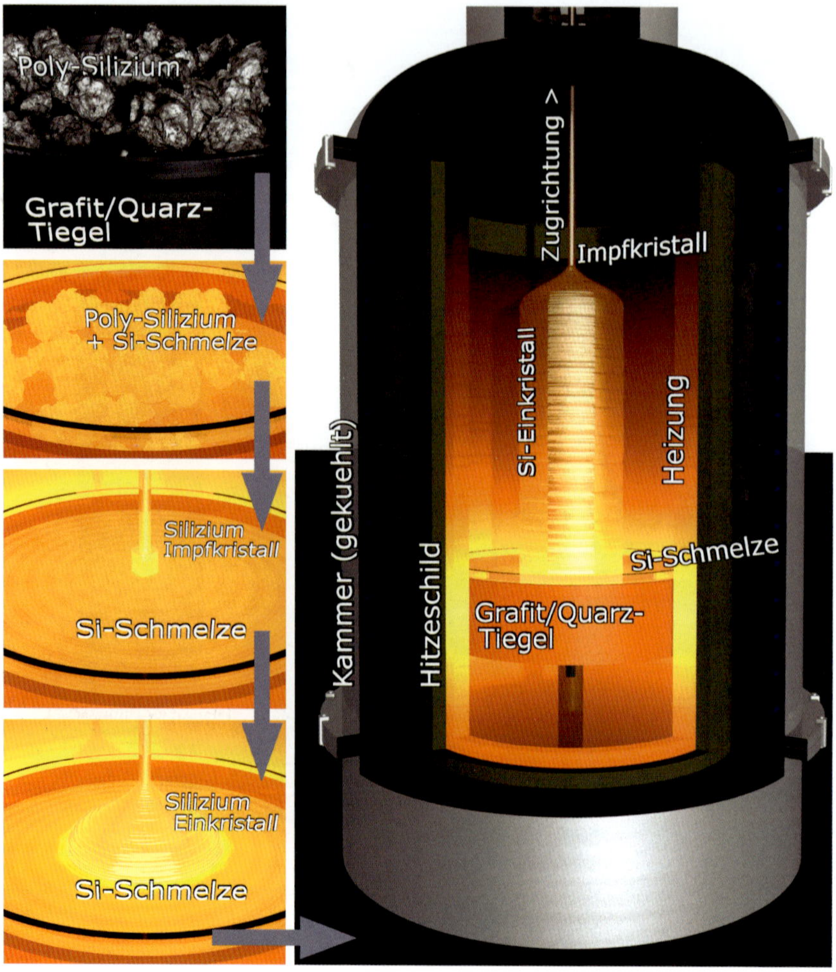

Abb. 4: Eine schematische Darstellung des Czochralski-Verfahrens:

Ganz links oben: Ein mit aus dem Siemens-Prozess stammenden polykristallinen Silicium-Bruchstücken gefüllter Quarztiegel

Ganz links 2. v. oben: Die Silicium-Stücke werden zusammen mit Dotiermaterial eingeschmolzen

Ganz links 3. v. oben: In das geschmolzene Silicium taucht ein einkristalliner Impfkristall

Ganz links unten: Der Impfkristall zieht einen dotierten Silicium-Einkristall aus der Schmelze

Großes Bild links: Der schematische Aufbau einer Kammer zur Kristallzucht im Czochralski-Verfahren

Vor- und Nachteile des Czochralski-Verfahrens

Die Vorteile des Czochralski-Verfahrens sind große mögliche Kristalldurchmesser (derzeit bis 18 Zoll = 46 cm) sowie - verglichen mit dem im nächsten Abschnitt erläuterten Float-Zone-Verfahren - geringere Kosten der daraus hergestellten Wafer.

Ein Nachteil des Czochralski-Verfahrens sind Verunreinigungen durch die Tiegelwand mit Sauerstoff (ca. 10^{18} cm^{-3}), Kohlenstoff (ca. 10^{17} cm^{-3}) und Metallen welche die Minoritäten-Lebensdauer im Silizium herabsetzen.

Ein weiterer Nachteil ist die relativ ungleichmäßige Dotierung über das gesamte Kristall-Volumen, wodurch keine gleichmäßig sehr gering dotierten, hochohmigen CZ-Wafer mit Widerständen über ca. 100 Ohm cm möglich sind. Ein Magnetfeld am Ort der Schmelze („Magnetic Czochralski", MCZ) kann nicht-stationäre Strömungen der Schmelze unterdrücken, was die Homogenität der im Kristall eingebauten Dotierstoffkonzentration deutlich verbessert und so hoch-ohmige CZ-Wafer möglich macht.

1.3 Kristallzucht mit dem Float-Zone Verfahren

Prinzip des Float-Zone Verfahrens

Beim Float-Zone- (FZ) bzw. Zonenschmelzverfahren wird wie in Abb. 5 schematisch dargestellt ein einkristalliner Silicium-Impfkristall mit einem polykristallinen Si-Zylinder in Berührung gebracht. Von dieser Stelle ausgehend bringt eine Induktionsspule das Poly-Silizium in einer räumlich begrenzten Zone zum Schmelzen. Beim Abkühlen kristallisiert die Schmelze und nimmt hierbei die Kristallorientierung (z. B. <100>, <110> oder <111>) des Impflings an.

Verunreinigungen sind beim Einbau in das entstehende Kristallgitter gegenüber Silizium energetisch benachteiligt (geringeres chemisches Potenzial), so dass diese sich in der Schmelze anreichern und nach Abschluss des Zonenschmelzverfahrens am Ende des Kristalls konzentriert vorliegen, wo sie abgetrennt werden können.

Die Dotierung erfolgt über der Schutzgasatmosphäre zugesetztes Phosphin (PH_3), Arsin (AsH_3) oder Diboran (B_2H_6).

Vor- und Nachteile des Float-Zone Verfahrens

Der Hauptvorteil des Float-Zone Verfahrens ist die Möglichkeit, die Dotierstoffkonzentration auch auf sehr geringem Level mit großer Homogenität vorzugeben, wodurch sehr hoch-ohmige (1.000 - 10.000 Ohm cm) und bzgl. des Widerstands sehr eng spezifizierte Wafer realisierbar sind.

Zudem ist die Verunreinigung mit Fremdstoffen wesentlich geringer (Sauerstoff und Kohlenstoff < 10^{16} cm^{-3}) als beim CZ-Verfahren, da die Si-Schmelze nicht mit Quarz in Kontakt kommt und keine Grafittiegel verwendet werden.

Ein Nachteil des FZ-Verfahrens sind die relativ hohen Kosten, verglichen mit dem Czochralski-Verfah-

Abb. 5: Beim Zonenschmelzverfahren schmilzt eine Induktionsspule einen polykristallinen Silicium-Kristall der Länge nach auf, welcher dahinter beim Abkühlen einkristallin erstarrt.

ren typischerweise ein Drei- bis Vierfaches bezogen auf den fertigen Wafer. Aus technischen Gründen ist der Durchmesser des Einkristalls begrenzt und erlaubt beim derzeitigen Stand der Technik max. acht Zoll durchmessende FZ-Wafer.

1.4 Kristallografie von Silicium

Die Kristallstruktur von Silicium

Silicium kristallisiert im sog. Diamantgitter, bei dem jedes Atom gleichwertig tetraedrisch vier Nachbaratome kovalent bindet. Der Winkel zwischen zwei Bindungspartnern eines Atoms beträgt 109.5°, der Abstand der Zentren zweier gebundener Atome 2.35 Å (Abb. 6).

Aus diesen noch anschaulich beschreibbaren Bindungsverhältnissen jedes Si-Atoms für sich betrachtet ergibt sich ein erstaunlich komplexer Kristallaufbau, der einiges an räumlicher Vorstellungskraft erfordert. Die folgenden Abschnitte versuchen mit Hilfe geeigneter Grafiken, die räumliche Geometrie von Silicium-Kristallen und deren Hauptkristallachsen und -ebenen zu veranschaulichen.

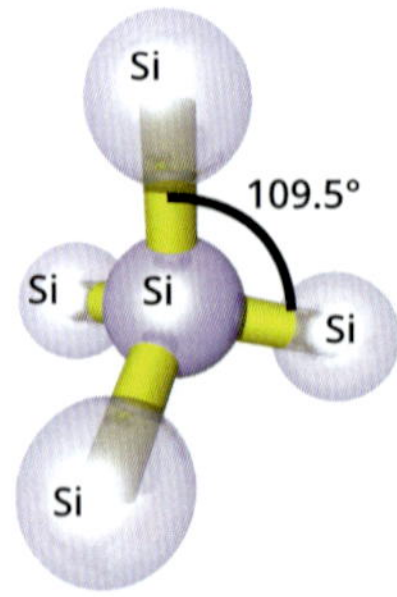

Abb. 6: Im Silicium-Kristall binden an jedes Silicium-Atom tetraedrisch vier weitere Silicium-Atome

Die Konstruktion des Diamantgitters von Silicium

Zur Konstruktion eines Diamantgitters in einem orthogonalen Koordinatensystem, in dem alle drei Hauptachsen senkrecht aufeinander stehen, startet man wie in Abb. 7 dargestellt mit einem kubisch flächenzentrierten Gitter, bei dem die Atome alle Ecken und Seitenflächenmitten einer würfelförmigen Elementarzelle der Kantenlänge 5.43 Å besetzen. Die roten Hilfslinien entsprechen nicht den Bindungsverhältnissen der Atome, sondern den Kanten der Elementarzellen.

Eine Kopie dieses Gitters (Abb. 7, grüne Hilfslinien als Kanten der Elementarzellen) wird nun, in alle drei Raumrichtungen um ein Viertel dieser Kantenlänge verschoben, in das erste Gitter „integriert".

Durch Verbinden jedes Atoms mit seinen vier nächsten Nachbarn (Abb. 7, gelbe Linien als Si-Si Bindungen) und Ausblenden der Kanten der Elementarzellen erhält man schließlich den Aufbau des Diamantgitters von Silicium in dem jedes Silicium-Atom wie in Abb. 6 dargestellt tetraedrisch vier weitere Silicium-Atomen tetraedrisch bindet.

Nomenklatur der Kristallachsen, -richtungen und -ebenen im Diamantgitter

Die Hauptkristallachse <100> steht stellvertretend für die sechs Richtungsvektoren [100], [1'00], [010], [01'0], [001] und [001'] vom Ursprung der kubischen Elementarzelle parallel zu deren Kanten. Die Hauptkristallebene {100} umfasst die zu diesen Vektoren senkrechten, gleichartigen Ebenen (100), (1'00), (010), (01'0), (001) und (001') welche der Seitenflächen der Elementarzelle entsprechen.

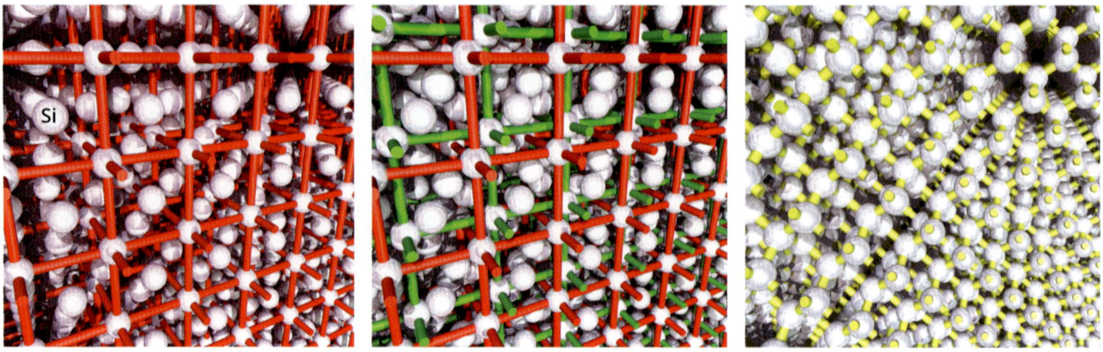

Abb. 7: Ein kubisch flächenzentriertes Gitter (links, mit roten Kanten markierte Einheitszellen), das gleiche noch einmal in alle drei Raumrichtungen um je eine viertel Einheitszelle versetzt (Mitte, mit grünen Kanten markierte Einheitszellen) ergibt das Diamantgitter von Silicium (rechts, ohne markierte Einheitszellen). Die gelben Stege der rechten Teilabbildung entsprechen den tetraedrischen Si-Si Bindungen im Gitter wie in Abb. 6 dargestellt.

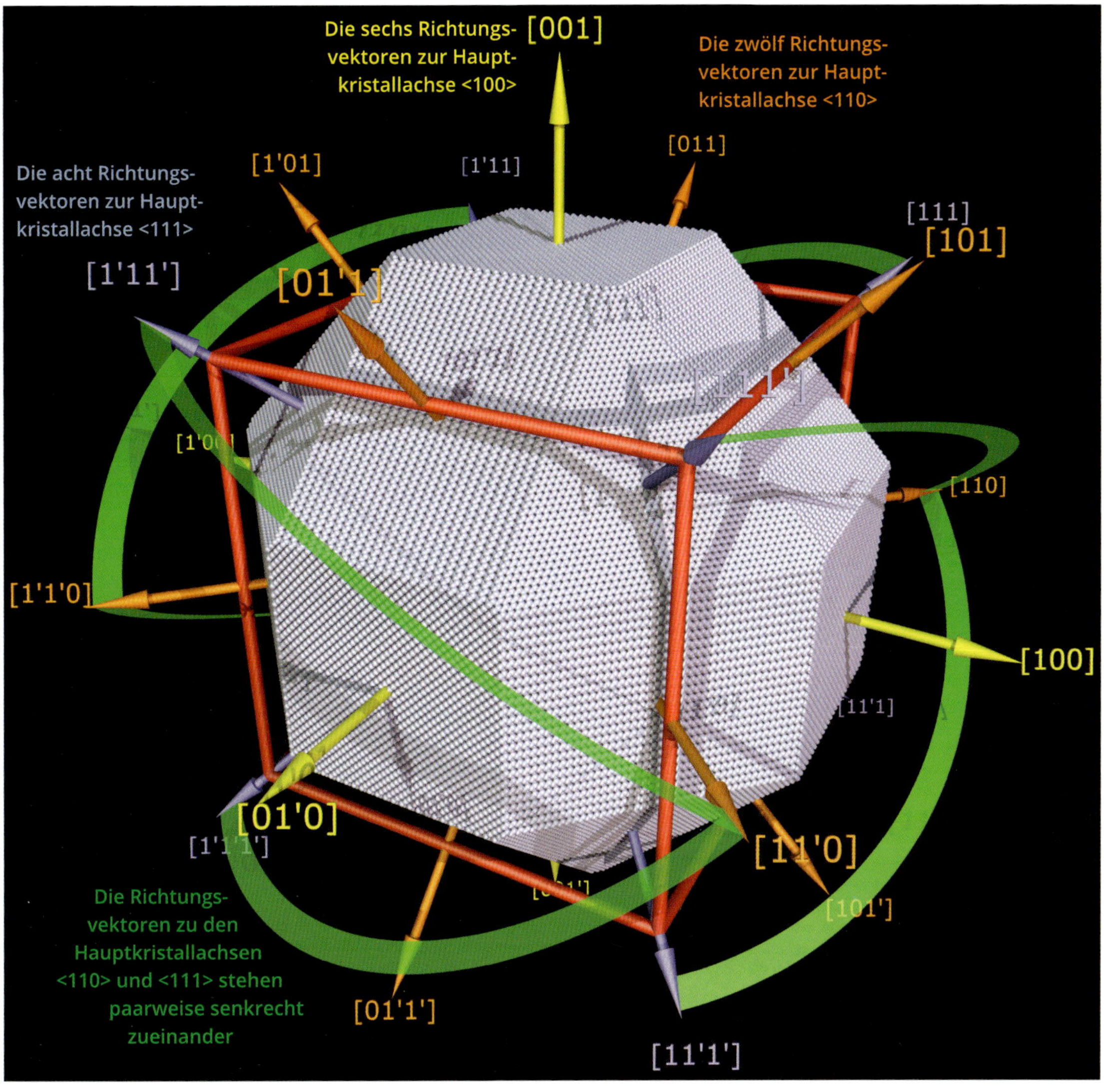

Abb. 8: Ein schematischer Silicium-Kristall mit den 26 Richtungsvektoren längs der drei Hauptkristallrichtungen, dazu als rotes Drahtmodell die Lage und Orientierung der (stark vergrößerten, bzgl. der Si-Atome nicht maßstabsgerecht gezeichneten) Einheitszelle. Sechs Richtungsvektoren liegen entsprechend der Hauptkristallrichtung <100> parallel zu den Kanten der Einheitszelle, zwölf Richtungsvektoren (entsprechend der Hauptkristallrichtung <110>) parallel zu den Flächendiagonalen der Einheitszelle, und acht Richtungsvektoren parallel zu den Raumdiagonalen der Einheitszelle (entsprechend der Hauptkristallrichtung <111>)

Die Hauptkristallachse <110> bezeichnet die zwölf Richtungsvektoren [110], [101], [011], [1‘10], [1‘01], [01‘1], [11‘0], [101‘], [011‘], [1‘1‘0], [1‘01‘] und [01‘1‘] vom Ursprung der Elementarzelle längs deren Seitenflächendiagonalen. Dazu senkrecht liegt die Hauptkristallebene {110} mit der Flächenschar (110), (101), (011), (1‘10), (1‘01), (01‘1), (11‘0), (101‘), (011‘), (1‘1‘0), (1‘01‘) und (01‘1‘).

Die Hauptkristallachse <111> umfasst die acht Richtungsvektoren [111], [1‘11], [11‘1], [111‘], [1‘1‘1], [1‘11‘], [1‘11‘] und [1‘1‘1‘] vom Ursprung der Elementarzelle längs deren Raumdiagonalen. Dazu senkrecht liegt die Hauptkristallebene {111} mit der Flächenschar (111), (1‘11), (11‘1), (111‘), (1‘1‘1), (1‘11‘), (1‘11‘) und (1‘1‘1‘).

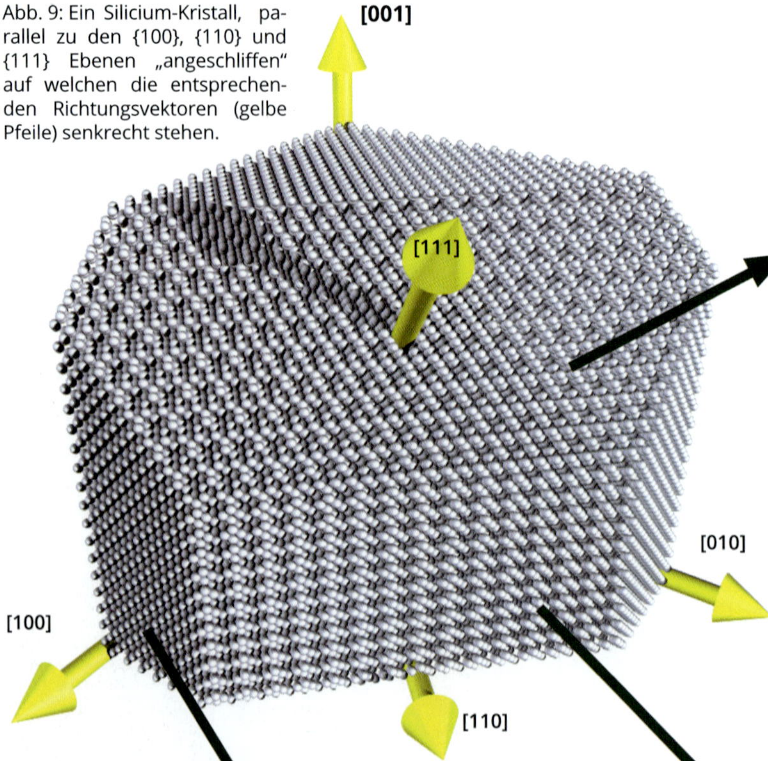

Abb. 9: Ein Silicium-Kristall, parallel zu den {100}, {110} und {111} Ebenen „angeschliffen" auf welchen die entsprechenden Richtungsvektoren (gelbe Pfeile) senkrecht stehen.

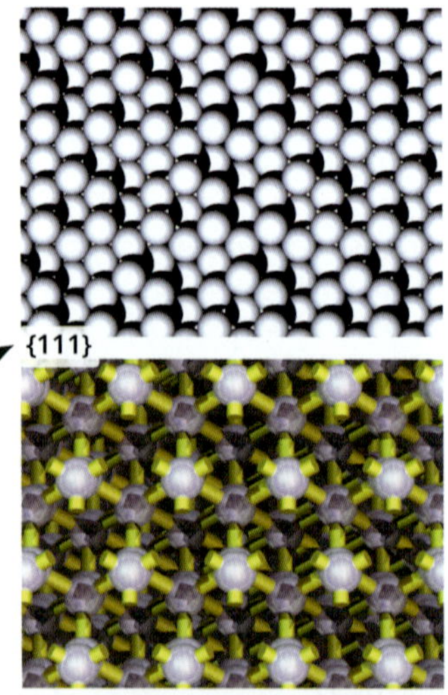

Abb. 10: Blick auf die {111} Ebene (ganz oben) mit verkleinerten Atomradien (oben) zur Darstellung der Bindungen (gelb)

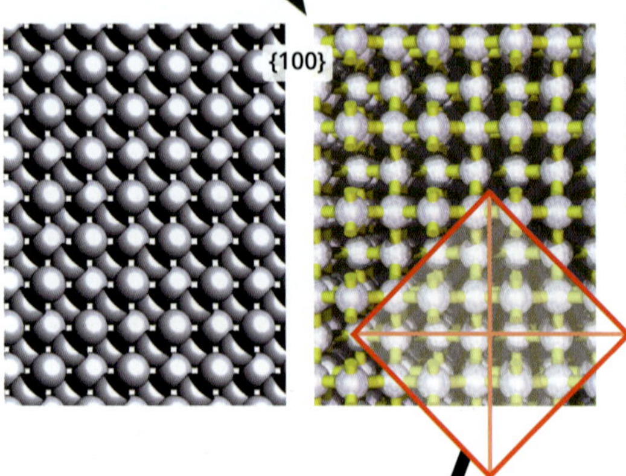

Abb. 11: Blick auf die {100} Ebene mit maßstabsgerechten (ganz links) und verkleinerten Atomradien (links) zur Darstellung der Bindungen (gelb)

Abb. 12: Blick auf die {110} Ebene mit maßstabsgerechten (rechts oben) und verkleinerten Atomradien zur Darstellung der Bindungen (rechts)

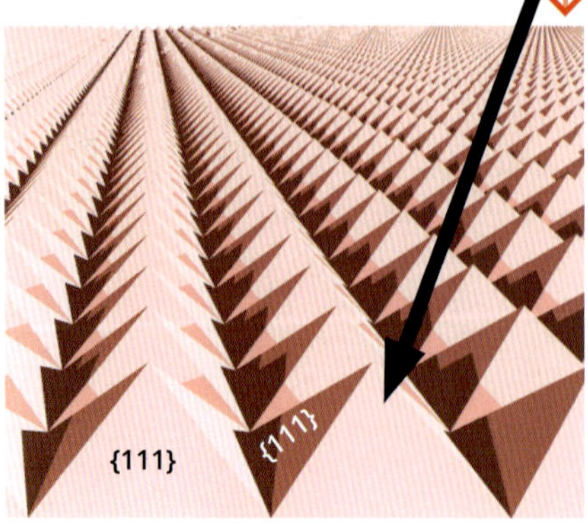

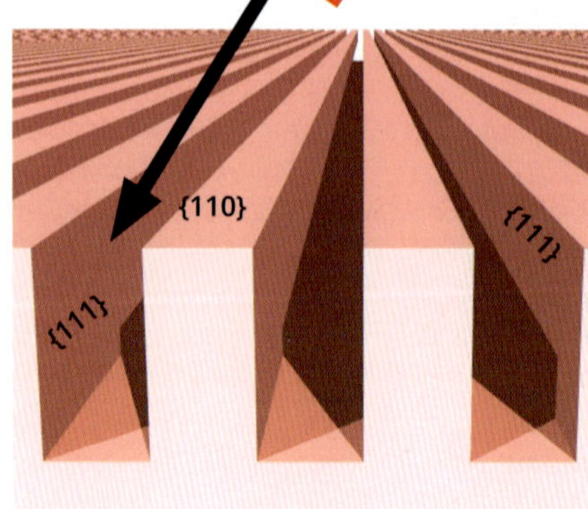

Abb. 13: Anisotropes Ätzen von Silicium stoppt auf {111}-Ebenen, welche beim Ätzen {100}-orientierter Oberflächen (links) die Seitenflächen von Pyramiden mit quadratischer Grundfläche, bei {110}-orientierten Oberflächen (rechts) die Flanken rechteckiger Gräben bilden.

1.5 Herstellung von Silicium-Wafern

Vom Ingot zum Zylinder

Die aus dem CZ- oder FZ-Verfahren gewonnenen Si-Einkristalle werden in kürzere Zylinder gesägt und auf den gewünschten Durchmesser gefräst.

Abb. 14: Fräsen, Sägen, Ätzen und Polieren (von links nach rechts) bilden die Arbeitsschritte vom Ingot zum fertigen Wafer

Flats

Zur eindeutigen Kennzeichnung der Kristallorientierung der späteren Wafer werden an den Zylindern sog. „Flats" eingeschliffen (Abb. 15). Ab einem Durchmesser von 8 Zoll sind Wafer unabhängig von der Dotierung mit einem „Notch" markiert.

Um aus den fertig gefrästen Zylindern Wafer-Rohlingen zu sägen, kommen hauptsächlich zwei Verfahren zum Einsatz:

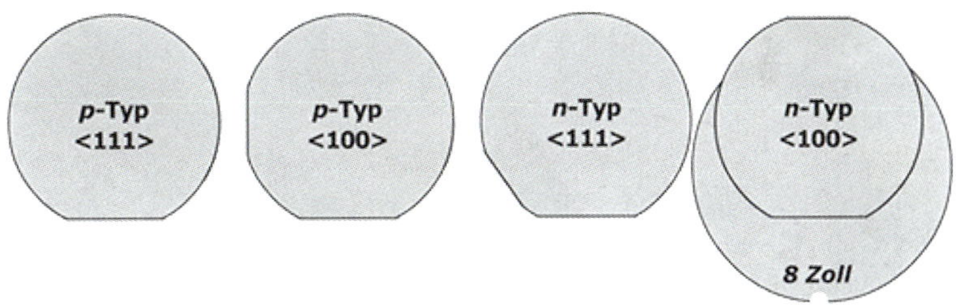

Abb. 15: Die übliche („SEMI-Standard") Anordnung der Flats bzw. des Notch von Wafern in Abhängigkeit deren Kristallorientierung und Dotierung

Innenlochsäge

Hierbei wird der Wafer vom Zylinder mit einem runden Sägeblatt gesägt, welches auf der Innenseite der kreisförmigen Aussparung mit Diamanten besetzt ist (Abb. 16).

Die Oberflächen der auf diese Weise gesägten Wafer sind dadurch schon relativ eben, so dass das weitere Schleifen der Wafer vergleichsweise wenig Zeit in Anspruch nimmt.

Jedoch kann pro Sägeblatt nur ein Wafer gleichzeitig gesägt werden, so dass der Durchsatz dieses Verfahrens gering, die Kosten entsprechend hoch sind.

Drahtsäge

Aus diesem Grund kommt derzeit vorwiegend das Drahtsägen zum Einsatz. Hierbei sägt ein sehr dünner (Durchmesser ca. 100 - 200 µm) Edelstahldraht über Führungsrollen, auf welchen hunderte von äquidistanten Rillen den Draht führen und so die Dicke der Wafer definieren, gleichzeitig viele Wafer aus dem Si-Zylinder (s. Schema oben). Es können gleichzeitig auch mehrere Si-Zylinder zu Wafern vereinzelt werden.

Für den Abrieb beim Sägen sorgt entweder eine Bestückung des Drahts mit Diamantsplittern, oder die Zugabe eines Schleifmittels mit abrasiven Partikeln aus Diamantsplittern oder Siliciumcarbid.

Der Draht wird pro Sägevorgang nur einmal über den Si-Zylinder entlang geführt, wodurch die Gesamtlänge des Drahts 100 km betragen kann.

Abb. 16: Schema einer Innenlochsäge mit dem zentral gelagerten Silicium-Ingot

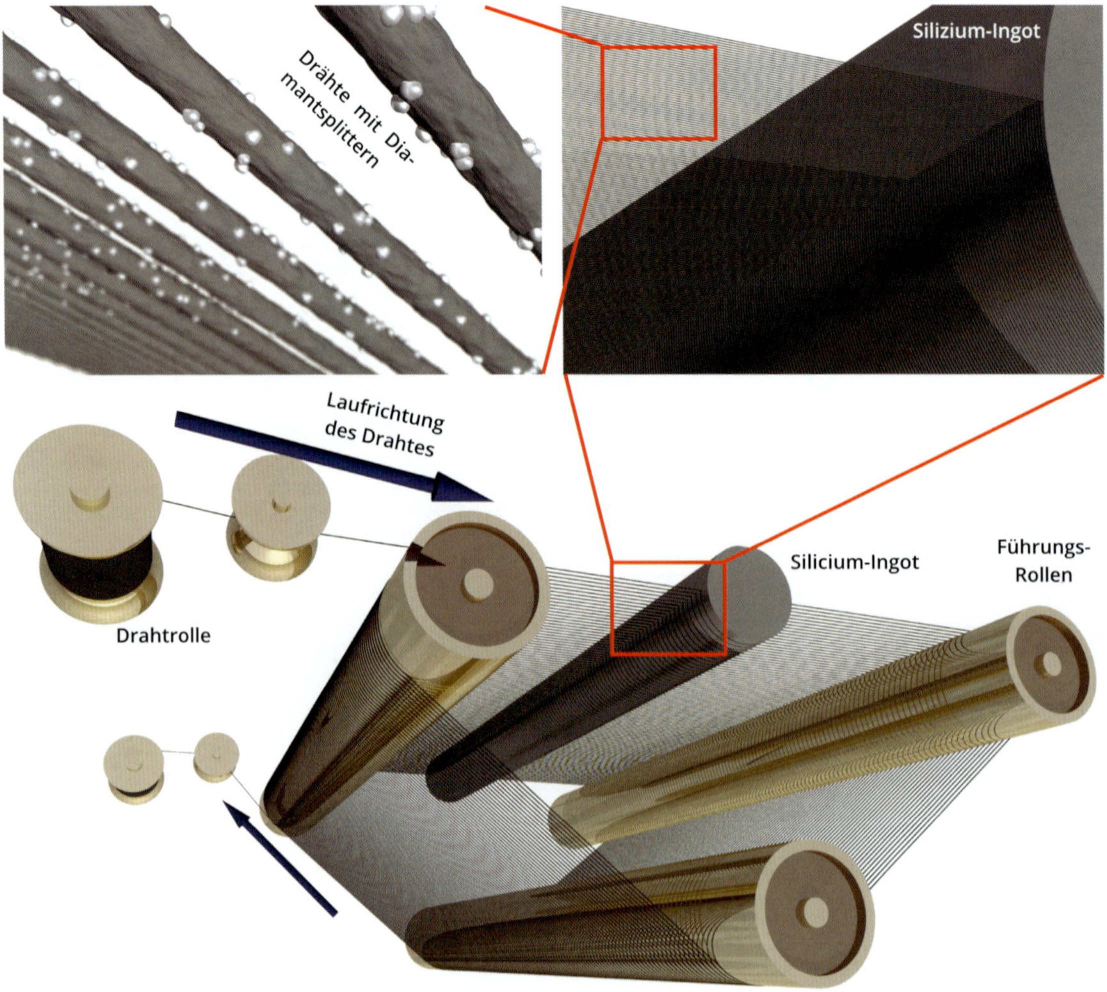

Abb. 17: Schematische Darstellung des Drahtsägeverfahrens. Die beiden Ausschnitte oben zeigen die Größenverhältnisse zwischen Si-Ingot, Drahtabstand und Drahtdurchmesser ungefähr maßstabsgetreu.

Die Oberfläche der gesägten Wafer ist weniger eben als die per Innenlochsäge geschnittenen, so dass zur weiteren Glättung mehr Nacharbeit notwendig ist.

Schleifen

Nach dem Sägen werden die Wafer beidseitig geschliffen, um einerseits die beim Drahtsägen entstandenen Furchen auf der Oberfläche zu glätten, als auch die Wafer auf die gewünschte Dicke auszudünnen.

Hierbei werden mehrere Wafer gleichzeitig zwischen gegenläufig rotierenden Pads durch ein Schleifmittel bearbeitet, welches z. B. Al_2O_3 oder SiC Partikel definierter Größenverteilung enthält.

Ätzen

Da beim Sägen und Schleifen die Kristallstruktur der Si-Oberfläche teilweise zerstört wurde, erfolgt ein beidseitiges nasschemisches Ätzen in z. B. KOH oder HF/HNO_3-Gemischen bis herunter auf das ungestörte Silicium-Kristallgefüge.

Polieren

Um die Wafer ein- oder beidseitig auf atomare Skala zu glätten müssen diese poliert werden. Der Wafer wird hierfür auf dem Carrier mit definiertem Druck auf den Polierteller mit dem Poliertuch gepresst.

Das Poliermittel enthält einige 10 bis 100 nm große Partikel aus z. B. Al_2O_3, SiO_2 oder CeO_2 welche die Si-Oberfläche mechanisch und chemisch abtragen und glätten.

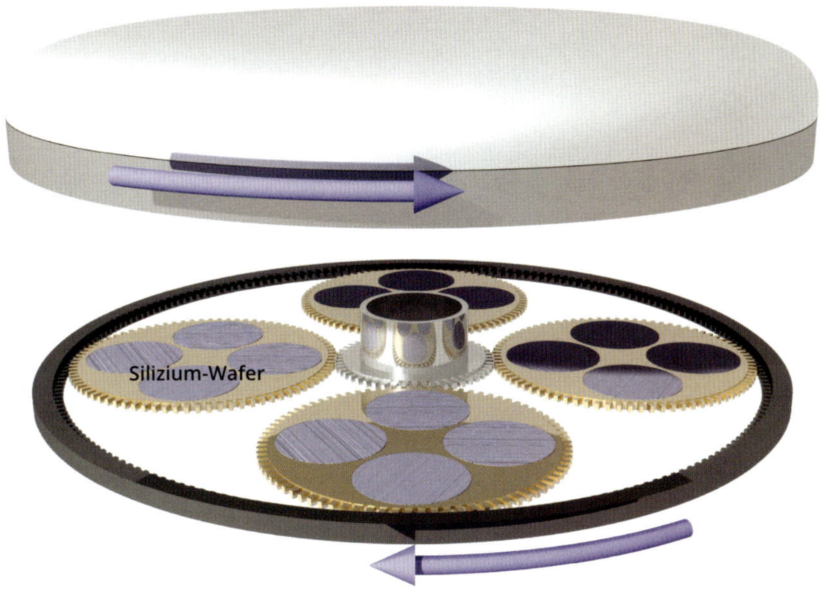

Abb. 18: Schema einer Schleifmaschine (vom Prinzip auch einer Poliermaschine) für Wafer. Durch die gegenläufige und überlagerte Rotation wird ein gleichmäßiger Abtrag ohne Bevorzugung einer bestimmten Richtung gewährleistet.

Reinigen

Zuletzt werden die Wafer mit hochreinen Chemikalien gereinigt, um die Poliermittel rückstandsfrei zu entfernen und die Einhaltung der geforderten Partikelspezifikation zu gewährleisten.

1.6 Spezifikationen von Silicium-Wafern

Durchmesser

Die Durchmesser von Silicium-Wafern werden entweder in Zoll oder mm angegeben. Obwohl ein Zoll 25,4 mm entspricht, entsprechen die Durchmesser von in Zoll angegebenen Wafern meist Vielfachen von 25,0 mm (z. B. 4 Zoll = 100 mm), was vorab mit dem Lieferanten geklärt werden sollte.

Die Toleranz des Durchmessers ist üblicherweise +/- 0.5 mm.

Orientierung

Die Orientierung eines Wafers (z. B. <100>, <110> oder <111>) kennzeichnet die Kristallebene, parallel zu welcher der Wafer gesägt ist. Für bestimmte Anwendungen kann eine definierte Verkippung zur Hauptkristallebene erwünscht sein, üblicherweise wird jedoch versucht, die Waferoberfläche so genau wie möglich an der Hauptkristallebene zu orientieren, entsprechende Toleranzen sind meist +/- 0.5°.

Oberfläche

Bei Si-Wafern sind grundsätzlich beide Seiten zumindest geläppt und geätzt. Das Polieren erfolgt wahlweise auf einer (einseitig poliert, SSP = *Single-Side Polished*) oder beiden (beidseitig poliert, DSP = *Double-Side Polished*) Seiten.

Die Rauigkeit der polierten Seite(n) beträgt ca. 1 nm (0.5 nm sind technisch machbar), die der unpolierten Seite im Bereich einiger µm.

Dotierung und elektrischer Widerstand

Die beim Kristallwachstum eingebrachten Dotierstoffe erhöhen über freie Elektronen (bei Phosphor oder Arsen) oder Löcher (Bor) die elektrische Leitfähigkeit von Silizium um viele Größenordnungen über den Wert von undotiertem Silizium. Unterhalb einer Dotierstoffkonzentration von ca. $c = 10^{16}$ cm^{-3} sinkt der Widerstand R reziprok mit c, darüber sinkt durch die hohe Konzentration der Fremdstoffe zunehmend die Beweglichkeit der Ladungsträger was die Abhängigkeit *R*(*c*) abflacht (Abb. 20).

Da die Dotierstoffkonzentration im Si-Kristall sowohl axial als auch radial variiert, kann für den elektrischen Widerstand der daraus hergestellten Wafer nur eine bestimmte Toleranzbreite angegeben werden, die typischerweise innerhalb einer Größenordnung liegt (z. B. 1 - 10 Ohm cm), durch definiertere Herstellungsprozesse und ggfalls. einer nachträglichen Sortierung der Wafer eines Loses auch nur einen Faktor von ca. zwei überspannen kann.

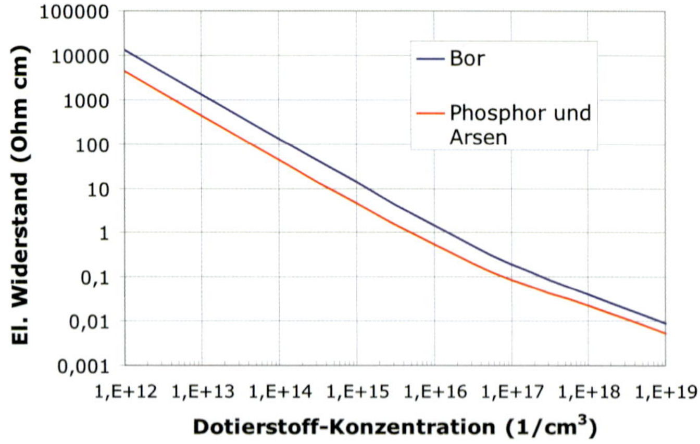

Abb. 20: Die Abhängigkeit des elektrischen Widerstands von der Dotierstoffkonzentration (Bor und Phosphor bzw. Arsen) in kristallinem Silicium. Da bei sehr hohen Dotierstoffkonzentrationen diese als Störstellen fungieren welche die Beweglichkeit der Ladungsträger herabsetzen, sinkt der spezifische Widerstand ab einer Dotierstoffkonzentration von ca. 10^{16} zunehmend langsamer.

Dicke

Die übliche Dicke von Si-Wafern hängt aus Gründen der mechanischen Stabilität bei der Produktion und der weiteren Prozessierung von deren Durchmesser ab und beträgt ca. 280 µm (2 Zoll), 380 µm (3 Zoll), 525 µm (4 Zoll), 675 µm (6 Zoll) und 725 µm (8 Zoll).

Im Rahmen üblicher Herstellungsverfahren ist die Waferdicke nach oben hin auf ca. 2 mm begrenzt, da die Poliermaschinen keine dickeren Wafer aufnehmen können. Eine von vielen Herstellern genannte Begrenzung der Waferdicke nach unten auf ca. 200 µm begründet sich in der Bruchgefahr beim Schleifen und Polieren.

Die Dickentoleranz entspricht der Variation der im Waferzentrum gemessenen Dicke über eine Charge. Üblicherweise spezifiziert man diese Größe weitgehend unabhängig vom Waferdurchmesser mit +/- 25

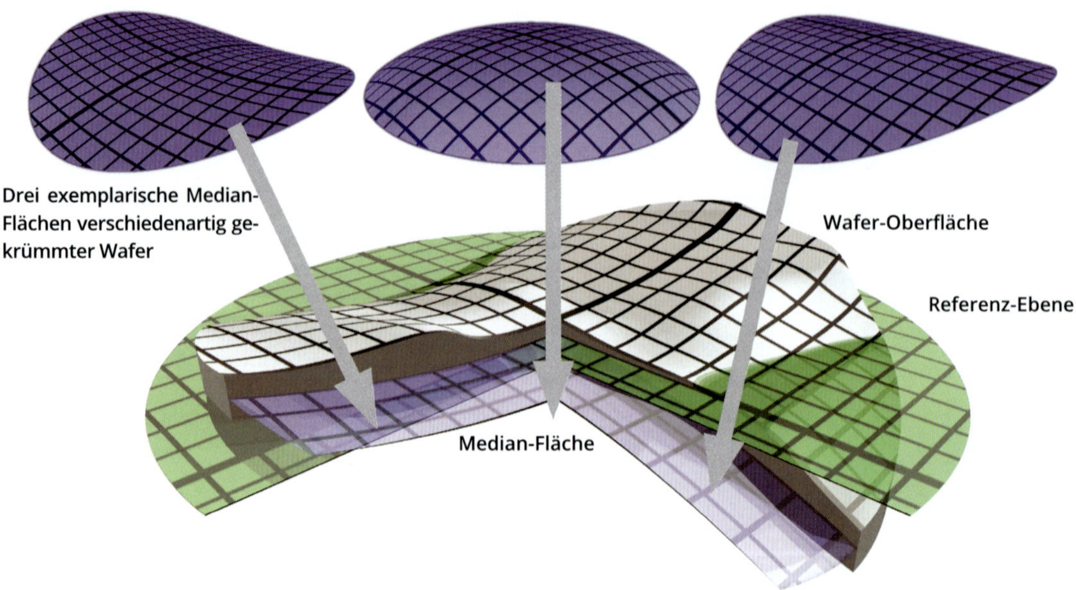

Abb. 19: Neben der Dickeninhomogenität eines Wafers (graue Form) kann ein Wafer unterschiedlich in sich verkrümmt sein was sich durch sog. Median-Flächen (blau) darstellen lässt welche die Dickeninhomogenität unberücksichtigt lassen. Die Abweichung der Median-Fläche eines Wafers gegenüber der planaren Referenz-Ebene (grün) definiert die Parameter Bow und Warp.

µm, oft liegen die gemessenen Werte bei ca. +/- 15 µm.

Diese Verteilung sagt jedoch nichts darüber aus, wie stark ein Wafer von der idealen Zylinderform abweicht. Dies kennzeichnen unter Zuhilfenahme der in Abb. 19 definierten Flächen und Ebenen die im folgenden beschriebenen Werte TTV, Bow und Warp.

TTV

Die *Total Thickness Variation* kennzeichnet die maximale Differenz $d_1 - d_2$ (Abb. 21 oben) zwischen der dicksten und dünnsten Stelle eines Wafers.

Bis zu einem Durchmesser von 4 Zoll sind Wafer meist auf TTV < 10 µm spezifiziert (wobei auch TTV < 5 µm ohne großen technischen Aufwand realisierbar ist), bei größeren Durchmessern steigen auch die erzielbaren Werte für TTV.

Bow

Die Verbiegung *Bow* definiert sich aus der über $d_3 + d_4$ (Abb. 21 Mitte) bestimmten maximalen Abweichung der Median-Fläche des Wafers von einer Referenzebene.

Bis zu einem Durchmesser von 4 Zoll sind Wafer meist auf Bow < 40 µm spezifiziert, bei größeren Durchmessern steigen auch die erzielbaren Werte für Bow.

Warp

Der Wert $d_5 + d_6$ (Abb. 21 unten) ist die Abweichung der Median-Fläche eines Wafers von einer Referenzebene, bei der die Verbiegung über die gesamte Waferfläche bereits korrigiert ist.

Bis zu einem Durchmesser von 4 Zoll sind Wafer meist auf Warp < 40 µm spezifiziert, bei größeren Durchmessern steigen auch die erzielbaren Werte für Warp.

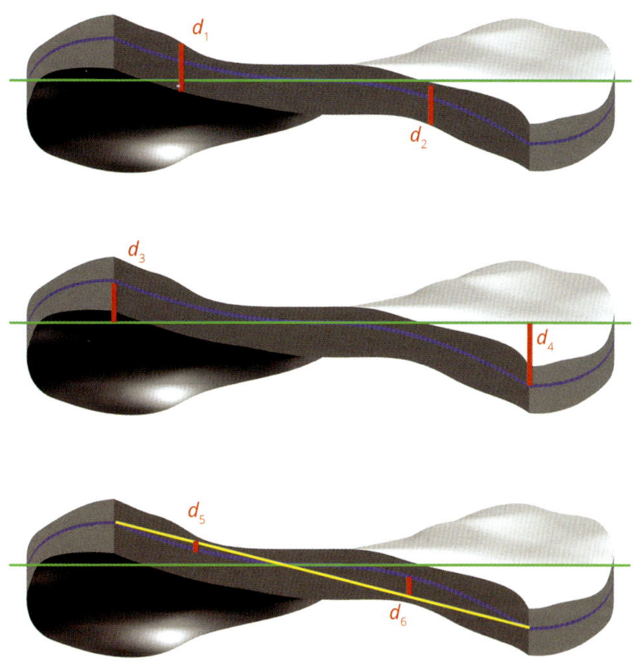

Abb. 21: Schematische Darstellung von Wafern mit stark überzeichneter Dickeninhomogenität und Verkrümmung zur Darstellung der Größen d_1 ... d_6 aus welchen sich die Parameter TTV, Bow und Warp ableiten.

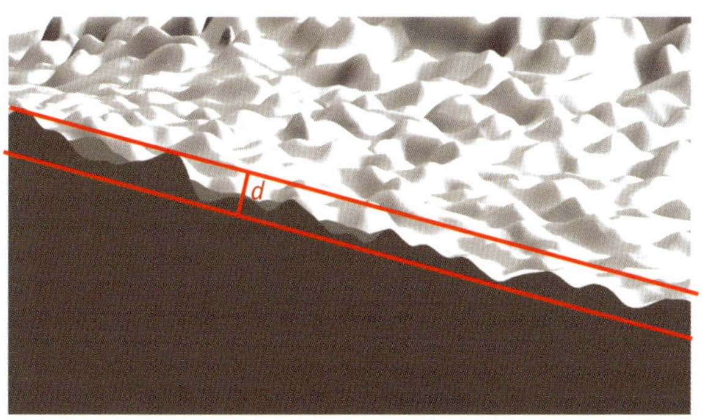

Abb. 22: Der Poliervorgang bei der Waferherstellung schafft eine sehr glatte Oberfläche mit einer Rauigkeit von wenigen nm oder darunter.

Mikrorauigkeit

Unabhängig von der Dickeninhomogenität welche sich im cm-Maßstab über den Wafer in der Größe TTV ausdrückt, existiert eine Rauigkeit auf wesentlich kleinerer µm- und nm-Skala, welche ihren Ursprung im Polierschritt bei der Waferherstellung hat.

Der quadratische Mittenrauwert der Oberfläche (*Root Mean Square*, RMS) kennzeichnet als Standardabweichung der Wafer-Oberfläche vom (bereits von TTV, Bow und Warp bereinigten) Mittelwert, wie glatt der Wafer ist.

Für die polierte Waferseite ist RMS meist auf < 1 nm spezifiziert, technisch machbar sind auch < 0.5 nm, was bereits auf atomarer Skala liegt.

2. WEITERVERARBEITUNG VON SILICIUM-WAFERN

Das vorangegangene Kapitel beschrieb den Weg vom Quarzsand zu für die Fotolithografie fertigen Silicium-Wafern. Oftmals jedoch erfahren die Wafer vor dem Beginn der weiteren Strukturierung bestimmte Prozessschritte wie z. B. eine thermische Oxidation oder die ganzflächige Beschichtung mit Metallen oder Dielektrika, wie in diesem Kapitel beschrieben.

2.1 Thermische Oxidation

Einsatzbereiche

Die elektrischen (10^{14} - 10^{16} Ohm cm, Durchschlagsfestigkeit 10^6 - 10^7 V/cm, Barriere für Elektronen und Löcher aus einkristallinem Si > 3 eV), mechanischen (Schmelzpunkt ca. 1700 °C) und optischen (transparent im sichtbaren sowie nahen und mittleren IR- und UV-Spektralbereich) Eigenschaften von SiO_2 machen es zu einem geeigneten Material für den Einsatz als dielektrische Schicht in Transistoren, Kondensatoren (DRAM) oder Flash-Speichern, als Hartmaske für Diffusions- und Implantationsprozesse bzw. nass- oder trockenchemisches Ätzen, allgemein als elektrische Isolation zwischen Bauteilen oder Antireflexschicht auf z. B. Solarzellen.

Geforderte Schichtdicken bewegen sich von wenigen nm (Gate-Oxid bei state-of-the-art CMOS-Transistoren) zu einigen µm zur elektrischen Isolation zwischen Bauteilen.

Technische Umsetzung

Natives (bei Raumtemperatur an Luft gewachsenes, wenige nm dickes) und thermisches (Wachstum bei 800 ... 1200°C) Oxid sind – im Gegensatz zum kristallinen Quarz – amorphe Phasen von SiO_2 ohne Fernordnung des Atomgitters. Da das Si des SiO_2 beim nativen und thermischen Oxid vom Substrat stammt, wird dieses verbraucht, während die Gesamtdicke durch das Oxid wächst: Dabei benötigen 100 nm SiO_2 ca. 46 nm an Si. Die Dicke des Wafers wächst dabei um ca. 54 nm.

Unterschieden wird u. a. zwischen trockenem Oxid bzw. *dry oxide* ($Si + O_2 \rightarrow SiO_2$) und – mit H_2O als Prozessgas – nassem Oxid bzw. *wet oxide* ($Si + 2\ H_2O \rightarrow SiO_2 + 2\ H_2$). Letzteres besitzt bei sonst gleichen Prozessparametern aufgrund der höheren Wachstumsrate eine etwas höhere Porosität und damit auch größere Ätzrate in HF.

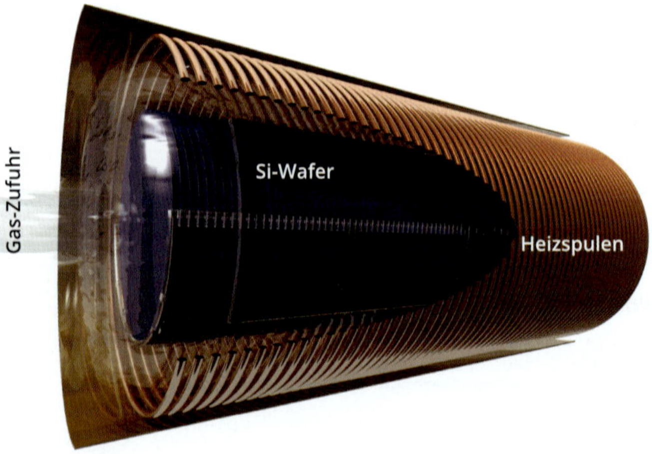

Abb. 23: Schematischer Aufbau eines Ofens zur thermischen Oxidation von Silizium-Wafern

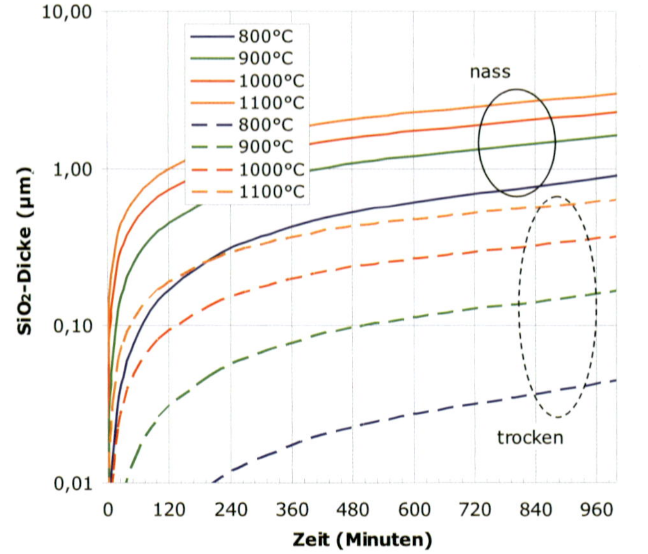

Abb. 24: Die erzielten Schichtdicken von „nassem“ (durchgezogene Linien) und „trockenem“ (gestrichelt) SiO_2 in Abhängigkeit der Wachstumsdauer und -temperatur.

Wachstumsrate und erreichbare Oxidschichtdicken

Zu Beginn des SiO_2-Wachstums begrenzt die chemische Reaktionsrate die Wachstumsgeschwindigkeit, die Schichtdicke wächst linear mit der Zeit. Bei zunehmender Oxid-Dicke verlangsamt die Diffusion von Sauerstoff durch das bereits gewachsene Oxid zur Si/SiO_2-Grenzfläche die Wachstumsrate, die SiO_2-Dicke wächst jetzt nur noch mit der Quadratwurzel der Zeit.

Neben den Prozessgasen (O_2/H_2O) und deren Partialdruck sowie der Substrattemperatur (thermisch aktivierte Diffusions- und Reaktionsraten) hängt die Wachstumsrate des Oxids auch von der Kristallrichtung des Si-Substrats relativ zur Wachstumsrichtung, mechanischen Spannungen (bei bereits erfolgter Mikrostrukturierung des Siliciums) sowie der Dotierung ab (schnelleres Oxidwachstum z. B. aus Phosphor-dotiertem Silizium).

2.2 PECVD-Beschichtung mit SiO_2

Mechanismus

Alternativ zur thermischen Oxidation von Silicium lassen sich SiO_2-Schichten auch über die Gasphase (PECVD = *Plasma Enhanced Chemical Vapour Deposition*) via

$$SiH_4 + 2\,N_2O \rightarrow SiO_2 + 2\,N_2$$

auf Silicium abscheiden.

Vorteile gegenüber thermischem SiO_2

Da die Schichtdicke bei der PECVD-Abscheidung linear mit der Zeit wächst, lassen sich sehr dicke Schichten von mehreren µm deutlich rascher wachsen als über thermische Oxidation. Falls nur wenige Wafer beschichtet werden sollen, ist die PECVD-Abscheidung günstiger als die thermische Oxidation, bei der gleichzeitig größere Stückzahlen (z. B. 100 Wafer) prozessiert werden können.

Thermisches SiO_2 enthält stets die Verunreinigungen (Dotierstoffe) des Silicium-Substrats, während die Zusammensetzung mittels PECVD gewachsener SiO_2-Schichten unabhängig vom Substrat ist.

Nachteile gegenüber thermischem SiO_2

PECVD SiO_2 wächst amorpher als thermisches Oxid, was sich auf die elektrischen und chemischen Eigenschaften auswirkt:

Verglichen mit thermischem SiO_2 besitzt PECVD SiO_2 eine geringere elektrische Durchbruchfestigkeit, weshalb die teils wenige nm dicke Gate-Oxide bevorzugt thermisch hergestellt werden.

Zudem ist die Ätzrate von PECVD SiO_2 deutlich höher als die von thermischem Oxid, weshalb es sich nicht so gut als Ätzmaske für z. B. anisotropes Si-Ätzen eignet.

2.3 Abscheidung von Siliciumnitrid

Einsatz von Siliciumnitrid

Während stöchiometrisches Siliciumnitrid (Si_3N_4) im Werkzeugbau aufgrund seiner hohen Härte und thermischen Stabilität u. a. in extrem beanspruchten Wälzlagern oder Schneidwerkzeugen eingesetzt wird, sind es in der Halbleitertechnik v. a. die chemischen, elektrischen und optischen Eigenschaften, welche dieses Material für verschiedene Einsatzbereiche interessant machen.

In integrierten Schaltungen wird amorphes Siliciumnitrid als Passivierungs- oder Isolationsschicht, wegen seiner hohen Stabilität in alkalischen oder Flusssäure-haltigen Medien in lithografischen Prozessen als Maskierungs- und Ätzstopp-Material, wegen seiner geringen Diffusionskonstante für Sauerstoff als Maskierung für Oxidationsprozesse, und in der Fotovoltaik wegen seines einstellbaren Brechungsindex als Anti-Reflexionsbeschichtung eingesetzt.

PECVD Siliciumnitrid

Das mittels PECVD (*Plasma Enhanced Chemical Vapour Deposition*) aus SiH_4 und NH_3 abgeschiedene amorphe Siliciumnitrid (SiN_x) enthält je nach Abscheidetemperatur und Gaszusammensetzung typischerweise 5 - 20 Atom-% Wasserstoff (deshalb auch manchmal SiN_x:H genannt), welcher die offenen Bindungen absättigt und dadurch das Gitter chemisch und physikalisch stabilisiert.

SiN_x kann z. B. über Fotolackmasken entweder mittels Flusssäure, oder selektiv zu SiO_2 mit heißer konzentrierter Phosphorsäure geätzt werden. Die Ätzrate von SiN_x in Flusssäure hängt entscheidend von der Abscheidetemperatur und dem Brechungsindex ab. Eine wasserstoffreiche Siliciumnitrid-Schicht, deponiert bei 100°C mit einem Brechungsindex von n = 1.9 hat in gepufferter Flusssäure (12.5 % HF) eine Ätzrate von mehreren 100 nm/min. Eine bei 400°C deponierte Schicht mit einem Brechungsindex von n = 2 zeigt hingegen eine Ätzrate von nur ca. 10 nm/min.

LPCVD Siliciumnitrid

LPCVD (*Low Pressure Chemical Vapour Deposition*) Siliciumnitrid wird über die Reaktionsgleichung

$$3\,SiH_2Cl_2 + 4\,NH_3 \rightarrow Si_3N_4 + 6\,HCl + 6\,H_2$$

verglichen mit der PECVD-Abscheidung bei deutlich höheren Temperaturen um 700 - 850°C abgeschieden. Dadurch wächst die Schicht deutlich Wasserstoff-ärmer und stöchiometrischer als PECVD-Nitrid und zeigt sehr gute elektrischen Eigenschaften, eine sehr gute Kantenbedeckung, eine hohe thermischer Stabilität und eine geringe Ätzrate in Flusssäure.

Die Abscheidung erfolgt über die Teilschritte 1) Gaszufuhr der Reaktanden, 2) physikalische Bindung der Moleküle an der Oberfläche, 3) chemische Bindung auf der Oberfläche und 4) Desorption und Abtransport der Nebenprodukte. Die Wachstumsrate ist hierbei fast ausschließlich durch die chemische Reaktion auf der wachsenden Schicht und nicht durch Zufuhr und Verbrauch der Ausgangsstoffe limitiert, eine signifikante Verarmung der Reaktanden findet durch die verglichen mit der PECVD-Abscheidung geringere Wachstumsrate nicht statt. Deshalb lassen sich gleichzeitig viele (z. B. 25 oder 50) Wafer im Gasstrom eines Reaktors mit sehr hoher Schichtdickenhomogenität über die Waferoberfläche also auch von Wafer zu Wafer einer Charge prozessieren.

Abb. 25: Ein LPCVD Reaktor (links) und fertig mit Si_3N_4 beschichtete Wafer (rechts). Beide Fotos freundlicherweise zur Verfügung gestellt vom IMSAS, Universität Bremen

Die Abscheidung lässt sich so steuern, dass entweder mechanisch möglichst unverspanntes (low stress), oder annähernd stöchiometrisches (Si_3N_4) Siliciumnitrid entsteht.

Materialeigenschaften von Siliciumnitrid und Siliciumdioxid

Material	Wärmeausdehnungs-koeffizient (10^{-6}/K)	Brechzahl (λ = 600 nm)	Durchschlagsfestigkeit (kV/mm)	Dichte (g/cm³)
PECVD SiO_2		1.45 - 1.47	600 - 700	
SiO_2 (einkristallin)	7.5 - 14	1.54	> 1000	2.65
PECVD SiN_x		> 2.01*	600 - 700	
LPCVD SiN_x		2.01 - 2.05*	> 1000	
Si_3N_4 (einkristallin)	3.3	2.01	> 1000	3.29

Tab. 1: Eine Gegenüberstellung der Materialeigenschaften von Siliciumnitrid und Silicium-Oxid

* *Der Brechungsindex steigt bei Si-reicherer Abscheidung*

2.4 Metallisierung

Die flächige Metallisierung von Wafern erfolgt üblicherweise über thermisches Aufdampfen oder Sputtern.

Da die Haftung vieler Metalle auf Silicium vergleichsweise schlecht ist empfiehlt sich, falls es der Prozess erlaubt, eine metallische Haftschicht von 10 - 20 nm Chrom oder Titan zwischen Substrat und der eigentlichen Metallisierung. Im Falle einer späteren Beschichtung des Metallfilms mit Fotolack ist zu beachten, dass Edelmetalle meist eine sehr schlechte Haftung zu Polymeren aufweisen, entsprechend eine weitere Haftschicht von 10 - 20 nm Chrom oder Titan auf dem Metall sinnvoll sein kann.

2.5 Epitaxie

Mechanismus

Hierbei wird auf dem fertigen Si-Wafer aus der Gasphase eine monokristalline Si-Schicht abgeschieden. Häufig verwendete Prozessgase sind jeweils mit Wasserstoff versetztes Silan (SiH_4), Dichlorsilan (SiH_2Cl_2) oder Trichlorsilan ($SiHCl_3$), welche sich auf dem auf ca. 600 - 1000°C erhitzten Si-Wafer thermisch zersetzen. Das frei gewordene Silizium baut sich Monolage um Monolage in das kristalline Gitter der wachsenden Schicht ein.

Anwendungsbereiche

Durch Zugabe von Dotiergasen wie Phosphin, Arsin oder Diboran lässt sich ein Dotierprofil in der Epitaxie-Schicht realisieren, wie es z. B. für kastenförmige Dotierprofile oder der Erzeugung einer hoch dotierten unter einer gering dotierten Schicht notwendig ist.

Bereits auf dem Wafer erzeugte Schichten (z. B. über Ionenimplantation realisierte dotierte Bereiche, oder Isolierschichten für SOI-Strukturen, s. nächster Abschnitt) oder mikroelektronische Bauteile können unter der nachfolgenden Epitaxie-Schicht „vergraben" werden (*buried layer*).

Die Sauerstoff- und Kohlenstoff-Konzentration in der Epitaxieschicht ist sehr gering, was die elektronische Qualität gegenüber dem Si-Substrat verbessert.

2.6 SOI-Wafer

Prinzip

Bei SOI (*Silicon On Insulator*) Wafern befinden sich eine kristalline Silizium-Schicht bzw. lithografisch daraus hergestellte Bauteile auf einem elektrischen Isolator. Hierfür gibt es u. a. zwei Anwendungsbereiche:

Anwendungsbereiche

Transistoren auf einer isolierenden Schicht zeigen kleinere Leckströme und besitzen eine geringere elektrische Kapazität als Transistoren welche direkt auf dem Si-Substrat sitzen. Dadurch werden zum Schalten weniger Ladungen benötigt, was neben der Verlustleistung auch die Schaltzeit verringert und so höhere Taktraten ermöglicht.

In der Mikro-Optik erlaubt die Isolationsschicht integrierte optische Komponenten mit Wellenleitern, in welchen durch den geringeren Brechungsindex des Isolators im infraroten Spektralbereich (z. B. n = 1.5 für SiO_2) verglichen mit n = 3.5 für Si langwelliges Licht durch Total-Reflexion im Silizium geführt werden kann.

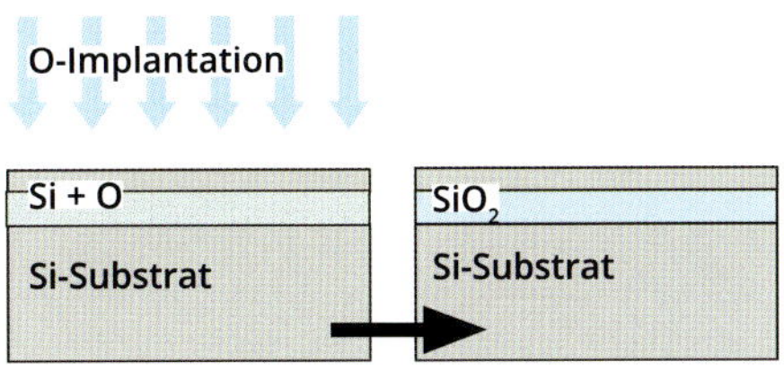

Abb. 26: Eine Möglichkeit der Herstellung von SOI-Wafern mit dem SIMOX™-Verfahren (Separation by IMplantation of OXygen)

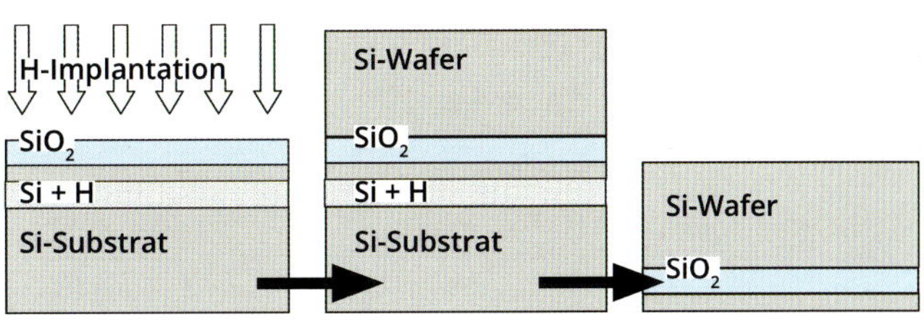

Abb. 27: Eine andere Möglichkeit der Herstellung von SOI-Wafern über das *Smart-Cut*-Verfahren, welches Ionenimplantation mit nachfolgendem Waferbonden kombiniert

Technische Umsetzung

Eine Möglichkeit der Herstellung von SOI-Wafern ist das SIMOX™-Verfahren (*Separation by Implantation of Oxygen*, Abb. 26).

Der erste Schritt hierbei ist die Ionenimplantation von Sauerstoff in Si-Wafer, wobei durch die Energie der O-Ionen die Tiefenverteilung der Sauerstoffkonzentration im Silizium genau gesteuert werden kann (im Grundsatz näher beschrieben in Kapitel 29 auf Seite 145). Ein nachfolgender Hochtemperaturschritt heilt die gestörte Si-Kristallstruktur wieder aus und formt aus dem Si/O-Gefüge SiO_2.

Das „Smart-Cut"-Verfahren (Abb. 27) kombiniert die Ionenimplantation mit der Technik des Waferbondens. Dabei werden zunächst Wasserstoffionen in einen oxidierten Silicium-Wafer eingebracht und dieser mit einem nicht oxidierten Wafer gebondet, also ganzflächig und dauerhaft miteinander verbunden. Dieses Waferbonding erfolgt entweder durch hohen mechanischen Druck mit Hilfe von Wasserstoffbrücken und Van-der-Waals-Wechselwirkungen, oder mittel anodischem Bonden bei welcher durch anlegen einer elektrischen Spannung die Bildung chemischer Bindungen an der Kontaktfläche beider Wafer induziert wird.

Ein Backschritt (> 500°C) spaltet durch mechanische Spannungen den ersten Wafer in der Tiefe der implantierten H-Ionen.

2.7 Vereinzelung von Wafern

Prinzip

Aus ursprünglich runden Wafern mit prinzipiell nahezu allen technisch möglichen Spezifikationen werden mittels Wafersäge oder Drahtsäge rechteckige Stücke geschnitten. Dem Material des Substrates und der Größe der vereinzelten Stücke sind weniger technische, als vielmehr ökonomische Grenzen gesetzt: Bedingt durch die relativ hohen Rüstkosten macht eine Vereinzelung meist erst ab 25 Ausgangswafern Sinn.

Durch uns realisierbare Parameter für vereinzelte Si-Wafer

Material:	CZ-Si oder FZ-Si, mit und ohne SiO_2
Abmessungen:	Von 5 x 5 mm bis 120 x 100 mm
Wafer-Dicke:	200 µm - 1 mm
Orientierung:	<100> und <111>; <110> auf Anfrage

3. HERSTELLUNG UND SPEZIFIKATIONEN VON QUARZ-WAFERN

Falls für bestimmte Anwendungen Substrate benötigt werden, bei denen nicht die elektrischen Eigenschaften eines Halbleiters, sondern eine hohe optische Transmission auch im ultravioletten und infraroten Spektralbereich, eine hohe Durchschlagsfestigkeit und Wärmeleitfähigkeit, eine sehr hohe chemische Stabilität oder ein piezoelektrisches Verhalten für z. B. Oszillatoren gefordert sind, bilden Quarz-Wafer meist die erste Wahl.

Dieses Kapitel beschreibt die Herstellung von Quarzwafern und versucht, die verglichen mit Silicium relativ komplexe Kristallstruktur von Quarz zu veranschaulichen.

3.1 Herstellung von Quarzkristallen

Das Ausgangsmaterial

Ausgangsmaterial für die Zucht von Quarz-Einkristallen sind natürlich vorkommende, hochreine Quarzkristalle (sog. „Lascas"), die in cm-großen Bruchstücken ohne weitere Reinigungsstufe für die im folgenden Abschnitt beschriebene Kristallzucht verwendet werden können.

Kristallzucht

Einkristalle aus Quarz werden nach dem *Hydrothermal-Prinzip* synthetisch hergestellt (Abb. 28).

Hierbei kristallisiert Quarz bei einer Temperatur von etwa 400°C und einem Druck von ca. 1000 - 1500 bar aus einer gesättigten NaOH-Lösung an Quarz-Impfkristallen aus, die auf einer etwas geringeren Temperatur liegen als die Quarzstücke, welche als Ausgangsstoff kontinuierlich in Lösung gehen.

Das Kristallwachstum kann Stunden bis Tage dauern, die dabei entstehenden Einkristalle bis zu mehrere kg wiegen.

Abb. 28: Die Zucht von Quarz Einkristallen nach dem Hydrothermal-Prinzip

3.2 Kristallografie von Quarz

Von Si nach SiO_2

Zur Summenformel SiO_2 von Quarz sowie den grundlegenden Bindungsverhältnissen im Quarzkristall gelangt man, wenn man ausgehend von einem Silicium-Einkristall in jede Si-Si Bindung ein Sauerstoffatom einfügt (Abb. 29).

Das Ergebnis dieses Gedankenexperiment hat jedoch wenig mit der Struktur eines realen Quarzkristalls zu tun, in welchem die Winkel und räumlichen Orientierungen der Si-O-Si nach sehr komplexen Regeln vorliegen.

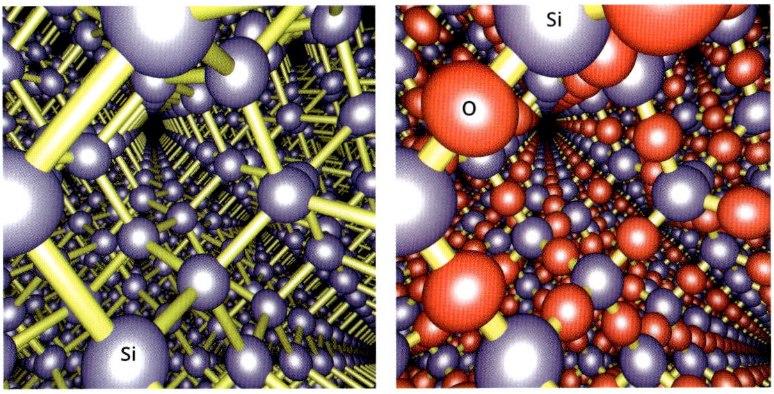

Abb. 29: Fügt man bei einem Silicium-Kristall (links) in jede Si-Si Bindung ein Sauerstoffatom (rechts, rote Kugeln) ein, erhält man zumindest die grundlegenden Bindungsverhältnisse eines Quarzkristalls: Tetraedrisch von vier Sauerstoffatomen umgebene Silicium-Atome. Da die Si-O-Si Bindungen in einem realen Quarzkristall jedoch nicht linear sondern gewinkelt sind, ist dessen Aufbau wesentlich komplexer als hier gezeigt und wird in den folgenden Abbildungen beschrieben.

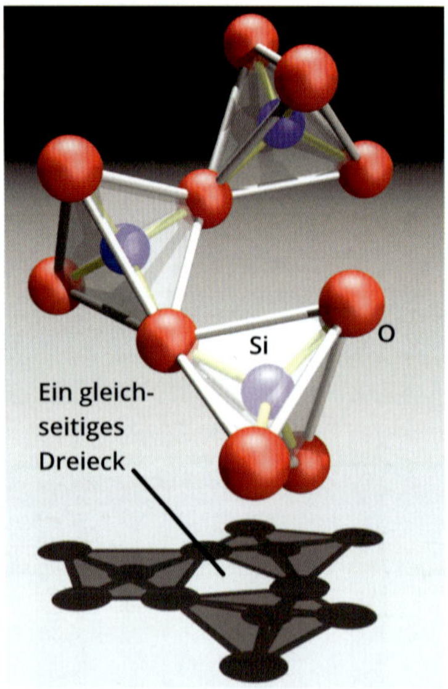

Abb. 30: (links) Eine Grundstruktur eines Quarzkristalls besteht aus drei über Si-O-Si Bindungen verknüpften Tetraedern, jeder bestehend aus einem zentralen Si-Atom und vier daran gebundenen O-Atomen. Aus einer bestimmten Richtung (hier: von „oben") betrachtet bilden die drei Tetraeder als Lücke ein gleichseitiges Dreieck („Schattenwurf"). Da es sich bei dieser Grundstruktur nicht um eine Einheitszelle handelt, deckt sich deren Summenformel Si_3O_{10} nicht mit der von Quarz (SiO_2): Beim folgenden Zusammenbau dieser Tetraeder-Trios über Si-O + O-Si → Si-O-Si werden noch O-Atome „virtuell abgespalten".

Abb. 31: (rechts) Kongruent übereinander gestapelte Tetraeder-Trios (zur besseren Anschaulichkeit abwechselnd weiß und grün eingefärbt) ergeben eine Helix, deren Projektion senkrecht zu ihrer Achse identisch zu der eines einzelnen Tetraeder-Trios (links) ist.

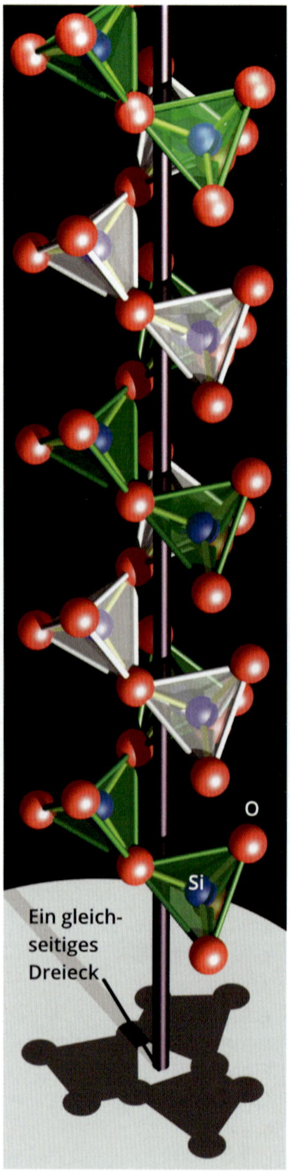

Ein Tetraeder-Trio als Grundstruktur

In einem Quarzkristall ist jedes Si-Atom tetraedrisch von vier O-Atomen umgeben, wobei die Form dieser Tetraeders aufgrund der Anisotropie des Quarzkristalls geringfügig von der eines idealen Tetraeders abweicht. Über die Tetraederecken sind jeweils zwei dieser Tetraeder über eine um 143.6° gewinkelte Si-O-Si Bindung verknüpft.

Eine (anschauliche, wenn auch nicht die kleinstmögliche) Struktur, aus der sich ein Quarzkristall alleine durch Translation (ohne zusätzliche Rotation) in allen drei Raumrichtungen konstruieren lässt ist ein aus drei solcher Tetraeder gebildetes „Tetraeder-Trio" (Abb. 30), welches in einer bestimmten Projektion eine dreizählige Symmetrie offenbart.

Eine Helix aus Tetraeder-Trios

Stapelt man wie in Abb. 31 gezeigt mehrere Tetraeder-Trios übereinander und verknüpft sie über jeweils das unterste und zweitoberste O-Atom, bilden die Tetraeder eine um eine imaginäre Achse gewickelte Helix.

Da hierbei die Tetraeder-Trios nicht gegeneinander verdreht sondern kongruent aufeinander gestellt werden, besitzt die Helix in einer Projektion senkrecht zu ihrer Achse die gleiche dreizählige Symmetrie wie ein einzelnes Tetraeder-Trio („Schattenwurf" in Abb. 30 und Abb. 31). Analog zum Gewinde einer Schraube gibt es für eine solche Helix eine rechtsdrehende und eine linksdrehende Variante.

Ein Kristall aus Helices

Mehrere parallel zueinander ausgerichtete, in ihrer Längsachse nicht gegeneinander verschobene Helices können nun über O-Bindungen wie in Abb. 32 gezeigt miteinander verknüpft werden.

Die Projektion senkrecht zu den Achsen der Helices offenbart dabei gleichseitig dreieckige und deutlich größere, ungleichseitig sechseckige Kanäle welche sich in dieser Richtung durch den gesamten Kristall ziehen (Abb. 32, rechte Grafik).

Grundstruktur vs. Einheitszelle

Das hier verwendete Tetraeder-Trio als Grundstruktur eignet sich für eine räumlich-anschauliche Darstellung des Aufbaus eines Quarz-Kristalls wie in diesem Abschnitt geschehen, ist jedoch kaum zur Veranschaulichung der Orientierung der verschiedenen Kristallebenen bzw. des Ursprungs der verschiedenen Facetten

Abb. 32: Über eine Verknüpfung parallel ausgerichteter Helixes (vgl. Abb. 31) über die Ecken (Sauerstoff-Atome) der SiO_4-Tetraeder (links: zuerst parallel zur Bildebene; Mitte: zusätzlich senkrecht dazu) entsteht das fertige Modell eines Quarzkristalls. Ein Wechsel zu einer Betrachtungsrichtung parallel zu den Helixachsen (rechts) zeigt die Symmetrie dieser Anordnung. Zur besseren Anschaulichkeit ist jede Helix durchgängig einfarbig dargestellt.

eines realen Quarzkristalls geeignet.

Dafür wäre eine umfangreiche mathematische Behandlung über die sog. *Einheitszelle* notwendig, auf welche wir hier jedoch verzichten und den Gedankensprung zur Darstellung der Kristallachsen und -ebenen eines Quarzkristalls durchführen.

Die Kristallebenen

Abb. 34 zeigt die idealisierte Darstellung eines Quarzkristall mit seiner am weitesten verbreiteten Form, einem sechsseitigen Prisma mit zwei sechsseitigen Pyramiden an beiden Enden und mit **X**, **Y** und **Z** bezeichneten Kristallachsen.

Wie dieser idealisierte Kristall zeigen viele reale Quarzkristalle drei Arten von Kristallflächen: Sechs Seitenflächen (**m**) am zentralen sechsseitigen Prisma, drei größere Dreiecksflächen an den Spitzen des Kristalls (**r**) und drei kleinere, meist dreieckigen Flächen an den Spitzen des Kristalls (**s**).

Abb. 33 zeigt die regelmäßige Anordnung der Silicium- und Sauerstoffatome ohne Darstellung der Tetraeder bei einer Blickrichtung parallel zu den Kristallachsen X, Y und Z wie sie für die Eigenschaften entsprechend aus dem Einkristall geschnittener Quarzwafer von Bedeutung sind.

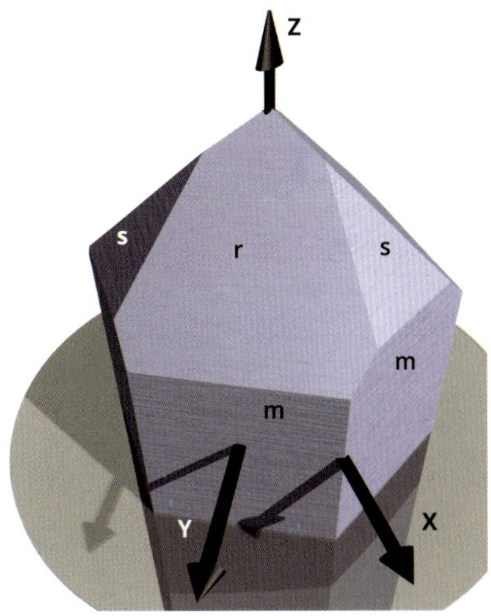

Abb. 34: Das Schema eines Quarzkristalls mit den Kristallachsen X, Y und Z sowie ausgewählter Kristallebenen m, r und s

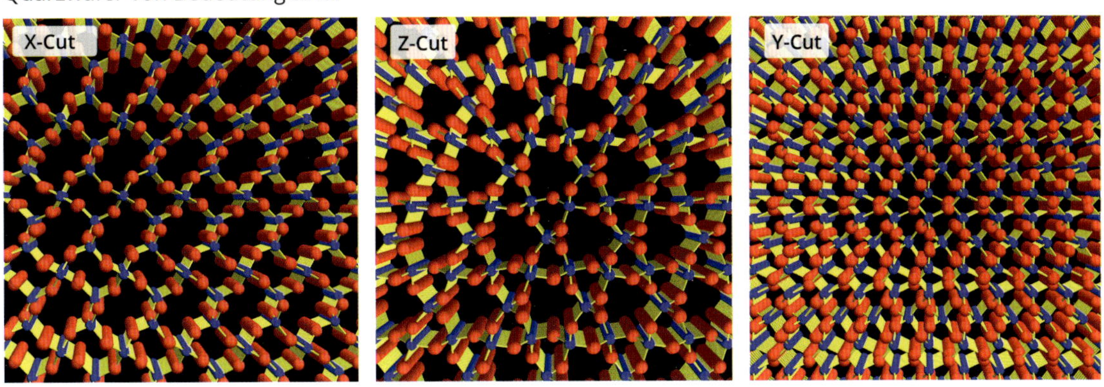

Abb. 33: Eine Projektion auf bestimmte Kristall-Ebenen zeigt die Symmetrien der Bindungsmuster der Silicium- (blau) und Sauerstoffatome (rot) für senkrecht zur X-Achse (links), Z-Achse (Mitte) und Y-Achse (rechts) geschnittenen Quarz.

Rechts- und linksdrehender Quarz

Die in diesem Abschnitt durchgeführte Konstruktion eines Quarzkristalls erfolgte willkürlich aus Helices mit einer Drehrichtung längs der Helix-Achse gegen den Uhrzeigersinn. Daraus ergibt sich sog. *linksdrehender* Quarz, welcher die Polarisationsebene von parallel zur Z-Achse (= parallel zu den Helix-Achsen) einfallendem Licht ebenfalls gegen den Uhrzeigersinn dreht.

Analog ist *rechtsdrehender* Quarz aus Helices aufgebaut, deren Drehrichtung längs deren Achse im Uhrzeigersinn verläuft und welcher die Polarisationsebene von Licht im Uhrzeigersinn dreht.

Quarz besitzt demnach eine Chiralität (Händigkeit), rechts- und linksdrehender Quarz lassen sich demnach nicht durch Rotation, nur über eine Spiegelung ineinander überführen.

In physikalischen Größen wie Dichte, Härte, Durchschlagsfestigkeit, optische Absorption oder Wärmeausdehnungskoeffizient welche (im Gegensatz zu dem aus Flugrichtung, elektrischem und magnetischen Vektor gebildeten System eines Photons) keine Chiralität besitzen, unterscheiden sich rechts- und linksdrehender Quarz hingegen nicht.

α-Quarz und β-Quarz

Bei Raumtemperatur liegt Quarz wie in diesem Kapitel beschrieben als α-Quartz vor, bei 573°C erfolgt die von einer Volumenausdehnung um 0.45 % begleitete Umwandlung in β-Quartz.

Bei dieser Inversion verkippen die SiO_4-Tetraeder, ohne dass dabei Bindungen aufgebrochen oder neu geschlossen werden, auf eine Weise, dass in Blickrichtung der Helix-Achsen (Z-Achse, Abb. 32 rechts) aus der dreizähligen Symmetrie von α-Quartz eine sechszählige Symmetrie folgt: Die sechseckigen Kanäle längs der Z-Achse bilden bei β-Quartz gleichseitige Sechsecke.

3.3 Herstellung von Quarz-Wafern

Das Sägen der Wafer aus den gezüchteten Einkristallen mit einer Draht- oder Innenlochsäge, das Schleifen und Polieren erfolgt mit den grundsätzlich gleichen Techniken wie bei Silicium-Wafern.

3.4 Spezifikationen von Quarz-Wafern

Kristall-Orientierung

Als monokristallines Material besitzt Quarz verschiedene Kristall-Ebenen mit jeweils eigener, periodischer Anordnung der Silicium und Sauerstoffatome. Quarz-Wafer werden üblicherweise parallel zu diesen Kristallebenen aus dem Einkristall geschnitten und deren Orientierung entsprechend mit „X-Cut" (senkrecht zur X-Achse), „Y-Cut" (senkrecht zur Y-Achse) oder „Z-Cut" (senkrecht zur Z-Achse) bezeichnet wie in Abb. 34 dargestellt. Daneben gibt es noch eine Fülle weiterer Orientierungen wie „AT-Cut" und „ST-Cut", die weniger anschaulich darstellbaren, zu den Hauptkristallrichtungen verkippten Kristallebenen entsprechen.

Da jeder Kristallebene ein eigenes Bindungsmuster an Silicium- und Sauerstoffatomen entspricht, hängen Parameter wie thermischer Ausdehnungskoeffizient, Schwingungsfrequenzen (Quarz-Oszillatoren) oder bestimmte optische Eigenschaften (Drehung der Polarisationsebene von längs zur Z-Achse einfallendem Licht) von der Kristallorientierung des Wafers ab.

Oberfläche

Quarz-Wafer sind üblicherweise beidseitig poliert, eine einseitige Politur ist auf Anfrage grundsätzlich machbar. Die Rauigkeit der polierten Seite(n) liegt üblicherweise bei < 1 nm, ein Wert von < 0.5 nm welcher nahezu atomarer Glattheit entspricht ist technisch ebenfalls machbar.

4. HERSTELLUNG UND SPEZIFIKATIONEN VON QUARZGLAS-WAFERN

Während Quarz die kristalline Form von SiO_2 kennzeichnet, handelt es sich bei Quarzglas (auch „Fused Silica" genannt) um die amorphe Phase von Quarz. Die Summenformel lautet ebenfalls SiO_2, allerdings fehlt Quarzglas die kristalline Fernordnung. Während der optische Transmissionsbereich und die maximale Einsatztemperatur etwas geringer sind als bei kristallinem Quarz, ist die Formstabilität von Quarzglas bei Temperaturschwankungen durch seinen sehr geringen Wärmeausdehnungskoeffizienten deutlich besser.

4.1 Herstellung von Quarzglas-Wafern

Herstellung von Quarzglas

Eine Methode zur Herstellung von Fused Silica Wafern ist das Aufschmelzen und anschließende Wiedererstarren von hochreinem Quarz.

Eine andere Methode ist die Bildung und anschließende Oxidation von Silizium aus gasförmigen Si-haltigen Ausgangsstoffen (z. B. aus einem $SiCl_4$ + H_2 + O_2 Gemisch), und darauf folgende Verschmelzung dieses „SiO_2-Staubs" zu Quarzglas, das nach dieser Methode hergestellt eine höhere Transparenz im Tief-UV-Bereich aufweist als aufgeschmolzenes und wiedererstarrtes Quarzglas.

Herstellung von Wafern

Aus den dabei entstandenen Blöcken werden Wafer gesägt und poliert, die technischen Verfahren hierzu entsprechen denen zur Herstellung von Silicium oder Quarzwafern.

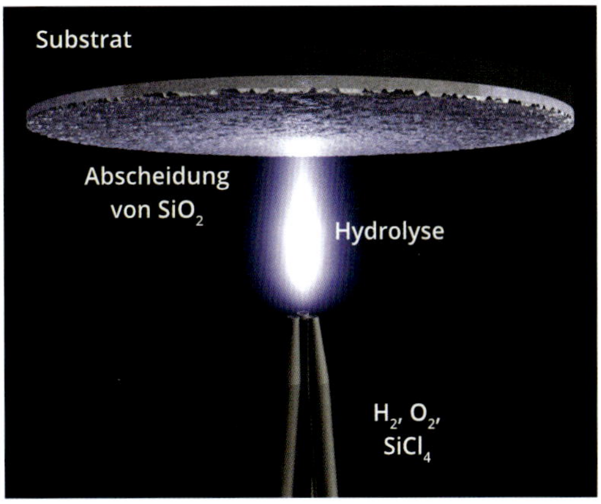

Abb. 35: Schematische Darstellung der Abscheidung von Quarzglas aus den Gasen H_2, O_2 und $SiCl_4$

4.2 Spezifikationen von Quarzglas-Wafern

JGS1 (Ultraviolet Grade Fused Silica)

Diese Wafer zeigen eine hohe Transparenz im kurzwelligen Spektralbereich. Die Transmission liegt im sichtbaren und UV Bereich bis ca. 215 nm bei ca. 90 % und fällt dann bis ca. 150 nm auf Werte nahe 0 % ab.

Im Infrarotbereich zeigen sich bereits ab ca. 1.2 µm Wellenlänge Absorptionsbanden welche ihren Ursprung auch in der rel. hohen OH-Konzentration von typ. 1000 ppm haben.

JGS2 (Optical Grade Fused Quartz)

Verglichen mit JGS1 Wafern ist bei den deutlich günstigeren JGS2 Wafern der Bereich hoher Transmission zu größeren Wellenlängen hin verschoben: Die UV-Absorption beginnt bereits unterhalb von ca. 270 nm deutlich, während im sichtbaren und IR-Bereich die Transmission bis ca. 2 µm durch die geringere OH-Konzentration (typ. < 300 ppm) oberhalb von ca. 90 % liegt, also im Wesentlichen nur durch Reflexionsverluste begrenzt ist.

JGS3 (Full Spectrum Fused Silica)

Diese auch verglichen mit JGS1 Material teuren Wafer zeigen wegen ihrer sehr geringen OH-Konzentration (typ. < 10 ppm) über einen großen Spektralbereich von ca. 200 nm - 3 µm eine Transmission > 80 %, im Bereich 250 nm - 2.5 µm nahe 90 %, also im Wesentlichen nur durch Reflexionsverluste begrenzt.

Oberfläche

Quarzglas-Wafer sind üblicherweise beidseitig poliert, eine einseitige Politur ist auf Anfrage grundsätzlich machbar. Die Rauigkeit der polierten Seite(n) liegt üblicherweise bei < 1 nm, ein Wert von < 0.5 nm welcher nahezu atomarer Glattheit entspricht ist technisch ebenfalls machbar.

5. HERSTELLUNG UND SPEZIFIKATIONEN VON GLAS-WAFERN

Für Anwendungen bei denen weder die hohe Durchschlagsfestigkeit von Quarz, noch die hohe Transparenz im ultravioletten, sichtbaren oder infraroten Spektralbereich, oder die thermische Stabilität von Quarz oder Quarzglas gefordert ist, sind Borosilikatglas-Wafer eine preiswerte Alternative.

5.1 Borosilikatglas und normales Glas im Vergleich

Zusammensetzung

Borosilikatglas besteht zu ca. 80 % aus Siliciumdioxid (SiO_2), und ca. 5 - 15 % Bortrioxid (B_2O_3). Weitere Additive sind Alkalioxide (Na_2O, K_2O), Aluminiumoxid (Al_2O_3) und Erdalkalioxide (CaO, MgO). Borosilikatgläser besitzen zur Erhöhung der Transparenz gewöhnlich einen sehr geringen Eisengehalt, welcher die typische Grünfärbung von Fensterglas verursacht.

Eigenschaften

Aufgrund seines Borgehaltes weist Borosilikatglas verglichen mit Fensterglas eine deutlich höhere chemische Stabilität gegenüber Wasser, vielen Chemikalien und pharmazeutischen Produkten auf.

Zudem zeigt Borosilikatglas durch seinen verglichen mit Fensterglas weniger als halb so großen Wärmeausdehnungskoeffizienten eine deutlich höhere thermische Stabilität gegenüber Temperaturschwankungen.

5.2 Herstellung von Glas-Wafern

Für die Weiterverarbeitung zu Glaswafern bestimmtes Borosilikatglas wird im „Floatprozess" hergestellt (Abb. 36). Hierbei lässt man geschmolzenes Glas aus einem Schmelzofen kontinuierlich über ein Bad aus geschmolzenem Zinn fließen, worauf es sich gleichmäßig verteilt und auf die gewünschte Dicke gebracht wird.

Auf der anderen Seite des Zinnbades wird das mittlerweile erstarrte Glas von der Zinnoberfläche abgehoben, spannungsarm gekühlt und auf die gewünschten Maße zugeschnitten.

Abb. 36: Die Herstellung von Glasscheiben aus Borosilikatglas im „Floatprozess"-Verfahren

5.3 Spezifikationen von Glas-Wafern

Durchmesser und Abmessungen

Verfügbare Durchmesser sind 2, 3, 4, 5, 6 und 8 Zoll, andere Größen gerne auf Anfrage. Ebenfalls möglich ist die Vereinzelung in rechteckige Stücke, was wir gerne auf Anfrage anbieten.

Wafer-Dicke und Oberfläche

Standard-Dicken sind 500, 700 und 1100 µm, andere Dicken gerne auf Anfrage. Die Oberflächen können ein- oder beidseitig poliert sein. Die Rauigkeit der polierten Seite(n) liegt üblicherweise bei < 1.5 nm.

5.4 Eigenschaften von Quarz, Quarzglas und Glas im Vergleich

	Quarz	Quarzglas	Borosilikatglas
Zusammensetzung	SiO_2 (100 %)	SiO_2 (100 %)	SiO_2 (ca. 80 %), B_2O_3
Dichte (g/cm³)	2.65	2.2	2.2
Mohshärte	7	5.3 - 6.5	6.5
Schmelzpunkt (nur Quarz) bzw. maximale Einsatztemperatur (°C)	1670 / 1713*	1400	400 - 500
Brechungsindex (600 nm)	1.54	1.46	1.47
Spektraler Transmissionsbereich (µm)	0.15 - 4	0.17 - 3**	0.35 - 2
Wärmeausdehnungskoeffizient (10^{-6}/K)	8 - 13***	0.54	3
Wärmeleitfähigkeit (W/mK)	6 - 12****	1.38	1.2
Durchschlagsfestigkeit (kV/mm)	> 1000	40	30

Tab. 2: Ausgewählte Materialeigenschaften von Quarz, Quarzglas und Borosilikatglas im Vergleich

* *Bei diesen Temperaturen hat sich Quarz bereits in Tridymit (1670 °C) oder Cristobalit (1713 °C) umgewandelt*

** *Unterschiedliche Transmissionsbereiche für JGS1, JGS2 und JGS3 Material*

*** *Anisotrop, abhängig von der Kristallrichtung*

**** *Anisotrop, abhängig von der Kristallrichtung*

Der Begriff *Fotolithografie* bezeichnet die Bearbeitung von Oberflächen mit Hilfe fotografisch strukturierter Lackmasken.

Das folgendes Kapitel beschreibt alle Teilschritte der Herstellung entsprechender Lackstrukturen, angefangen von der Substratvorbehandlung über verschiedene Belackungsmethoden, das Trocknen der Lackschicht, deren Belichtung und Entwicklung bis hin zum Entfernen der Lackmaske nach dem angewandten Lithografieschritt.

KAPITEL 02

FOTOLACK PROZESSIERUNG

6. ZUSAMMENSETZUNG UND EIGENSCHAFTEN VON AZ® UND TI FOTOLACKEN

Dieses Kapitel beschreibt die grundsätzliche chemische Zusammensetzung und die sich daraus ableitenden chemischen und physikalischen Eigenschaften der von uns vertriebenen AZ® und TI Fotolacke mit einem Schwerpunkt darauf, wie und nach welchen Kriterien Fotolacke für bestimmte lithografische Anwendungen wie nass- und trockenchemisches Ätzen, Lift-off oder die galvanische Abformung entwickelt und ausgewählt werden.

6.1 Das Harz

Die Funktion des Harzes

Das Harz eines Fotolacks bildet die Matrix der entwickelten Lackstrukturen, welche als Lackmaske das darunter liegende Substrat an diesen Stellen vor den chemischen oder physikalischen Einwirkungen nachfolgender lithografischer Prozesse wie nass- oder trockenchemisches Ätzen, galvanische Abformung, Implantation oder Lift-off schützen.

Auch wenn grundsätzlich jeder Fotolack im Rahmen seiner Möglichkeiten für nahezu jeden Prozess eingesetzt werden kann, besitzen die meisten Lacke ein auf bestimmte Anwendungen hin optimiertes Harz.

Positiv- und Umkehrlacke

Das Harz der meisten AZ® und TI Positiv- und Umkehrlacken ist Novolak, ein aus Formaldehyd und Phenol polymerisiertes Phenolharz (Abb. 37). Bei chemisch verstärkten Lacken wie dem Dicklack AZ® 40 XT kommen zusätzlich noch andere Harze zum Einsatz.

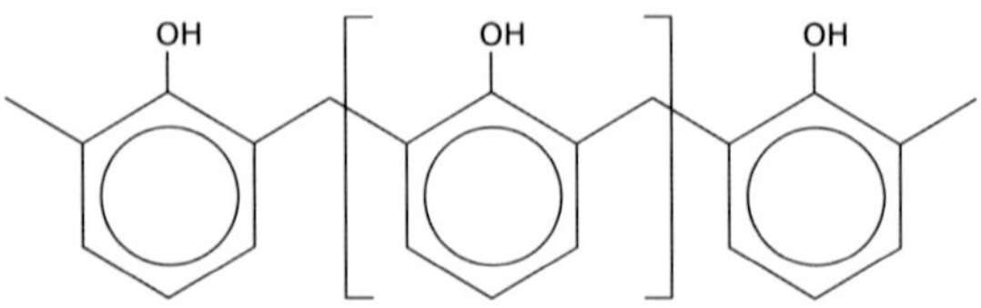

Abb. 37: Die Strukturformel von Phenolharz welches die Matrix der meisten AZ®- und TI Fotolacke bildet.

Die Kettenlängenverteilung der Harzmoleküle bestimmt maßgebliche Eigenschaften des Fotolacks: Eine hohe mittlere Kettenlänge erhöht dessen Erweichungstemperatur und damit die Stabilität gegenüber thermischem Verfließen z. B. beim Trockenätzen oder der Metallisierung für späteren Lift-off, und verringert die Abtragsrate von belichtetem und unbelichtetem Fotolack beim Entwickeln.

Vorwiegend kurzkettige Harzmoleküle hingegen verbessern die Haftung zum Substrat für z. B. nasschemisches Ätzen oder die Galvanik, verringern aber auch die Erweichungstemperatur des Lacks. Fotolacke beinhalten deshalb je nach ihren gewünschten Eigenschaften bzw. ihren Hauptanwendungsgebieten ein entsprechend eingestelltes Gemisch an Harzmolekülen unterschiedlicher Kettenlängen.

Negativlacke

Einige Negativlacke wie die AZ® nLOF 2000 Serie oder der AZ® 15 nXT basieren ebenfalls auf Phenolharz, versetzt mit einem (Melamin-) Quervernetzer.

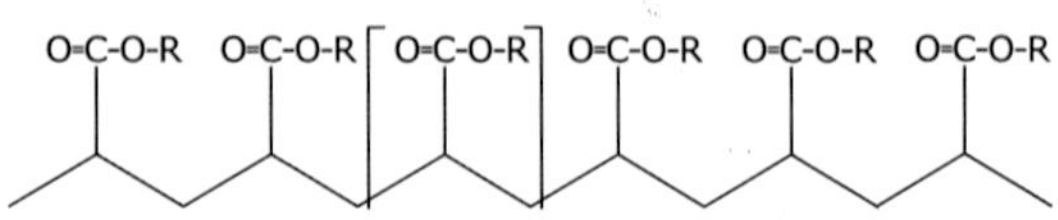

Abb. 38: Die Strukturformel von Acrylharz

Beim Ultradicklack AZ® 125 nXT kommen neben niedermolekularen Harzen auch Acryl-Monomere zum Einsatz, welche beim Belichten sofort ohne nachfolgenden Backschritt polymerisieren (Abb. 38).

6.2 Fotochemie

Definition der Fotostrukturierbarkeit

Ein Lack ist dann ein Fotolack, wenn er sich beim Belichten mit bestimmten Wellenlängen und ggfalls. einem nachfolgenden thermischen Backschritt chemisch so verändert, dass die belichteten und unbelichteten Lackbereiche beim Entwickeln eine möglichst unterschiedliche Abtragsrate aufweisen und so die Herstellung einer strukturierten Fotolackmaske erlauben.

Lacke ohne Fotoempfindlichkeit wie der AZ® 520D können als sogenannte *Schutzlacke* Substrate ganzflächig vor chemischen Angriffen oder Verunreinigungen bei mechanischer Weiterbearbeitung schützen.

Positiv- und Umkehrlacke

Die fotoaktiven Substanzen der AZ® und TI Positiv- und Umkehrlacke gehören zur Gruppe der DiazoNaphto-Quinon-Sulfonate (DNQ-Sulfonat oder einfacher: DNQ).

Deren Anwesenheit in Fotolacken verringert im unbelichteten Zustand als sog. *Inhibitor* die Entwicklungsrate (= alkalische Löslichkeit) um ein bis zwei Größenordnungen unter diejenige von reinem Phenolharz ohne Zugabe von DNQ (Abb. 39).

Beim Belichten mit geeigneten Wellenlängen (je nach genauer chemischer Natur des DNQ typ. 320 - 440 nm) wandelt sich das DNQ unter Stickstoffabspaltung und Bindung eines Wassermoleküls in eine Karbonsäure um (Abb. 82 auf Seite 85), wodurch sich nach vollständiger Belichtung die Entwicklungsrate um drei bis vier Größenordnungen erhöht und nun deutlich über derjenigen von reinem Phenolharz liegt.

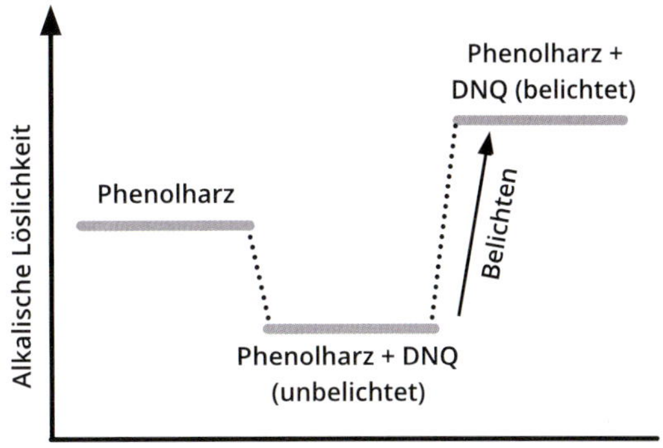

Abb. 39: Die Zugabe von DNQ-basiertem Fotoinitiator verringert die alkalische Löslichkeit von Phenolharz, durch die Belichtung steigt sie um mehrere Größenordnungen.

Bei Umkehrlacken (schematische Darstellung s. Abb. 51 auf Seite 54) erfolgt nach der Belichtung, aber vor der Entwicklung ein Backschritt, welcher die beim Belichteten gebildete Karbonsäure neutralisiert. Die bislang unbelichteten Lackbereiche können durch eine Flutbelichtung (ohne Fotomaske) nun wie ein Positivlack belichtet und dabei entwickelbar gemacht werden.

Negativlacke

Beim Belichten der Negativlacke der AZ® nLOF 2000 Serie und dem AZ® 15 nXT wird ebenfalls eine Karbonsäure gebildet, welche beim nachfolgenden Backschritt das Harz quervernetzt und damit unlöslich im Entwickler macht, während die unbelichteten Lackbereiche im Entwickler löslich bleiben.

Beim Belichten des negativen Dicklacks AZ® 125 nXT findet eine Fotopolymerisation statt. Dabei werden Radikale erzeugt, die bei bereits bei Raumtemperatur eine Quervernetzungsreaktion des Harzes einleiten. Dabei bilden sich weitere Radikale, die unmittelbar während der Belichtung weiter zu immer längeren Harzmolekülen vernetzen und eine Entwicklung der Lackstrukturen ohne vorangehenden Backschritt unmittelbar nach der Belichtung erlauben.

6.3 In Fotolacken verwendete Lösemittel

Lacke zum Aufschleudern

Die beim Aufschleudern (Spin-Coating, s. Abschnitt 10) sehr hohe erzielbare Homogenität und Glattheit der Lackschicht beruht auf dem hohen Siedepunkt der verwendeten Lösemittel, in welchen das Harz gelöst ist. Dadurch bleibt die Lackschicht sowohl während dem Aufschleudern als auch einige Zeit danach ausreichend niederviskos um zum einem auf eine über das gesamte Substrat gleichmäßige Lackschichtdicke ausgedünnt zu werden, als auch zwischen Belackung und Softbake im mm- bis µm-Maßstab zu glätten.

Zudem verhindert ein hoher Siedepunkt und entsprechend geringer Dampfdruck bei Raumtemperatur ein rasches Verdunsten aus offenen Lackgebinden und beim Dispensieren des Lacks, wodurch ein reproduzierbares und sicheres Arbeiten gewährleistet wird.

Das Lösemittel der meisten AZ® und TI Fotolacke ist PGMEA (2-Methoxy-1-methylethylacetat, Siedepunkt 148°C), welches auch als Verdünner von Lacken oder zum Randentlacken von Substraten als *AZ® EBR Solvent* (früher: *AZ® 1500 Thinner*) vertrieben wird. Bei einigen Fotolacken kommen neben bzw. statt PGMEA auch z. B. Butylacetat (Siedepunkt 127°C, z. B. im AZ® 701 MiR) und Ethyllactat (Siedepunkt 154°C, z. B. im AZ® 701 MiR und der AZ® ECI 3000 Serie) zum Einsatz.

Je nach eingestellter Viskosität der Fotolacke bildet das Lösemittel mit etwa 55 - 85 % deren Hauptbestandteil und liegt nach dem Softbake noch mit ca. 2 - 5 % in der Lackschicht vor (vgl. 13.2 auf Seite 71 und Abb. 64 auf Seite 72).

Sprühlacke

Für die Sprühbelackung (s. Abschnitt 11) optimierte Sprühlacke benötigen im flüssigen Zustand zur Zerstäubung zu einem feinen Sprühnebel eine deutlich höhere Lösemittelkonzentration als für das Aufschleudern optimierte Lacke. Um ein zu starkes Verfließen der gebildeten Lackschicht von Texturen auf dem Substrat oder dem Substrat selbst zu unterdrücken muss ein ausreichender Anteil des Lösemittels aus den Lacktröpfchen bereits im Flug zwischen Sprühkopf und Substrat verdunsten. Gleichzeitig sollte in den Lacktröpfchen und der gerade gebildeten Lackschicht eine ausreichende Lösemittelmenge vorhanden sein, um ein Zusammenfließen zu einer geschlossenen Lackschicht und deren Glättung zu ermöglichen (Abb. 59 auf Seite 65).

Deshalb enthalten Sprühlacke neben einem hochsiedenden Lösemittel wie PGMEA auch niedersiedende Lösemittel wie Aceton oder MEK. Das Konzentrationsverhältnis hoch- und niedersiedender Lösemittel bestimmt, ob die gebildete Lackschicht entweder eine maximale Kantenbedeckung (das rasch verdunstende Lösemittel dominiert) oder eine besonders glatte Oberfläche (hohe Konzentration an langsam verdunstendem Lösemittel) aufweist.

Tauchlacke

Für die Tauchbeschichtung (s. Abschnitt 12) optimierte Lacke benötigen im flüssigen Zustand zur Ausbildung einer hinreichend dünnen Lackschicht eine relativ hohe Lösemittelkonzentration. Zur Vermeidung des Abfließens der Lackschicht von den bei der Tauchbeschichtung üblicherweise senkrecht gehaltenen Substraten muss ein Großteil des Lösemittels nach der Belackung rasch verdunsten. Gleichzeitig aber sollte die gebildete Lackschicht zu ihrer Glättung für einige Minuten ausreichend niederviskos bleiben.

Deshalb bestehen Tauchlacke aus einem niedersiedenden Lösemittel wie Aceton oder MEK zur Einstellung der anfänglichen Viskosität und damit der Lackschichtdicke, sowie einem hochsiedenden Lösemittel wie PGMEA zur Homogenisierung und Glättung der Lackschicht.

6.4 Weitere Bestandteile

Neben dem Harz, fotoaktiven Substanzen und Lösemitteln können AZ® und TI Fotolacke auch Anti-Oxidationsmittel, Haftverbesserer und Stoffe zur Modifizierung der Oberflächenspannung zur raschen Glättung aufgebrachter Lackschichten enthalten.

Einige Lacke wie der PI 177 oder der AZ® 520D sind für eine einfachere visuelle Inspektion der Homogenität des Belackungsergebnisses mit einem im sichtbaren Spektralbereich absorbierenden Farbstoff eingefärbt.

Umkehrlacke enthalten Additive, welche beim Umkehrprozess die belichteten Fotolackbereiche unlöslich im Entwickler machen (Schema s. Abb. 51 auf Seite 54).

6.5 Thermische Beständigkeit

Erweichen und Verfließen

Nicht quervernetzte Harze besitzen keinen definierten Schmelzpunkt sondern zeigen eine mit zunehmender Temperatur abnehmende Viskosität. Dadurch beginnen entwickelte Positivlackstrukturen innerhalb bestimmter Temperaturbereiche so stark zu erweichen dass sie aus ehemals rechteckigen Lackprofilen hin zu linsenförmigen Querschnitten verrunden (*Reflow,* s. Abschnitt 19.2 auf Seite 108), wobei der Aufsatzpunkt der Lackstrukturen auf dem Substrat jedoch üblicherweise erhalten bleibt.

Diese für einen ausgeprägten Reflow notwendige Temperatur liegt bei AZ® und TI Positiv- und Umkehrlacken zwischen ca. 100 - 110°C (AZ® 1500, 4500, 4999, 9200, 40 XT, ECI 3000, PL 177) und 130 - 135°C (z. B. AZ® 701 MiR).

Quervernetzte Lackstrukturen wie Negativlacke oder thermisch quervernetzte Positivlacke zeigen kein thermoplastisches Verhalten und damit auch bei höheren Temperaturen keinen Reflow. Bei Positivlacken kann eine nur oberflächennah durchgeführte Quervernetzung via Tief-UV Härtung (s. Abschnitt 19.3 auf Seite 109) ein thermisches Verrunden verhindern.

Versprödung

Ab ca. 130°C reagieren Fotolackschichten, begleitet von einer zunehmend sichtbar bräunlichen Färbung, zunehmend mit (Luft-)sauerstoff und verspröden, was beim Auftreten mechanischer Spannungen die Gefahr einer Rissbildung erhöht. Diese Risse sind meist nur unter dem Mikroskop sichtbar, können aber gerade bei nasschemischen Prozessen wie Ätzen oder der galvanischen Abformung zu einer fehlerhaften Strukturierung führen wenn die Risse die gesamte Lackdicke zwischen Substrat und dem Medium über der Lackschicht überbrücken.

Je heißer gebacken wird, und je dicker (und damit für eine Rissbildung empfindlicher) die Lackschicht ist, desto sanfter sollte deshalb die Abkühlrate, und desto vorsichtiger das weitere Handling der Substrate gestaltet werden.

Thermische Quervernetzung

Nicht quervernetzte Positivlackstrukturen beginnen ab ca. 130°C thermisch querzuvernetzen. Im Rahmen ihrer Prozessierung quervernetzte Negativlackstrukturen verstärken bei höheren Temperaturen ihren Quervernetzungsgrad.

Dadurch kann sich die chemische Stabilität der Lackstruktur erhöhen, aus eben diesem Grund aber auch das spätere gewollte nasschemische Entfernen des Lacks schwierig bis unmöglich gestalten.

Schrumpfen der Lackstrukturen

Mit zunehmender Temperatur sinkt nicht nur der Restlösemittelanteil des Lacks weiter, sondern es verdampfen auch flüchtige Bestandteile des Festkörperanteils. Dabei schrumpfen Lackstrukturen, wodurch auch bei quervernetzten Harzen von Negativlacken (der AZ® 125 nXT zeigt dieses Verhalten vergleichsweise deutlich) eine leichte Verrundung bzw. Verformung zu beobachten ist, ohne dass ein Verfließen durch Erreichen einer Erweichungstemperatur erfolgt wäre.

6.6 Chemische Beständigkeit

Säuren

In den meisten wässrig sauren Medien wie auch höher konzentrierter Salz-, Phosphor-, Schwefel- oder Flusssäure sind AZ®- und TI-Lacke ausreichend stabil für typische Ätzprozesse oder galvanische Abscheidungen.

Stark oxidierende Säuren wie Salpetersäure oder Gemische aus Wasserstoffperoxid und Schwefelsäure greifen den Lack jedoch chemisch an, und bei Flusssäure kann die Diffusion der F^--Ionen zum Substrat und dessen Ätzangriff zu einem vorzeitigen Ablösen der Lackschicht führen (s. Abb. 116 auf Seite 129).

Basen

Die alkalische Stabilität von AZ®- und TI-Lacken ist deutlich geringer als die im Sauren. Belichtete Positivlacke und unbelichtete AZ® Negativlacke werden bereits von z. B. 0.5 %iger NaOH oder KOH entwickelt, unbelichtete Positivlackstrukturen ab pH-Werten von ca. 9 - 10 zunehmend stark angegriffen.

Eine Quervernetzung des Harzes (thermische Quervernetzung von Positivlacken mittels eines Hardbakes bei Temperaturen > 150°C (s. Abb. 100 auf Seite 107) bzw. mittels Verwendung quervernetzender Negativlacke erhöhen die alkalische Stabilität deutlich. Jedoch eignen sich auch stark quervernetzte Fotolackstrukturen unter keinen Umständen als Maske für KOH- oder TMAH-basiertes Silicium-Ätzen. Hierfür sollte eine Hartmaske aus SiO_2, Siliciumnitrid oder alkalisch stabilen und gut haftenden Metallen wie Chrom verwendet werden, die ihrerseits fotolithografisch strukturiert werden können.

Organische Lösemittel

AZ® und TI Positiv- und Umkehrlacke sind in nahezu allen organischen Lösemitteln löslich. Eine erhöhte wenn auch nicht dauerhafte Stabilität gegenüber Lösemitteln ist über eine Quervernetzung via Tief-UV-Härtung (s. Abschnitt 19.3 auf Seite 109), einem ausreichend Hardbake (Abschnitt 19.1 auf Seite 106), oder der Verwendung quervernetzender Negativlacke wie der AZ® nLOF 2000 Serie) erzielbar.

Elektrolyte

Unsere Fotolacke sind in allen gängigen sauren Elektrolyten ausreichend stabil, während alkalische Elektrolyte die Lackstrukturen angreifen und so das Bad organisch verunreinigen können. Die Verwendung quervernetzender Negativlacke wie dem AZ® 15 nXT oder 125 nXT kann den Einsatzbereich von Lackmasken auch bei moderat alkalischen Elektrolyten ermöglichen (Details hierzu s. Abschnitt 34 auf Seite 167).

6.7 Trockenätzstabilität

Chemische und physikalische Stabilität

Die Stabilität von Harzen und Polymeren in Plasmen hängt von deren chemischen Grundstruktur ab und liegt deshalb bei allen auf Phenolharz basierenden AZ® und TI Lacken in einem vergleichbaren Bereich. Eine möglichst geringe Restlösemittelkonzentration, wie sie mittels eines ausreichenden Softbakes erzielt wird, kann die Lackstrukturen weiter stabilisieren (s. Abb. 64 auf Seite 72).

Je mehr Sauerstoff im Plasma vorhanden ist, desto höher ist die Abtragsrate der Lackstrukturen was beim gewünschten Übertrag des Lackprofils in das darunter liegende Substrat gezielt ausgenutzt wird.

Thermische Stabilität

Ein häufiges Kriterium bei der Auswahl für das Trockenätzen geeigneter Lacke ist oft eine hohe Erweichungstemperatur, um ein thermisches Verfließen der Lackmaske während des Ätzens zu verhindern.

Da die Erweichungstemperatur der meisten Positivlacke in der Nähe von 100 - 110°C liegt und deren Prozessierung diesen Temperaturbereich nur in Grenzen erhöhen kann, sind Maßnahmen zur Verringerung der auftretenden Temperaturen beim Trockenätzen oder der Einsatz von Negativlacken meist zielführender.

6.8 Optische Absorption

Die optische Absorption und damit die spektrale Empfindlichkeit unserer Fotolacke im unbelichteten Zustand erstreckt sich vom kurzwelligen sichtbaren bis in den nahen ultravioletten Spektralbereich und ist den g- (435 nm), h- (405 nm) und i- (365 nm) Linien der üblicherweise verwendeten Hg-Dampflampen angepasst. Daraus resultiert das typisch rötlich-bräunliche Erscheinungsbild bereits weniger µm dicker Schichten.

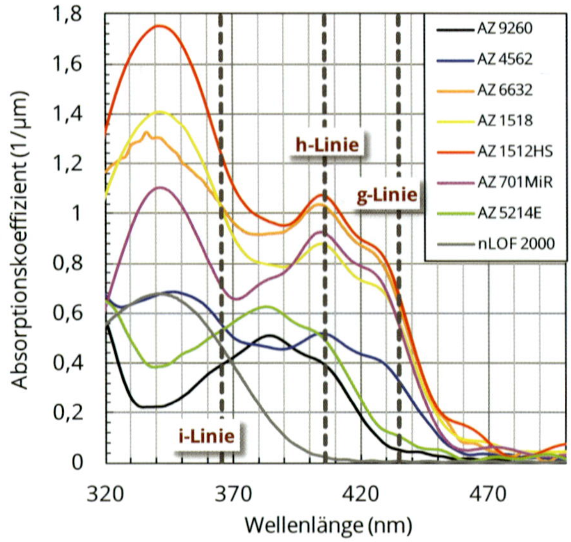

Abb. 40: Die Absorptionsspektren unbelichteter Fotolackschichten hängen von der Art und Konzentration des eingesetzten Fotoinitiators ab.

Einigen Lacken wie dem AZ® 5214 E oder 9260 fehlt die g-Linien Absorption, der AZ® 40 XT so wie die Negativlacke AZ® nLOF 2000, 15 nXT und 125 nXT sind nur um die i-Linie ausreichend empfindlich (Abb. 40).

Beim Belichten kann sich die spektrale Absorption ändern: Chemisch nicht verstärkte Positiv- und Umkehrlacke bleichen dabei bis ca. 300 nm Wellenlänge nahezu vollständig was die Durchbelichtung dicker Lackschichten erst möglich macht (s. Abschnitt 16.6 auf Seite 90).

Die Lacke PL 177 und AZ® 520 D sind für eine bessere visuelle Kontrolle der Homogenität und Defektfreiheit der aufgebrachten Lackschicht zusätzlich im sichtbaren Spektralbereich eingefärbt, womit allerdings keine (zusätzliche) Fotoempfindlichkeit einhergeht.

6.9 Viskosität

Dicklacke wie der AZ® 9260 mit einem Festkörperanteil von über 40 % besitzen bei Raumtemperatur eine Viskosität von ca. 500 cSt, Ultradicklacke wie der AZ® 40 XT oder AZ® 125 nXT erreichen ca. 5000 cSt.

Die Viskosität von Dünnlacken wie dem AZ® 1505 liegt bei < 10 cSt, fertig verdünnte Ansätze für die Tauch- oder Sprühbelackung (z. B. AZ® 4999) haben eine noch geringere Viskosität von wenigen cSt.

7. LAGERUNG UND HANDHABUNG VON FOTOLACKEN UND HILFSSTOFFEN

Fotochemikalien sind üblicherweise mit einem Haltbarkeitsdatum ausgestattet, innerhalb dessen sie unter den vorgegebenen Lagerbedingungen ihre Spezifikationen einhalten. Dieses Kapitel beschreibt, über welche Mechanismen und mit welchen Auswirkungen verschiedene Fotochemikalien und Hilfsstoffe altern, und was deshalb bei der Lagerung und Handhabung beachtet werden sollte, um mit ihnen über einen möglichst langen Zeitraum reproduzierbar arbeiten zu können.

7.1 Das Haltbarkeitsdatum

Die Bedeutung des Haltbarkeitsdatums

Vom Zeitpunkt der Produktion an unterliegen Flüssigchemikalien durch chemische Reaktionen einem Alterungsprozess, wodurch sich die Zusammensetzung des Produktes stetig ändert. Bei Positivlacken dominiert hierbei meist der Zerfall der fotoaktiven Substanzen, bei Negativlacken finden Quervernetzungs-Reaktionen des Harzes statt und bei Entwicklern eine graduelle Neutralisation durch Eindringen von CO_2 durch die Gebindewände. Zudem können sich aus den Gebinden Partikel und Fremdmetallionen im Produkt lösen was sich auf dessen Reinheitsgrad auswirkt.

Mit der Angabe des Haltbarkeitsdatums gibt der Hersteller an, wie lange unter den vorgegebenen Lagerbedingungen die Spezifikationen des Produktes hinsichtlich seiner Zusammensetzung, seinen Eigenschaften bei der Prozessierung und seinem Reinheitsgrad eingehalten werden können.

Prozessführung vor und nach Ablauf des Haltbarkeitsdatums

Da es sich bei allen Alterungsprozessen um stetige Änderungen der Produkteigenschaften handelt bedeutet das Haltbarkeitsdatum keineswegs, dass ein Produkt bis dahin unverändert und danach gar nicht mehr eingesetzt werden kann.

Vielmehr kann es bei sehr kritischen Prozessen mit engem Parameterfenster, oder am Rand des optimalen Parameterfensters gefahrenen Prozessen notwendig sein, schon vor Ablauf des Haltbarkeitsdatums bestimmte Parameter wie die Belichtungsdosis oder Entwicklungsdauer von Fotolacken nachzuregeln.

Sehr unkritische Prozesse hingegen können es grundsätzlich erlauben, dafür eingesetzte Fotochemikalien auch deutlich über deren angegebenes Haltbarkeitsdatum hinaus ohne signifikante Auswirkung auf das Ergebnis einzusetzen.

7.2 Temperaturgrenzen während der Lagerung

Lagertemperatur und Alterung

Das angegebene Haltbarkeitsdatum bezieht sich stets auf einen bestimmten Temperaturbereich während der Lagerung. Darüber hinaus gehende Temperaturen können dazu führen, dass bestimmte Parameter bereist vor Ablauf der nominellen Resthaltbarkeit außerhalb der angegebenen Spezifikationen liegen. Kühlere Temperaturen hingegen können die Alterung und damit die Drift der Prozessparameter verlangsamen.

Fotolacke

Die Auswirkungen zu hoher Lagertemperaturen von Fotolacken entsprechen einer beschleunigten Alterung. Bei unkritischen Lacken oder/und Prozessen mit breitem Parameterfenster ist eine Lagerung bei Raumtemperatur meist vertretbar.

Bei hinsichtlich Reproduzierbarkeit kritischen Prozessen, besonders wärmeempfindlichen Fotolacken oder der Vorgabe, den Lack auch über die nominelle Resthaltbarkeit hinaus verwenden zu können, sollte eine Lagertemperatur von 5 - 10 °C angestrebt werden (sofern der Hersteller nicht noch geringere Temperaturen vorgibt).

Gekühlte Gebinde müssen jedoch vor dem Öffnen der Umgebungstemperatur angeglichen werden (z. B. am Abend vor der Prozessierung aus dem Kühlschrank nehmen), um beim Öffnen des Gebindes die Bildung von Kondenswasser in der Lackflasche, welches den Lack schädigenden kann, zu verhindern. Bei kontinuierlichem Verbrauch kann es daher sinnvoll sein, eine separate Abfüllung in ein kleineres Gebinde bei Raumtemperatur vorzuhalten und aufzubrauchen während das größere Originalgebinde gekühlt gelagert wird.

Entwickler und Remover

Bei wässrigen Entwicklerlösungen sollte lediglich ein Einfrieren verhindert werden, während ein moderates und nicht langfristiges Überschreiten der empfohlenen Lagertemperatur die Produkteigenschaften in der Regel nicht negativ beeinflusst.

Kälteempfindliche Produkte

Das Lösemittel DMSO (Dimethylsulfoxid) besitzt einen Schmelzpunkt knapp unter Raumtemperatur, kann also bereits bei Lagerung in kühleren Räumen einfrieren. Ein Auftauen kann mehrere Tage erfordern, danach ist das Produkt jedoch unverändert einsetzbar.

Gepufferte Flusssäure (BOE) kristallisiert je nach HF-Konzentration in kühler Umgebung aus, was durch ein mehrtägiges moderates Erwärmen grundsätzlich reversibel, jedoch wegen eventuell noch vorhandenen kleinen Kristallen welche sich auf dem Substrat absetzen können jedoch nicht unproblematisch ist.

7.3 Lichtbedingungen

Warum Gelblicht?

Die für die Fotoreaktion verantwortlichen Absorptionsbanden üblicher DNQ-basierter Fotolacke liegen im Bereich von 320 - 450 nm Wellenlänge und damit auch deutlich im kurzwelligen sichtbaren blauen und – mit bereits deutlich geringerer Empfindlichkeit – grünen Spektralbereich (vgl. Abb. 40).

Selbst bei reinen i-line (365 nm) Lacken besteht eine Restempfindlichkeit für blaues Licht, die v. a. bei quervernetzenden Negativlacken oder chemisch verstärkten, entsprechend hoch empfindlichen Positivlacken kritisch sein kann.

Deshalb kann nicht nur der UV-Anteil von Sonnen- oder blauem Himmelslicht, sondern auch weißes Kunstlicht aus z. B. weißen Leuchtstoffröhren oder LEDs Fotolack unbeabsichtigt belichten, wenn keine geeignete Abschirmung durch Filter mit einer ausreichend starken Absorption für Wellenlängen unter ca. 520 nm erfolgt (vgl. Abb. 42 auf Seite 45).

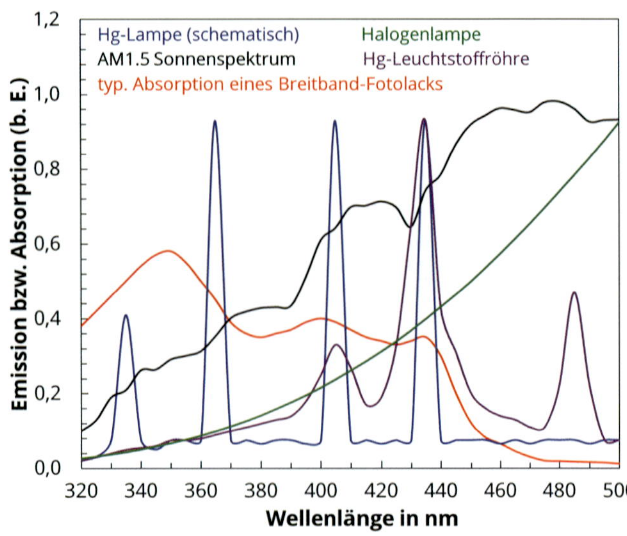

Abb. 41: Die Emissionsspektren verschiedener Lichtquellen sowie das Absorptionsspektrum eines Breitband-Fotolacks im kurzwelligen sichtbaren und nahen ultravioletten Spektralbereich

Lagerung von Gebinden

AZ® und TI Fotolacke werden in Lichtschutzflaschen ausgeliefert, so dass der Lack beim Transport und der Lagerung auch bei entfernter Umverpackung vor Weißlicht geschützt ist. Direkte Sonnenstrahlung sollte allerdings aus Gründen der damit verbundenen Erwärmung des Gebindes und des darin befindlichen Lacks vermieden werden.

Bei Entwicklern, Removern, Lösemitteln und Ätzchemikalien sind die Lichtbedingungen unkritisch, soweit in den jeweiligen Datenblättern nicht anders vermerkt.

Lagerung belackter Substrate

Die Handhabung und Lagerung belackter Substrate darf zur Vermeidung einer ungewollten Belichtung nur unter geeigneten Lichtbedingungen erfolgen. Positivlacke würden sonst im Entwickler einen erhöhten Abtrag an den Stellen zeigen die beim eigentlichen Belichten durch die Fotomaske geschützt waren, Negativlacke dort quervernetzen wo keine Quervernetzung statt finden soll.

Entwickelte Positivlackstrukturen sind dann vor ungeeigneten Lichtbedingungen zu schützen, wenn eine maximale alkalische Stabilität der Fotolackmaske für z. B. nasschemisches Ätzen oder die galvanische Abschei-

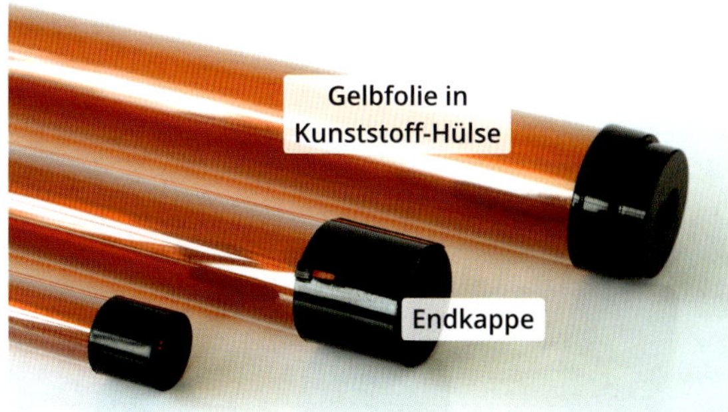

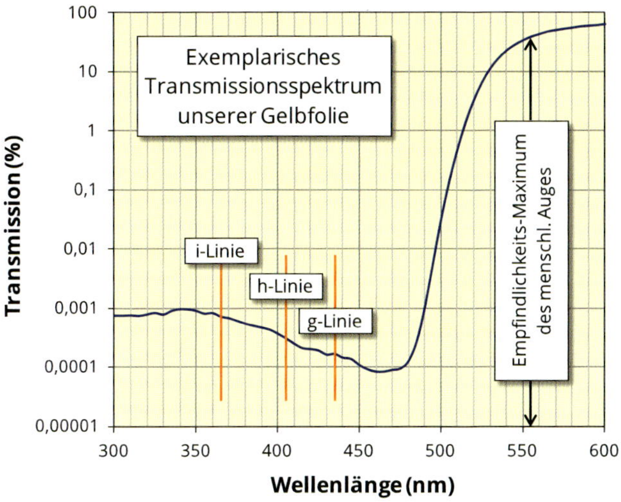

Abb. 42: Links oben: Unsere selbstklebende Gelbfolie mit (temporärer) Trägerfolie für den Einsatz auf z. B. Fensterscheiben oder flächigen Lichtquellen.

Rechts oben: Die gleiche Gelbfolie, montiert in eine Kunststoffhülse mit Endkappen zur Filterung des Lichts weißer Leuchtstoffröhren.

Links: Eine exemplarische Messung der spektralen Transmission unserer Gelbfolie zeigt eine ausreichende Transmission ab Wellenlängen für welche das menschliche Auge besonders empfindlich ist, gleichzeitig eine Blockade des Spektralbereichs welcher g-, h- und i-line empfindliche Fotolacke belichten kann, um mehrere Größenordnungen bis nahe an die Nachweisgrenze.

dung erforderlich ist, da ein (unfreiwilliges) Belichten die Löslichkeit dieser Lackstrukturen in alkalischen Medien erhöht wie es ja die Grundlage für den Entwicklungsvorgang darstellt. Gleiches gilt bei der Verwendung von im Positivmodus prozessierten Umkehrlacken (Abb. 51 auf Seite 54).

Beurteilung verschiedener Weißlicht-Quellen

Tab. 3 zeigt, unter welchen Beleuchtungsszenarien nach welchen Zeiträumen Fotolackschichten mehr oder weniger kritische Belichtungsdosen erhalten. Sowohl die Absorption eines beispielhaft gewählten, 2 µm dicken, bei g-, h- i-line empfindlichen Breitbandlacks als auch die spektrale Verteilung und Intensität der Einstrahlung der aufgeführten Lichtquellen sollen hierbei nur als grobe Abschätzung dienen, die Auswirkung nicht optimaler Lichtverhältnisse auf die Fotolackprozessierung zu beurteilen.

Lichtquelle (r.) und Dauer (u.)	**Typ. 350 W Mask-Aligner**	**Direktes Sonnenlicht**	**Himmelslicht (Mittag)**	**80 W Hg Leuchtstoff-röhre, 2 m Abstand**	**100 W Halogenlampe (2600 K), 2 m Abstand**
1 Sekunde	25 mJ/cm²	12 mJ/cm²	1.2 mJ/cm²	0.075 mJ/cm²	0.009 mJ/cm²
10 Sekunden	250 mJ/cm²	116 mJ/cm²	12 mJ/cm²	0.75 mJ/cm²	0.092 mJ/cm²
1 Minute	1.5 J/cm²	0.70 J/cm²	72 mJ/cm²	4.5 mJ/cm²	0.55 mJ/cm²
10 Minuten	15 J/cm²	7 J/cm²	0.72 J/cm²	45 mJ/cm²	5.5 mJ/cm²
1 Stunde	90 J/cm²	42 J/cm²	4.3 J/cm²	271 mJ/cm²	33 mJ/cm²
24 Stunden	> 100 J/cm²	> 100 J/cm²	> 100 J/cm²	6.5 J/cm²	0.79 J/cm²

Tab. 3: Eine Abschätzung der von typischen Positivlackschichten unter verschiedenen Lichtbedingungen für verschiedene Zeiten absorbierten Lichtdosen. Das Farbschema reicht von grün (für übliche Lacke und Prozesse unkritisch) über gelb und orange bis rot (durchbelichtet).

Wie die Abschätzung zeigt, können direktes Sonnenlicht wie auch das blaue Himmelslicht bereits nach wenigen Sekunden, weiße Leuchtstoffröhren mit ihrem hohen Blaulichtanteil bereits nach wenigen Minuten Fotolackschichten mit kritischen, also in der Größenordnung der für eine Durchbelichtung notwendigen Lichtdosen belichten.

Mögliche Ursachen für unzureichendes Gelblicht

Viele kommerziell erhältliche Gelbfolien blocken kurzwelliges Licht nur unzureichend: Selbst eine Transmission kurzwelliger sichtbarer Strahlung von nur 0.1 % genügt, dass dadurch gefiltertes direktes Sonnenlicht in weniger als einer Stunde Fotolackschichten nahezu durchbelichtet.

Hinsichtlich ihrer Transmissionseigenschaften optimierte Filterfolien können mechanisch und chemisch altern: Bei Verwendung ungeeigneter Trägermaterialien können Folien durch die Wärmeentwicklung der Lichtquellen feinste Risse bekomme, welche kurzwelliges Licht transmittieren. UV-Strahlung aus älteren Hg Leuchtstoffröhren oder Tageslicht kann unzureichend stabile Farbstoffe in der Gelbfolie zersetzen und so ebenfalls deren Transmission für kurzwelliges Lichts ansteigen lassen.

Schnelltest auf geeignete Gelblichtbedingungen

Sehen blaue Gegenstände in Ihrem Gelbraum bläulich, anstatt grau oder schwarz aus? Dies ist bereits ein deutlicher Hinweis auf unzureichende Gelblichtbedingungen.

Belastbare Ergebnisse liefert folgender Test: Belacken Sie ein Substrat und decken es nach dem Softbake zu einer Hälfte mit z. B. einer schwarzen Folie ab. Lagern Sie das auf diese Weise teilweise abgedeckte Substrat nun für einen Tag im Gelbraum an einer exponierten Stelle unter einer Leuchtstoffröhre oder in der Nähe eines Fensters. Geben Sie das Substrat danach für 5 - 10 Minuten in einen für diesen Lack geeigneten Entwickler. Falls Sie feststellen, dass der vom Licht ungeschützte Bereich des Substrats einen (höheren) Lackabtrag aufweist als die abgedunkelte Fläche, deutet dies auf unzureichendes Gelblicht hin.

Unsere Gelbfolie und Filterröhren

Unsere Gelbfolie (als Fensterfolie oder fertig in Filterröhren für Leuchtstoffröhren eingearbeitet, s. Abb. 42) blockt den Spektralbereich unter 520 nm Wellenlänge zuverlässig ab und zeigt gleichzeitig eine ausreichend hohe Transmission bei größeren Wellenlängen, womit sie für den Einsatz in Reinräumen zur Verarbeitung aller gängigen, zwischen 320 und 440 nm empfindlichen Fotolacke bestens geeignet ist.

7.4 Umfüllung und Verdünnen von Fotolacken

Umfüllen von Fotolacken

Wir bieten von fast allen Fotolacken auch 250 ml, 500 ml und 1.000 ml Gebinde an, von höherpreisigen Lacken auch 100 ml Gebinde. Soll dennoch in kleinere Gefäße umgefüllt werden, empfiehlt sich ein vorheriger zweistufiger Reinigungsprozess der Gefäße mittels 1. Aceton (entfernt organische Verunreinigungen) und 2. Isopropanol (spült verunreinigtes Aceton rückstandsfrei ab). Das vergleichsweise langsam verdampfende Isopropanol kann den Fotolack schädigen und muss daher vor dem Befüllen mit Lack aus dem Behälter rückstandsfrei verdunstet sein.

Zum Umfüllen und Dispensieren von Fotolacken dürfen nur geeignete Kunststoffe (ungefärbtes Teflon, HD-PE ohne Weichmacher) oder Natrium-arme (low-sodium) Glasbehälter verwendet werden. Zwischen Umfüllung und Beschichtung von Lacken empfiehlt sich eine Wartezeit von – je nach Viskosität – bis zu einigen Stunden, um bei der Umfüllung unvermeidlich eingetragene Luftbläschen ausgasen zu lassen, welche zu Defekten in der aufgebrachten Lackschicht führen würden (vgl. Abschnitt 10.5 auf Seite 62).

Verdünnung von Fotolacken

Wir bieten von fast allen Lackfamilien unterschiedliche Viskositäten, und für die Sprüh- oder Tauchbelackung fertig angesetzte Verdünnungen an. Soll ein Lack dennoch weiter verdünnt werden, ist auf die Verwendung geeigneter Lösemittel zu achten. Wegen ihrem geringen Dampfdruck und ihrer Kompatibilität zu Fotolacken empfehlen sich PGMEA (= AZ® *EBR Solvent*), Butylacetat oder Ethyllactat. Sollen für z. B. die Sprüh- oder Tauchbelackung niedersiedende Lösemittel zugesetzt werden, eignen sich Aceton oder MEK. Nicht als Verdünner für Lacke geeignet bzw. zu empfehlen sind Alkohole wie Isopropanol, Ethanol oder Methanol.

Nicht alle Lacke lassen sich problemlos verdünnen. Niedrig viskose, Fotoinitiator-reiche Lacke wie der AZ® 1505, 1512HS oder 6612 reagieren darauf mit rascher Partikelbildung, während bei Dicklacken wie dem AZ®

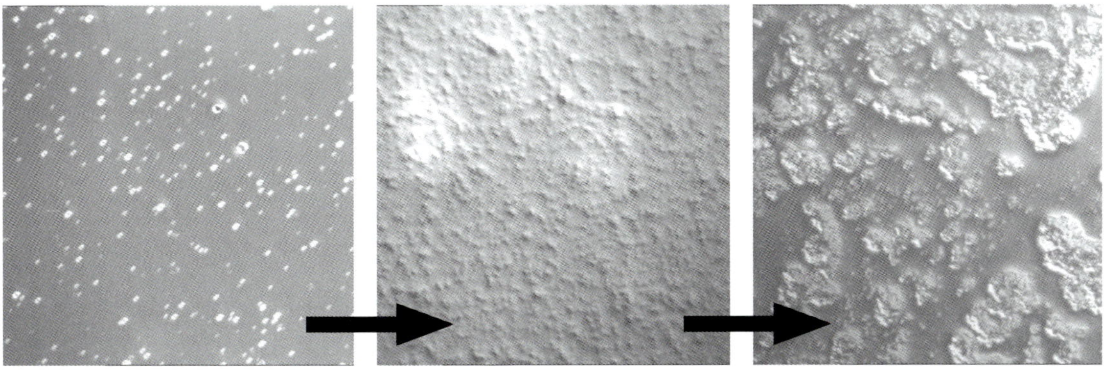

Abb. 43: Viele Positivlacke bilden mit (von links nach rechts) zunehmender Alterung immer mehr und größere Partikel. Nach dem Aufschleudern des gealterten Lacks zeigt sich dem Auge eine matte Lackoberfläche, durch das Lichtmikroskop obiges Erscheinungsbild (jeder Ausschnitt ca. 500 x 500 µm).

4562 oder 9260 auch eine stärkere Verdünnung meist unkritisch ist.

Jedoch beschleunigt auch bei diesen unkritischen Lacken eine Verdünnung die Lackalterung. Deshalb ist es generell ratsam, nur die Menge an Lack zu verdünnen, welche sich in einem Zeitraum von wenigen Tagen aufbrauchen lässt.

Um eine zu rasche Partikelbildung verdünnter Lacke zu vermeiden ist beim Verdünnen grundsätzlich darauf zu achten, durch rasches Durchmischen die hochverdünnte Grenzfläche von Fotolack und Lösemittel so kurz wie möglich bestehen zu lassen. Nach dem Verdünnen sollte der Lack einige Stunden ruhen, um eingebrachte Luftbläschen ausgasen zu lassen, welche zu Defekten in der Lackschicht führen würden (vgl. Abschnitt 10.2 auf Seite 58).

7.5 Alterung von Fotolacken: Auswirkungen

Partikelbildung

DNQ-basierte Positiv- und Umkehrlacke neigen bei Überlagerung zur allmählichen Partikelbildung. Nach der Belackung zeigt sich mit dem bloßen Auge zunächst eine raue Lackoberfläche, bis im fortgeschrittenen Stadium die Belackung zunehmend inhomogen wird (starke Welligkeit, Lackabriss hinter größeren Partikeln, Abb. 43).

Von dieser Alterungserscheinung sind manche niederviskose und Fotoinitiator-reiche Dünnlacke wie die AZ® 6600 oder 1500 Serie tendenziell stärker betroffen als Dicklacke.

Da dem Lack durch das Ausfällen von Fotoinitiator dieser fehlt, sinkt die Entwicklungsrate bzw. steigt der Dunkelabtrag beim Entwickeln, weshalb eine Filtration von Fotolack mit gebildeten Partikeln bei der Prozessierung nicht zum gleichen Ergebnis führt wie die Verwendung eines frischen Fotolacks.

Verlust an Fotoinitiator bei Positivlacken

Der Fotoinitiator von Positiv-, Umkehr- und einigen Negativlacken zerfällt chemisch auch bei der empfohlenen Lagertemperatur über Monate und Jahre hinweg allmählich.

Bei Positivlacken bedeutet dieser Verlust an Fotoinitiator eine geringere Entwicklungsrate und einen höheren Dunkelabtrag (da unbelichteter Fotoinitiator als Inhibitor die alkalische Löslichkeit verringert, s. Abb. 39 auf Seite 39), somit einen geringeren Kontrast. Darunter leidet nicht nur die Strukturtreue und Flankensteilheit der entwickelten Strukturen, auch lassen sich schmale Strukturen immer schwieriger öffnen. Der aus dem Fotoinitiator freigesetzte Stickstoff löst sich im Lack und kann beim Beschichten Bläschen bilden, wenn die Lackflasche über einen längeren Zeitraum verschlossen war und sich der Stickstoff so anreichern konnte.

Bei Umkehrlacken im Negativmodus und bei Negativlacken ist mit geringerer Fotoinitiator-Konzentration die Umkehr- bzw. Quervernetzung schwächer ausgeprägt, wodurch die belichteten Lackbereiche vom Entwickler stärker angegriffen werden. Die Lackstrukturen können sich dadurch in verschiedener Weise verändern: Bei bis zum Substrat vollständig belichteten Umkehr- und Negativlacken werden senkrechte oder unterschnittene Lackflanken durch den stärkeren Angriff des Entwicklers zunehmend positiv. Bei schwach belichteten Umkehr- und Negativlacken kann in Substratnähe durch die geringe Lichtdosis die Umkehrreaktion bzw. Quervernetzung so schwach ausfallen, dass der Lackabtrag im Entwickler vor allem in Substratnähe erhöht und mögliche Ursache für das Ablösen kleiner oder schmaler Strukturen im Entwickler ist.

Quervernetzungs-Reaktionen bei Negativlacken

In überlagerten Negativlacken wie z. B. dem AZ® 15 nXT oder Umkehrlacken wie z. B. dem AZ® 5214E können die darin enthaltenen Quervernetzer das Harz während der Lagerung beginnen zu vernetzen, wodurch die Entwicklungsrate des nicht belichteten Negativlacks bzw. flutbelichteten Umkehrlacks abnimmt. Darunter leidet nicht nur die Strukturtreue und Flankensteilheit der entwickelten Strukturen, auch lassen sich schmale Strukturen immer schwieriger öffnen.

Die teilweise Quervernetzung des Harzes verringert auch die Entfernbarkeit der Lackschicht am Ende des Litho-Prozesses: So treten beim Strippen von überlagertem AZ® 5214E oftmals schwer lösliche Rückstände auf dem Substrat auf.

Verfärbung

Bei einem Chargenwechsel von Positiv- und Umkehrlacken fällt gelegentlich ein anderer (meist hellerer) Farbton des frischeren Lacks auf.

Das allmähliche Dunkeln des Fotolacks beruht auf der Bildung hoch absorbierender Farbstoffe durch die Veresterung des Fotoinitiators mit dem Harz, hat jedoch keinen signifikanten Einfluss auf die Prozessierung und Performance des Lacks: Bereits minimale Spuren derart umgewandelten Fotoinitiators färben den Lack im Sichtbaren stark, was die für die Belichtung ausschlaggebende UV-Absorption jedoch nicht signifikant beeinflusst.

Lackhaftung

Eine bei Überlagerung abnehmende Lackhaftung beruht auf allmählichen chemischen Veränderungen des Harzes, was in Grenzen bei diesbezüglich kritischen Prozessen über eine optimierte Substratvorbehandlung oder/und einem Hardbake kompensiert werden kann.

Da in diesem Stadium evtl. bereits auch andere Alterungserscheinungen des Lacks das Litho-Ergebnis verschlechtern, empfiehlt sich bei einer durch Lackalterung bedingten Haftungsverschlechterung die baldige Verwendung einer frischeren Lack-Charge.

Viskosität

Beim Öffnen von Lackgebinden verdampft eine geringe Menge des Lösemittels. Bereits 1% Lösemittelverlust erhöht die Viskosität und damit die durch Aufschleudern erzielte Schichtdicke deutlich (Abb. 44). Als Folge können die für eine Durchbelichtung und anschließende vollständige Durchentwicklung notwendigen Belichtungsdosen ansteigen.

Durch den geringen Dampfdruck üblicherweiser eingesetzter Lösemittel tritt dieser Effekt rein rechnerisch jedoch erst nach mehreren 100 Flaschenöffnungen mit je einem kompletten Austausch der darin befindlichen Lösemittelatmosphäre störend in Erscheinung und lässt sich selbst in diesem Fall oft über eine angepasste Schleuderdrehzahl kompensieren.

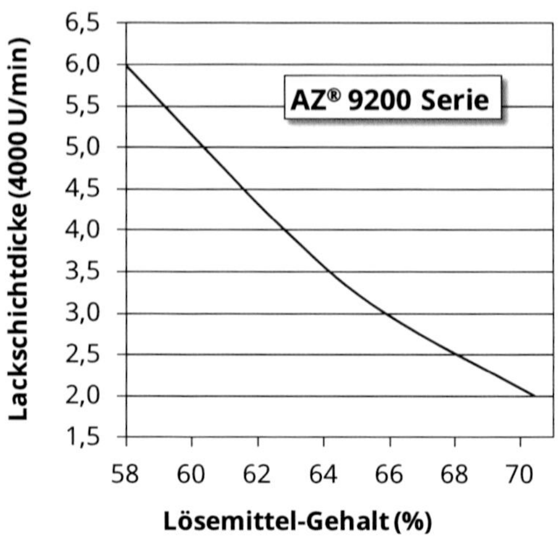

Abb. 44: Die durch Aufschleudern erzielte Lackschichtdicke in Abhängigkeit der Lösemittel-Konzentration im Fotolack.

7.6 Entwickler: Alterung und Entwicklungsrate

Neutralisation durch CO_2

Die Alterung wässrig alkalischer, auf NaOH-, KOH- oder TMAH-basierter Entwickler beruht auf CO_2-Aufnahme aus der Luft, wodurch die Entwicklungsrate abnimmt. Deshalb empfiehlt sich deren Lagerung in gut verschlossenen Originalgebinden.

Bei offenen Entwicklerbädern minimiert eine N_2-Beaufschlagung die CO_2-Aufnahme. Ohne N_2-Beaufschlagung hängt die für reproduzierbare Entwicklungsraten mögliche Standzeit eines Entwicklerbeckens v. a. vom Verhältnis der Oberfläche des Entwicklers zu dessen Volumen ab, weswegen bei kleinen Ansätzen im Becherglas die Aktivität des Entwicklers bereits nach wenigen Stunden nachlassen kann.

Der CO_2-Eintrag durch das beim Öffnen eines Gebindes mit Luft beaufschlagte Totvolumen eines Entwickler-Gebindes kann i. d. Regel vernachlässigt werden: Ca. $1.7 \cdot 10^{-5}$ mol/L CO_2 von Luft stehen ca. 0.25 mol/L OH^--Ionen in der Entwicklerflüssigkeit gegenüber, die deshalb erst bei sehr häufigem Öffnen des Gebindes oder/und einem prozentual sehr geringen Restvolumen des Entwicklers nennenswert vom CO_2 neutralisiert werden.

Chemische Puffer

Manche Entwickler (z. B. AZ® 400K oder AZ® 351B) enthalten chemische Puffer, welche die Abnahme des pH-Wertes durch CO_2-Eintrag auffangen und so – verglichen mit reinen NaOH/KOH Ansätzen – eine über längere Zeit konstante Entwicklungsrate erzielen. Die Erschöpfung des Entwicklers durch Lackanreicherung beim Entwicklungsvorgang wird dadurch jedoch nicht verlangsamt.

7.7 Lufttemperatur und Luftfeuchte während und nach der Belackung

Temperatur

Höhere Temperaturen verringern die Viskosität des Lacks und beschleunigen über eine erhöhte Verdunstungsrate des Lösemittels dessen Antrocknung, was sich auf die durch Aufschleudern oder Tauchbelackung erzielte Lackschichtdicke auswirkt.

Die zwischen Softbake und Belichtung v. a. bei dickeren Lackschichten entscheidende Dauer der Rehydrierung von Positivlacken (Kapitel 14) und deren Entwicklungsrate sind ebenfalls temperaturabhängig und wirken sich sowohl auf die Entwicklungsdauer als auch die erzielten Lackprofile aus.

Für reproduzierbare Litho-Prozesse empfiehlt sich daher eine möglichst konstant gehaltene Reinraumtemperatur.

Luftfeuchte

Eine hohe relative Luftfeuchte beschleunigt die H_2O-Adsorption auf den zu belackenden Substraten wodurch sich die Benetzung und Haftung des Fotolacks verschlechtern kann.

Nach erfolgter Belackung und Softbake verhindert eine zu geringe Luftfeuchte die bei vielen DNQ-basierten Positiv- und Umkehrlacken notwendige Rehydrierung (s. Abschnitt 14 auf Seite 78), was sich in einer stark verringerten Entwicklungsrate bis hin zur unvollständigen Durchentwicklung äußern kann. Als ein für die meisten Anwendungen sinnvoller Kompromiss empfehlen wir eine möglichst konstante relative Luftfeuchte von ca. 45 %.

7.8 Lagerung belackter Substrate

Unbelichtete Substrate

Die Lagerung belackter Substrate ist grundsätzlich auch über Monate hinweg unkritisch, solange sie ausreichend vor Partikeln und chemischer Kontamination aus der Luft geschützt sind. Wie in Abschnitt 7.3 im Detail beschrieben, müssen belackte Substrate auch vor unzureichenden Lichtbedingungen wie Weißlicht geschützt werden: Die Empfindlichkeit vieler DNQ-basierter Fotolacken liegt nicht nur im nahen ultravioletten sondern auch im kurzwelligen, sichtbaren Spektralbereich, weswegen Tageslicht wie auch künstliche Lichtquellen durch entsprechende Filterfolien mit einer Absorption von Wellenlängen < 520 nm abgeschirmt werden müssen (Abb. 42 auf Seite 45).

Belichtete Substrate

Die Zeitspanne zwischen dem Belichten von Fotolack und dessen Entwicklung ist hinsichtlich einer homogenen Entwicklungsrate kritischer als die Zeit zwischen Softbake und Belichtung (abgesehen vom Thema Rehydrierung, s. Kapitel 14 auf Seite 78). Für die meisten Lacke sind Wartezeiten von Stunden oder Tagen möglich, wenn auch nicht empfohlen. Beim in dieser Hinsicht vergleichsweise kritischen AZ® 15 nXT sollte die Entwicklung nicht länger als wenige Minuten nach dem der Belichtung folgenden Backschritt statt finden.

8. SUBSTRATVORBEHANDLUNG

Zur Vorbereitung des Substrats auf die Belackung zählen die Reinigung von chemischen Verunreinigungen und Partikeln, das Ausheizen zur Desorption von Wasser, und eine Behandlung mit einem Haftvermittler. Jedoch ist keine dieser in den folgenden Abschnitten im Detail beschriebenen Maßnahmen grundsätzlich für alle Lithografie-Prozesse zwingend notwendig. Jeder Schritt der Substratvorbehandlung sollte für jeden individuellen Prozess überdacht und ggfalls. daran angepasst werden.

8.1 Reinigung des Substrats

Adsorbiertes Wasser

Bei chemisch sauberen und partikelfreien Substratoberflächen empfiehlt sich ein Ausheizen der Substrate bei ca. 120°C für einige Minuten zur Desorption von auf der Oberfläche angelagerten Wassermolekülen. Auf diesen Schritt kann prinzipiell verzichtet werden, wenn die Substrate unmittelbar davor entweder mit Isopropanol gereinigt, oder bei einem anderen Prozessschritt (wie z. B. Metallisierung oder Oxidation) auf über 100°C geheizt und dabei wasserfrei wurden.

Zur Maximierung der Haftung auf oxidierten Oberflächen (nativ oder thermisch oxidiertes Silicium, Quarz, Gläser, die meisten Metalle) kann die Ausheiztemperatur auf über 140°C erhöht werden. Dabei brechen die auf oxidierten Oberflächen stets präsenten OH-Bindungen auf, wobei der hydrophobe Charakter der Substratoberfläche zunimmt was die Benetzung und Haftung des Lacks verbessert.

Je nach Höhe der relativen Luftfeuchte im Reinraum und dem Substratmaterial kann bereits nach kurzer Zeit wieder ein Wasserfilm auf die Substratoberfläche adsorbieren. Deshalb sollte für hinsichtlich Lackhaftung kritischen Prozessen die nachfolgende Belackung möglichst zeitnah nach dem Ausheizen, aber erst nach vollständiger Abkühlung des Substrats auf Raumtemperatur, erfolgen.

Partikel

Zur Entfernung von Partikeln bietet sich ein Spülen in Isopropanol (Reinheitsgrad VLSI oder besser) an, ein anschließendes Spülen in DI-Wasser ist nicht notwendig und kann im Falle unzureichend sauberen DI-Wassers (Verkeimung) den Reinigungseffekt von Isopropanol wieder zunichte machen.

Organische Verunreinigungen

Bei mit organischen Verunreinigungen kontaminierten Substraten empfiehlt sich zur Verbesserung der Lackbenetzung und -haftung eine zweistufige Substratreinigung mit Aceton zum Entfernen organischer Verunreinigungen, gefolgt von Isopropanol, welches verunreinigtes Aceton entfernt, bevor sich daraus Schlieren auf dem Substrat bilden können. Auch hierbei ist ein nachfolgendes Spülen in DI-Wasser weder notwendig noch empfohlen.

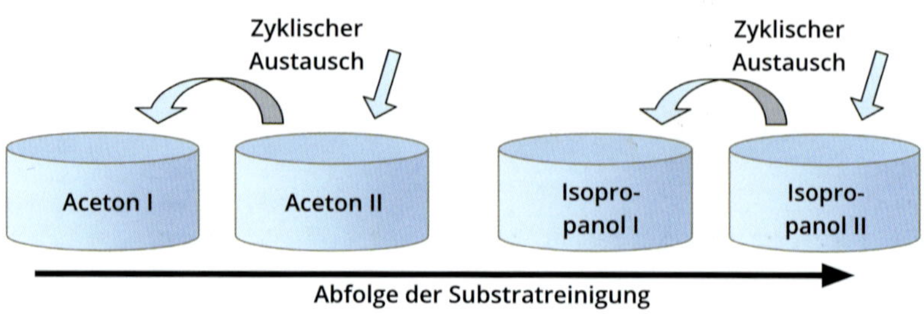

Abb. 45: Eine effiziente und Lösemittel-sparende Methode der Substratreinigung von Partikeln und organischen Verunreinigungen

Bei starken Verunreinigungen (z. B. Lackresten) oder größeren Serien an Substraten empfiehlt es sich, je zwei Aceton- und Isopropanol-Schritte aufeinander folgen zu lassen um ein Verschleppen von Verunreinigungen zu minimieren. Zur Minimierung des Lösemittelverbrauchs bietet sich die in Abb. 45 schematisch dargestellte „kaskadische" Arbeitsweise (Aceton-Gefäß I → Aceton-Gefäß II → Isopropanol-Gefäß I → Isopropanol-Gefäß II) an. In bestimmten Zyklen wird dann das jeweils stärker verunreinigte Lösemittel (I) entsorgt und mit dem saubereren (II) ersetzt, welches durch frisches Lösemittel erneuert wird.

Piranha-Ätzung und RCA-Reinigung

Bei stärkeren Verunreinigungen mit organischen oder metallischen Substanzen sowie vor Hochtemperaturprozessen empfiehlt sich für Silizium-Wafer eine Piranha-Ätzung mit anschließender RCA-Reinigung, welche in folgender Reihenfolge abläuft:

- In der Piranha-Lösung (H_2O_2 : H_2SO_4 = 1 : 2) wächst SiO_2 in das Silicium
- Nach dem Entfernen des SiO_2 in 1 - 5 %iger HF folgt *RCA-1* (H_2O_2: NH_4OH : H_2O = 1 : 1 : 5) bei 70 - 75°C für 10 Minuten
- Die dabei entstandenen ca. 10 - 15 Å SiO_2 werden in 1 - 5 %iger HF entfernt
- Es folgt *RCA-2* (HCl : H_2O_2 : H_2O = 1 : 1 : 8) bei ca. 80°C für 10 Minuten, optional gefolgt von einem Dip in 1-5 % HF zum Entfernen des dabei gewachsenen SiO_2

Die Mengenangaben aller genannten Stoffe beziehen sich auf ihre handelsüblichen Konzentrationen (s. Abschnitt 25.8 auf Seite 134).

8.2 Einsatz von Haftvermittlern

Wirkungsmechanismus

Während der Zweck der Substratreinigung die Entfernung aller nicht zum Substrat gehörenden Substanzen ist, soll ein Haftvermittler die Substratoberfläche selbst hinsichtlich einer optimierten Lackbenetzung und -haftung chemisch modifizieren.

SiO_2 oder Silikate in Form von Quarz, Gläsern oder Silicium mit (nativem) Oxid wie auch die meisten unedlen Metalle bilden nach ausreichend langer Einwirkung von Luftfeuchtigkeit polare OH-Bindungen an ihrer Oberfläche. Das betreffende Substrat ist dadurch hydrophil (*Wasser liebend*) und zeigt daher eine schlechte Affinität zu den unpolaren Harzmolekülen des Fotolacks.

Um eine solche Substratoberfläche hydrophob (Wasser abstoßend und damit Fotolack anziehend) zu gestalten, können gezielt Moleküle mit unpolaren Gruppen über Haftvermittler wie HMDS oder TI Prime chemisch darauf gebunden werden.

HMDS

HMDS (HexaMethylDiSilazan) ist ein auf Halbleiteroberflächen häufig eingesetzter Haftvermittler, dessen stark vereinfachten Reaktionsmechanismus Abb. 47 zeigt: HMDS bindet auf wasserfreien Oberflächen mit seinem Si-Atom an die Sauerstoffatome (ggfalls. unter Aufspaltung von OH-Gruppen) oxidischer Substratoberflächen, wobei Ammoniak freigesetzt wird.

Die vom Substrat weg gerichteten unpolaren Methylgruppen bilden eine hydrophobe Oberfläche mit entsprechend guter Lackbenetzung und -haftung.

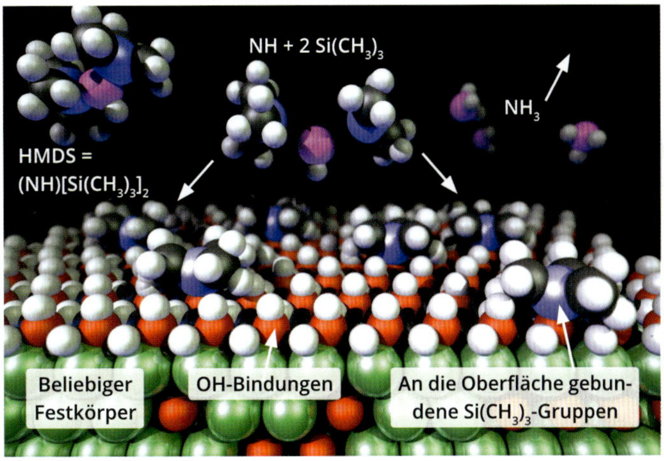

Abb. 47: HMDS bindet unter NH_3-Abspaltung kovalent auf Oberflächen mit vorhandenen OH-Bindungen (schematische Darstellung)

Korrekte Anwendung von HMDS

Die richtige Anwendung von HMDS ist außerordentlich wichtig für das Ergebnis: HMDS-Dampf wird in einem sog. „Bubbler" bei Raumtemperatur von trockenem Stickstoff aufgenommen und auf das beheizte (75 - 120°C) Substrat geleitet, auf dessen Oberfläche HMDS als Monolage chemisch bindet.

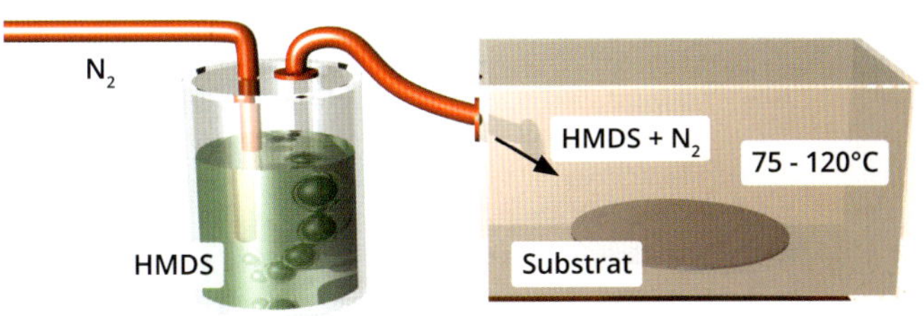

Abb. 46: HMDS wird bei korrekter Anwendung über einen Bubbler (links) aus der Gasphase auf beheizte Substrate (rechts) aufgebracht.

Falsche Anwendung von HMDS

Wird HMDS hingegen flüssig aufgeschleudert, ist die hierbei entstehende

HMDS-Schicht zum einen nur physikalisch gebunden und kann daher nicht haftungsverbessernd wirken, zum anderen noch chemisch aktiv: Nach der Belackung spaltet sich beim Softbake aus dem HMDS thermisch aktiviert Ammoniak ab (Abb. 48), welches bei den üblichen Softbaketemperaturen die substratnahen Lackbereiche quervernetzt und so eine Durchentwicklung verhindern kann.

Aus diesem Grund darf HMDS auch nicht in den Lackschleudern aufgebracht werden, mit denen auch Belackungen durchgeführt werden: Durch die langsame Verdunstung von HMDS dringen HMDS-Dämpfe auch noch lange Zeit später bei nachfolgenden Belackungen in die Lackschicht ein und können diese beim Softbake thermisch aktiviert teilweise quervernetzen. Dadurch sinkt die Entwicklungsrate, worunter das Lackprofil wie auch die erzielbare Auflösung leiden.

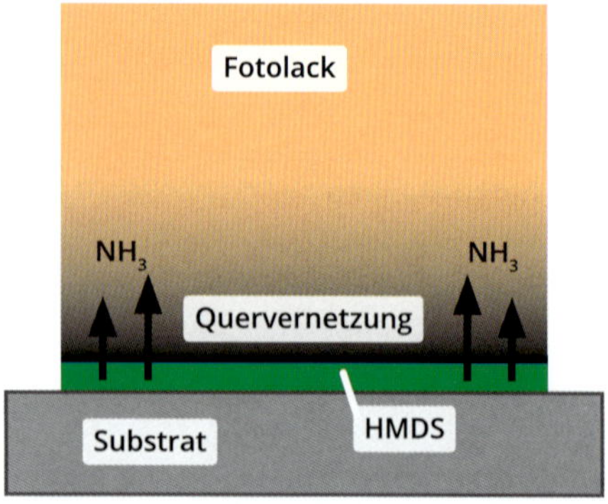

Abb. 48: Wird HMDS flüssig aufgebracht, setzt das dabei nur physikalisch auf dem Substrat gebundene HMDS beim Softbake Ammoniak frei, was substratnahe Lackbereiche quervernetzen kann.

Kann mangels geeignetem Equipment HMDS nur via Aufschleudern aufgebracht werden, sollten dringend einige Maßnahmen ergriffen werden:

Eine Desorption von Wasser von der Substratoberfläche durch ein Ausheizen der Substrate bei 100 - 120°C vor der Aufbringung von HMDS, eine nachfolgende thermische Aktivierung (chemische Bindung des HMDS an die Substratoberfläche) durch einen Backschritt bei 100 - 120°C, und eine strikte räumliche Trennung der HMDS-Aufbringung und Belackung zur Vermeidung einer Kontamination bereits belackter durch HMDS-Dämpfe.

TI PRIME

Die Aufbringung des Haftvermittlers TI PRIME, einer hoch verdünnten organischen Titanverbindung, gestaltet sich technisch einfacher als die HMDS-Bekeimung: TI PRIME wird aufgeschleudert, wobei durch die hohe Verdünnung der aktiven Substanz üblicherweise weniger als eine Monolage auf dem Substrat zurück bleibt. In einem anschließenden Backschritt bei 110 - 120°C für 1 - 2 Minuten wird der Haftvermittler aktiviert, worauf nach Abkühlung des Substrats möglichst zeitnah die Belackung erfolgen sollte.

Es ist zu beachten, dass unter Normalbedingungen die gebildete haftvermittelnde Schicht zum einen eine auf transparenten Substraten erkennbare leichte Gelbfärbung bewirkt, und zum anderen chemisch sehr stabil ist. Diese Stabilität kann eine Ätzbarriere für HF-freie Ätzen darstellen, die Färbung bei optischen Bauelementen störend in Erscheinung treten. In beiden Fällen kann es sinnvoll sein, TI PRIME verdünnt (ca. 1 : 2 bis 1 : 20 mit PGMEA als Lösemittel) einzusetzen, oder auf andere Haftvermittler wie HMDS auszuweichen.

Nicht zu empfehlen ist der Titan-haltige TI PRIME für Prozesse welche Metallionenfreiheit fordern.

Sinn und Grenzen des Einsatzes von Haftvermittlern

Da der Einsatz eines Haftvermittlers zum einen mehrere zusätzliche Prozessschritte erfordert, zum anderen durch seinen Einfluss auf die weitere Lackprozessierung und die mit Hilfe der Lackstrukturen erfolgten lithografischen Prozesse diese u. U. weniger reproduzierbar macht, sollte die Notwendigkeit von Haftvermittlern stets hinsichtlich zweier Kriterien hinterfragt werden:

Kann eine optimierte Substratreinigung oder/und Fotolackprozessierung die Lackhaftung auch ohne Haftvermittler ausreichend gestalten? Und kann der Haftvermittler unter den gegebenen Umständen (Substratmaterial, Fotolack) überhaupt eine Verbesserung der Lackhaftung bringen?

8.3 Spezielle Problemstellungen zur Lackhaftung

Nach erfolgtem Ätzen mit Flusssäure

Nach dem SiO_2-Ätzen mit HF hängt die Lackhaftung stark davon ab, ob das Oxid vollständig entfernt wurde: Ist dies der Fall, zeigt die Wasserstoff-passivierte Si-Oberfläche für einige Zeit eine sehr gute Lackhaftung.

Ein unvollständiges Oxid-Ätzen lässt eine stark hydrophile Oberfläche mit sehr schlechter Lackbenetzung und -haftung zurück, welche nur über fortgeführtes, vollständiges Oxid-Ätzen oder Ausheizen bei hohen Temperaturen (ca. 700°C) wiederhergestellt werden kann.

Lackhaftung auf Metallen

Unedle Metalle wie Aluminium, Chrom und im Besonderen Titan zeigen meist eine sehr gute Lackhaftung.

Auf Edelmetallen ohne native Oxidbildung wie Gold oder Platin tragen auch organische Haftvermittler kaum oder gar nicht zu einer Verbesserung der Lackhaftung bei, da die Moleküle des Haftvermittlers selbst nicht kovalent an die chemisch inerte Substratoberfläche binden können. Die Verwendung von auf maximale Haftung zu Metallen optimierten Lacken wie der AZ® 111 XFS oder AZ® 1514 H können in diesem Fall zu einer etwas verbesserten Haftung beitragen.

Eine deutliche Verbesserung der Lackhaftung erlaubt die Abscheidung eines metallischen Haftvermittlers wie z. B. eine 10 - 20 nm dicke Titan- oder Chromschicht, welche jedoch ggfalls. nach dem Entwickeln sowie Entfernen der Lackstrukturen über zusätzliche Prozessschritte geätzt werden müssen.

Beidseitig metallisierte Substrate (z. B. Ag und Al auf der Vorder- bzw. Rückseite) bilden in wässrigen Lösungen ein galvanisches Element. Auf der einen Seite kann sich Wasserstoff bilden, wodurch sich eine darüber liegende Lackschicht abheben kann. In diesem Fall ist eine geschlossene Schutzlackschicht auf der anderen Seite des Substrats notwendig um dort den Ladungsaustausch mit der als Elektrolyt fungierenden Flüssigkeit zu verhindern.

8.4 Lackhaftung und Kontaktwinkelmessung

Definition des Kontaktwinkels

Als Kontaktwinkel bezeichnet man den Winkel zwischen der Substratoberfläche und der Tangente der Tröpfchenoberfläche eines auf dem Substrat sitzenden Tröpfchens am dessen Kontaktpunkt zum Substrat (Abb. 49).

Der Kontaktwinkel Θ leitet sich wie folgt aus der freien Oberflächenenergie ρ_S des Festkörpers, der Oberflächenspannung ρ_L der Flüssigkeit, und der Grenzflächenenergie ρ_{SL} zwischen Flüssigkeit und Festkörper ab:

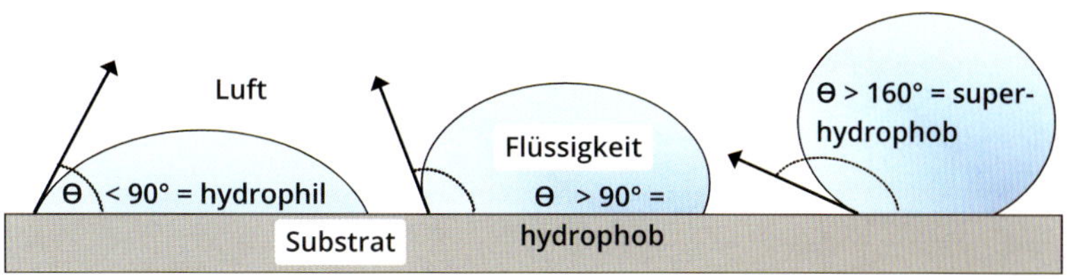

Abb. 49: Der Kontaktwinkel ist der Winkel zwischen der Substratebene und der Tangente eines Flüssigkeitströpfchens an dessen Kontaktstelle zum Substrat

$$\cos\theta = \frac{\rho_S - \rho_{SL}}{\rho_L}$$

Je besser die Flüssigkeit des Tröpfchens auf dem Substrat benetzt, desto kleiner ist der Kontaktwinkel. Im Falle von Wasser als Flüssigkeit gilt eine Substratoberfläche als *hydrophil* für $\Theta < 90°$, als *hydrophob* bei $\Theta > 90°$, und als *superhydrophob* bei $\Theta > 160°$ (Abb. 49).

Motivation für eine Kontaktwinkelmessung

In vielen Prozessen der Mikrostrukturierung mit Fotolack-Masken ist eine optimierte Lackhaftung entscheidend, um z. B. ein Unterätzen oder Ablösen während nasschemischer Prozesse wie Ätzen oder der galvanischen Abscheidung zu vermeiden. Da eine gute Haftung auch einer guten Benetzung der Lackschicht entspricht, eignen sich Kontaktwinkelmessungen zur Kontrolle der Lackhaftung auf einem bestimmten Substrat, worüber sich die Substratvorbehandlung optimieren lässt.

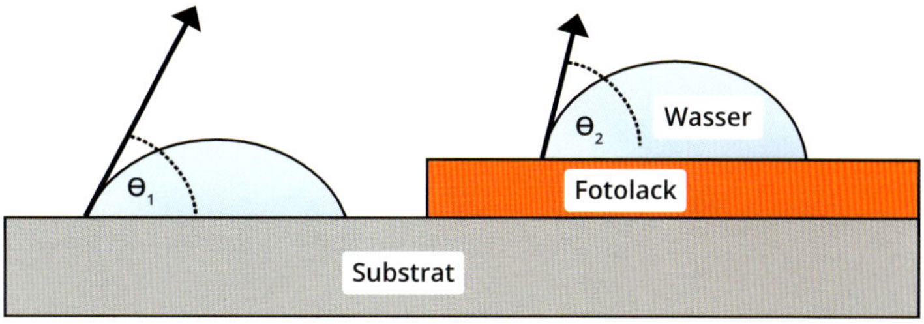

Abb. 50: Schema zum Ablauf einer Kontaktwinkelmessung mit einem Wassertröpfchen direkt auf dem Substrat (links) und auf der Lackschicht (rechts)

Messung des Kontaktwinkels

Die Verwendung von Lacktröpfchen auf dem jeweiligen Substrat zur Kontaktwinkelmessung ist wenig hilfreich, da hierdurch hauptsächlich die Benetzung des Lösemittels des Lacks auf dem Substrat bestimmt wird, ohne die gewünschte Aussage über die Haftung des getrockneten Lacks selbst machen zu können. Aus dem Lösemittel-freien Lack hingegen lassen sich keine Tröpfchen bilden.

Deshalb greift man zu einem Trick und bestimmt wie in Abb. 50 schematisch dargestellt die beiden Kontaktwinkel einer (theoretisch) beliebigen Flüssigkeit zum einen auf dem unbelackten Substrat (Θ_1) und zum anderen auf der gesoftbakten Lackschicht (Θ_2). Als Flüssigkeit dient zweckmäßigerweise Wasser, da es zum einen, im Gegensatz zu organischen Lösemitteln, die Fotolackschicht während der Messung nicht angreift, und zum anderen langsam genug verdunstet um eine reproduzierbare Messung zu ermöglichen.

Die Lackhaftung ist in diesem Fall dann optimal, wenn i) beide Kontaktwinkel gleich groß sind und ii) zwischen 45 und 60° liegen, also:

$$\Theta_1 = \Theta_2 = 45 - 60°$$

9. AUSWAHLKRITERIEN FÜR DEN FOTOLACK

Am Anfang eines jeden neuen Fotolithografie-Prozesses steht die Frage nach dem hierfür optimal geeigneten Fotolack. Dazu sind neben der Anforderung an die erforderliche Lackschichtdicke und Auflösung auch Fragen zu den chemischen und physikalischen Eigenschaften der erzielten Lackmaske für deren Einsatz sowie die Kompatibilität des Lacks zum verwendeten Equipment zu klären.

Dieses Kapitel möchte Sie bei der Auswahl des für Ihren Lithografieprozess optimal geeigneten Fotolack unterstützen indem erläuternd auf alle Auswahlkriterien eingegangen und für eine vertiefte Auseinandersetzung auf die jeweiligen Kapitel dieses Buches verwiesen wird.

9.1 Welcher Lackmodus?

Positivlacke

Bei Positivlacken werden belichtete Bereiche, im Falle DNQ-basierter Lacke durch die dort statt findende Bildung einer Karbonsäure (vgl. Abb. 82 auf Seite 85), im Entwickler löslich, während unbelichtete Lackbereiche stehen bleiben. Da Positivlacke nicht quervernetzen besitzen sie eine Erweichungstemperatur von typ. 100 - 130°C ab der Lackprofile verrunden, was für bestimmte Anwendungen bewusst herbeigeführt wird (*Reflow*, s. Abschnitt 19.2 auf Seite 108).

Durch die fehlende Quervernetzung bleiben Positivlackstrukturen zudem in organischen Lösemitteln und stärker alkalischen Medien löslich.

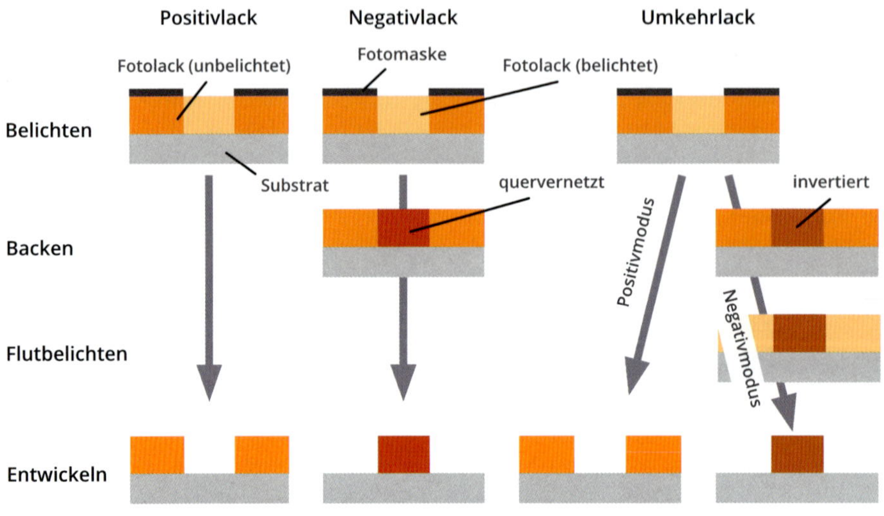

Abb. 51: Die schematische Prozessfolge von der Belichtung (oben) bis hin zu den entwickelten Lackstrukturen (unten) bei der Prozessierung von Positivlacken (linke Spalte), Negativlacken (Mitte) und Umkehrlacken (rechts), letztere in beiden möglichen Modi. Die Besonderheiten bei den erzielbaren Lackprofilen bleiben in diesem Schema unberücksichtigt.

Negativlacke

Negativlacke wie die AZ® nLOF 2000 Serie oder AZ® 15 nXT und AZ® 125 nXT quervernetzen an den belichteten Stellen (Kapitel 21 auf Seite 114) und bleiben dort nach dem Entwickeln auf dem Substrat, während die ubelichteten bereiche wegentwickelt werden. Die Quervernetzung unterdrückt ein thermisches Verrunden der Lackprofile.

Umkehrlacke

Umkehrlacke können sowohl positiv als auch negativ prozessiert werden. Während im Positivmodus die Prozessfolge die gleiche wie bei Positivlacken ist, erfordert der Negativmodus nach der Belichtung einen Umkehrbackschritt mit nachfolgender Flutbelichtung. Eine Quervernetzung des Harzes findet auch im Negativmodus wenn überhaupt nur in geringem Ausmaß statt, so dass die Lackstrukturen wie Positivlacke oberhalb ihres Erweichungspunktes wie Positivlacke thermisch verrunden und in organischen Lösemitteln und stärker alkalischen Medien löslich bleiben.

9.2 Welche Belackungstechnik?

Aufschleudern

Die meisten AZ® und TI Lacke sind für das Aufschleudern (s. Kapitel 10) optimiert und erlauben glatte und homogene, über das Schleuderprofil in Grenzen einstellbare Schichtdicken von wenigen 100 nm (AZ® 1505, ECI 3007, oder 701 MiR) bis hin zu mehreren 100 µm mit dem positiven AZ® 40 nXT oder negativen AZ® 125 nXT.

Sprühbelackung

Mittels Sprühbelacken (Kapitel 11 auf Seite 65) können auch stark texturierte Substrate oder dreidimensionale Bauteile mit für die meisten Anwendungen ausreichender Homogenität belackt werden. Für eine homogene Lackschichtdicke, eine glatte Lackoberfläche und gute Kantenbedeckung ist eine zielgerichtete optimierte Zusammensetzung aus zwei oder mehreren Lösemitteln mit unterschiedlichem Dampfdruck erforderlich, wie Sie in entsprechenden Sprühlacken wie dem AZ® 4999 für eine optimierte Kantenbedeckung oder dem TI Spray für glatte Lackschichten voreingestellt sind.

Tauchbelackung

Das Tauchbelacken (Kapitel 12 auf Seite 69) ermöglicht eine dank hoher Lackausbeute vergleichsweise kostengünstige Beschichtung auch großer, rechteckiger Substrate bis in den m²-Bereich. Für eine homogene Lackschichtdicke sind neben entsprechendem Equipment spezielle Tauchlacke mit optimal eingestellter Lösemittelzusammensetzung wie im *MC Dip Coating Resist* vorhanden Voraussetzung.

9.3 Zweck der Fotolackmaske?

Nasschemisches Ätzen

Nasschemisches Ätzen erfordert eine ausreichende Haftung zum Substrat, um den Grad des Unterätzens zu minimieren. Hierfür empfiehlt sich z. B. die AZ® 1500 Serie für Schichtdicken von 500 nm bis 3 µm, die AZ® ECI 3000 Serie für Lackschichten von 1 - 4 µm, oder die AZ® 4500 Serie für Schichtdicken bis einige 10 µm.

Bei geringen Anforderungen an die laterale Auflösung ist der PL 177 eine preiswerte Alternative. Bei Flusssäure-haltigen Ätzlösungen stellt oftmals die Diffusion der Fluorid-Ionen durch die Fotolackmaske zum Substrat mit anschließendem Abheben der gesamten Lackschicht das Hauptproblem dar (vgl. Abschnitt 24.7 auf Seite 129). In diesem Fall empfiehlt sich die Verwendung eines ausreichend dicken Lacks wie der AZ® 4562, der AZ® 9260 oder für sehr große Schichtdicken der AZ® 40 XT.

Trockenätzen

Trockenätzen (vgl. Kapitel 27 auf Seite 138) erfordert oftmals möglichst senkrechten Lackflanken, wie sie der AZ® 701 MiR bietet. Bei Lackschichtdicke von 1 - 4 µm empfiehlt sich die AZ® ECI 3000 Serie, für noch dickere Lackschichten der AZ® 4562 oder AZ® 9260.

Um für den Fall einer stärkeren Erwärmung des Substrats beim Trockenätzen ein Verrunden der Lackprofile zu vermeiden, empfiehlt sich ein Lack mit ausreichend hoher Erweichungstemperatur.

Lift-off

Lift-off Prozesse (vgl. Abschnitt 28 auf Seite 142) lassen sich mit unterschnittenen Lackprofilen, wie sie von Umkehrlacken wie dem AZ® 5214E (Lackschichtdicken ca. 1 - 2 µm), dem TI 35ESX (ca. 3 - 5 µm) oder den Negativlacken AZ® nLOF 2000 (ca. 2 - 15 µm) erzielt werden können, am reproduzierbarsten durchführen. Bei diesen Lacken ist zudem die thermische Stabilität ausreichend hoch um ein Verfließen des Lacks während der Beschichtung zu verhindern. Falls das Masken-Design einen Positivlack erfordert, sollten die Lackflanken möglichst senkrecht sein um deren Beschichten zu verhindern bzw. verringern.

Galvanik

Die Galvanik stellt hohe Ansprüche an die Haftung und Stabilität der Lackmaske im Elektrolyten (s. Abschnitt 34 auf Seite 167). Auf diese Eigenschaften optimiert sind die wässrig alkalisch entwickelbaren und nasschemisch entfernbaren Negativlacke AZ® 15 nXT (Lackschichtdicke ca. 5 - 30 µm) und AZ® 125 nXT (bis ca. 150 µm), welche mit den gängigen Substratmaterialien und Elektrolyten kompatibel sind. Sollen Positivlacke eingesetzt werden, erlauben die Lacke der AZ® 4500 und 9200 Serie eine gute Haftung sowie steile Lackflanken.

9.4 Auflösung und Aspektverhältnis

Grenzen durch den verwendeten Lack

Unter optimalen Bedingungen erlauben hochauflösende Fotolacke wie der AZ® 701 MiR oder AZ® ECI 3007 bei i-line Belichtung (365 nm Wellenlänge) Strukturgrößen von ca. 300 nm.

Die theoretisch erzielbare laterale Auflösung hängt neben dem Fotolack selbst von dessen Schichtdicke ab, was sich im erzielbaren Aspektverhältnis (Strukturhöhe zu -breite) ausdrückt. Moderne Dicklacke wie der AZ® 9260 oder Ultradicklacke wie der AZ® 40 XT erlauben ein Aspektverhältnis über fünf, bei entsprechend optimierter Prozessführung noch deutlich darüber.

Grenzen durch das eingesetzte Equipment

In der Praxis ist die erzielte Auflösung oftmals nicht vom Fotolack selbst, sondern vom Equipment und der Prozessführung limitiert. Um die Möglichkeiten des verwendeten Fotolacks in die Praxis umsetzen zu können müssen neben der Belichtung (Kapitel 16) auch die Softbake- (Kapitel 13) sowie die Entwicklungsparameter (Kapitel 18) über entsprechende Versuchsreihen optimiert werden.

9.5 Belichtung

Spektrale Empfindlichkeit

Die spektrale Empfindlichkeit (s. Abschnitt 6.8) des verwendeten Lacks muss zu dem verwendeten Belichter passen. Nahezu alle AZ® und TI Lacke sind bei einer oder mehrerer der drei von typischen Hg Mask-Alignern emittierten Linien i-line (365 nm), h-line (405 nm) oder g-line (435 nm) empfindlich.

Mask-Aligner, Stepper oder Laserbelichter?

Während bei Mask-Alignern oder Stepper Lichtintensitäten von einigen 10 bis einigen 100 mW/cm² auftreten, können es bei der Laserbelichtung mehrere Größenordnungen darüber sein (s. Abschnitt 16.3 auf Seite 86). Bei derart kurzen Belichtungsdauern wird bei DNQ-basierten Positivlacken der bei der Fotoreaktion gebildete Stickstoff in so kurzer Zeit freigesetzt, dass sich Bläschen oder Risse in der Lackschicht bilden können. Neben angepassten Prozessparametern wie einem ausreichenden Softbake und einer möglichst dünnen Lackschicht kann es sinnvoll sein, einen Lack mit einer geringen Fotoinitiator-Konzentration wie den AZ® 4500 und 9200 Serie zu verwenden oder einen Lack wie dem chemisch verstärkten AZ® 40 XT, welcher beim Belichten gar keinen Stickstoff freisetzt.

9.6 Lackschichtdicke

Grenzen bei der Belackung

Bei der Belackung via Aufschleudern lässt sich mit einem gegebenen Lack über das Schleuderprofil die erzielte Lackschichtdicke in Grenzen einstellen (Details s. Abschnitt 10.2). Viele Lacke werden herstellerseitig in unterschiedlich eingestellten Viskositäten angeboten bzw. können selbst in Grenzen weiter verdünnt werden, wodurch der Bereich der erzielbaren Lackschichtdicke erweitert werden kann. Da zu stark verdünnte Lacke rasch altern, sind dem möglichen Verdünnungsgrad (s. Abschnitt 7.4) und damit der Untergrenze der durch Aufschleudern erzielbaren Lackschichtdicke mit einem bestimmten Lack jedoch Grenzen gesetzt.

Grenzen bei der Prozessierung

Die mit zunehmender Lackschichtdicke ansteigenden Prozesszeiten für den Softbake und die Belichtung machen es ratsam, für sehr dicke Lackschichten Fotolacke einzusetzen, deren Chemie auch für entsprechend dicke Schichten ausgelegt ist. Im Falle DNQ-basierter Positivlacke ist neben dem Thema der Rehydrierung (Kapitel 14) die Bläschenbildung durch Stickstoff aus der Fotoreaktion zu großen Lackschichtdicken hin problematisch und empfiehlt dafür entsprechend Fotoinitiator-arme Fotolacke wie der AZ® 4562 oder 9260, oder chemisch verstärkte Lacke wie der AZ® 40 XT, welcher beim Belichten gar keinen Stickstoff freisetzt.

Übersicht zu unseren AZ® und TI Lacken

Tab. 4 stellt die erzielbaren und prozessierbaren Schichtdickenbereiche unserer AZ® und TI Positiv-, Negativ- und Umkehrlacke dar. Ob und unter welchen Bedingungen bzw. mit welchen Einschränkungen sich dieser Bereiche nach unten oder oben erweitern lassen hängt vom jeweiligen Lack, dem verfügbaren Equipment und den Anforderungen an die Prozesszeiten und das Prozessergebnis ab. Wir beraten Sie hierzu gerne!

	Lackschichtdicke (µm):	0.5	1.0	1.5	2.0	2.5	3	4	5	6	8	10	15	20	25	50	150
Positivlacke	AZ® 1505	grün															
	AZ® 1512HS		grün	grün													
	AZ® 1514H		grün	grün													
	AZ® 1518			grün	grün												
	AZ® 701 MiR	grün	grün														
	AZ® ECI 3007	grün	grün														
	AZ® ECI 3012		grün	grün													
	AZ® ECI 3027				grün	grün	grün										
	AZ® 4533						grün	grün									
	AZ® 4562								grün	grün	grün	grün	gelb	gelb	gelb		
	AZ® P4620								grün	grün	grün	grün	gelb	gelb	gelb		
	AZ® 4999*		grün	grün	grün	grün	grün	grün	grün	grün	grün	grün	grün	grün	grün		
	AZ® 9245							grün	grün	grün	grün	gelb	gelb	gelb	gelb		
	AZ® 9260								grün	grün	grün	grün	gelb	gelb	gelb		
	PL 177						grün	grün	grün	gelb	gelb	gelb	gelb				
	MC Dip Coating**					grün	grün	grün	grün	grün	grün	grün	grün				
	AZ® 40 XT												grün	grün	grün	grün	
Negativlacke	AZ® nLOF 2020			grün	grün	grün	grün										
	AZ® nLOF 2035						grün	grün	grün								
	AZ® nLOF 2070									grün	grün	grün	grün				
	AZ® 15 nXT								grün	grün	grün	grün					
	AZ® 125 nXT												grün	grün	grün	grün	grün
Umkehrlacke	AZ® 5214E			grün	grün												
	TI 35E					grün	grün	grün									
	TI 35ESX						grün	grün	grün								
	TI xLift-X								grün	grün	grün	grün					
	TI Spray*		grün	grün	grün	grün	grün	grün	grün	grün	grün	grün	grün	grün	grün		

** Sprühlack* *** Tauchlack*

Tab. 4: Für jeden Lack gibt es einen hauptsächlich von dessen Viskosität und Fotochemie abhängigen Schichtdickenbereich in welchem er unter Standardbedingungen (grün dargestellt) oder entsprechend angepassten Parametern (gelb) belackt und prozessiert werden kann. Ob über eine Verdünnung des Lacks oder spezielle Belackungstechniken oder Schleuderprofile auch dünnere bzw. dickere Lackschichten aufgebaut und prozessiert werden können hängt zum einen vom Lack selbst, zum anderen vom tolerierbaren Aufwand der Prozessführung ab.

10. AUFSCHLEUDERN VON FOTOLACK

Das Aufschleudern (engl.: Spin Coating) ist aufgrund der potenziell sehr guten Homogenität des Belackungsergebnisses und dem hohen möglichen Durchsatz die mit Abstand gebräuchlichste Methode, Substrate mit Fotolack zu beschichten. Dieses Kapitel beschreibt neben den physikalischen Grundlagen dieser Technik auch damit einhergehende technische Fragestellungen hinsichtlich hoher Lackschichtdicken und der Verwendung unkonventioneller Substrate zusammen mit möglichen Lösungsansätzen.

10.1 Technik und Anwendungsbereiche

Prinzip des Aufschleuderns

Bei dieser Belackungstechnik werden typ. einige ml Lack möglichst zentriert auf ein Substrat gegeben (*dispensiert*), welches vorher (*dynamisches* Dispensieren, Abb. 52) oder kurz danach (*statisches* Dispensieren) auf eine Rotationsgeschwindigkeit von typischerweise mehreren 1000 U/min gebracht wird.

Durch die Zentrifugalkraft verteilt sich der dispensierte Lack zu einem gleichmäßigen Lackfilm mit einer von der Schleuderdrehzahl abhängigen Schichtdicke, überschüssiger Lack wird über den Rand des Substrats abgeschleudert.

Während dieses Vorgangs verdunstet ein Teil des Lösemittels aus der Lackschicht. Dadurch steigt die Viskosität der Lackschicht stark an, wodurch deren Ausdünnen zum einen gestoppt, zum anderen die Lackschicht ausreichend stabil wird um deren weiteres Verfließen beim Handling der Wafer nach der Belackung zu verhindern.

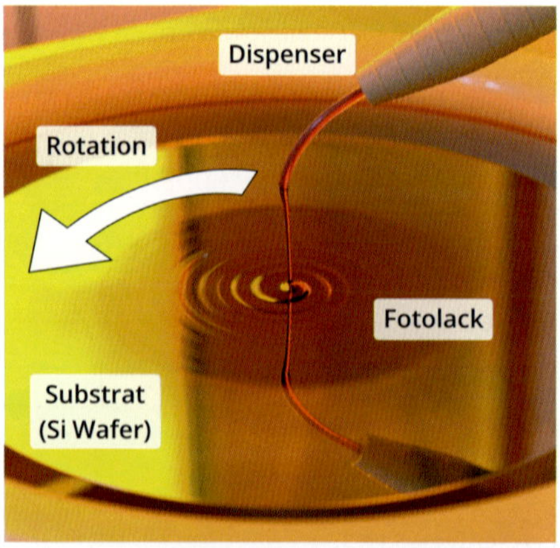

Abb. 52: Auf ein rotierendes Substrat dispensierter Lack dünnt durch die Zentrifugalkraft solange aus, bis das Antrocknen des Lacks durch Verdunstung des Lösemittels ein weiteres Abschleudern stoppt.

Vorteile des Schleuderverfahrens

Das Abschleudern des Lacks dauert tyischerweise nur 10 - 20 Sekunden und erlaubt inkl. Dispensieren und Wafer-Handling die für die industrielle Fertigung erforderlichen kurzen Taktzeiten von weniger als einer Minute.

Die mittels Aufschleudern erzielten Lackschichten sind sehr glatt, lassen sich in ihrer Dicke sehr genau und reproduzierbar einstellen und zeigen zumindest bei runden Substraten (Wafer) eine sehr gute Dickenhomogenität.

Nachteile und Grenzen des Schleuderverfahrens

Besonders bei eckigen Substraten, aber auch bei runden Substraten im Falle hochviskoser Lacke bewirkt die Luftverwirbelung an den Kanten und v. a. Ecken des Substrats eine dort beschleunigte Lacktrocknung welche das Abschleudern des Lacks an diesen Stellen unterdrückt und einen Randwall aus Lack bewirkt (Details siehe Abschnitt 10.3).

Auf texturierten Substraten leidet die Dickenhomogenität der Lackschicht. Zum einen kann sich Lack von den Kanten der Texturen zurückziehen, zum anderen in Gräben und Löchern zu ungewollt dicken Lackfilmen aufbauen (Details siehe Abschnitt 10.4).

Da der größte Teil des dispensierten Lacks abgeschleudert wird ist die Ausbeute an Fotolack welcher den Lackfilm bildet mit wenigen % sehr gering. Dies spielt in der Halbleiterfertigung jedoch meist nur eine sehr untergeordnete Rolle und bildet nur bei niedrigpreisigen Endprodukten einen bedeutenden Kostenfaktor.

10.2 Einflussfaktoren auf die Lackschichtdicke

Einfluss der Schleuderdrehzahl

Schleudert man - wie üblich - so lange, dass das Abschleudern des Lacks vom Substrat durch das Antrocknen am Ende des Schleudervorgangs bereits abgeschlossen ist, sinkt die erzielte Lackschichtdicke in guter Näherung mit der reziproken Quadratwurzel der Schleuderdrehzahl (Abb. 53). Eine Verdopplung der Schleuderdrehzahl verringert demnach die erzielte Lackschichtdicke um einen Faktor von ca. 1.4 wodurch mit einem bestimmten Lack dessen Schichtdicke über die Variation der Schleudergeschwindigkeit in einem gewissen Bereich eingestellt werden kann.

Bei vielen AZ®-Lacken wie der AZ® 1500-, AZ® 4500-, AZ® 9200- oder AZ® ECI 3000-Serie benennen die beiden letzten Ziffern der Bezeichnung (z. B. AZ® 1518) die bei 4000 U/min (bei manchen Lacken bei 3000 U/min) erzielte Lackschichtdicke in der Einheit 100 nm – am Beispiel des AZ® 1518 also 1.8 µm.

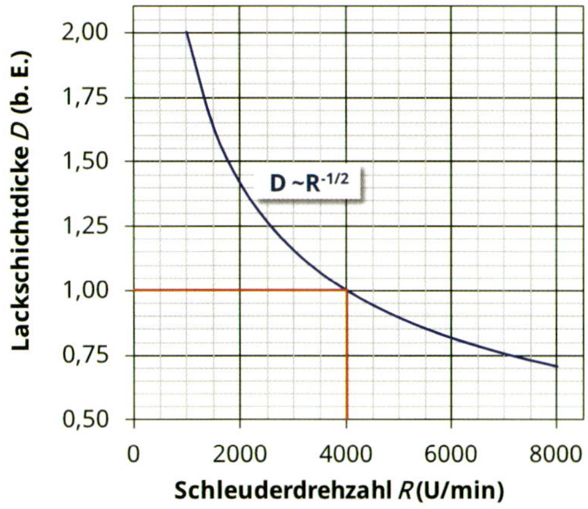

Abb. 53: Die erzielte Schichtdicke eines beliebigen Fotolacks (in beliebigen Einheiten, normiert auf 1 bei 4000 U/min) folgt der reziproken Quadratwurzel der Schleuderdrehzahl .

Einfluss der Schleuderzeit

Stoppt man das Aufschleudern während der Phase, in der noch Lack vom Substrat abgeschleudert wird, lässt sich die erzielte Lackschichtdicke über die Schleuderzeit einstellen. Je höher viskos ein Lack ist, und je langsamer geschleudert wird, desto größer ist das entsprechende Zeitfenster der Schleuderzeit:

Wie Abb. 54 zeigt, ist mit üblichen Schleuderdrehzahlen von 3000 - 4000 U/min bei dünneren Lacken wie dem AZ® 6632 die finale Lackschichtdicke von ca. 3 µm schon nach wenigen Sekunden, bei Dicklacken wie dem AZ® 9260 mit 7 µm erst nach ca. 20 Sekunden erreicht. Das weitere Ausdünnen der Lackschicht beruht auf dem Verdunsten des Lösemittels während des Schleuderns bzw. dem anschließenden Softbake, welcher eben diesen Zweck verfolgt.

Da die erzielte Lackschichtdicke beim Unterbrechen des Aufschleuderns während des Abschleuderns des Lacks sehr zeitkritisch ist, ist es jedoch aus Gründen der Reproduzierbarkeit empfehlenswert, einen Lack zu verwenden, der durch seine Viskosität mit üblichen Schleuderprofilen (2000 - 4000 U/min für 20 - 30 Sekunden) nach Beendigung des Abschleuderns die gewünschte Schichtdicke erzielt.

Restlösemittelanteil in der Lackschicht

Der Restlösemittelanteil in der Lackschicht beeinflusst ebenfalls die Lackschichtdicke. Während des Auf-

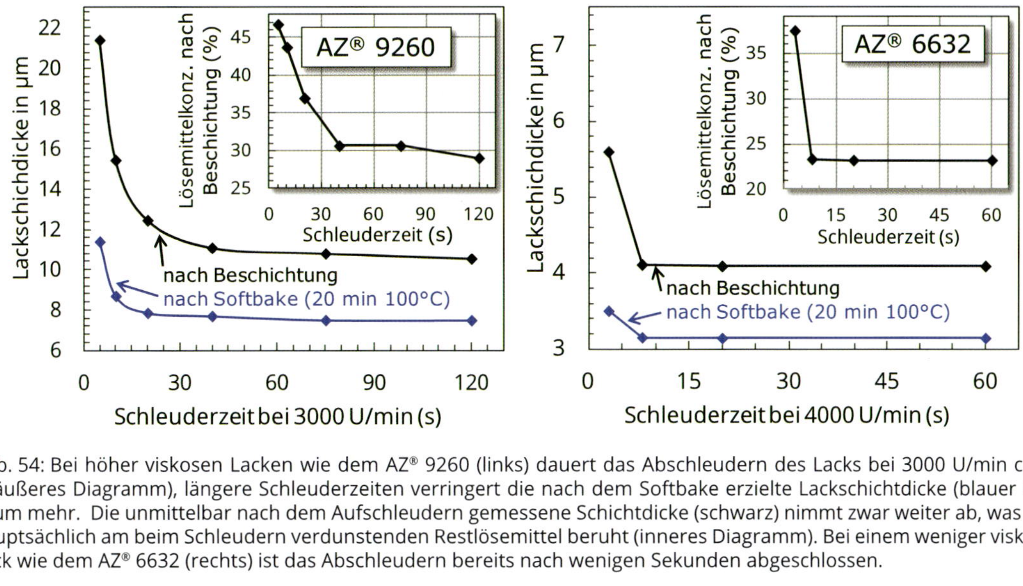

Abb. 54: Bei höher viskosen Lacken wie dem AZ® 9260 (links) dauert das Abschleudern des Lacks bei 3000 U/min ca. 20 s (äußeres Diagramm), längere Schleuderzeiten verringert die nach dem Softbake erzielte Lackschichtdicke (blauer Graf) kaum mehr. Die unmittelbar nach dem Aufschleudern gemessene Schichtdicke (schwarz) nimmt zwar weiter ab, was aber hauptsächlich am beim Schleudern verdunstenden Restlösemittel beruht (inneres Diagramm). Bei einem weniger viskosen Lack wie dem AZ® 6632 (rechts) ist das Abschleudern bereits nach wenigen Sekunden abgeschlossen.

schleuderns sinkt durch Verdunstung die verbliebene Lösemittelkonzentration zunächst rasch und erreicht einen Wert, der von der Lackschichtdicke und dem im Lack verwendeten Lösemittel abhängt. Typische Werte der Restlösemittelkonzentration nach dem Aufschleudern liegen zwischen ca. 10 % (Dünnlacke) und 35 % (Dicklacke). Erst bei höheren Temperaturen (Softbake, vgl. Abschnitt 13.2 auf Seite 71) verringert sich die Konzentration weiter auf ca. 3 - 5 % wobei substratnahe Lackbereiche gerade bei dicken Lackschichten tendenziell höhere Werte aufweisen als Bereiche nahe der Lackoberfläche.

Einfluss der Temperatur beim Aufschleudern

Mit zunehmender Temperatur steigt die Verdunstungsrate des Lösemittels und sinkt die Viskosität des Lacks. Beide Effekte kompensieren sich teilweise in ihrer Auswirkung auf die erzielte Lackschichtdicke, so dass eine Änderung der Temperatur um wenige °C für unkritische Prozesse keine zu großen Schwankungen der erzielten Lackdicke bedeutet.

Einfluss des Equipments

Neben der Temperatur und der relativen Luftfeuchte beeinflusst auch die Lösemittelkonzentration der Atmosphäre im Belacker die erzielte Lackschichtdicke: Je gesättigter die Luft mit Lösemitteldämpfen ist, desto geringer ist die Verdunstungsrate des Lösemittels aus der Lackschicht, desto länger dauert das Abschleudern des Lacks und desto geringer ist die erzielte Lackschichtdicke. Nach erfolgter Reinigung des Belackers von Lackresten oder längeren Belackungspausen kann es daher sinnvoll sein, zunächst einige Dummy-Wafer zu belacken, um bei allen folgenden Belackungen eine konstante Schichtdicke zu erzielen.

Einen großen Einfluss auf das Belackungsergebnis hat das Equipment selbst: Die Verwendung eines Gyr-Sets (eine synchron mit dem Substrat rotierende Abdeckung) verringert die relative Luftbewegung über dem Substrat und damit die Verdunstungsrate des Lösemittels aus der Lackschicht und kann dadurch die erzielte Lackschichtdicke um einen Faktor zwei oder mehr verringern.

10.3 Der Randwall und seine Beseitigung oder Verringerung

Ursachen und Folgen des Randwalls

Vor allem beim Aufschleudern dicker Lackschichten sowie bei eckigen Substraten bildet sich ein mehr oder weniger stark ausgeprägter Randwall, also eine Überhöhung der Fotolackschicht am Rand des Substrates, die v. a. bei der Kontaktbelichtung problematisch ist:

Durch den auch nach dem Softbake noch relativ hohen Restlösemittelanteil im Randwall kann es dort zu einem Verkleben des belackten Substrats mit der Fotomaske kommen. Der Randwall wirkt zudem als ungewollter Abstandshalter zwischen der zu strukturierenden Lackschicht und der Fotomaske beim Belichten, was oftmals der Grund für eine schlechte laterale Auflösung oder ungewollt flache entwickelte Lackflankenwinkel ist (vgl. Abschnitt 16.8 auf Seite 92).

Verringerung oder Beseitigung des Randwalls

Falls keine automatische Randwallentfernung implementiert ist, bieten sich zur Verminderung/Beseitigung des Randwalls folgende Möglichkeiten an:

- Bei runden Substraten: Dynamische Randwallentfernung bei ca. 500 U/min mit AZ® EBR Solvent (keine Lösemittel mit hohem Dampfdruck wie z. B. Aceton!) aus einer Waschflasche mit feiner Spritzdüse
- Die Verwendung eines Lacks, der bei ausreichend hohen Schleuderdrehzahlen (3000 - 4000 U/min) die Zielschichtdicke erreicht
- Beim Aufbau sehr dicker Lackschichten: Eine höhere Schleuderdrehzahl für kürzere Zeit (vgl. Abb. 57 auf Seite 63)
- Ein Abschleudern des Randwalls durch abrupte Zunahme der Schleuderdrehzahl dann, wenn die Lackschicht schon ausreichend angetrocknet, der Randwall aber noch flüssig genug für einen Abriss ist. Diese Maßnahme erfordert jedoch zur Zielerreichung eigene Versuche mit unterschiedlichen Schleuderprofilen.
- Eine Mehrfachbelackung mit jeweils höherer Schleuderdrehzahl (vgl. Abb. 58 auf Seite 64)
- Eine von der Lackschichtdicke und dem Restlösemittelgehalt abhängige Wartezeit zwischen Belackung und Softbake, um eine Erhöhung des bestehenden Randwalls durch die bei hohen Temperaturen ab-

nehmende Viskosität der Lackschicht zu verhindern (evtl. auch über eine mehrstufige Trocknung für jeweils einige Minuten bei z. B. 50°C und 70°C vor dem eigentlichen Softbake).

- Falls es das Equipment und die verwendeten Substrate zulassen: Ein Aufbau auf dem Substratteller (z. B. Blechscheibe) mit einer Vertiefung, welche das Substrat bündig aufnimmt.
- Bei eckigen Substraten: Falls technisch möglich ein Entfernen (Brechen) der Randstücke des Substrates samt Randwall, oder Abwischen des Randwalls mit Reinraumtüchern

10.4 Ursachen und Abhilfen bei inhomogenen Belackungsergebnissen

Texturierte Substrate

Um auf texturierten Substraten ein möglichst homogenes Belackungsbild zu erzielen kann ein zweistufiges Schleuderprofil sinnvoll sein: Durch ein kurzes Anschleudern bei ca. 500 U/min kann sich zunächst der Lack über die Texturen des Substrats verteilen um dann bei höheren Drehzahlen auf die gewünschte Schichtdicke ausgedünnt zu werden. Das Anschleudern bei geringen Drehzahlen sollte nicht länger als wenige Sekunden dauern um ein Antrocknen des Lacks bereist in diesem Stadium zu verhindern.

Falls sich dadurch kein zufriedenstellende Belackungsergebnis erzielen lässt kann eine alternative Belackungsmethode wie die Tauchbelackung (Kapitel 12) oder Sprühbelackung (Kapitel 11) in Erwägung gezogen werden.

Eckige Substrate

Hier bewirkt die Luftverwirbelung an den Kanten und v. a. Ecken des Substrats eine dort beschleunigte Lacktrocknung welche das Abschleudern des Lacks an diesen Stellen unterdrückt und einen Randwall aus Lack bewirkt (Mögliche Abhilfen s. Abschnitt 10.3).

Equipment

Inhomogene Lackschichten haben ihre Ursache oft in ungeeignetem Equipment: Öffnungen im Deckel des Spincoaters bewirken beim Rotieren des Substrats Turbulenzen über der Lackschicht welche zu einem ungleichmäßigen Antrocknen derselbigen führen. Es ist meist sinnvoll, diese Öffnungen so von innen abzudecken (-kleben) dass die Innenseite des Deckels eine möglichst glatte, unterbrechungsfreie Oberfläche bildet.

Die inneren Seitenwände des Belackers sollen so geneigt sein, dass abgeschleuderter Lack nicht zurück auf das Substrat sondern nach unten abgelenkt wird.

Verwendeter Lack

Zum Aufschleudern sollten nur für diese Belackungstechnik geeignete Lacke mit hoch siedenden Lösemitteln verwendet werden. Niedersiedende Lösemittel lassen den Lack beim Aufschleudern zu rasch antrocknen und verhindern die Ausbildung einer über das Substrat homogenen Lackschichtdicke. Soweit nicht anders gekennzeichnet sind unsere AZ®- und TI Lacke für das Aufschleudern optimiert.

Abb. 55: Bei einer (in Pfeilrichtung) abnehmenden Beschleunigung auf die Endschleuderdrehzahl nimmt die Gefahr der hier erkennbaren Lackabrissen am Rand der Wafer zu.

Lackabrisse

Keilförmige Lackabrisse oder Ausdünnungen („Kometen") starten oft bei Luftblasen im Lack oder Partikeln im Lack bzw. auf dem Substrat (Details in Abschnitt 10.5)

Ein weiterer Grund für Lackabrisse kann eine zu geringe Lackmenge (deren Optimum von der Substratgröße, Lackschichtdicke, Lackviskosität und vom Schleuderprofil abhängt) oder dezentral auf dem Substrat dispensierter Lack sein.

Falls diese Ursachen nicht in Frage kommen, hilft bei nicht texturierten Substraten oftmals eine große Beschleunigung (einige 1000 U/min/s) von Null auf die Endschleuderdrehzahl: Abb. 55 zeigt das Be-

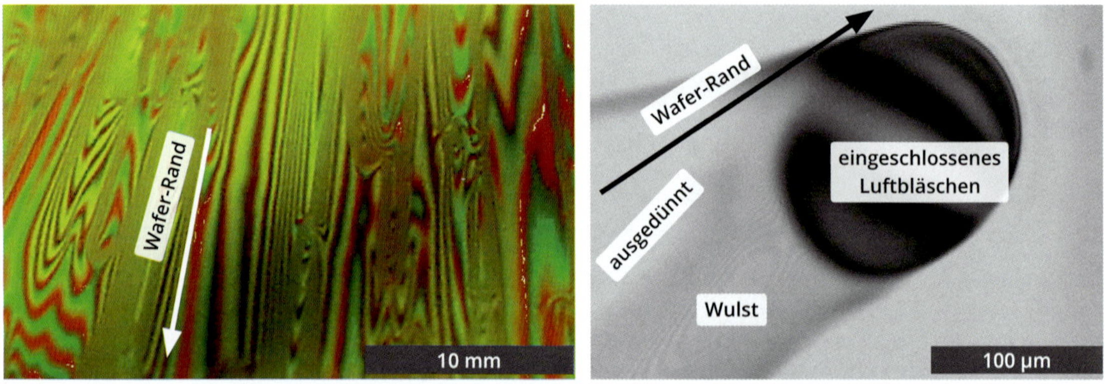

Abb. 56: Vermeintlich durch Partikel ausgelöste Inhomogenitäten der Lackschicht nach dem Aufschleudern (links) haben ihren Ursprung oftmals in eingebrachten Luftbläschen (rechts)

lackungsergebnis für drei unterschiedlich steile Rampen des Schleuderprofils. Ein zweistufiges Schleuderprofil mit einem Anschleudern bei kleineren Schleuderdrehzahlen als der Endschleuderdrehzahl ist nur bei texturierten Substraten empfehlenswert, bei denen sich der Lack zunächst gleichmäßig über die Texturen verteilen muss.

10.5 Partikel oder Bläschen in der Lackschicht?

Erscheinungsbild

Radiale, streifenförmige Inhomogenitäten der Lackschicht starten oft an Partikeln oder Gasbläschen in der aufgebrachten Lackschicht. Durch die meist mikroskopische Größe der Partikel oder Bläschen kann mit dem bloßen Auge meist nicht bestimmt werden, was von beiden für die defekte Belackung verantwortlich ist. Unserer Erfahrung nach werden in vielen Fällen fälschlicherweise Gasbläschen für Partikel gehalten.

Partikel und Klümpchen

Bereits auf dem Substrat vorhandene Partikel können vor der Belackung über eine Reinigung mit Isopropanol entfernt werden. Falls sich vor dem Belacken wieder Partikel aus der „Reinraum"-Luft anlagern, können diese, zweckmäßigerweise unmittelbar vor der Belackung, mit Stickstoff abgeblasen werden.

Partikel bilden sich jedoch auch in überlagerten, falsch (zu warm) gelagerten, oder zu stark verdünnten Lacken, welche damit unbrauchbar werden (s. Abschnitt 7.5). Bestimmte Lacke wie die AZ® 1500 oder 6600 Serie neigen wesentlich stärker zur Partikelbildung als typische Dicklacke wie der AZ® 4562 oder 9260 mit geringer Fotoinitiator-Konzentration.

Neben mikroskopischen Partikel neigen manche stark verdünnten Lacken auch zu einer Art „Gelierung", welche sich in zunächst vereinzelten, mm-großen Klümpchen auf der Lackschicht äußert.

Luftbläschen

Luftbläschen können beim Bewegen der Flasche beim Transport (auch innerhalb des Reinraums), dem Umfüllen in ein anderes Gefäß, oder dem Aufziehen des Lacks in eine Pipette/Küvette zum Dispensieren in den Lack eingebracht werden.

In diesen Fällen hilft es, den bewegten Lackbehälter bzw. die senkrecht gehaltene Pipette/Küvette einige Zeit ruhen zu lassen um den Luftblasen die Möglichkeit zu geben, aufzusteigen. Die notwendige Ruhezeit hängt stark von der Viskosität des Lacks ab: Einige Minuten für Dünnlacke, bis Stunden für hoch-viskose Dicklacke genügen meist.

Stickstoff-Bläschen

DNQ-basierte Fotolacke (wozu fast alle AZ® und TI Positiv- und Umkehrlacke gehören) setzen während der Lagerung aus dem allmählichen chemischen Zerfall des Fotoinitiators Stickstoff frei, welcher sich zunächst im Lack löst. Bleibt das Lackgebinde über Monate verschlossen, steigt der Partialdruck von Stickstoff im Lack an, wodurch sich beim Öffnen des Gebindes durch den plötzlichen Druckabfall Bläschen im Lack und in der aufgebrachten Lackschicht bilden können.

In diesem Fall kann es helfen, die verschlossene Lackflasche kräftig zu schütteln und dann mit leicht aufgesetztem Deckel - je nach Viskosität des Lacks - einige Stunden stehen zu lassen, um die Stickstoff-Bläschen ausgasen zu lassen. Eine Behandlung des offenen Gebindes im Ultraschallbad kann hierzu ebenfalls hilfreich sein.

Lokal schlechte Benetzung

Auch an Stellen auf dem Substrat mit sehr schlechter Lackhaftung oder Lackbenetzung können Belackungsdefekte auftreten. Solche lokalisierten Stellen auf dem Substrat können ihren Ursprung in einer unzureichenden Substratreinigung (vgl. Abschnitt 8.1), einer falschen Anwendung von Haftvermittlern (vgl. Abschnitt 8.2), vorherigen Prozessschritten, oder Rückständen aus verdunsteten Tröpfchen von verunreinigten Chemikalien oder verkeimtem oder anderweitig verunreinigtem DI-Wasser haben.

10.6 Messung der Lackschichtdicke

Neben optischen Methoden wie Transmissions- oder Reflexionsspektroskopie (optische Parameter s. Abschnitt 16.12 auf Seite 96) kann die Lackschichtdicke mit in vielen Fällen ausreichender Genauigkeit auch mit einem Oberflächenprofilometer bestimmt werden. Hierzu werden mit einem Skalpell oder einer Pinzette in die getrocknete Lackschicht auf einem belackten Test-Wafer Linien geritzt oder geschabt und deren Höhenprofil ausgemessen.

Eine Messung der Lackdicke an entwickelten Lackstrukturen ist für die Bestimmung der ursprünglichen Lackschichtdicke nach dem Softbake nur dann sinnvoll, wenn davon ausgegangen werden kann, dass die unbelichteten (bzw. bei Umkehr- oder Negativlacken belichteten) Lackbereiche durch den Entwickler nicht nennenswert ausgedünnt sind sondern die ursprüngliche Stärke der Lackschicht widerspiegeln.

10.7 Erzielung dicker und sehr dicker Lackschichten

Geeignete Schleuderprofile

Grundsätzlich ist es ratsam, für eine gewünschte Lackschichtdicke einen Lack zu verwenden, der diese Dicke bei üblichen Schleuderdrehzahlen von 2000 - 4000 U/min erzielt. Damit können z B. mit den Positivlacken AZ® 4562 oder 9260, oder den Negativlacken AZ® nLOF 2070 oder AZ® 15 nXT, Schichtdicken bis ca. 10 µm, und mit dem Positivlack AZ® 40 XT oder dem Negativlack 125 nXT Schichtdicken bis ca. 50 µm erzielt werden.

Prinzipiell lassen sich noch dickere Fotolackschichten über entweder geringe Schleuderdrehzahlen oder/und kurze Schleuderzeiten erzielen. Geringe Schleuderdrehzahlen führen jedoch zu einem stark ausgeprägten Randwall und können zudem verhindern, dass der Fotolack beim Aufschleudern an den Substrat-Rändern abreißt, was die erzielte Lackschichtdicke schwer reproduzierbar macht.

Deshalb ist ein für dicke Lackschichten jenseits der Standarddicke des verwendeten Fotolacks wesentlich besser geeignetes Schleuderprofil das in Abb. 57 schematisch dargestellte: Nach einer kurzen Rampe (ca. 1000 U/min/s) von Null auf ca. 1500 - 2000 U/min wird diese Geschwindigkeit für wenige Sekunden (T_2) gehalten, danach rasch wieder auf 0 U/min abgebremst.

Über die mittels einer kleinen Versuchsreihe zu evaluierende Zeit T_2 kann die erzielte Lackschichtdicke auf den gewünschten Wert eingestellt werden.

Mehrfachbelackung

Kann auch mit den im vorherigen Abschnitt beschriebenen Maßnahmen die gewünschte große Lackschichtdicke mit der geforderten Homogenität nicht erzielt werden, empfiehlt sich eine Zwei- oder Mehrfachbelackung.

Wie in Abb. 58 schematisch anhand des AZ® 9260 gezeigt, erfolgt der Lackaufbau dabei in mehreren Stufen: In diesem Beispiel wird für eine sehr große Lackdicke jede Teilbelackung wie im vorherigen Abschnitt erläu-

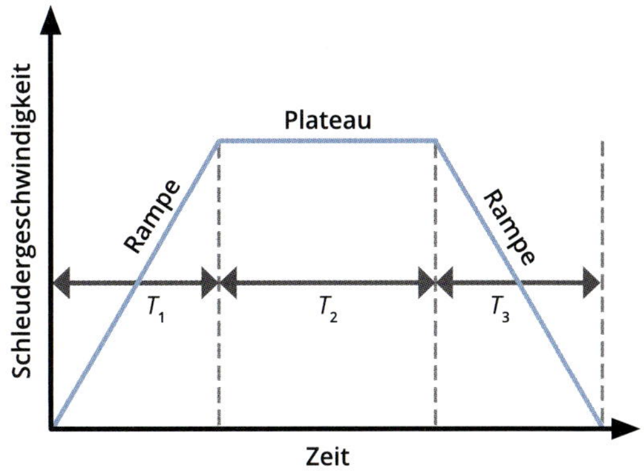

Abb. 57: Ein Schleuderprofil mit steilen Rampen (kurze T_1 und T_3) und einem einstellbar kurzen Plateau (T_2) zur Erzielung dicker und dennoch homogener Lackschichten.

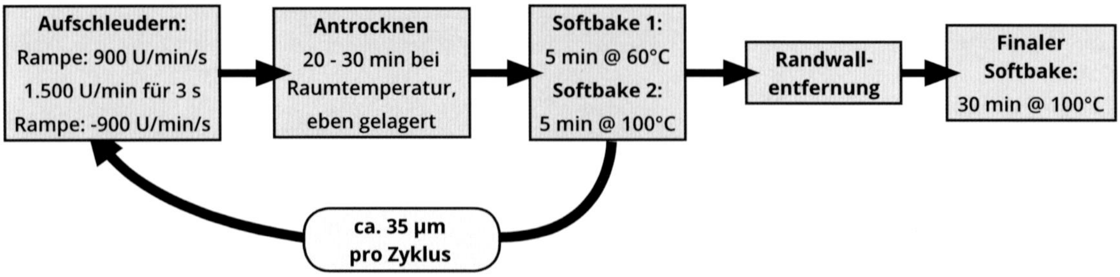

Abb. 58: Beispielhafte Prozessfolge einer Mehrfachbelackung mit dem AZ® 9260: Der Softbake nach jeder Belackung unterdrückt das Anlösen der Lackschicht bei der folgenden Belackung. Die eigentliche Trocknung der Lackschicht erfolgt zum Schluss.

tert bei 1500 U/min Schleuderdrehzahl für nur wenige Sekunden durchgeführt, gefolgt von einer Wartezeit zur Glättung und Antrocknung der Lackschicht. Ein kurzer Softbake stabilisiert jede neu aufgebrachte Lackschicht soweit, dass die jeweils folgende Belackung die bereits bestehende Lackschicht nicht anlöst. Diese Softbake-Schritte können zur Verbesserung der Homogenität des Belackungsergebnisses zweistufig ausgeführt werden. Der erste Schritt bei 60°C trocknet die Lackschicht vorsichtig an, um ein Verfließen der Lackschicht durch die abrupte Abnahme der Viskosität bei den nachfolgenden höheren Softbake-Temperaturen zu unterdrücken.

Eine erfolgreiche Mehrfachbelackung setzt ausreichend hochviskose (lösemittelarme) Lacke wie z. B. AZ® 9260 oder AZ® 4562 voraus. Bei der Verwendung zu lösemittelhaltiger Dünnlacke löst der Lack ab der zweiten Beschichtung selbst bei raschem Dispensieren und einer gut durchgetrockneten vorhandenen Lackschicht diese zu stark an, was ein inhomogenes Belackungsbild zur Folge hat.

Geeignete Ultradicklacke

Neben den oben beschriebenen Schleuderprofilen für herkömmliche Dicklacke lassen sich sehr große Lackschichtdicken (ca. 30 - 300 µm) am einfachsten mit z. B. dem Positivlack AZ® 40 XT, oder dem Negativlack AZ® 125 nXT erzielen.

Durch die innovative Chemie dieser beiden chemisch amplifizierten Lacke gestaltet sich auch die weitere Prozessierung (Softbake, Belichtung und Entwicklung) wesentlich zügiger als mit herkömmlichen Dicklacken wie dem AZ® 4562 oder 9260, welche lange Prozesszeiten für den Softbake, die Rehydrierung und die Entwicklung notwendig machen.

11. SPRÜHBELACKUNG

Die Sprühbelackung von Substraten kann in den Fällen eine sinnvolle Belackungstechnik für Fotolacke sein, wo die Substratgröße oder deren Texturierung ein Aufschleudern mit der erforderlichen Homogenität des Belackungsbildes nicht erlauben. Dieses Kapitel beschreibt die Technologie der Sprühbelackung, die physikalischen Vorgänge zwischen der Tröpfchenentstehung am Sprühkopf und der fertigen Lackschicht und gibt Erklärungen und Antworten zu häufigen Problemstellungen im Zusammenhang mit der Sprühbelackung.

11.1 Grundsätzliches zur Sprühbelackung

Grundprinzip der Sprühbelackung

Bei der Sprühbelackung wird die Lackschicht aus dem aus zerstäubtem Fotolack gebildeten Sprühnebel mit typischen Tröpfchengrößen im µm-Bereich abgeschieden. Die Tröpfchen werden über z. B. eine Stickstoff-beaufschlagte Düse oder via Ultraschallzerstäubung gebildet und landen, von einem Luft- oder Stickstoff-Strom getragen auf der Substratoberfläche wo sie sich zu einer geschlossenen Lackschicht vereinigen.

Mögliche Vorteile

Die Sprühbelackung bietet neben einer zumindest theoretisch sehr hohen Lackausbeute das Potenzial, nahezu beliebig geformte und texturierte Substrate zu belacken, bei welchen das Aufschleudern technisch nicht umsetzbar ist bzw. nicht die hinsichtlich Homogenität der Lackschichtdicke über das gesamte Substrat bzw. über dessen Texturen (Kantenbedeckung) geforderten Ergebnisse liefert.

Mit einem für den jeweiligen Prozess geeigneten Sprühlack und über optimierte Sprühparameter lassen sich mittels Sprühbelackung bei texturierten Substraten die Gräben, Flanken und Kanten der Texturen mit einer für die meisten Anwendungen hinreichend gleichmäßigen Lackschichtdicke versehen.

Grenzen der Sprühbelackung

In der Praxis landen die meisten Lacktröpfchen in der Absaugung und nur ein geringer Anteil auf dem Substrat. Die erzielbare Lackausbeute erreicht typische Werte um 5 - 15 %, was jedoch immer noch deutlich größer als die beim Aufschleudern erzielten Werte von typ. < 5 % ist.

Die Lacktröpfchen „regnen“ nicht laminar umströmt auf das Substrat sondern werden durch Mikroturbulenzen über der Oberfläche v. a. texturierter Oberflächen örtlich teilweise stark inhomogen abgeschieden. Dadurch ist auf texturierten Substraten die Lackschicht über den Texturen nicht gleichmäßig dick, sondern an den Oberkanten meist ausgedünnt, und in den Gräben in Nähe der Flanken verdickt.

Die Bildung dünner (ca. < 1 µm) geschlossener Lackschichten ist tendenziell schwierig, da die Landestellen der Tröpfchen auf dem Substrat sowie die Tröpfchendurchmesser statistisch verteilt sind. Daher ist eine bestimmte Tröpfchendichte auf der Substratoberfläche notwendig, um ein Zusammenfließen zu einer durchgehenden Schicht zu ermöglichen.

Dieser für eine glatte Lackschicht gewünschte Vorgang des Fließens im µm-Maßstab führt jedoch gleichzeitig zu einer Ausdünnung der Lackschicht über Kanten und Ecken texturierter Substrate (geringe *Kantenbedeckung*).

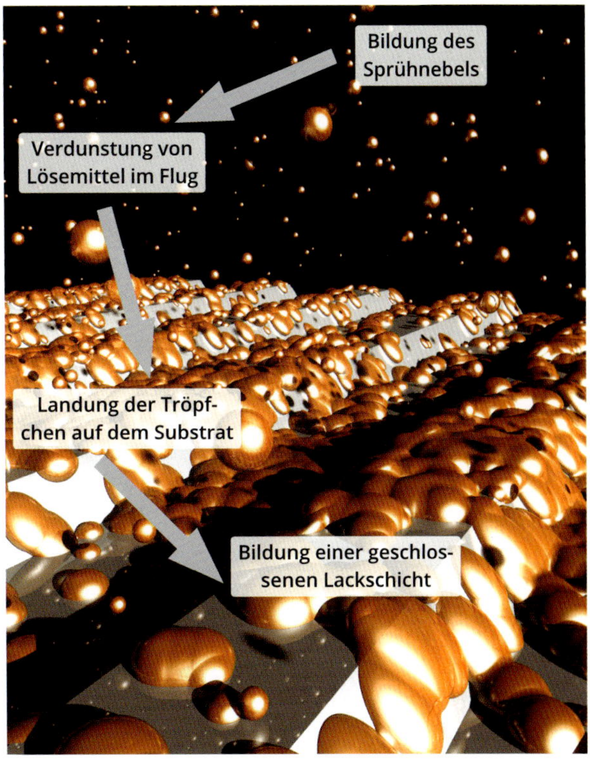

Abb. 59: Auf dem Weg vom Sprühkopf zum Substrat verdunsten bestimmte Anteile der unterschiedlich hoch siedenden Lösemittel aus den Tröpfchen bzw. der Lackschicht, was sich auf die Glattheit aber auch Kantenbedeckung der Belackungsbildes auswirkt.

11.2 Sprühnebel-Bildung

Geeignetes Equipment

Die technisch einfachste Möglichkeit zur Erzeugung eines Sprühnebels ist die Zerstäubung von Lack an einer Düse wie es auch in handelsüblichen Airbrush-Pistolen erfolgt. Zur Verhinderung einer Kontamination des Lacks mit an der Niederdruckseite auskondensierender Luftfeuchte oder Partikeln empfiehlt sich hierfür Reinst-Stickstoff. Falls Airbrush-Pistolen eingesetzt werden sollen, ist auf die Stabilität der darin verwendeten Dichtungen gegen die im Lack verwendeten Lösemittel wie z. B. PGMEA, MEK oder Aceton zu achten.

Eine andere Möglichkeit zur Bildung des Sprühnebels ist die Ultraschallzerstäubung, bei welcher der Lack über eine am Lack anliegende hochfrequente mechanische Schwingung vernebelt und von einem Trägergas auf das Substrat geleitet wird.

Zur Zerstäubung geeignete Sprühlacke

Für das Aufschleudern optimierte Lacke sind zur Bildung eines hinreichend feinen Sprühnebels meist zu hochviskos. Jede Technologie erfordert zur Erzeugung einer für die Sprühbelackung geeigneten Tröpfchengrößenverteilung eine rel. geringe Viskosität des Sprühlacks von üblicherweise wenigen cSt.

Bei der Auswahl und Konzentration der Lösemittel müssen Inkompatibilitäten verschiedener Lösemittel zum Fotolack wie auch die Tatsache berücksichtigt werden, dass zu stark verdünnte Fotolacke beschleunigt altern und Partikel bilden.

11.3 Vorgänge im Sprühnebel

Verdunstung von Lösemittel

Zwischen Sprühkopf und Substrat sollte aus den Tröpfchen des Sprühnebels so viel Lösemittel verdunsten, dass auf dem Substrat kein makroskopisches Verfließen des Lacks stattfindet, was die Homogenität des Belackungsbildes und, falls relevant, die Kantenbedeckung verschlechtert. Die Viskosität der Lackschicht sollte jedoch gleichzeitig gering genug sein, um deren Glättung im µm-Maßstab und somit eine geschlossene Lackschicht zu ermöglichen.

Verdunstet bereits im Sprühnebel ein zu großer Lösemittelanteil, können die Tröpfchen nicht zu einer geschlossenen Lackschicht zusammenfließen. Im Extremfall trocknen v. a. die kleineren Lacktröpfchen mit ihrem größeren Oberfläche/Volumen-Verhältnis bereits im Flug zu Harz-Kügelchen, welche nicht auf dem Substrat haften bleiben sondern im Falle unzureichender Absaugung als Partikel in die Reinraumluft gelangen.

Die Parameter Temperatur, Umströmungsgeschwindigkeit und Sättigung der Umgebung mit Lösemittel sowie die Lösemittelzusammensetzung bestimmen für jede Tröpfchengröße die Verdunstungsrate als Funktion der Lösemittelsättigung der Tröpfchenoberfläche. Diese Konzentration wiederum hängt von der temperatur- und lösemittelkonzentrationsabhängigen Diffusion der verschiedenen Lösemittel aus dem Inneren der Tröpfchen an deren Oberfläche ab.

In der Praxis kombiniert man zwei oder mehr Lösemittel mit stark unterschiedlichem Dampfdruck (z. B. PGMEA mit MEK oder Aceton), um eine bestimmte Viskosität der Tröpfchen beim Landen auf dem Substrat vorzugeben.

Transport der Tröpfchen zum Substrat

Die freie Fallgeschwindigkeit in Luft von kugelförmigen Lacktröpfchen mit einem Durchmesser von 1 µm liegt bei ca. 10 cm/Stunde und damit viel zu niedrig, um Substrate ausschließlich über die Kraft der Gravitation, also „im freien Fall" zu belacken. Deshalb ist ein Tröpfchen-Transport durch ein Trägergas erforderlich was beim Airbrush-Verfahren durch den zur Zerstäubung an der Düse verwendeten Stickstoff, bei der Ultraschallzerstäubung durch eine entsprechende Trägergasströmung erzielt wird.

Unmittelbar über der zu belackenden Substratoberfläche herrscht teils laminare Strömung parallel zur Oberfläche, teils durch eine Textur definierte turbulente Strömung welche eine gleichmäßige Belackung von Kanten und Gräben erschweren kann.

Abb. 61 zeigt, wie sich auf einem glatten Substrat (ein nicht texturierter Silicium-Wafer) während der Sprühbelackung eine geschlossene, glatte Lackschicht ausbildet.

11.4 Benetzung, Kantenbedeckung und Rauigkeit der Lackschicht

Benetzung

Eine gute Benetzungsfähigkeit des Substrats fördert die Bildung einer geschlossenen Lackschicht aus den Tröpfchen und ist daher Voraussetzung für gute Belackungsergebnisse.

Eine gute Benetzung bzw. Haftung lässt sich über eine optimierte Substratvorbehandlung erzielen wie sie in Kapitel 8 auf Seite 50 beschrieben ist.

Glatte Lackoberfläche und optimierte Kantenbedeckung: Stets ein Kompromiss

Ist die Lösemittelkonzentration der gebildeten Lackschicht über einen langen Zeitraum sehr groß, fließt der Lack durch seine Oberflächenspannung zwar zu einem sehr glatten Film zusammen, zieht sich dabei aber gleichzeitig auch von den Kanten von Texturen zurück welche dadurch u. U. nur noch sehr dünn oder gar nicht mehr von Lack bedeckt sind.

Werden hingegen Sprühlack und Sprühparameter so eingestellt, dass die gebildete Lackschicht wenig Restlösemittel enthält, bzw. durch rasches Verdunsten sehr rasch diesen Zustand erreicht, bleiben die Kanten von Texturen besser bedeckt. Durch das unterdrückte Fließen des Lacks ist die Lackschicht jedoch auf µm-Skala vergleichsweise rau - im Extremfall bleiben die Tröpfchen dort in ihrer ursprünglichen Form auf dem Substrat sitzen wo sie gelandet sind.

Parameter zur Beeinflussung der Kantenbedeckung und Glätte der Lackschicht

Um einen für eine bestimmte Anwendung optimalen Kompromiss aus einer möglichst glatten Lackschicht, und - falls erforderlich - einer optimalen Kantenbedeckung zu finden, muss die Viskosität der eben gelandeten Lacktröpfchen sowie der zeitliche Verlauf der Viskosität (Verdunstung des Lösemittels) der eben gebildeten Lackschicht eingestellt werden. Hierzu stehen eine Vielzahl an Parametern zur Verfügung.

Eine bessere Kantenbedeckung mit dem Kompromiss einer tendenziell weniger glatten Lackschicht lässt sich erzielen, wenn die auf dem Substrat landenden Lacktröpfchen durch eine beschleunigte Verdunstung im Flug zwischen Sprühkopf und Substrat ausreichend hochviskos sind, was sich über

- Einen geringen Anteil hoch siedender Lösemittel wie PGMEA und höheren Anteil nieder siedender Lösemittel wie Aceton oder MEK im Sprühlack
- Kleinere Tröpfchendurchmesser, z. B. über eine hohe Lösemittelkonzentration im Sprühlack oder Einstellungen am Sprühkopf
- Einen größeren Abstand zwischen Sprühkopf und Substrat für eine geringere Lösemittelkonzentration der auf dem Substrat landenden Tröpfchen durch Verdunstung während des Flugs der Tröpfchen

umsetzen lässt. Alternativ oder zusätzlich kann eine beschleunigte Verdunstung aus der gerade gebildeten Lackschicht via

- Ein auf ca. 40 - 60°C erwärmtes Substrat
- Eine verringerte Sprührate

die Kantenbedeckung verbessern.

Die Gegenteiligen Maßnahmen können helfen, die Glattheit der Lackschicht - allerdings auf Kosten einer

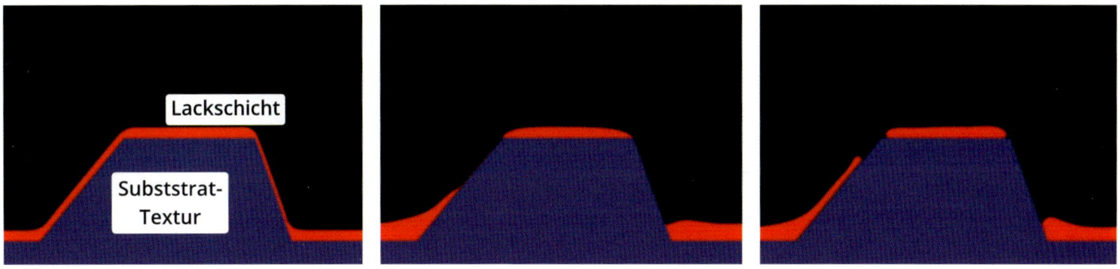

Abb. 60: Simulierte Querbruchaufnahmen numerisch modellierten Verfließens von Lack auf einer gegebenen Textur für den Fall optimaler Kantenbedeckung (links), sowie einer aufgrund einer zu geringen Viskosität (Mitte) bzw. Lackbenetzung (rechts) schlechten Kantenbedeckung.

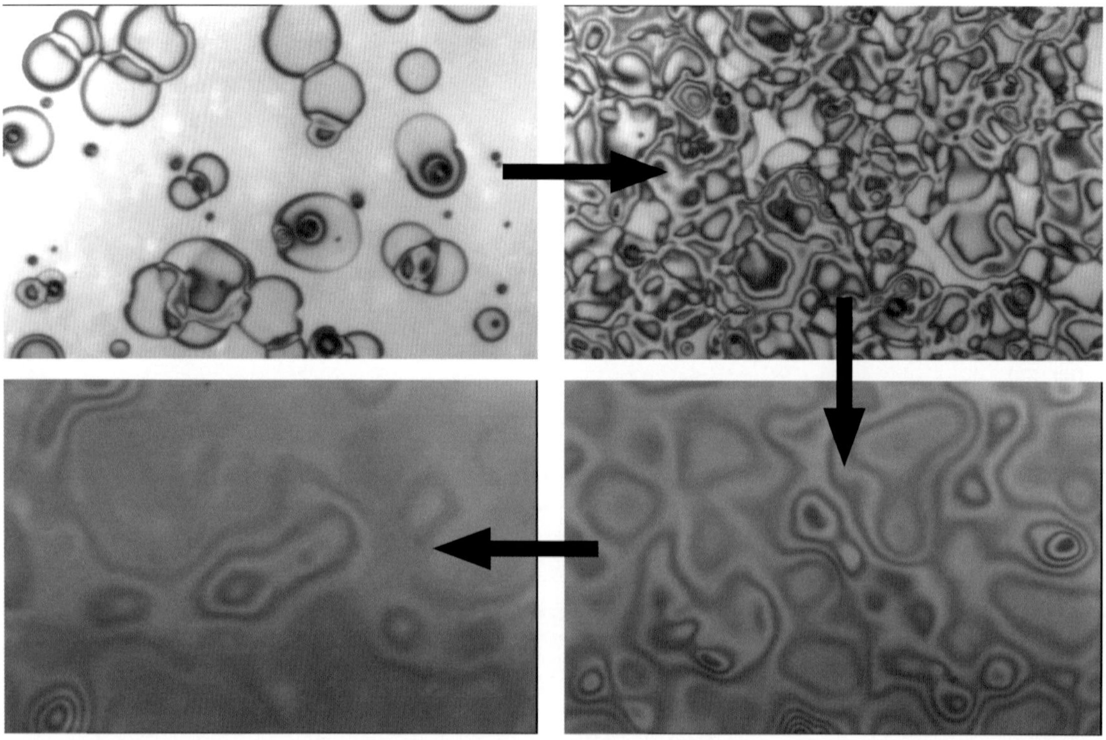

Abb. 61: Momentaufnahmen (Lichtmikroskopie, Aufsicht) der Sprühbelackung eines nicht texturierten Silicium-Wafers in chronologischer Reihenfolge von links oben im Uhrzeigersinn: Stochastisch verteilt auf dem Substrat landende Teilchen überlappen zunehmend und beginnen eine geschlossene Lackschicht zu bilden, die sich durch den noch ausreichend hohen Restlösemittelanteil beginnt zu glätten.

tendenziell schlechteren Kantenbedeckung – zu verbessern:

- Ein hoher Anteil hoch siedender Lösemittel wie PGMEA und geringer Anteil nieder siedender Lösemittel wie Aceton oder MEK im Sprühlack
- Größere Tröpfchendurchmesser, z. B. über eine geringere Lösemittelkonzentration im Sprühlack oder Einstellungen am Sprühkopf
- Ein geringerer Abstand zwischen Sprühkopf und Substrat für eine höhere Lösemittelkonzentration der auf dem Substrat landenden Tröpfchen
- Eine höhere Sprührate

11.5 Geeignete Sprühlacke

Durch eine geeignete Lösemittelzusammensetzung lässt sich grundsätzlich aus jedem Lack ein Sprühlack ansetzen, weshalb man sich bei der Lackauswahl primär daran orientieren sollte, welche Lackdicke eines Positiv-, Umkehr- oder Negativlacks mit welcher Auflösung für welche Anwendung der entwickelten Lackmaske gefordert sind.

Die optimale Zusammensetzung mit hoch- und niedersiedenden Lösemitteln hängt zum einen vom Substrat und dem Kriterium, ob eine glatte Lackschicht oder maximale Kantenbedeckung angestrebt wird ab, und zum anderen von Equipment-bezogenen Parametern wie die eingesetzte Technologie zur Sprühnebelerzeugung, der Sprührate und dem Abstand zwischen Sprühdüse und Substrat.

Mit Lacken wie dem AZ® 4999 oder dem TI Spray existieren für die meisten Anwendungen geeignete fertige Sprühlacke. Anpassungen an der Lösemittelzusammensetzung für eine Optimierung des Belackungsergebnisses können unter Umständen dennoch ratsam sein, wir beraten Sie hierzu gerne!

12. TAUCHBELACKUNG

Die Tauchbeschichtung von Substraten mit Fotolack kann dann eine Alternative zu anderen Belackungstechniken sein, wenn entweder die Art oder Größe der zu belackenden Substrate weder für das Aufschleudern noch die Sprühbelackung geeignet sind, oder der Fotolack einen signifikanten Kostenfaktor darstellt und eine Minimierung des Lackverbrauchs pro Substrat erfordert.

Dieses Kapitel beschreibt die Technologie der Tauchbelackung und gibt Erklärungen und Antworten zu häufigen Problemstellungen im Zusammenhang mit diesem Belackungsverfahren.

12.1 Prinzip der Tauchbelackung

Grundprinzip der Tauchbelackung

Bei der Tauchbelackung wird das Substrat üblicherweise vertikal aus einer mit Lack befüllten Küvette gezogen (Abb. 62). Die gebildete Lackschicht fließt in der unmittelbar über dem Lackbad gesättigten Lösemittelatmosphäre unter dem Einfluss der Gravitation zunächst nach unten ab.

Erst wenn aus der gebildeten Lackschicht genügend Lösemittel verdunstet ist, endet durch die Zunahme der Viskosität die Ausdünnung des Lackfilms. Hierdurch lässt sich über die Verweildauer der Lackschicht in der gesättigten Lösemittelatmosphäre und damit über die Ziehgeschwindigkeit des Substrats die Lackschichtdicke einstellen (hohe Ziehgeschwindigkeit = große Lackschichtdicke).

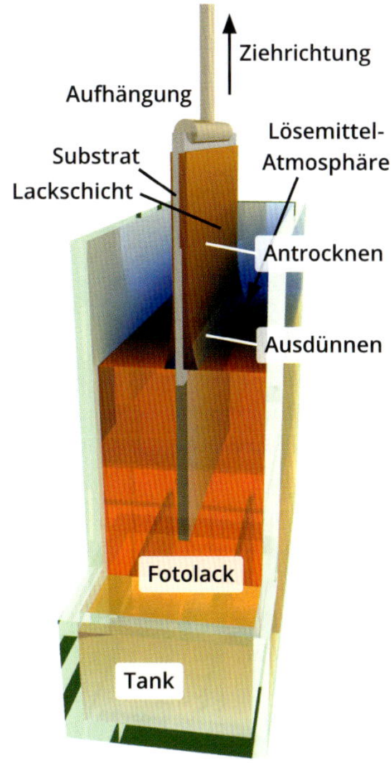

Abb. 62: Schematische Darstellung der Tauchbeschichtung eines Substrats mit Fotolack

Mögliche Vorteile der Tauchbelackung

Die Tauchbelackung ist dann eine sinnvolle Alternative wenn die Größe, das Gewicht oder die Geometrie der Substrate kein Aufschleudern des Fotolacks erlauben.

Die sehr hohe Lackausbeute bei der Tauchbelackung (100 % bzw. 50 % wenn nur eine Substratseite zu belacken wäre) kann ein wichtiger Kostenvorteil bei Prozessen sein, bei denen der Lackverbrauch einen großen Anteil an den Gesamtkosten hat. Jedoch ist zu bedenken, dass gerade durch die hohe Lackausbeute u. U. ein Austausch des Lackvolumens in der Küvette notwendig wird, wenn die Haltbarkeit des Lacks vor dessen Verbrauch überschritten wird.

Grenzen der Tauchbelackung

Nicht sinnvoll ist die Tauchbelackung für Anwendungen, bei denen die Rückseite der Substrate oder darin enthaltene Bohrungen nicht mit Lack befüllt werden dürfen, was sich beim Tauchen technisch kaum vermeiden lässt.

Problematisch sind Substrate mit starken Texturen oder makroskopisch dreidimensionalen Komponenten an denen größere Mengen an Lack über das soeben belackte Substrat abfließen können und so zu einem inhomogenen Belackungsbild führen.

Technische Umsetzung

Bei separaten, mechanisch starren Substraten bietet sich deren senkrechtes Ziehen aus einer Küvette an. Für eine Belackung von Folien kann auch eine kontinuierliche *roll-to-roll* Belackung die Wahl sein, bei der das Substrat von einer Rolle durch ein mit Lack gefülltes Becken gezogen und nach anschließender Trocknung wieder auf eine Rolle aufgewickelt wird.

12.2 Anforderungen an das Equipment

Tank

Für die Belackung vereinzelter Substrate (Wafer, Bleche etc.) sollte die Küvette - also der Tank für den Fotolack - in allen drei Raumrichtungen nicht mehr als einige cm größer als das zu beschichtende Substrat sein, was für flache Substrate wie Wafer oder Bleche einen schlanken Aufbau bedeutet. Dadurch hält sich die für eine Küvetten-Füllung benötigte Lackmenge in Grenzen. Dies ist vor allem für nicht zu große Stückzahlen an zu belackenden Bauteilen von Vorteil, da nach Ablauf der Resthaltbarkeit des Lacks das gesamte in der Küvette verbliebene Lackvolumen ausgetauscht werden sollte.

Bei einer *roll-to-roll* Belackung empfiehlt sich aus Kostengründen bei der Definition des Lackvolumens im Becken ebenfalls eine Abschätzung dazu, welche Lackmenge innerhalb der Resthaltbarkeit des Lacks zur Belackung benötigt wird.

Die Wände und Dichtungen müssen gegen die im Tauchlack enthaltenen Lösemittel dauerhaft chemisch stabil sein, wofür sich u. a. Teflon, HD-PE oder Edelstahl anbieten.

Bei längeren Pausen zwischen den Belackungen minimiert ein dicht schließender Deckel auf der Küvette die Verdunstung von Lösemittel bzw. den Eintrag von Partikeln.

Befüllung mit Fotolack und Standzeit

Nach dem Befüllen einer Küvette mit Lack ist es ratsam, das Becken vor der ersten Belackung über Nacht ruhen zu lassen, um die eingetragenen Luftbläschen nach oben ausgasen zu lassen. Falls sich in der Lackschicht zahlreiche Defekte zeigen kann dies ein Hinweis darauf sein, dass immer noch Luftbläschen im Lack vorhanden sind.

Tauchlacke sind meist stark mit Lösemitteln verdünnt, was – gerade bei Raumtemperatur – die Standzeit verringert. Es kann bereits nach wenigen Monaten notwendig werden, das Lackvolumen komplett (nicht nur teilweise!) auszutauschen um einen Transfer von gealtertem Lack in die frische Charge zu verhindern.

Eine in bestimmten Zyklen durchgeführte Messung der Konzentration des niedersiedenden, stärker flüchtigen Lösemittels ermöglicht eine zeitnahe Ergänzung der durch Verdunstung verloren gegangenen Menge. Eine solche Messung kann entweder über die Viskosität des Lacks oder, zumindest für eine grobe Abschätzung, über dessen Dichte erfolgen, da niedersiedende Lösemittel wie Aceton oder MEK meist eine deutlich geringere Dichte besitzen als der Lack in seiner ursprünglichen Zusammensetzung.

Substrataufhängung

Die obere Substrataufhängung sollte nicht in den Lack eintauchen, um ein Abfließen des Lacks über die bereits belackte Fläche des Substrats verhindern was zu einem inhomogenen Belackungsbild führt.

Motor und Steuerung

Der Motor zum Herausziehen der Substrate muss kontinuierlich und vibrationsfrei arbeiten, andernfalls ergeben sich starke Inhomogenitäten der gebildeten Lackschichtdicke, die sich meist als horizontales Streifenmuster zeigen. Aus dem gleichen Grund sollte der Tauchbeschichter erschütterungsfrei stehen. Der Bereich möglicher Ziehgeschwindigkeiten beträgt sinnvollerweise ca. 1 - 20 mm/s, typische Ziehgeschwindigkeiten liegen bei 3 - 10 mm/s.

Schutz vor Partikeln

Die Atmosphäre des Raums in welchem der Tauchbelacker steht sollte möglichst partikelarm sein, da sich jegliche Verunreinigungen über Wochen und Monate hinweg in der Küvette aufkonzentrieren und selbst bei bzgl. Partikeln weniger kritischen Prozessen zu einem intolerablen Belackungsbild führen.

Zwischen den Belackungen minimiert ein Deckel die Verdunstung von Lösemittel aus der Küvette bzw. den Eintrag von Partikeln.

12.3 Für die Tauchbeschichtung geeignete Fotolacke

Bei der Wahl eines für eine bestimmte Anwendung optimal geeigneten Tauchlacks ist wie bei jedem Lithografie-Prozess zu klären, ob ein Positiv-, Umkehr- oder Negativlack eingesetzt werden soll und für welche Auflösung und mit welchen Eigenschaften die entwickelte Lackmaske eingesetzt werden soll.

Für das Belackungsergebnis entscheidend ist die Lösemittelzusammensetzung des Lacks: Nieder siedende Lösemittel erhöhen die Viskosität der eben gebildeten Lackschicht innerhalb von Sekunden und verhindern so ein zu starkes Abfließen des Lacks über das Substrat. Hoch siedende Lösemittel verhindern eine zu rasche Trocknung und erlauben so eine Glättung der Lackschicht innerhalb Minuten bei Raumtemperatur.

Wir bieten für die Tauchbelackung optimierte Fotolacke für unterschiedliche Anwendungen an – bitte kontaktieren Sie uns bei Interesse!

13. SOFTBAKE

Im Gegensatz zu Trockenfilmen sind Flüssiglacke nach dem Belacken noch zu lösemittelhaltig für deren weitere Prozessierung und müssen durch einen Softbake oder Prebake genannten Backschritt über das Verdunsten des Lösemittels mechanisch und chemisch stabilisiert werden.

Dieses Kapitel beschreibt den Zweck und die physikalischen Mechanismen dieses Backschritts, die Einflüsse unterschiedlicher Substrate und Heizquellen auf den Verlauf der Lacktrocknung sowie die Wechselwirkung der angewandten Softbakeparameter mit den folgenden Lithografieschritten.

13.1 Zweck des Softbakes

Nach der Belackung besitzt die Lackschicht eine von deren Schichtdicke und dem verwendeten Lösemittel abhängige Restlösemittelkonzentration von typischerweise 10 - 35 %. Der Zweck des Softbakes ist es, diese Restlösemittelkonzentration zu verringern, um ...

- eine Verschmutzung der Fotomaske beim Belichten durch die Lackschicht bzw. ein Verkleben des Lacks mit der Maske zu verhindern,
- bei DNQ-basierten Fotolacken eine Blasenbildung oder Aufschäumen in der weichen Lackschicht durch den beim Belichten freigesetzten Stickstoff zu unterdrücken (vgl. Abb. 82 auf Seite 85),
- die Lackhaftung zum Substrat zu verbessern,
- bei Positivlacken den Dunkelabtrag beim Entwickeln zu minimieren,
- zwischen Mehrfachbelackungen ein Anlösen der bereits aufgebrachten Lackschicht durch den nächsten Belackungsschritt zu unterdrücken,
- bei thermischen Prozessen wie Metallisierung oder Trockenätzen die Erweichungstemperatur zu erhöhen um ein Verfließen der entwickelten Lackstrukturen zu verhindern, und
- während einer galvanischen Abformung die chemische Stabilität der Lackstrukturen zu erhöhen und eine Kontamination des Elektrolyten mit Restlösemittel oder sonstigen Lackbestandteilen zu unterdrücken.

13.2 Vorgänge in der Lackschicht: Etwas Physik

Lösemittel-Diffusion in der Lackschicht

Bevor sie aus der Lackschicht verdunsten können müssen die Lösemittelmoleküle zunächst in der Lackschicht an deren Oberfläche diffundieren. Deren Diffusionskonstante D hängt sowohl von der Temperatur T, als auch der lokalen Lösemittelkonzentration C (0 = lösemittelfrei, 1 = reines Lösemittel) wie folgt ab:

$$D(T,C) = D_0 \cdot \exp\left[-\frac{E_1}{kT}\right] \cdot \exp\left[-\frac{C}{a+b\cdot C}\right]$$

wobei D_0 ein konstanter Vorfaktor, E_1 die Aktivierungsenergie der Diffusion, und a und b Lack- und Lösemittel-spezifische Parameter sind. Die Diffusionrate der Lösemittelmoleküle nimmt mit deren Konzentration ab, wodurch sich bei gegebener Temperatur die weitere Trocknung rasch verlangsamt (Abb. 63).

In einem eigenen Forschungsprojekt konnten wir über eine Modellierung experimenteller Daten mit obiger Formel für typische AZ® Lacke mit Phenolharz und PGMEA als Lösemittel die Zahlenwerte D_0 = 0.000767 $(m^2s)^{-1}$, E_1 = 1.426 eV, a = 0.00394 und b = 0.0218 evaluieren.

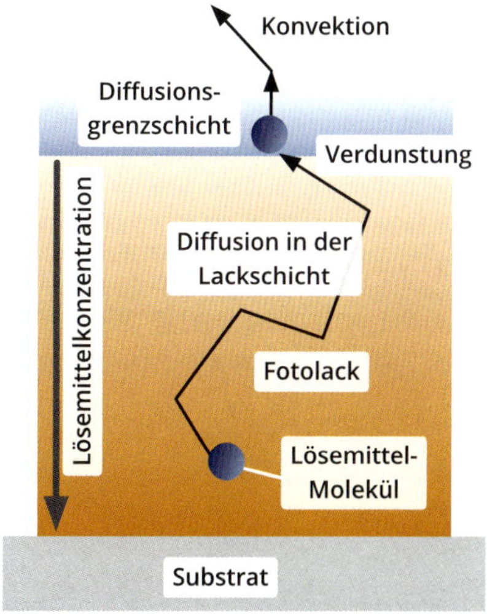

Abb. 63: Um die Lackschicht verlassen zu können muss ein Lösemittelmolekül zunächst an die Lackoberfläche diffundieren, von dort verdunsten, durch die Diffusionsgrenzschicht oberhalb der Lackoberfläche diffundieren und schließlich vom Luftstrom weggetragen werden.

Verdunstung des Lösemittels aus der Lackschicht

Erreicht ein Lösemittelmolekül die Lackoberfläche, kann es über die Aktivierungsenergie E_2 (dessen Größe wir für PGMEA zu 0.47

eV bestimmt haben) thermisch aktiviert verdunsten, wodurch sich der Temperatur-abhängige Partialdruck p über der Lackoberfläche wie folgt ergibt:

$$p(T) = C_0 \cdot \phi \cdot \exp\left[-\frac{E_2}{kT}\right]$$

wobei C_0 die relative Lösemittelkonzentration an der Lackoberfläche (1 = reines Lösemittel, 0 = Lösemittel-freie Lackoberfläche) kennzeichnet.

Diffusion und Konvektion über der Lackoberfläche

In der Atmosphäre oberhalb der Lackschicht bildet sich wie über jeder Flüssigkeit eine Diffusionsgrenzschicht aus, innerhalb derer die Lösemittelkonzentration exponentiell mit der Entfernung von der Lackoberfläche abnimmt. je höher die Luftgeschwindigkeit oberhalb der Lackoberfläche ist, desto dünner ist die Diffusionsgrenzschicht, entsprechend kürzer ist der Weg, den die bereits verdunsteten Lösemittel durch Diffusion in der Atmosphäre zurück legen müssen um durch Konvektion in den Luftstrom (Flow oder Abzug) überzugehen.

Die Rolle der Temperatur und der Luftbewegung

Während die Diffusion in der Lackschicht sowie die Verdunstung thermisch aktiviert sind, hängt der Abtransport via Konvektion von der Luftbewegung oberhalb des Substrats ab.

Die mittlere Zeit in welcher die Lösemittelmoleküle die Diffusionsgrenzschicht durchwandern hängt zum einen von der Temperatur (thermisch aktivierte Diffusion) als auch von der Luftbewegung (stärkerer Flow = dünnere Diffusionsgrenzschicht) ab.

Mittlere Lösemittelkonzentration der Lackschicht

Abb. 64 zeigt den gemessenen zeitlichen Verlauf der über die gesamte Lackschicht gemittelten Lösemittelkonzentration (PGMEA) zweier unterschiedlich dicker, auf Phenolharz basierten Lackschichten während des Softbakes als Funktion der Zeit bei verschiedenen Temperaturen. Die 1 µm dicke Lackschicht startet nach dem Softbake bei 21 % Restlösemittelgehalt, die 12 µm Lackschicht bei 26 %.

Die Restlösemittelkonzentration in der Lackschicht sinkt in den ersten Minuten zunächst rasch, danach immer langsamer, da durch die Abnahme des Restlösemittelgehalts die Diffusion des Lösemittels aus tieferen Lackschichten unterdrückt wird. Bei höheren Temperaturen setzt diese Sättigung früher und auf geringerem Niveau ein.

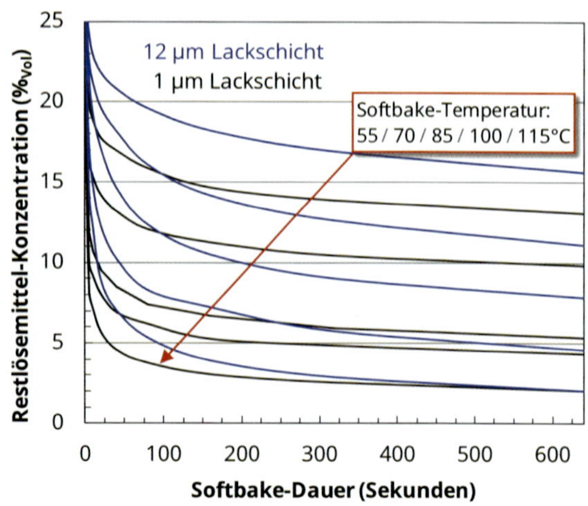

Abb. 64: Die zeitliche Abnahme des mittleren Restlösemittelanteils (PGMEA) in einer Lackschicht in Abhängigkeit von deren Dicke und der Softbake-Temperatur

Demnach sind die für Softbakeprozesse üblichen 90 - 100°C notwendig, um die Restlösemittelkonzentration in vertretbarer Zeit auf Werte unter 5 % zu senken.

Völlig lösemittelfrei lässt sich eine Lackschicht durch vertretbare Softbake-Temperaturen und -Zeiten nicht gestalten, selbst bei 115°C sättigt der Wert nach 10 Minuten bei 2 %. Eine so starke Trocknung ist für die meisten Prozesse jedoch auch nicht notwendig sondern oftmals sogar nachteilig, da hierbei die mechanischen Spannungen v. a. in dicken Lackschichten zunehmen was die Gefahr einer Rissbildung in der Lackschicht mit sich bringt.

Lösemittel-Gradient in der Lackschicht

Neben der über die Lackschichtdicke gemittelten Lösemittelkonzentration kann auch deren Tiefen-Profil für die weitere Prozessierung bedeutsam sein. Eine geringe Lösemittelkonzentration in Substratnähe verbes-

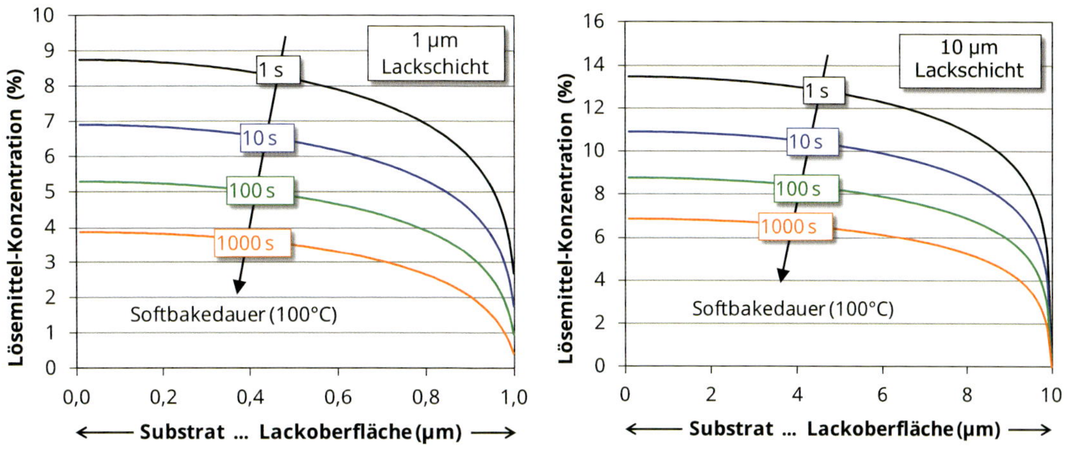

Abb. 65: Die simulierte zeitliche Entwicklung des Profils der Lösemittel-Konzentration in einer 1 µm (links, Lösemittelkonzentration vor dem Softbake = 15 %) und 10 µm (rechts, Lösemittelkonzentration vor dem Softbake = 35 %) dicken Lackschicht zeigt deutlich einen v. a. nahe der Lackoberfläche ausgeprägten Gradienten.

sert die Lackhaftung und unterdrückt eine N_2-Bläschenbildung in Substratnähe DNQ-basierter Lacke beim Belichten, während ein Verkleben mit der Fotomaske durch eine lösemittelarme Lackoberfläche verhindert werden kann.

Da vor allem bei dicken Lackschichten das Lösemittel von der Lackoberfläche rascher verdunstet als es aus der Tiefe nachdiffundieren kann, bildet sich während des Softbakes ein Tiefen-Gradient der Restlösemittel-Konzentration. Dieser Gradient verstärkt sich in der Nähe der Lackoberfläche, da die Diffusion in der bereits Lösemittel-verarmten Grenzschicht stark unterdrückt ist.

Abb. 65 zeigt die mit dem eingangs in diesem Abschnitt beschriebenen Formalismus numerisch simulierte zeitliche Entwicklung des Gradienten der Restlösemittelkonzentration in der Lackschicht zwischen Substrat und Lackoberfläche während des Softbake in unterschiedlich dicken Lackschichten. Während die Lackoberfläche sowohl bei dünnen als auch dicken Lackschichten nahezu restlösemittelfrei ist, nimmt die Substratnahe Restlösemittel-Konzentration mit der Lackschichtdicke deutlich zu.

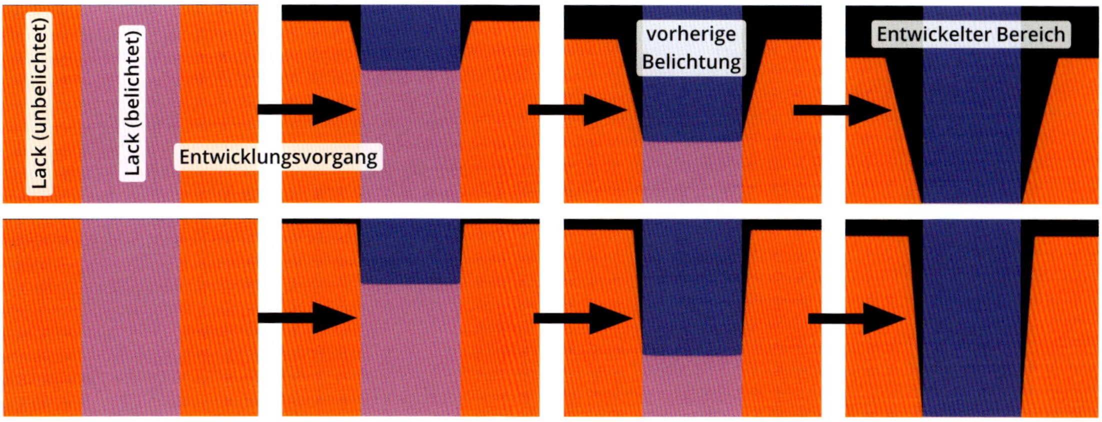

Abb. 66: Eine im Querschnitt dargestellte numerische Simulation des zeitlichen Ablaufs der Entwicklung eines Positivlacks. In der oberen Reihe ist der für die Simulation angenommene Dunkelabtrag deutlich größer als in der unteren Reihe, entsprechend stärker dünnt die gesamte unbelichtete Lackschicht bis zur Durchentwicklung der belichteten Bereiche aus, und desto weiter gräbt sich der Entwickler auch lateral in die Lackflanken mit flacheren (positiveren) Lackprofilen als Folge.

13.3 Auswirkung der Softbakeparameter auf die Entwicklung von Positivlacken

Zu hohe Restlösemittelkonzentration

Eine zu hohe Restlösemittelkonzentration in unzureichend gebackenen Positivlackschichten führt beim Entwickeln zu einem erhöhten, unerwünschten Abtrag der unbelichteten Lackbereiche (*Dunkelabtrag*), wodurch nicht nur die Lackschicht ausdünnt. Durch den Entwicklerabtrag an den Ecken und Flanken der Lackprofile leidet auch die Strukturtreue der Lackstege und -öffnungen wie auch deren Flankensteilheit, wie in Abb. 66 durch die Simulation des Entwicklungsvorgangs einer Lackschicht im Querschnitt dargestellt.

Abb. 67 zeigt die gemessene Dunkelabtragsrate einer Schicht AZ® 6632 bei verschiedenen Softbakeparametern in einem zur Verdeutlichung dieser Abhängigkeit sehr scharfen (AZ® 400K : H_2O = 1 : 2) Entwickleransatz. In üblichen Entwicklerlösungen ist die Dunkelabtragsrate deutlich geringer, allerdings steigt damit auch die Entwicklungsdauer in welcher auch der Dunkelabtrag wirken kann.

Neben einem erhöhten Dunkelabtrag führt eine erhöhte alkalische Löslichkeit der entwickelten Lackstrukturen auch zu einem stärkeren Angriff der Lackschicht in Ätzmedien oder Elektrolyten mit einem pH > 7, was nicht nur die Form Lackprofile ändert sondern auch zu einer Kontamination des Ätzmediums bzw. des Elektrolyten mit Lösemittel aus dem Lack führen kann.

Eine hohe Restlösemittelkonzentration in Substratnähe kann sich zudem nachteilig auf die Haftung der Lackschicht bei nasschemischen Prozessen wie Ätzen oder die galvanische Abscheidung auswirken.

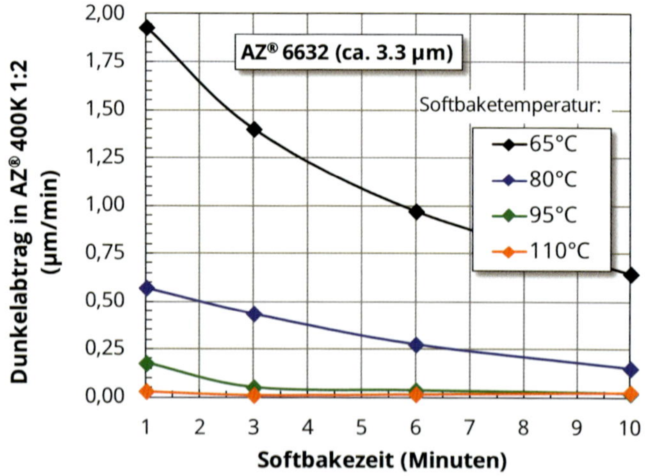

Abb. 67: Die Auswirkungen der Softbakezeit und -temperatur auf den Dunkelabtrag (= die Abtragsrate von unbelichtetem Positivlack im Entwickler)

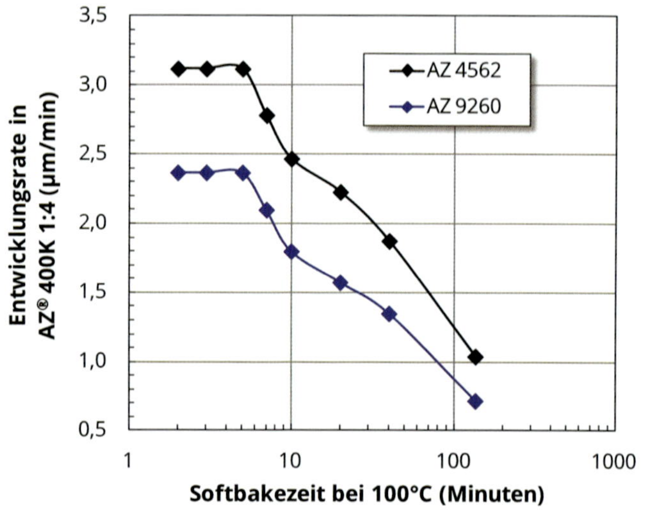

Abb. 68: Die Auswirkungen der Softbakedauer auf die Entwicklungsrate von durchbelichtetem Positivlack durch thermisch zersetzten Fotoinitiator

Thermischer Zerfall des Fotoinitiators

Da unbelichteter Fotoinitiator DNQ-basierter Positivlacke ein Inhibitor gegen alkalische Löslichkeit ist, kann die Dunkelabtragsrate sehr heiß oder lange gebackener Lacke durch den damit verbundenen Zerfall des Fotoinitiators allerdings auch wieder zunehmen. Dieser Effekt tritt jedoch erst bei sehr langen oder/und heißen Softbakeschritten signifikant auf.

13.4 Auswirkung der Softbakeparameter auf die Entwicklung von Negativlacken

Zu hohe Restlösemittelkonzentration

Bei quervernetzenden Negativlacken kann eine zu hohe Restlösemittelkonzentration die Quervernetzung des Harzes behindern und damit einen unerwünschten Abtrag der belichteten Lackbereiche verursachen.

Wie auch bei Positivlacken kann eine zu hohe Restlösemittelkonzentration die Haftung der Lackschicht zum Substrat sowie deren Stabilität in nasschemischen Medien verschlechtern.

Thermische Quervernetzung

Auch wenn bei Negativlacken die Quervernetzung des Harzes über eine Belichtung initiiert oder ausgeführt wird, kann eine mehr oder weniger starke Quervernetzung bei höheren Temperaturen auch ohne vorherige Belichtung rein thermisch aktiviert statt finden. In Abb. 69 ist dieser Zusammenhang am Beispiel unseres Negativlacks AZ® nLOF 2070 gezeigt.

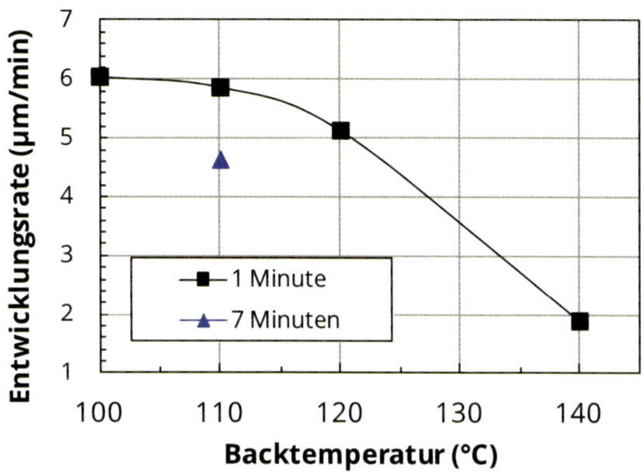

Abb. 69: Die Entwicklungsrate des AZ® nLOF 2070 sinkt nach höheren Backtemperaturen bzw. längeren Backzeiten durch die hierbei zunehmende thermische Quervernetzung des Harzes,

Durch die thermische Quervernetzung auch der später nicht belichteten Lackbereiche kann ein zu heißer oder/und langer Softbake die Entwicklungsrate verringern bzw. die Durchentwicklung erschweren und die Freientwicklung von sehr schmalen Löchern oder Gräben unmöglich machen.

13.5 Optimale Softbake-Parameter

Stets ein Kompromiss

Bei zu kühl oder/und kurz gebackenen Lackschichten kann ein hoher Restlösemittelanteil einen unerwünschten Abtrag im Entwickler fördern und die Lackhaftung und -stabilität in nasschemischen Medien verschlechtern.

Zu hohe Temperaturen oder/und Zeiten beim Softbake können die fotoaktiven Substanz von Positivlacken teilweise zersetzen oder eine thermische Quervernetzung des Harzes von Negativlacken bewirken.

Temperatur und Zeit

Soweit in den technischen Datenblättern nicht anders angegeben, empfehlen sich für AZ® und TI Fotolacke als Startpunkt für weitere spezifische Optimierungen 100°C für 1 Minute/µm Lackschichtdicke.

Bei temperaturempfindlichen Substraten oder einem Fokus auf schnelle Prozesszeiten auch im Falle dicker Lackschichten lassen sich die Parameter Temperatur und Zeit in Grenzen variieren: Pro 10°C Temperaturerhöhung im Bereich zwischen 80 und 110°C kann die Backzeit halbiert werden, und umgekehrt.

Diese Zahlenwerte für Temperatur und Zeit beziehen sich auf die Verhältnisse direkt in der Lackschicht. Wie in Abschnitt 13.6 beschrieben, ist je nach verwendetem Substrat und Equipment zu berücksichtigen, dass zwischen der an der Heizquelle eingestellten Temperatur und dem zeitlichen Temperaturverlauf in der Lackschicht mehr oder weniger große Unterschiede bestehen können.

Problemstellungen beim Softbake dicker und sehr dicker Lackschichten

Die für eine Lackschicht zum Erreichen eines bestimmten Restlösemittelgehalts notwendige Trocknungsdauer wächst als Diffusions-limitierter Vorgang ungefähr mit dem Quadrat der Lackschichtdicke. Für DNQ-basierte dicke Positivlacke ist eine ausreichende Trocknung jedoch besonders wichtig um v. a. in Substratnähe eine N_2-Bläschenbildung beim Belichten zu verhindern, deren Auftreten von großen Lackschichtdicken begünstigt wird. Eine bis zum Substrat vollständige Trocknung mehrerer 10 µm dicker Lackschichten würde Temperaturen und Zeiten erfordern, welche die Lackschicht über einen Zerfall des Fotoinitiators oder einer thermischen indizierten Quervernetzung von Negativlacken schädigen und die für Dicklacke ohnehin schon langen Entwicklungszeiten unzumutbar verlängern würde.

Zudem neigen zu intensiv gebackene Lackschichten mit zunehmender Schichtdicke zu mechanischen Span-

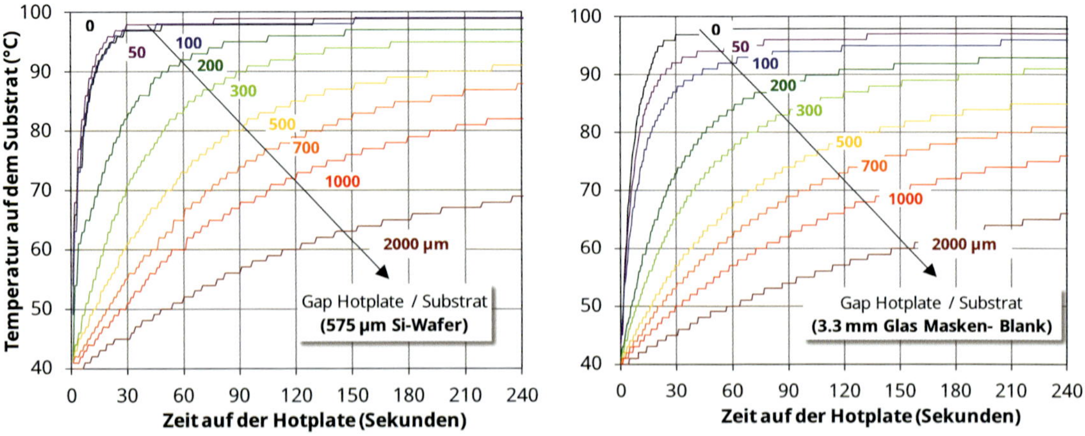

Abb. 70: Die auf dem Substrat (links: Silicium-Wafer, rechts: Glas-Wafer) gemessene Temperatur als Funktion der Zeit auf einer auf 100°C eingestellten Hotplate mit unterschiedlichen Abständen (Gaps) zwischen Hotplate und Substrat. Bei großen Gaps dominiert die Wärmeisolierung durch den Luftspalt die Temperaturkurve, für kleine Abstände die unterschiedliche Wärmekapazität und -leitung der Substrate. Das verwendete Thermoelement misst nur ganze °C, deshalb die Treppenform der Kurven.

nungen bis hin zur Rissbildung, was sie v. a. für nachfolgende nasschemische Prozesse wie Ätzen oder Galvanik unbrauchbar macht.

Aus diesen Gründen wird das von den Parametern Temperatur und Zeit aufgespannte Prozessfenster für den Softbake mit zunehmender Lackschichtdicke immer kleiner und bedarf einer sorgfältigen, auf den konkreten Prozess abgestimmten Optimierung. Falls auch diese Optimierungsversuche der Softbakeparameter nicht zum gewünschten Ziel einer ausreichend getrockneten, aber thermisch weitgehend unbeschädigten Lackschicht führen, bieten sich die im folgenden Abschnitt beschriebenen Maßnahmen an.

Ausreichende Trocknung sehr dicker Lackschichten

Über eine Mehrfachbelackung mit einem Softbake-Schritt nach jedem Belackungsschritt kann auch mit einer vertretbaren (Gesamt-)Softbakezeit eine gleichmäßigere Trocknung der gesamten Lackschicht erzielt werden, als es ein einziger Softbake nach Abschluss der Mehrfachbelackung ermöglichen würde. Hierbei ist jedoch die effektive Softbakedauer der zuerst aufgebrachten Lackschicht, welche auch den Softbake-Schritten der danach aufgebrachten Belackungen ausgesetzt ist, größer als die der jeweils danach durchgeführten Belackung. Um diesen Effekt zu minimieren, bietet sich für jeden Belackungsschritt ein jeweils schwächerer Softbake (z. B. 80°C für 1 Minute je µm Schichtdicke der zuletzt aufgebrachten Lackschicht) an, und nur für die letzte Lackschicht 100°C für 1 Minute je µm Schichtdicke der letzten Belackung (s. Abb. 58 auf Seite 64).

Eine Alternative dazu ist eine Trocknung im Vakuum bei mäßigen Temperaturen (Vakuum-Hotplate) bzw. bei Raumtemperatur. Liegt der Umgebungsdruck unter dem Partialdruck des Lösemittels, verdampft dieses rascher aus der Lackschicht. Bei der Belackung muss allerdings auf absolute Blasenfreiheit geachtet werden, da sich kleinste Lufteinschlüsse im noch flüssigen Lackfilm im Vakuum stark ausdehnen und die Lackschicht schädigen. Lassen sich Bläschen nicht vermeiden, hilft u. U. eine kurze Vortrocknung (z. B. 5 Minuten bei 100°C) unter Normaldruck, um die Lackschicht für die Vakuum-Trocknung ausreichend zu stabilisieren.

13.6 Nicht-Ideale Softbake-Bedingungen?

Massive oder nicht-planare Substrate

Bei nicht ganzflächig aufliegenden (gewölbten, verspannten) oder massiven und schlecht die Wärme leitenden Substraten wie Glas oder Keramiken dauert der Aufheizvorgang auf Hotplates länger. Zusätzlich kann die tatsächliche Temperatur in der Lackschicht deutlich unter der Temperatur der Hotplate liegen.

Abb. 70 zeigt das Ergebnis von Messungen zur Abschätzung des zeitlichen Verlaufs der effektiven Temperatur auf der Oberfläche für einen 575 µm dicken Silicium-Wafer (links) und ein mehrere mm starkes Glas Masken-Blank (rechts) als Funktion des Abstands zwischen Hotplate und Substrat. Bei kleinen Abständen lässt die sehr gute Wärmeleitung von Silicium und die vergleichsweise geringe Wärmekapazität des dünnen Wafers die Temperatur in der Lackschicht sehr rasch auf die Hotplate-Temperatur ansteigen, während das 3.3 mm dicke Glas sich nur verzögert aufheizt. Hin zu größeren Gaps verliert der Substrat-Typ immer weniger an Einfluss, und die gemessene Temperatur an der Lackoberfläche wird durch den Abstand zur Hotplate bestimmt.

Für den Si-Wafer und kleine (< 100 µm) Gaps hat sich bei diesen Experimenten gezeigt, dass die Oberfläche (poliert/rau) der Wafer-Rückseite den Temperaturgang deutlich beeinflusst. Zudem ließ bei einer direkte Auflage des Wafers (0 µm Gap) ein künstlich erhöhter Anpress-Druck des Wafers auf die Hotplate die Temperatur wesentlich rascher ansteigen. Dies zeigt, dass ein echter Kontakt zwischen Substrat und Hotplate schwer zu erzielen ist, was den Temperaturgang v. a. für gut Wärme leitende Substrate geringer Wärmekapazität messbar beeinflusst.

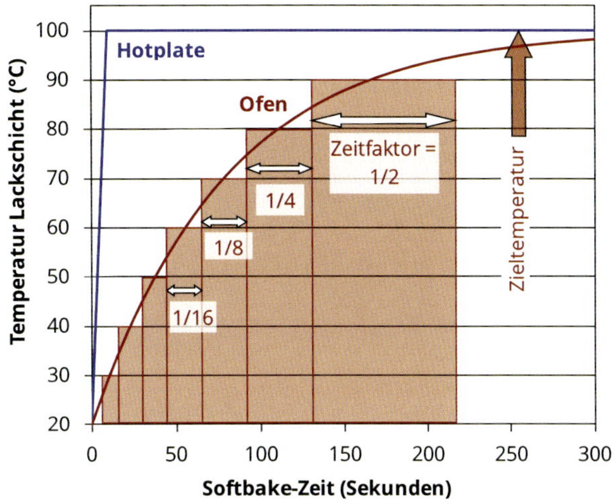

Abb. 71: Die, verglichen mit einer Kontakt-Hotplate, langsame Erwärmung des Substrats in einem Ofen erfordert eine Verlängerung der Softbakezeit. Pro 10°C unter der Zieltemperatur halbiert sich in etwa die Verdunstungsrate des Lösemittels, hier schematisch gezeigt durch Zeitspannen mit entsprechendem „Zeitfaktor".

Je nach Substrat-Typ können also längere Softbakezeiten oder höhere Temperaturen notwendig sein, um die Lackschicht ausreichend zu trocknen.

Softbake im Ofen statt auf der Hotplate

In einem Ofen bewirkt der vergleichsweise träge Wärmeübertrag über die Luft anstelle der unmittelbaren Wärmeleitung bei einer Hotplate v. a. bei Substraten mit hoher Wärmekapazität (Glas, Keramiken) eine anfangs geringere effektive Temperatur. Damit verkürzt sich wie in Abb. 71 schematisch dargestellt die Zeit während der die Lackschicht auf Zieltemperatur ist, was sich besonders bei kurzen Backschritten von wenigen Minuten auf die erzielte Verringerung der Lösemittelkonzentration in der Lackschicht auswirkt.

Ohne direkten Kontakt zu ebenen metallischen und massiven Oberflächen (z. B. mittels einer Ofen-Hotplate) empfehlen wir, verglichen mit einem Hotplate-Prozess, im Ofen einige Minuten mehr für den Softbake zu veranschlagen.

Mögliche Temperaturunterschiede von mehreren °C an verschiedenen Stellen in einem Ofen erschweren die Reproduzierbarkeit temperatursensitiver Prozesse. Wird der Ofen zum Bestücken geöffnet, ist durch den Luftaustausch mit einer Temperatur-Hysterese zu rechnen, welche v. a. beim deutlichen Übersteigen der Soll-Temperatur die Lackschicht schädigen kann.

Bestimmung der effektiven Lack-Temperatur

Bei planaren, dünnen und thermisch gut leitenden Substraten ohne Gap auf einer Hotplate kann in guter Näherung davon ausgegangen werden, dass die effektive Lacktempertaur nach nur kurzer Verzögerung der Temperatur der Hotplate entspricht.

Es ist mit technisch vertretbarem Aufwand ohnehin sehr schwierig, während des Softbake den Temperaturverlauf der Lackschicht zu messen. Das Absorptionsverhalten von Thermoelementen (Si-Substrate sind weitgehend transparent für die Wärmestrahlung der Hotplate welche dann durch den Wafer direkt auf das Thermoelement strahlt), sowie deren thermische Trägheit verfälschen das Messergebnis stark.

Deshalb ist es bei schlecht wärmeleitenden Substraten oder/und der Verwendung von Öfen statt Hotplates in der Regel sinnvoller, für jeden Prozess die optimalen Softbake-Parameter empirisch zu bestimmen, in dem Zeit und Temperatur in einer Versuchsmatrix mit Blick auf ein optimales Prozessergebnis hinsichtlich Entwicklungsrate, Flanken und Strukturtreue der entwickelten Strukturen variiert werden.

14. REHYDRIERUNG

Die Fotochemie DNQ-basierter Positivlacke erfordert beim Belichten als ein unverzichtbares Edukt Wasser in der Lackschicht, was unmittelbar nach dem Softbake jedoch nicht in hierfür ausreichender Menge vorhanden ist. Dieses Kapitel beschreibt die notwendige, als Rehydrierung bezeichnete Wasser-Wiederaufnahme der Lackschicht hinsichtlich Zweck, Durchführung und den möglichen Folgen einer unzureichenden Rehydrierung.

14.1 Chemische und physikalische Vorgänge in der Lackschicht

Die Rolle des Wassers bei der Fotoreaktion

Fotolacke mit einem auf DNQ-Sulfonat basierten Fotoinitiator wie u. a. fast alle AZ® und TI Positiv- und Umkehrlacke mit Ausnahme bestimmter chemisch verstärkter Lacke wie dem AZ® 40 XT benötigen beim Belichten für die Fotoreaktion (Abschnitt 16.1 auf Seite 85) eine bestimmte Mindestkonzentration an Wasser von einigen Promille.

Wasser ist jedoch spätestens nach dem Softbake in der Lackschicht nicht in ausreichender Menge vorhanden und muss ihr über die *Rehydrierung* wieder zugeführt werden um den anschließend belichteten Bereichen eine ausreichend hohe Entwicklungsrate zu verleihen.

Vorgang der Rehydrierung

Die Quelle des Wassers zur Rehydrierung ist gewöhnlich die Luftfeuchte der Atmosphäre im Reinraum, welche typischerweise einige Gramm Wasser pro m³ enthält.

Nach der Adsorbtion der Wassermoleküle an die Lackoberfläche diffundieren diese in der Lackschicht auch in Richtung Substrat, was im Gleichgewichtszustand zu einer homogenen Wasserkonzentration zwischen Lackoberfläche und Substrat führt.

Die für diesen diffusionslimitierter Vorgang benötigte Zeit wächst mit dem Quadrat der Lackschichtdicke. Die erst nach theoretisch beliebig langer Zeit im Gleichgewicht erzielte, homogene Wasserkonzentration hängt von der Luftfeuchte über der Lackschicht ab.

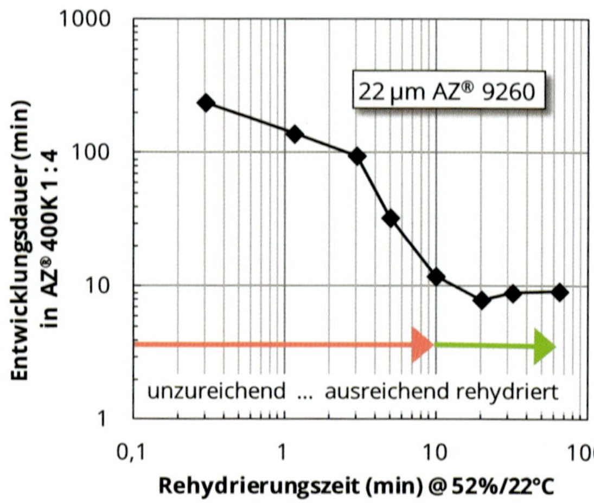

Abb. 73: Eine zu kurze Rehydrierung belässt substratnahe Lackbereiche nahezu wasserfrei und vergrößert so die notwendige Dauer für eine Durchentwicklung um Größenordnungen.

Auswirkungen unzureichender Rehydrierung

Abb. 73 zeigt anhand einer 22 µm AZ® 9260 Lackschicht, wie die zur Durchentwicklung der Lackschicht benötigte Zeit bei unzureichender Rehydrierung ansteigt:

Bei einer zu kurzen Wartezeit zwischen Softbake und Belichtung fehlt für die Fotoreaktion das Wasser und die Durchentwicklung dauert über zwei Stunden. Eine Wartezeit von zehn Minuten hingegen genügt bereits zur vollständigen Wasseraufnahme über die gesamte Lackschichtdicke für eine ausreichend kurze Entwicklungsdauer.

Abb. 72 bestätigt anhand der zeitaufgelöst bestimmten Entwicklungsrate derselben 22 µm dicken AZ® 9260 Schicht, dass die Rehyd-

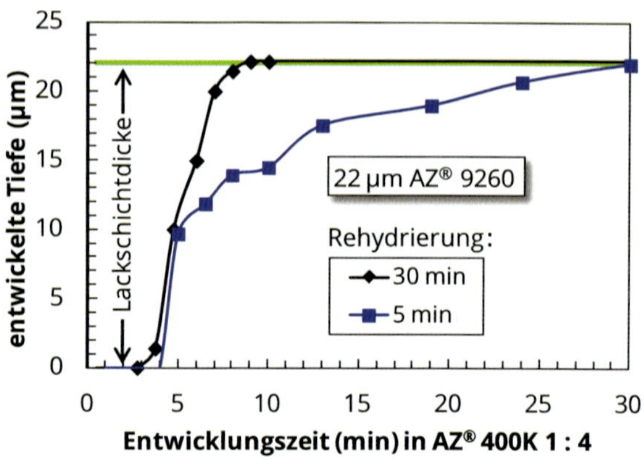

Abb. 72: Die entwickelte Tiefe zweier unterschiedlich lange rehydrierter Fotolackschichten als Funktion der Entwicklungsdauer

rierung tatsächlich ein von der Lackoberfläche startender Diffusionsvorgang von Wassermolekülen ist: Nach den ersten fünf Minuten Rehydrierung lassen sich nur die oberen Lackschichten rasch entwickeln, wonach die Entwicklungsrate in den substratnahen, noch H_2O-freien Bereichen jedoch stark abnimmt (blauer Graf). Bei einer ausreichenden Wartezeit zwischen Softbake und Belichtung entwickelt die Schicht gleichmäßig mit ausreichend hoher Rate durch (schwarzer Graf).

14.2 Bedingungen für eine ausreichende Rehydrierung

Die Zeit

Wie lange es dauert bis eine ausreichende Menge an Wassermolekülen durch die Lackschicht zum Substrat diffundiert sind hängt bei gegebener Temperatur quadratisch von der Lackschichtdicke ab.

Abb. 74 stellt die Ergebnisse einer numerischen Simulation des Diffusionsvorgangs an unterschiedlich dicken Lackschichten zeitlich aufgelöst dar, wobei der noch wasserfreie Lack rot, nach vollständiger Rehydrierung blau dargestellt ist. Während eine 1 µm dicke Lackschicht bereits nach wenigen Sekunden ausreichend rehydriert ist benötigt eine 7 µm dicke Schicht dafür eine Minuten, und mehrere 10 µm dicke Lackschichten Stunden.

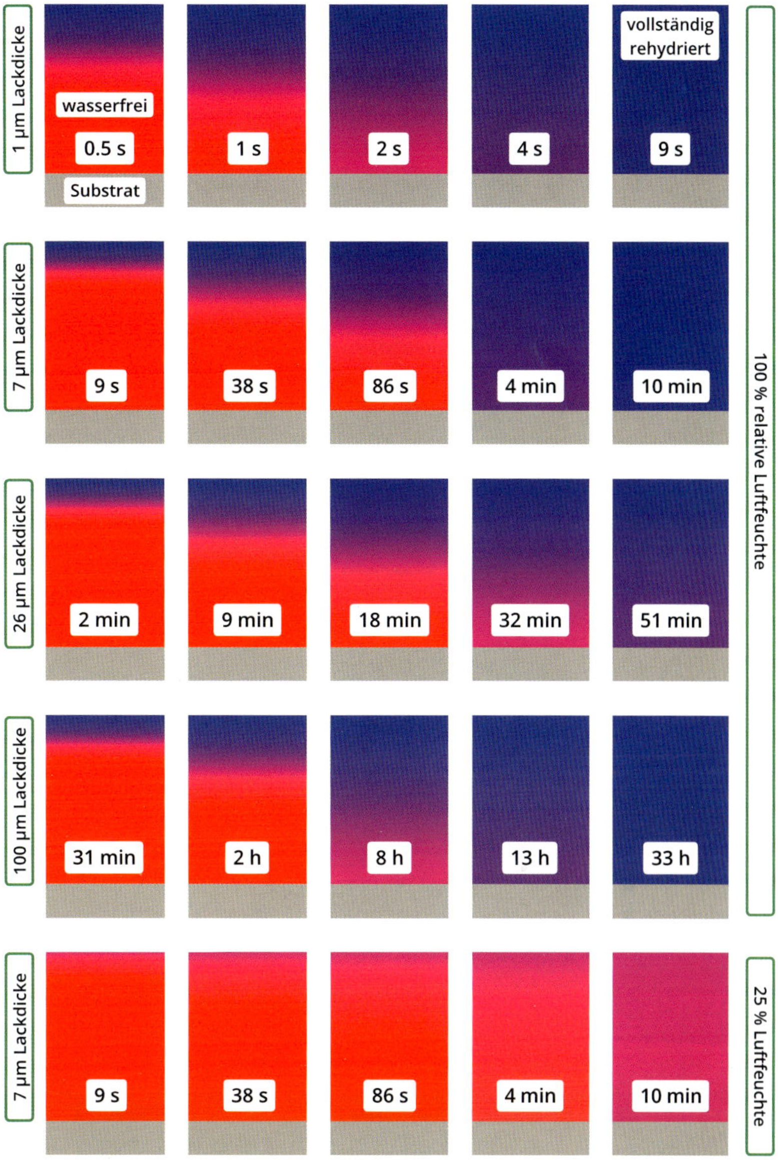

Abb. 74: Der diffusionslimitierte Prozess der Rehydrierung erfordert neben ausreichender relativer Luftfeuchte Zeiten, welche quadratisch mit der Lackschichtdicke anwachsen.

Die Luftfeuchte

Die Luftfeuchte am Ort der belackten Substrate bestimmt, auf welchem Niveau sich die Wasserkonzentration in der Lackschicht nach beliebig langer Wartezeit einstellt. Selbst mehrere Stunden an Luft rehydrieren auch dünne Lackschichten nicht, wenn es im Reinraum zu trocken ist, da das Gleichgewicht zwischen Wasseraufnahme und Verdunstung auf einem zu geringen Level liegt.

Auf die Geschwindigkeit der Rehydrierung wirkt sich die Luftfeuchte nicht aus, da sie keine Auswirkung auf die Diffusionsgeschwindigkeit des Wassers innerhalb der Lackschicht hat.

Wir empfehlen für eine ausreichende Rehydrierung eine relative Luftfeuchte von 40 - 50 %. Geringere Werte führen zu einem deutlich Abfall der Entwicklungsrate, während höhere Werte die Rehydrierung kaum weiter verbessern, aber zu einer Verschlechterung der Lackhaftung durch eine beschleunigte Adsorption von Wasser an die Substratoberfläche vor der Belichtung führen können.

Die Rehydrierung sollte keinesfalls in einer gesättigten Wasserdampfatmosphäre oder gar Wasser erfolgen. Hierbei sättigt sich die Lackschicht so stark mit Wasser, dass es beim nachfolgenden Belichten durch den hierbei gebildeten Stickstoff zu starker Bläschenbildung kommen kann.

Wird die Rehydrierung in einem anderen (feuchteren) Raum als die folgende Belichtung durchgeführt, ist zu beachten, dass die Lackschicht auf dem Weg zum Belichter genauso schnell Wasser verliert wie sie es bei der Rehydrierung aufgenommen hat. Gerade bei dünnen Lackschichten entscheidet also die Luftfeuchte am Ort des Belichters über das Ausmaß der Rehydrierung und darüber das spätere Entwicklungsergebnis.

Die Temperatur während der Rehydrierung

Höhere Temperaturen beschleunigen den Vorgang der thermisch aktivierten Diffusion und verkürzen so die Zeit, innerhalb derer die Wassermoleküle durch die Lackschicht bis zum Substrat diffundieren. Andererseits fördern höhere Temperaturen die Verdunstungsrate von Wasser aus der Lackschicht wodurch sich die letztlich erzielte Wasserkonzentration im Gleichgewichtszustand verringert.

14.3 Rehydrierung dicker Fotolackschichten

Dünne und dicke Fotolackschichten

Die grundsätzliche Notwendigkeit der Rehydrierung hängt nicht von der Lackschichtdicke ab, ist jedoch bei dünnen, nur wenigen µm dicken Lackschichten aus verschiedenen Gründen ein die Prozessfolge kaum dominierender Mechanismus:

Zum einen liegt die notwendige Dauer zur Rehydrierung dünner Lackschichten mit weniger als einer Minute bei Zeiten, die bei üblichen Lithografie-Prozessen ohnehin zwischen Softbake und Belichtung besteht. Zum anderen besitzen Dünnlacke meist eine deutlich höhere Konzentration an Fotoinitiator als Dicklacke und entwickeln damit nicht nur aufgrund der geringeren Lackschichtdicke wesentlich rascher.

Folgen unzureichender Rehydrierung bei Dicklacken auf das Lackprofil

Abb. 75 zeigt die Auswirkung einer fehlenden bzw. zu kurzen Rehydrierung auf das entwickelte Lackprofil. Während die Entwicklungsrate zwischen Lackoberfläche und Substrat vom Tiefenprofil der Wasserkonzentration vor dem Belichten abhängt, trägt der davon unabhängige Dunkelabtrag sowohl lateral als auch vertikal den nicht belichteten Lack ab.

Je höher also die Entwicklungsrate bis zum Substrat ist, d. h. je vollständiger die Rehydrierung, desto steilere Lackflanken sind möglich. Falls durch eine zu kurze Wartezeit zwischen Softbake und Belichtung nur die oberen Lackbereiche ausreichend rehydriert sind, entwickelt die Lackschicht in die Tiefe immer langsamer,

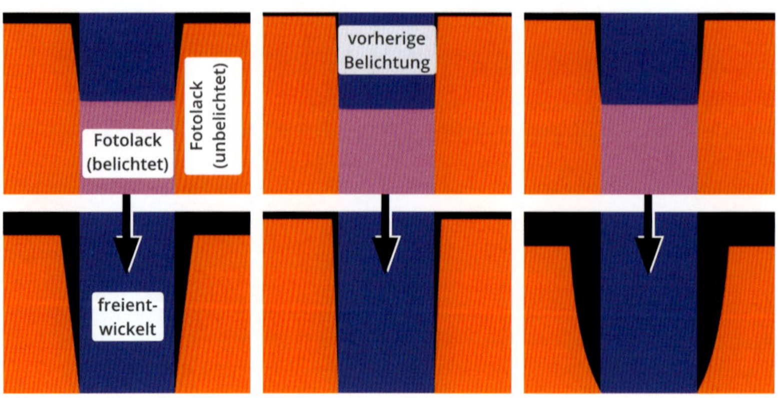

Abb. 75: Eine im Querschnitt dargestellte numerische Simulation des zeitlichen Ablaufs der Entwicklung unterschiedlich ausreichend rehydrierter Positivlackschichten.

Links: Schräge Lackflanken durch eine konstant geringe Entwicklungsrate wegen zu trockener Luft oder fehlender Rehydrierung.

Mitte: Steile Lackflanken durch eine konstant hohe Entwicklungsrate durch ausreichend lange Rehydrierung bei ausreichender Luftfeuchte.

Rechts: Ein wannenförmiges Profil durch eine anfangs hohe, im weiteren Verlauf immer geringere Entwicklungsrate aufgrund einer zu kurzen Rehydrierung bei ausreichender Luftfeuchte.

d. h. die oberen Lackbereiche sind überproportional lange dem Dunkelabtrag ausgesetzt wodurch sich ein wannenförmiges Lackprofil ergibt.

Maßnahmen bei der Rehydrierung dicker Fotolackschichten

Wie in Abschnitt 14.2 erläutert und in Abb. 74 dargestellt, benötigen dicke Lackschichten von mehreren 10 µm kaum vernünftig zu realisierende Rehydrierungszeiten von mehreren Stunden.

Eine höhere Luftfeuchte ändert nichts an dem die Zeitdauer bestimmenden Faktor der Diffusion der Wassermoleküle von der Lackoberfläche zum Substrat. Eine höhere Belichtungsdosis ist ebenso wenig hilfreich, wenn der Fotoreaktion ausreichend Wasser fehlt. Ein schärferer Entwickleransatz verkürzt zwar die Dauer der Durchentwicklung unzureichend rehydrierter Fotolackschichten, erhöht aber überproportional stark den Dunkelabtrag (s. Abb. 96 auf Seite 103) und verschlechtert so das erzielte Lackprofil weiter.

Für Fotolackschichten von mehreren 10 µm Schichtdicke oder darüber empfehlen sich Lacke mit einer von einer Rehydrierung unabhängigen Fotochemie wie der AZ® 40 XT für Schichten zwischen ca. 15 und 100 µm, welche keine Wartezeit zwischen Softbake und Belichtung benötigen.

15. ANTI-REFLEXIONSBESCHICHTUNGEN

Die Stärke dünner Fotolackschichten und deren Homogenität liegt üblicherweise in der Größenordnung der Belichtungswellenlänge. Da Fotolacke üblicherweise mit diskreten Wellenlängen oder monochromatisch belichtet werden, führen Interferenzeffekte zwischen dem einfallenden und an der Lackoberfläche oder Substrat reflektierten Licht zu einer in Einfallsrichtung des Lichts inhomogenen Verteilung der Lichtintensität.

Dieses Kapitel beschreibt die physikalischen Grundlagen dieses Effekts, erläutert unter welchen Umständen dessen Auswirkung besonders störend auf das entwickelte Lackbild sein kann, und welche Gegenmaßnahmen möglich sind.

15.1 Reflexion an der Lackoberfläche und Top-Layer Antireflexionsbeschichtungen

Theorie

Bei der Belichtung von Fotolack wird das einfallende Licht (Strahl I_0 in Abb. 76) sowohl an der Luft/Fotolack- als auch an der Fotolack/Substrat-Grenzfläche teilweise reflektiert. Bei senkrecht einfallendem Licht beträgt die Differenz der Weglänge beider Strahlen die doppelte Lackschichtdicke.

Wenn dieser Gangunterschied der beiden reflektierten Strahlen I_{R1} und I_{R2} ein ganzzahliges Vielfaches der Belichtungswellenlänge in der Fotolackschicht beträgt, ist die Interferenz konstruktiv und damit die reflektierte Gesamtintensität maximal. Bei einer Änderung des Gangunterschieds um nur eine halbe Wellenlänge bewirkt die dadurch destruktive Interferenz eine Minimierung der Gesamtreflektivität.

Dieser Effekt ist tendenziell umso stärker ausgeprägter, je größer die Intensitäten I_{R1} und I_{R2} bezogen auf die Intensität I_0 des einfallenden Lichts sind, und je weniger sich die Intensitäten I_{R1} und I_{R2} unterscheiden, was u. a. von der optischen Dicke der Lackschicht und dem Reflexionsvermögen des Substrats abhängt.

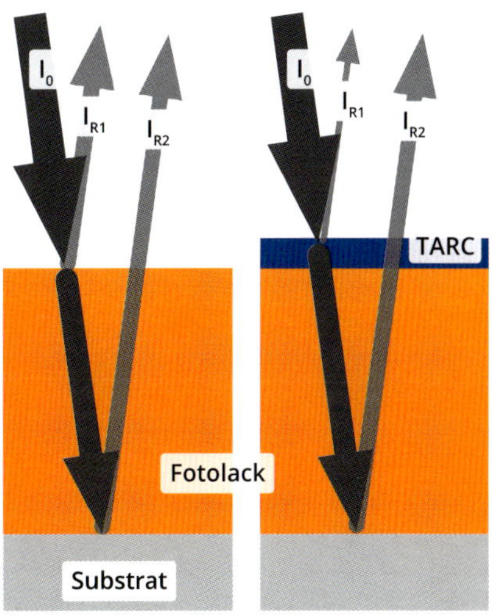

Abb. 76: Die an den Grenzflächen Luft/Fotolack und Fotolack/Substrat reflektierten Teilstrahlen I_{R1} und I_{R2} können umso stärker miteinander interferieren, je betragsgleicher deren Intensitäten sind (links). Rechts: Durch eine Anti-Reflexionsbeschichtung (TARC, blau dargestellt) auf der Lackoberfläche wird I_{R1} und damit der Interferenzeffekt zwischen I_{R1} und I_{R2} minimiert.

Auswirkung in der Praxis

Bei einer i-Linien Belichtung mit 365 nm Wellenlänge beträgt die halbe Wellenlänge in einem Fotolack mit einem typischen Brechungsindex von 1.6 ca. 114 nm. Ein entsprechender Gangunterschied zwischen I_{R1} und I_{R2} wird also bereits durch eine Änderung der Lackschichtdicke um gerade einmal 57 nm erreicht.

Eine entsprechende Inhomogenität in der Stärke der Lackschicht über die Waferfläche oder zwischen zwei Wafern ändert über die-

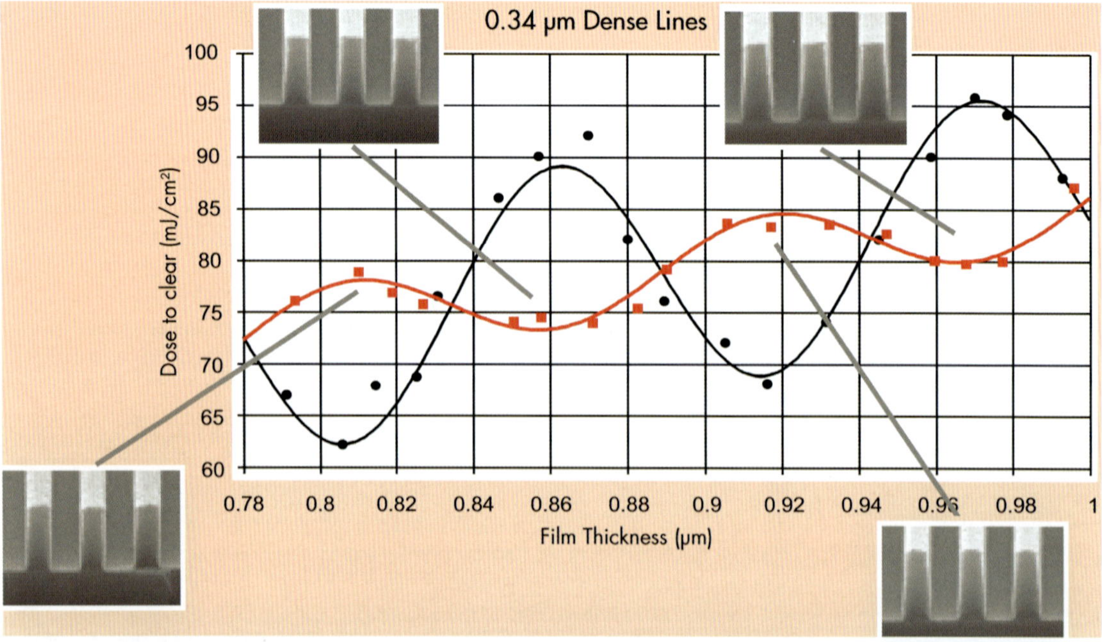

Abb. 77: Die sog. Swing-Curve stellt den gemessenen (Punkte) und theoretischen (Linien) Zusammenhang zwischen der Lackschichtdicke und der für eine Durchentwicklung notwendigen Lichtdosis ohne (schwarz) und mit (rot) einer Anti-Reflexionsbeschichtung auf der Lackschicht dar. Bei den Maxima der Grafen bedingt die Lackschichtdicke eine maximal konstruktive Interferenz des an der Luft/Fotolack- und Fotolack/Substrat-Grenzfläche reflektierten Lichts, bei den Minima eine destruktive Interferenz. Die Anti-Reflexionsbeschichtung minimiert diesen Interferenzeffekt und glättet damit die Kurve. Quelle: AZ® Aquatar Product Data Sheet des Herstellers

sen Interferenzeffekt die effektiv von der Lackschicht an der jeweiligen Stelle empfangene Belichtungsdosis.

Dieser Zusammenhang zwischen Lackschichtdicke und von der Lackschicht absorbiertem Licht überträgt sich in die Entwicklungsrate bzw. die für eine zügige Durchentwicklung der Lackschicht notwendige Lichtdosis aus, wie es von der sog. *Swing-Curve* dargestellt wird (Abb. 77): Eine in der Praxis kaum vermeidbare Variation der (lokalen) Lackschichtdicke von wenigen 10 nm wirkt sich in einer um mehrere 10 % schwankenden notwendigen Lichtdosis bzw. entsprechend unterschiedlichen Entwicklungsrate aus was die Reproduzierbarkeit kritischer Lithografieprozesse erschweren kann.

Bei einer Breitbandbelichtung (z. B. g-, h- und i-Linie gemeinsam) tritt dieser Effekt im Gegensatz zur monochromatischen Belichtung in wesentlich geringerem Ausmaß in Erscheinung, da sich hierbei mehrere Swing-Curves (eine pro Belichtungswellenlänge) mit jeweils unterschiedlicher Periode überlagern und in ihrer Summe mitteln bzw. glätten.

Abhilfe

Das Aufbringen einer Antireflexionsbeschichtung auf die Fotolackschicht (*Top-Layer Anti-Reflective Coating, TARC*) verringert analog zur optischen Vergütung eines Objektivs interferometrisch die Reflexion I_{R1} des einfallenden Lichts an der Luft/Fotolack-Grenzfläche (Abb. 76). Dadurch kann der Strahl I_{R2} zwar weiterhin mit I_{R1} konstruktiv oder destruktiv interferieren, durch die geringe Intensität von I_{R1} jedoch nur mehr mit stark verminderter Amplitude wodurch sich auch die Differenzen zwischen den Minima und Maxima der Swing-Curve abgleichen.

AZ® Aquatar ist ein für AZ® und TI Lacke optimiertes TARC, welches sich technisch relativ einfach anwenden lässt: AZ® Aquatar wird nach dem Softbake der Fotolackschicht auf diese aufgeschleudert, getrocknet und nach der Belichtung durch seine Wasserlöslichkeit beim Entwickeln automatisch mit abgetragen.

Trotz der einfachen Anwendung dieses TARC sollte für jeden Lithografieprozess abgewogen und ggfalls. über ein vergleichendes Experiment evaluiert werden, ob die Verwendung eines TARC tatsächlich notwendig ist und die gewünschte Verbesserung bringt.

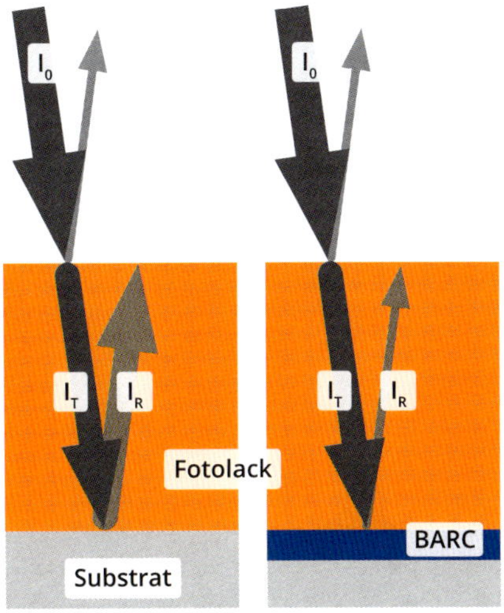

Abb. 78: Das in der Lackschicht zum Substrat laufende (I_T) und am Substrat reflektierte (I_R) Licht kann umso stärker miteinander interferieren, je betragsgleicher deren Intensitäten sind (links). Rechts: Durch eine Anti-Reflexionsbeschichtung (BARC, blau dargestellt) des Substrats wird I_R und damit der Interferenzeffekt zwischen I_T und I_R minimiert.

15.2 Reflexion am Substrat und Bottom-Layer Antireflexionsbeschichtungen

Theorie

Bei der Belichtung einer Lackschicht interferieren der in die Lackschicht eingedrungene und in Richtung Substrat laufende Lichtstrahl I_T mit dem vom Substrat reflektierten, zurück zur Lackoberfläche gerichteten Strahl I_R (Abb. 78).

Für jede Wellenlänge ergibt sich dadurch ein senkrecht zum Substrat, parallel durch Einfallsrichtung des Lichts periodisch schwankender Verlauf der Lichtintensität innerhalb der Fotolackschicht. Die Periode dieser Energiedichteverteilung beträgt die Hälfte der Wellenlänge des Lichts im Medium Fotolack, für eine i-Linien (365 nm) Belichtung in einem Fotolack mit einem typischen Brechungsindex von 1.6 also ca. 114 nm. Das resultierende Interferenzmuster ist umso ausgeprägter, je betragsgleicher die Intensitäten des zum Substrat laufenden (I_T) und davon reflektierten (I_R) Lichtstrahls sind, und je größer beider Intensitäten bezogen auf die einfallende Lichtintensität I_0. beide Bedingungen $I_T = I_R$ und $I_T, I_R \approx I_0$ sind umso besser erfüllt, je stärker das Substrat reflektiert und je weniger die Lackschicht absorbiert.

Abb. 79 zeigt diesen Zusammenhang anhand einer numerischem Modellierung für eine Lackschicht mit einer der Eindringtiefe der Belichtungswellenlänge vergleichbaren Stärke. Während bei einer Substratreflektivität von 0 % die Intensitätsverteilung ausschließlich durch das Beugungsmuster am Einfachspalt der Fotomaske definiert ist, dominiert mit zunehmender Substratreflektivität eine in Einfallsrichtung der Belichtungswellenlänge gerichtete Sin²-Verteilung.

Bei einer optisch dünneren Lackschicht wäre diese Sin²-Modulation über die Lackschichtdicke gleichmäßiger ausgeprägt, da die Bedingung $I_T = I_R$ bei fehlender Absorption im Lack dann unabhängig vom Abstand zur Lackoberfläche gilt.

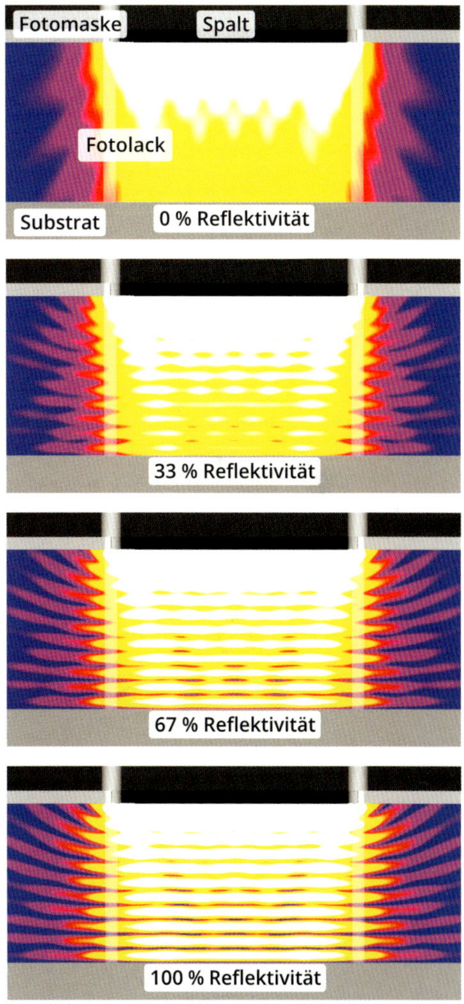

Abb. 79: Eine numerische Simulation der Intensitätsverteilung (von blau nach weiß zunehmend) in einer belichteten Lackschicht zeigt, wie das interferenzbedingte periodische Muster bei zunehmender Substratreflektivität immer ausgeprägter wird.

Auswirkung in der Praxis

Die durch die Interferenz der zum Substrat laufenden und davon reflektierten Lichtstrahlen bedingte Intensitätsverteilung in der Lackschicht beim Belichten überträgt sich mit verschiedenen Folgen in die erzielte Entwicklungsrate.

Zum einen zeigen die entwickelten Lackflanken parallel zur Substratoberfläche laufende Rillen welche die Periode der Sin²-Verteilung der Lichtintensität abbilden (Abb. 80).

Zum anderen ändert sich die Entwicklungsrate in die Tiefe

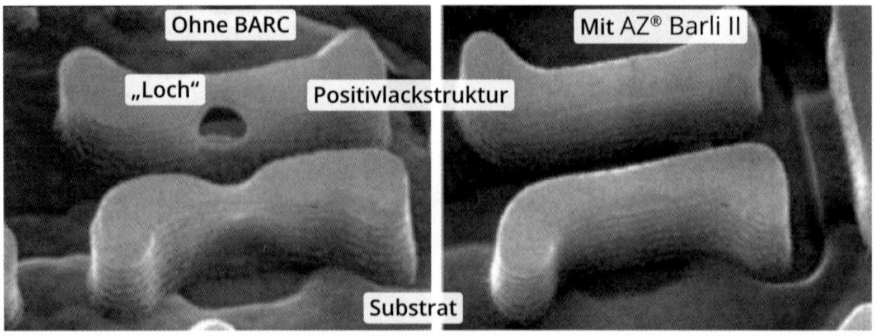

Abb. 80: Die Verwendung einer Anti-Reflexionsbeschichtung auf dem Substrat verringert zum einen interferenzbedingte Artefakte wie die periodischen Rillenstrukturen an den Lackflanken, als auch eine ungewollte Belichtung und spätere Entwicklung nominell unbelichteter Bereiche durch Reflexe an Substrat-Texturen. Quelle: AZ® Barli Product Data Sheet

periodisch und kann im Extremfall (100 % Reflexion am Substrat) in Substratnähe beim Durchgang durch die Minima der Sin^2-Verteilung der empfangenen Lichtintensität den Wert Null erreichen.

Da bei einer Breitbandbelichtung die unterschiedlichen Perioden der Sin^2-Muster der g-, h- und i-Linien zu einem relativ homogenen Muster überlagern treten die hier beschriebenen Effekte verstärkt bei monochromatischer Belichtung zu Tage.

Abhilfe

Eine Anti-Reflexionsbeschichtung zwischen Substrat und Lackschicht (*Bottom-Layer Anti-Reflective Coating, BARC*) minimiert die Intensität des am Substrat reflektierten Lichts und dadurch die Amplitude der interferenzbedingten Sin^2-Verteilung der Lichtintensität.

AZ® Barli II ist ein für monochromatisch i-Linien belichtete AZ® und TI Lacke optimiertes BARC. Diese Anti-Reflexionsbeschichtung wird vor der eigentlichen Belackung auf das Substrat aufgeschleudert und bei ca. 200°C ausgebacken um eine ausreichende Stabilität gegen das Lösemittel des danach aufgebrachten Fotolacks zu gewährleisten. Dadurch quervernetzt AZ® Barli thermisch und kann an den frei entwickelten Stellen sowie nach dem Strippen des Fotolacks auf den übrigen Flächen durch Trockenätzen entfernt werden.

Wie die REM-Aufnahmen in Abb. 80 zeigen, verringern sich bei korrekter Anwendung des AZ® Barli sowohl die stehenden Sin^2-Wellen im Lackprofil, als auch Belichtungsartefakte wie das ungewollt frei entwickelte Loch in der Lackstruktur wie es durch Reflexionen an texturierten Substraten erzeugt werden kann.

16. BELICHTUNG

Die vorangegangenen Kapitel haben die Teilschritte beschrieben welche nötig sind, um ein Substrat mit einer ausreichend haftenden, belichtbaren Lackschicht mit den für die weitere Prozessierung erforderlichen Eigenschaften zu versehen.

Wie die Bezeichnung Fotolithografie ausdrückt, stellt die nun folgende Belichtung von Fotolacken einen Schlüsselprozess bei der Mikrostrukturierung dar. Die hierbei statt findenden chemischen Prozesse in der Lackschicht führen zu einer erhöhten (Positivlacke) bzw. verringerten (Negativlacke) Löslichkeit im Entwickler, wodurch sich beim Entwickeln eine lateral strukturierte Lackmaske realisieren lässt.

Dieses Kapitel geht im Detail auf alle Aspekte der Belichtung ein: Von den spektralen Empfindlichkeiten von Fotolacken und den Eigenheiten gängiger Belichtungsverfahren über die chemischen und physikalischen Vorgänge in der belichteten Lackschicht hin zu Erläuterungen und Hilfestellungen für eine optimal belichtete Lackschicht.

16.1 Die Fotoreaktion

DNQ-basierte Positiv- und Umkehrlacke

Abb. 82 zeigt die wesentlichen Schritte der Fotoreaktion, d. h. die bei der Belichtung gewünschte chemische Reaktion des Fotoinitiators im Fotolack: Unter Stickstoff-Abspaltung und Bindung von Wassermolekülen wandelt sich das Molekül des Fotoinitiators in eine Indenkarbonsäure um.

Die Bindungsstelle der Sulfonat-Gruppe bestimmt, ob ein Fotolack h- und i-line-empfindlich (Bindungsstelle am „rechten" Kohlenstoffring), oder auch g-line-empfindlich (Bindungsstelle am „linken" Kohlenstoffring) ist. Um die Löslichkeit im Lack und die thermische Stabilität zu erhöhen, wie auch die Eigenschaften als „Inhibitor" (verringerter Dunkelabtrag) zu verstärken, sind jeweils mehrere DNQ-Sulfonat-Moleküle an ein sog. *backbone*-Molekül gebunden.

Die *Quanteneffizienz* der Fotoreaktion definiert die Anzahl obiger Fotoreaktionen pro in der Lackschicht absorbierter Photonen. Ausreichend rehydrierte DNQ-basierte Fotolacke mit bei den Belichtungswellenlängen transparentem Harz erreichen eine Quanteneffizienz von ca. 20 - 30 %.

Fehlt in der Lackschicht eine Mindestmenge an Wasser (unzureichende Rehydrierung, s. Kapitel 14), kann das Keton (Abb. 82 Mitte) verschiedene unerwünschte Nebenreaktionen eingehen wie eine Veresterung mit dem Harz oder Polymerisation unter CO_2-Abspaltung. Hierbei bildet sich keine Indenkarbonsäure, die Entwicklungsrate steigt ausschließlich durch die Abnahme der Konzentration des Inhibitors DNQ (vgl. Abb. 39 auf Seite 39).

Nicht-DNQ-basierte Positivlacke

Beim Ultradicklack AZ® 40 XT wird beim Belichten keine Indenkarbonsäure, sondern eine Sulfonsäure gebildet. Hierzu wird weder Wasser benötigt, noch Stickstoff freigesetzt, wodurch sich die Prozessierung dieses Lacks v. a. bei sehr großen Schichtdicken wesentlich einfacher und schneller gestaltet als dies mit DNQ-basierten Lacken möglich wäre.

Quervernetzende Negativlacke

In einigen Negativlacken wie der AZ® nLOF 2000 Serie oder dem AZ® 15 nXT aktiviert die Belichtung einen Melamin-Quervernetzer, der im nachfolgenden Backschritt (*Post Exposure Bake*) die Verknüpfung von kurzen Phenolharz-Einheiten zu längeren Ketten bewirkt.

Beim AZ® 125 nXT startet die Belichtung bereits bei Raumtemperatur eine Photopolymerisation von Acryl-Monomeren, einen Post Exposure Bake benötigt dieser Lack daher nicht.

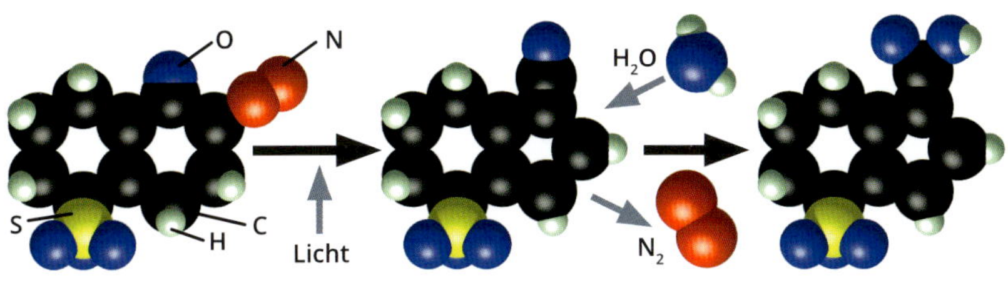

Abb. 82: Durch Belichten mit geeigneten Wellenlängen wandelt sich der Fotoinitiator, ein DiazoNaphtoQuinon-(DNQ-) Sulfonat (links) unter N_2-Abspaltung und H_2O-Aufnahme in (Mitte) eine Indenkarbonsäure (rechts) um.

16.2 Spektrale Empfindlichkeit von Fotolacken

g-, h- und i-Linien empfindliche Fotolacke

Die spektrale Empfindlichkeit unserer AZ®- und TI Fotolacke liegt im nahen UV-Bereich und bei den meisten Lacken zusätzlich im kurzwelligen sichtbaren (blauen) Spektralbereich (vgl. Abb. 40 auf Seite 42).

Lacke welche nur im Bereich der i-Linie (365 nm) empfindlich sind werden *i-line Lacke* genannt. Hierzu gehören u. a. chemische verstärkte Positivlacke wie der AZ® 40 XT oder Negativlacke wie der AZ® 15 nXT, AZ® 125 nXT oder die AZ® nLOF 2000 Serie. Breitband-Lacke absorbieren auch bei der g- (435 nm) und h- (405 nm) Linie, können aber ebenso monochromatisch innerhalb ihrer spektralen Empfindlichkeit belichtet werden.

Tief-UV Lacke

Tief-UV Lacke besitzen eine spektrale Empfindlichkeit unterhalb 250 nm Wellenlänge. Durch Belichtungswellenlängen von z. B. 247 oder 193 nm kann die Auflösung der erzielten Lackstrukturen verglichen mit i-Linien oder Breitband-Lacken deutlich verbessert werden. In Kombination mit der sog. *Immersionslithografie* auf welche hier nicht näher eingegangen werden soll werden Strukturgrößen unter 50 nm erzielt.

Fotolacke der nächsten Generation

Um der Anforderung immer kleinerer Strukturgrößen gerecht zu werden bedarf es Fotolacke welche bei noch kürzeren Wellenlängen belichtet werden können. Der Übergang zur sog. *Extrem-UV* (*EUV*)-Strahlung (< 120 nm Wellenlänge) und Röntgenlithografie (< 10 nm) erfordert jedoch vollkommen andersartige optische Systeme und Materialien als die zur Zeit in industriellen Fotolithografieverfahren eingesetzten.

16.3 Belichtungstechniken

Mask-Aligner

Bei der Belichtung mit einem Mask-Aligner fällt paralleles Licht durch die transparenten Bereiche einer Fotomaske auf die Lackschicht (Abb. 83 links). Die Fotomaske besteht üblicherweise aus einer Glas- oder Quarzscheibe als Träger auf welcher eine dünne, ihrerseits über einen lithografischen Schritt strukturierte Chrom-Beschichtung das nicht-transparente Muster bildet.

Die Abmessungen der Strukturen auf der Fotomaske entsprechen 1 : 1 den Dimensionen der belichteten Bereichen der Lackschicht, die Abbildung ist also *kongruent*. Für eine Optimierung der erzielten Auflösung befinden sich Fotomaske und Oberfläche der Lackschicht in direktem Kontakt, während z. B. texturierte Substrate einen Abstand zwischen Maske und Lackschicht erfordern können.

Stepper

Bei der Belichtung mit einem Stepper erfolgt die Belichtung ebenfalls als Projektion durch eine Fotomaske (Abb. 83 Mitte). Durch eine Verkleinerungsoptik sind die Dimensionen der belichteten Lackbereiche jedoch

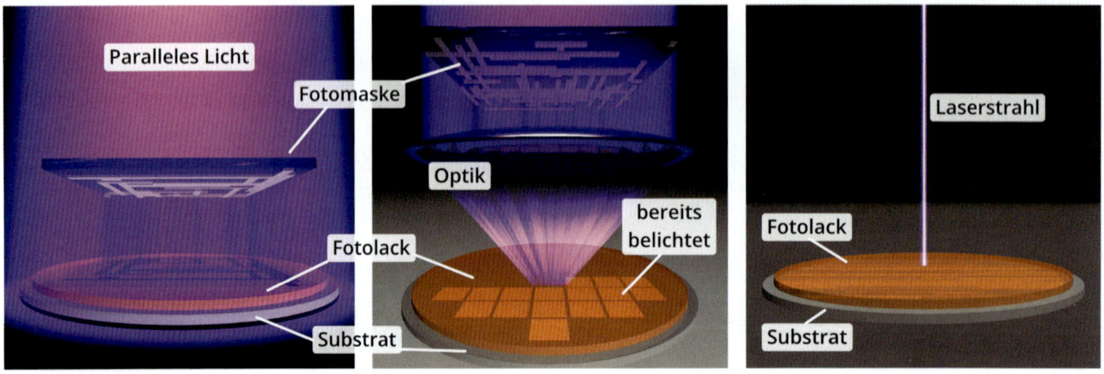

Abb. 83: Die gängigsten Methoden zur Belichtung von Fotolackschichten sind die direkte Projektion auf das gesamte Substrat durch eine Fotomaske mit einem *Mask-Aligner* (links, die Fotomaske und Lackschicht sind üblicherweise in direktem Kontakt), das schrittweise Belichten rechteckiger Teilflächen durch eine verkleinernde Optik (*Stepper*, Mitte) oder das direkte Schreiben der Strukturen mit einem Laserstrahl (rechts).

kleiner als die Strukturen der Fotomaske, an deren Auflösung demnach geringere Anforderungen gestellt werden können.

Da durch die verkleinerte Abbildung bei jedem Belichtungsschritt nur ein Teil der Lackschicht belichtet wird, erfolgt die Belichtung des gesamten Wafers schrittweise (daher die Bezeichnung *Stepper*) nacheinander mit immer der gleichen Abbildung wodurch eine größere Anzahl identischer Bauteile auf einem Wafer realisiert werden können.

Laserbelichtung

Hierbei beschreibt ein Laser sequenziell, d. h. Punkt für Punkt bzw. Linie für Linie die Fotolackschicht auf direktem Weg (Abb. 83 rechts). Dadurch entfällt die Notwendigkeit der Herstellung teurer Fotomasken, Layouts können sofort umgesetzt werden wenn sie in geeigneter elektronischer Form dem Laserbelichter zur Verfügung stehen. Ein Nachteil der Laserbelichtung sind die langen Schreibzeiten pro Substrat, weshalb sich diese Belichtungstechnologie dann anbietet, wenn ein Layout auf nur wenigen Substraten geschrieben werden soll wie es z. B. bei der Herstellung von Fotomasken der Fall ist. Abschnitt 16.10 behandelt die Laserbelichtung v. a. aus Sicht der vorherigen Fotolackprozessierung im Detail.

Weitere Belichtungstechniken

Zur Umsetzung hoher Auflösungsanforderungen, einer reproduzierbaren Strukturtreue und definierten Lackflanken sind an die Absorption des Lacks angepasste Belichtungswellenlängen sowie eine perfekte Optik unerlässlich, wie sie Mask-Aligner, Stepper oder Laserbelichter bieten.

Falls keine speziellen Belichter zur Verfügung stehen und auch keine hohen Ansprüche an die Auflösung und Strukturtreue der erzielten Lackmaske gestellt werden, kann eine Belichtung auch via z. B. gedruckte Folienmasken über beliebige andere Lichtquellen mit einem geeigneten Spektrum erfolgen. Beispielsweise erlaubt auch das Emissionsspektrum weißer Leuchtstoffröhren mit der darin stark vertretenen blaue g-Linie (435 nm) die Belichtung üblicher Breitband-Lacke.

16.4 Spektrale Emission typischer Belichter

Quecksilberdampf-Lampen

Das typische Emissionsspektrum eines Mask-Aligners oder Steppers mit Quecksilberdampflampe ohne weitere optisch selektive Elemente enthält die g- (Wellenlänge 435 nm), h- (405 nm) und i-Linie (365 nm). Ein 6"-Mask-Aligner mit 350 W Hg-Lampe erreicht üblicherweise eine Lichtleistung von ca. 15 - 30 mW/cm^2, wobei die i-line-Intensität meist ca. 40 % der Gesamtemission aller drei Emissionslinien ausmacht. An diese Linien ist das Absorptionsspektrum des Fotoinitiators entsprechender Fotolacken angepasst.

Besonders für Dosis-empfindliche Anwendungen wie die Umkehrlack- oder Dicklackprozessierung bzw. für hohe Auflösungsanforderungen empfiehlt sich eine regelmäßige Kalibrierung der Lichtintensität, welche sich mit der Betriebsdauer der Lampe ändert. Eine Messung der lateralen Intensitätsverteilung über die beleuchtete Fläche sollte weniger als 10 % relative Abweichung über den Bereich eines 6 Zoll Wafers ergeben, um die Einstellung einer optimalen Belichtungsdauer für zentrale und randnahe Bereiche zu ermöglichen.

Laserbelichtung

Neben Hg-Lampen sind auch Laser mit passender Wellenlänge eine geeignete Lichtquelle zur Belichtung von Fotolacken. Da die spektralen Absorptionsbanden des Fotoinitiators nicht abrupt bei einer bestimmten Wellenlänge enden, kann mit entsprechend angepasster Dosis auch mit Wellenlängen einige 10 nm oberhalb der in den Datenblättern angegebenen Spektralbereiche belichtet werden, was allerdings die Schreibzeiten deutlich verlängert.

16.5 Bestimmung der optimalen Belichtungsdosis bzw. Belichtungsdauer

Umrechnungsfaktoren zwischen Belichtungsdosis und Belichtungsdauer

Zur korrekten Bestimmung der Belichtungsdauer aus den in den Datenblättern angegebenen Belichtungsdosen muss folgendes bekannt sein bzw. in Erfahrung gebracht werden:

- Welches Spektrum emittiert der Belichter (monochromatisch bei i-, h- oder g-line), oder breitbandig?
- Bei welcher Wellenlänge wurde die Lichtintensität gemessen? Viele Detektoren messen nur i-line, wo-

für typische Werte bei 350 W Hg Lampen ca. 6 - 12 mW/cm² betragen, bei 1000 W Hg Lampen ungefähr das Dreifache.

- Bei welchen Wellenlängen ist der Fotolack empfindlich (i-, h- oder/und g-line)?
- Auf welche Wellenlänge bezieht sich die Angabe der Lichtdosis in den technischen Datenblättern der Fotolacke? Meist wurden die dort aufgezeigten Belichtungsreihen monochromatisch mit i-line Belichtung durchgeführt.

Austauschbarkeit von Belichtungsintensität und Belichtungsdauer

Die Fotoreaktion bei Positiv- und Umkehrlacken ist üblicherweise ein Ein-Photonen-Prozess. Deshalb spielt es grundsätzlich keine Rolle, über welchen Zeitraum (von Femtosekunden bei gepulsten Lasern, über Sekunden bei Kontaktlithografie bis hin zu Stunden bei Laser-Interferenz-Lithografie) die benötigte Dosis als Produkt aus Intensität und Zeit in die Lackschicht eingetragen wird.

Zu berücksichtigen ist jedoch, dass mit zunehmender Lichtintensität und Lackschichtdicke die verzögerte Abfuhr der beim Belichten gebildeten Wärme oder Gase (N_2 bei Positiv- und Umkehrlacken) aus der Lackschicht zu einer thermischen oder mechanischen Schädigung des Lacks führen kann.

Weitere Einflussfaktoren auf die optimale Belichtungsdosis

Die Reflektivität des Substrats bestimmt vor allem bei optisch dünnen Lackschichten, welcher Anteil der einfallenden Intensität tatsächlich von der Lackschicht absorbiert wird. Glas-Wafer reflektieren ca. 5 - 10 % der kurzwelligen Strahlung, Silicium-Wafer ca. 30 %, bestimmte Metallfilme können einen Reflexionskoeffizient über 90 % aufweisen.

Welche Belichtungsdosis „optimal" ist hängt auch von den Anforderungen an den Lithografieprozess ab. Eine gewisse Unterbelichtung kann Belichtungsartefakte durch texturierte, diffus reflektierende oder texturierte Substrate mindern. Bei der Dicklackprozessierung hält eine ausreichend bemessene Lichtdosis die spätere Entwicklungsdauer vertretbar kurz.

Belichtungsreihen für Positivlacke

Grundsätzlich empfiehlt sich zur Prozessoptimierung, bei jedem neuen Prozess und bei Änderungen an Equipment oder Fotolack eine Belichtungsreihe zur Bestimmung der optimalen Lichtdosis. Diese hängt neben dem Fotolack und den optischen Substrateigenschaften auch von den individuellen Prozess-Anforderungen ab.

Bei Positivlacken liegt für die meisten Lithografie-Prozesse die „optimale" Lichtdosis in der Nähe des Wertes, bei dem die Entwicklungsrate zu sättigen beginnt, also zu größeren Lichtdosen hin nicht weiter ansteigt.

Die Grafen in Abb. 84 zeigen die Entwicklungsraten verschiedener positiver Fotolacke als Funktion der Belichtungsdauer bzw. -dosis. Alle Lacke wurden bei 4000 U/min aufgeschleudert, bei 100°C auf der Hotplate für 1 Minute je µm Lackschichtdicke gebacken und nach dem Belichten im TMAH-basierten AZ® 826 MIF tauchentwickelt. Belichtet wurde mit einem Mask-Aligner mit 350 W Hg Lampe bei einer i-line Intensität von 8.5 mW/cm² und einer über g-, h- und i-line integrierten Intensität von ca. 22 mW/cm².

Bei allen Beispielen zeigt sich deutlich, wie bei den verwendeten Positivlacken die Entwicklungsrate ab einer bestimmten Dosis zu sättigen beginnt, was der Umwandlung des gesamten Fotoinitiators im Lack entspricht,

Belichtungsreihen für Umkehrlacke und Negativlacke

Bei im Negativmodus prozessierten Umkehrlacken verstärkt eine hohe Dosis bei der ersten (Struktur gebenden) Belichtung den Grad der Umkehrreaktion wie es in Kapitel 20 im Detail beschrieben ist.

Bei der Negativlackprozessierung nimmt der Grad der Quervernetzung des Harzes und damit die Lackunlöslichkeit im Entwickler mit der Lichtdosis zu, wie es in Abb. 85 anhand des AZ® nLOF 2070 gezeigt ist. Zu hohe Lichtdosen können zu einer unbeabsichtigten Belichtung benachbarter, nominell „dunkler" Lackbereiche führen. Dadurch vergrößern sich die Abmessungen der entwickelten Lackstrukturen wodurch sich das Freientwickeln kleiner Löcher bzw. schmaler Gräben erschwert bzw. unmöglich macht.

Falls Umkehr- oder Negativlacke für lift-off Prozesse eingesetzt werden, ist die Auswirkung der Belichtungsdosis auf das Lackprofil zu berücksichtigen: Da die empfangene Lichtdosis von der Lackoberfläche zum Substrat hin aufgrund der begrenzten Eindringtiefe der verwendeten Wellenlängen exponentiell abnimmt, definiert sich die optimale Belichtungsdosis aus dem für den jeweiligen Prozess gewünschten Lackprofil.

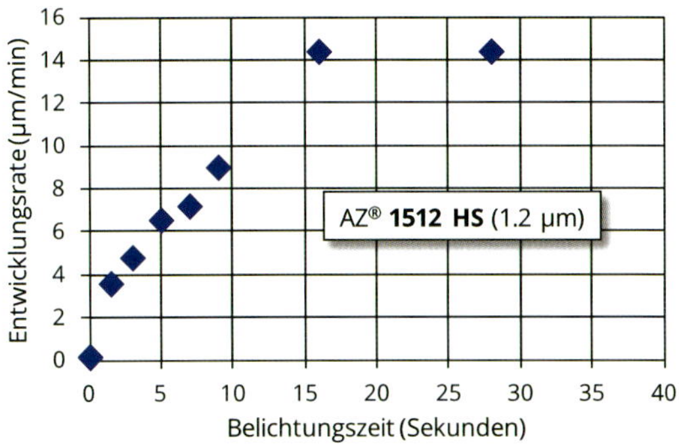

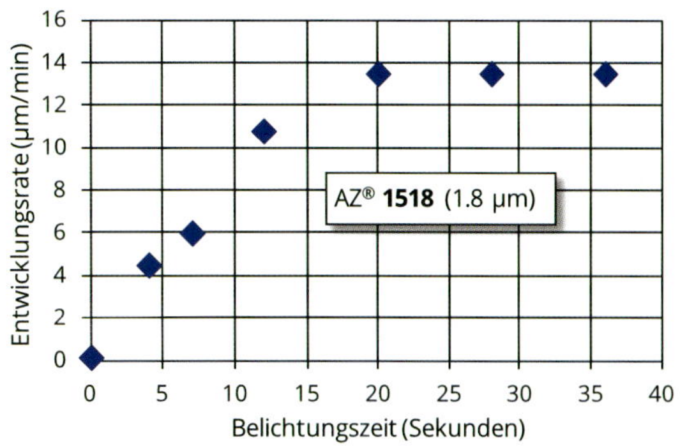

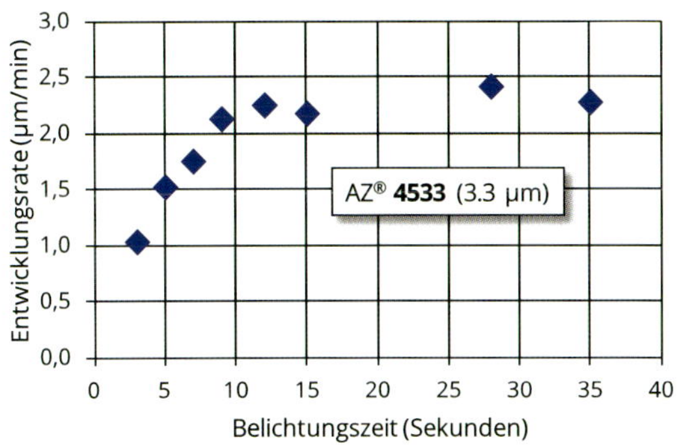

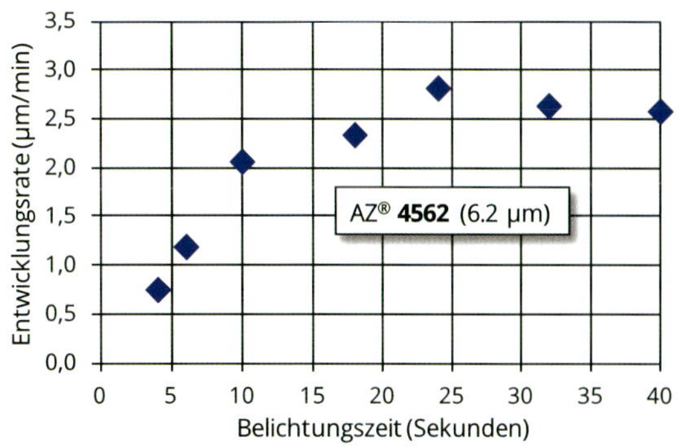

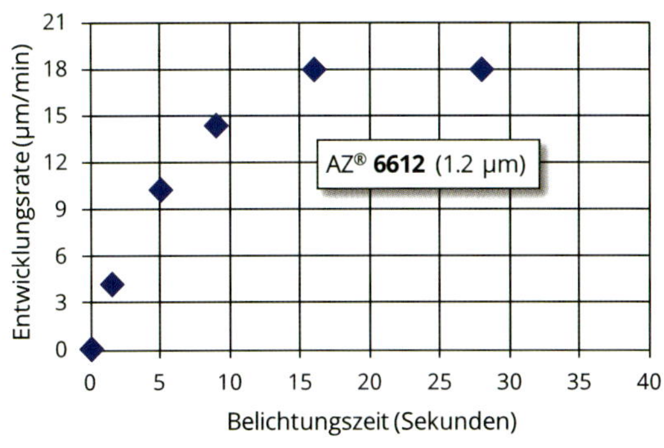

Abb. 84: (Fünf Grafen links und oben) Die Entwicklungsrate verschiedener Fotolacke steigt zunächst mit zunehmender Belichtungsdosis, um dann auf einem Wert zu sättigen der vom Fotolack, dem Entwickler und den vorhergehenden Prozessparametern wie Softbake und Rehydrierung abhängt.

Die Lichtintensität bei diesen Reihen lag bei ca. 22 mW/cm² (summiert über die g-, h- und i-Linie), so dass eine Sekunde Belichtungsdauer einer Dosis von ca. 22 mJ/cm² entsprach. Entwickelt wurde im AZ® 826 MIF (2.38 % TMAH) mittels Tauchentwicklung, als Substrate dienten polierte Silicium-Wafer.

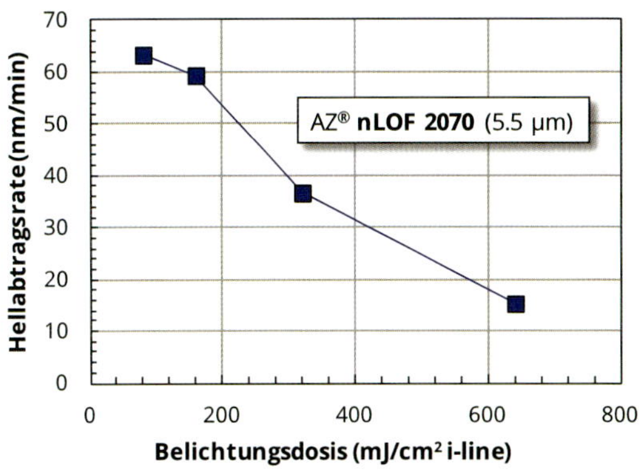

Abb. 85: (Links) Bei quervernetzenden Negativlacken (hier: AZ® nLOF 2070) steigt der Quervernetzungsgrad des Harzes mit der Belichtungsdosis. Die in diesem Grafen gezeigte Abtragsrate des belichteten Lacks im Entwickler wiederum sinkt mit zunehmendem Quervernetzungsgrad und ist im Idealfall Null, wobei ggfalls. die Zeiten und Temperaturen eines für manche Lacke der Belichtung folgenden, die Quervernetzungsreaktion abschließenden Post Exposure Bakes ebenfalls eine Rolle spielen.

Die Lichtintensität lag bei ca. 8 mW/cm² (i-Linie). Entwickelt wurde im AZ® 826 MIF (2.38 % TMAH) mittels Tauchentwicklung, als Substrate dienten polierte Silicium-Wafer.

16.6 Das Bleichen DNQ-basierter Positivlacke

Der Absorptionskoeffizient unbelichteter und belichteter Fotolacke

Der Fotoinitiatorgehalt typischer Fotolacke bewirkt einen Absorptionskoeffizienten im Bereich des Empfindlichkeitsmaximums von ca. 1 - 2 μm^{-1} (Abb. 40 auf Seite 42), was aufgrund der damit verbundenen Eindringtiefe des Lichts von wenigen µm eine Durchbelichtung dicker Fotolackschichten theoretisch unmöglich machen würde.

Allerdings verringert sich während der Belichtung durch die Umwandlung des Fotoinitiators der Absorptionskoeffizient um Größenordnungen: Der Fotolack bleicht beim Belichten (*Bleaching*) und wird unterhalb von ca. 440 nm Wellenlänge weitgehend transparent (Abb. 86).

Dadurch steigt in den bereits belichteten Lackbereichen die Eindringtiefe der Belichtungswellenlängen, was einer selbstverstärkten Kanalisierung für das auf die Lackschicht einfallende Licht entspricht. Erst dadurch wird sowohl eine vollständige Belichtung auch dicker Lackschichten, als auch das Erzielen hoher Aspektverhältnisse möglich.

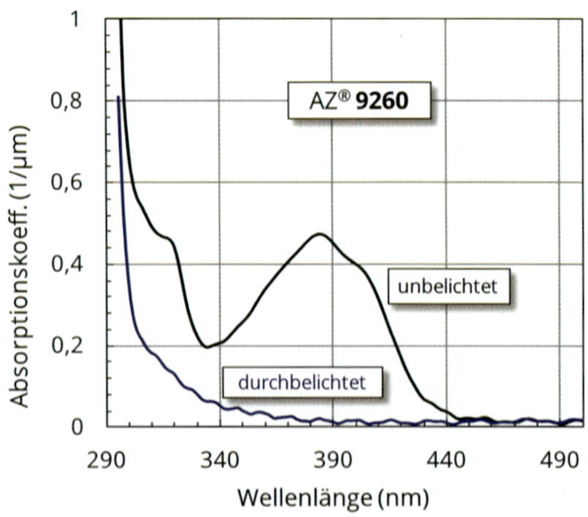

Abb. 86: Das Absorptionsspektrum des AZ® 9260 vor (schwarz) und nach (blau) dem Belichten zeigt deutlich den Effekt des Bleichens.

Belichtung dünner und dicker Fotolackschichten

Die auf die Eindringtiefe des Lichts bezogene Lackschichtdicke bestimmt, wie sich das Tiefenprofil der bereits empfangenen Lichtdosis mit der Belichtungsdauer ändert:

Bei *optisch dünnen* Lackschichten (mit einer Schichtdicke kleiner als die Eindringtiefe der Belichtungswellenlänge) erfolgt wie in Abb. 87 (obere Reihe) gezeigt eine vom Belichtungsstart an nahezu homogene Durchbelichtung bis zum Substrat. Eine Erhöhung der Lichtdosis bis zum vollständigen Umwandeln des Fotoiniti-

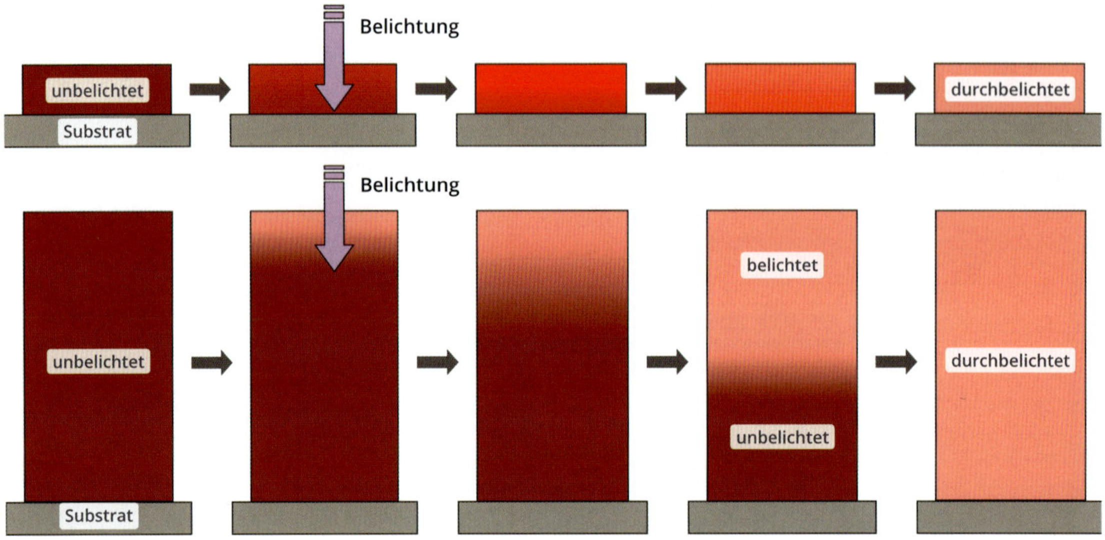

Abb. 87: Während optisch dünne Fotolackschichten (obere Reihe) nahezu gleichmäßig durchbelichtet werden, bleichen Lackschichten mit einer Dicke von mehreren Eindringtiefen der Belichtungswellenlänge (untere Reihe) mit zunehmender Lichtdosis (von links nach rechts) in Richtung Substrat. Dadurch ergibt sich beim späteren Entwickeln eine für Dünn- und Dicklacke unterschiedlich geartete Abhängigkeit zwischen Belichtungsdosis und Entwicklungsrate bzw. Dauer der Durchentwicklung.

ators bewirkt demnach eine größere, aber von der Lackoberfläche bis zum Substrat weitgehend homogene Entwicklungsrate.

Optisch dicke Lackschichten (mit einer Stärke von mehreren Eindringtiefen des Lichts) absorbieren zu Beginn der Belichtung nur in den obersten µm, welche dabei bleichen und das Licht während der weiteren Belichtung immer tiefer in Richtung Substrat lenken (Abb. 87, untere Reihe). Hierbei steigt die entwickelbare Schichtdicke annähernd linear mit der Belichtungsdosis an, was bestimmte Anwendungen in der Grautonlithografie ermöglicht: Erst ab einer bestimmten Mindestdosis kann die Lackschicht komplett durchentwickelt werden.

16.7 Der Kontrast von Fotolacken

Bedeutung des Kontrasts

Die Lichtbeugung aufgrund der Wellennatur des Lichts verhindert beim Belichten eine perfekt binäre Abbildung des Masken-Layouts im Lackfilm. Es wird also auch mit perfekten Fotomasken stets „Graubereiche" im Fotolack geben, welche eine Dosis zwischen Null und der Maximaldosis größerer belichteter Bereiche erhalten (vgl. Abb. 89 auf Seite 92).

Würde die Entwicklungsrate eines Fotolacks linear mit der Belichtungsdosis ansteigen, wären deshalb weder senkrechte Lackflanken, noch hohe Auflösungen im sub-µm-Bereich möglich. Dass beides dennoch erzielt werden kann liegt am hohen Kontrast eines Fotolacks. Fotolacke mit hohem Kontrast erzielen einen sehr geringen Abtrag schwach belichteter Bereiche und entwickeln ab einer bestimmten Lichtdosis mit konstanter und hoher Rate.

Definition des Kontrasts: Die Kontrastkurve

Die Kontrastkurve eines Fotolacks trägt das Verhältnis der nach dem Entwickeln verbliebenen Lackschichtdicke zur ursprünglichen Schichtdicke d'/d_0 als Funktion der logarithmisch skalierten Belichtungsdosis auf (Abb. 88).

Die Kontrastkurve eines „perfekten" Positivlacks wäre eine Stufenfunktion (unendlich hoher Kontrast). Realistische Kontrastkurven weisen ein $d'/d_0 < 1$ für eine Belichtungsdosis = 0 (Dunkelabtrag) und einen logarithmischen Abfall in $d'/d_0 \rightarrow 0$ über einen Bereich der Belichtungsdosis bis D_C (*dose to clear*) auf. Die Steigung dieses Abfalls definiert den Kontrast.

Der mögliche bzw. erzielte Kontrast hängt nicht nur vom Fotolack selbst ab: Beim Vergleich einer gegebenen Kontrastkurve und dem eigenen Prozess sind sämtliche Parameter, welche sich auf die Entwicklungsrate und -zeit auswirken wie Lackschichtdicke, Softbake, Rehydrierung, Lufttemperatur, Entwickler etc. zu berücksichtigen.

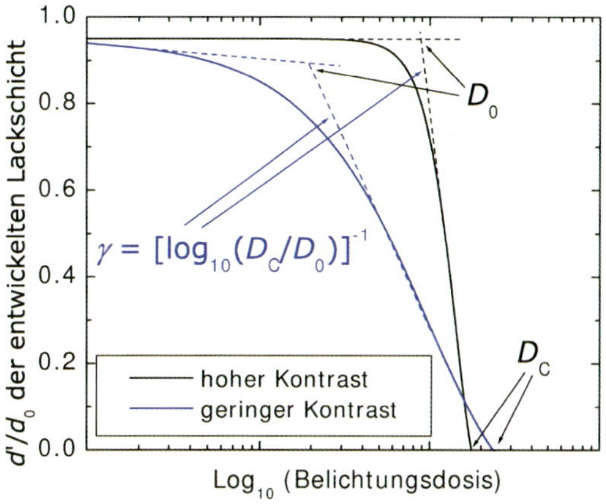

Abb. 88: Der Kontrast von Fotolacken definiert als die Steigung der Abhängigkeit der nach dem Entwickeln verbliebenen zur ursprünglichen Schichtdicke d'/d_0 von der logarithmisch aufgetragenen Belichtungsdosis.

Kontrasterhöhung für maximale Auflösung und Aspektverhältnisse

Geeignete Methoden zur Kontrasterhöhung (= steiles Lackprofil und hohes Aspektverhältnis) sind ...

- die Verwendung eines hoch-kontrastigen Fotolacks wie dem Dünnlack AZ® 1512HS oder der AZ® ECI 3000 Serie mit vergleichsweise hohem Fotoinitiatorgehalt, was eine hohe Entwicklungsrate bei minimalem Dunkelabtrag ermöglicht (s. Abschnitt 6.2),
- die Verwendung eines Negativlacks wie der AZ® nLOF 2000 Serie oder AZ® 15 nXT oder AZ® 125 nXT), die an den belichteten Stellen durch ihre Quervernetzung einen sehr geringen Abtrag im Entwickler aufweisen,
- bei DNQ-basierten Lacken eine ausreichende Rehydrierung (Kapitel 14), welche eine kurze Entwicklungsdauer ermöglicht.

- die Minimierung des Dunkelabtrags und Aufrechterhaltung einer hohen Entwicklungsrate von Positivlacken über optimierte Softbakeparameter (Abschnitt 13.5), und
- die Verwendung eines hoch-selektiven, optimal verdünnten Entwicklers wie beispielsweise die TMAH-basierten Entwickler AZ® 326 MIF und AZ® 726 MIF, oder dem AZ® 400K oder 351B in einer 1 : 4 oder im Falle sehr dünner Lackschichten bedarfsweise auch höheren Verdünnung.

Der Vorteil eines hohen Kontrasts lässt sich bei Positivlacken grundsätzlich nur dann nutzen, wenn über eine Belichtungsreihe die hierfür optimale Belichtungsdosis bestimmt und angewandt wird. Nur so kann eine unnötig lange Entwicklung zu schwach belichteten Lacks, als auch ein Abtrag nominell unbelichteter, durch Beugung und Streuung aber dennoch teilbelichteter Lackbereiche verhindert werden.

Kontrastverringerung in der Grautonlithografie mit Positivlacken

Bei der Grautonlithografie sowie speziellen Anwendungen der Laserinterferenzlithografie (*LIL*) ist hingegen ein geringer Kontrast erwünscht, d. h. ein möglichst linearer Zusammenhang zwischen Lichtdosis und Entwicklungsrate, wie es Abschnitt 16.11 im Detail beschreibt.

16.8 Wellenlänge und Maskenabstand als untere Auflösungsgrenze

Physikalische Grundlagen der Beugung

Die Dimensionen der Öffnungen in Fotomasken für die Mikrostrukturierung liegen oft in der Größenordnung einiger bis einiger 10 Belichtungswellenlängen. Deshalb ist die Abbildung durch eine solche Öffnung auf die Lackoberfläche nicht perfekt parallel, sondern ein Beugungsmuster.

Behandelt man diesen Fall wellenoptisch als *Beugung am Einfachspalt* ist die erzielbare laterale Auflösung d der auf die Lackoberfläche einfallenden Abbildung durch die Formel $d = (\lambda\, g)^{1/2}$ mit der Belichtungswellenlänge λ und dem Gap (= Abstand der Maskenunterseite zur Lackoberfläche) g.

Ein solches definiertes Gap kann beabsichtigt bzw. unumgänglich sein, um bei texturierten Substraten eine Beschädigung der Fotomaske, oder bei glatten Substraten ein Verkleben der Fotomaske mit der Lackschicht

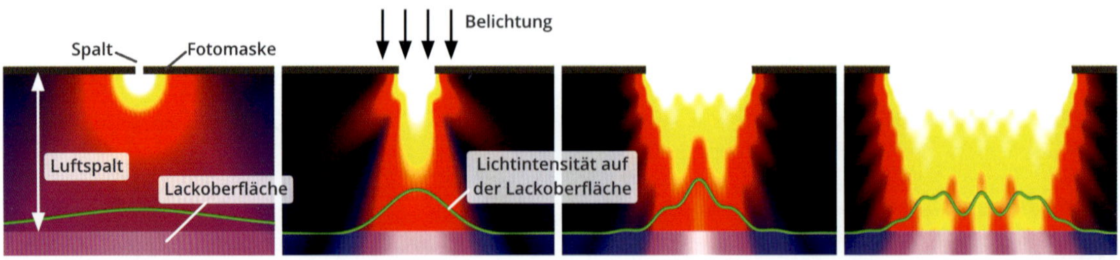

Abb. 89: (Obere Reihe) Bei der Belichtung einer Lackschicht durch verschieden große Öffnungen der Fotomaske entspricht die Intensitätsverteilung des Lichts in dem Luftspalt (Gap) zwischen Fotomaske und Lackoberfläche (von schwarz über rot nach weiß zunehmend) einem Beugungsmuster am Einfachspalt. Die Lichtintensitätsverteilung auf der Lackoberfläche (von schwarz über blau und violett nach weiß zunehmend, zusätzlich als grüner Plot dargestellt) entspricht für eine bezogen auf die Belichtungswellenlänge kleine Spaltbreite und großes Gap (ganz links) dem einer Punkt- bzw. Linienquelle, und für breite Spalte (ganz rechts) einer zunehmend parallelen Abbildung durch die Öffnung der Fotomaske auf die Lackoberfläche.

Abb. 90: (Untere Reihe) Im selben (Farb-)Schema wie in Abb. 89 erläutert wird hier der Abstand zwischen Fotomaske und Lackoberfläche bei konstanter Spaltbreite von Null (Kontaktbelichtung, links) auf einen Wert von mehreren Belichtungswellenlängen (rechts) variiert. Die nahezu homogene, binäre Verteilung der Lichtintensität ohne Gap geht mit zunehmendem Gap über in ein zunehmend ausgeprägtes Beugungsmuster mit entsprechend inhomogener Intensitätsverteilung.

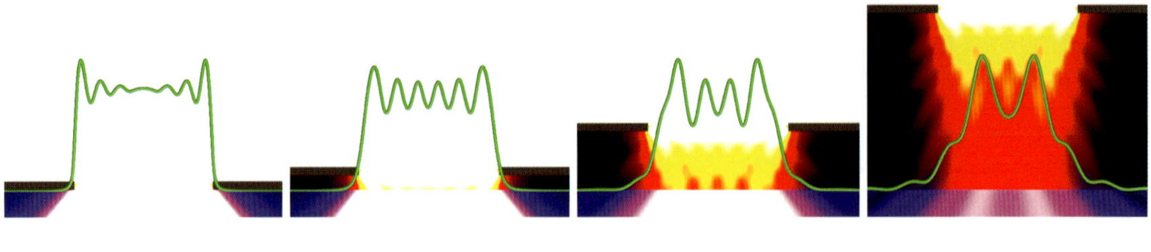

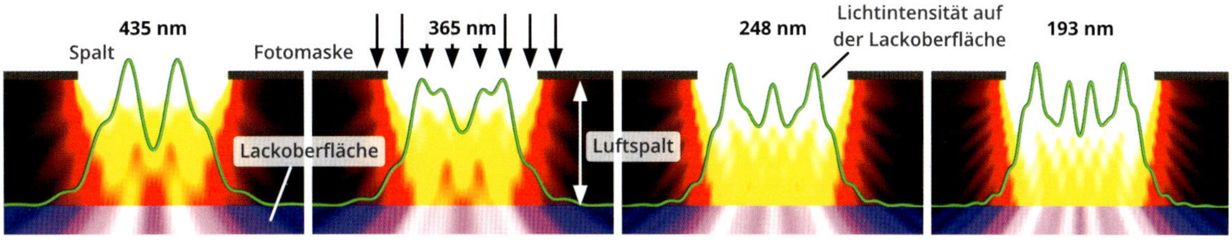

Abb. 91: Die Lichtintensitätsverteilung unterschiedlicher Belichtungswellenlängen (von links nach rechts: 435 nm, 365 nm, 248 nm und 193 nm) im Luftspalt unter einer 1 µm breiten Öffnung in der Fotomaske zeigt, wie (bezogen auf die Spaltbreite und das Gap) größere Wellenlängen zu einem ausgeprägteren Beugungsmuster führen (Farbcodierung wie in Abb. 89).

zu verhindern. Gründe für ein unbeabsichtigtes Gap hingegen können sein:

- Partikel in der Lackschicht über die Reinraumluft, verunreinigte Substrate oder gealterten Fotolack,
- Luftblasen in der Lackschicht durch manuelles Dispensieren des Lacks oder zu kurze Wartezeit nach dem Umfüllen oder Bewegen von Lackgebinden,
- eine Maskenverschmutzung durch Partikel oder Lackreste,
- raue, texturierte oder gewellte (verspannte) Substrate, oder
- ein Randwall der Lackschicht oder eine versehentlich verkehrt herum eingebaute Fotomaske

Abb. 89 illustriert das Beugungsmuster durch die Belichtung im Luftspalt zwischen Fotomaske und Lackoberfläche sowie die daraus resultierende Intensitätsverteilung auf der Lackoberfläche für verschiedene Öffnungsbreiten der Fotomaske bei konstanten Werten für Wellenlänge und Gap.

In Abb. 90 wird im gleichen Schema das Gap bei konstanten Werten für Wellenlänge Spaltbreite variiert. Wie zu erkennen, ist selbst bei einem perfekten Kontakt (g = 0) die laterale Intensitätsverteilung auf der Lackoberfläche inhomogen, da die endliche Spaltbreite dahinter ein Beugungsmuster definiert.

Hinzu kommt, dass die Lackschicht selbst eine bestimmte Dicke, deshalb die Substrat-nahen Lackbereiche einen entsprechenden Abstand zur Fotomaske haben. Zudem gelangt zusätzlich zur Beugung durch die unvermeidliche Rayleigh-Streuung in der Lackschicht das Licht auch lateral einige Eindringtiefen unter die verchromten Bereiche der Fotomaske.

Abb. 91 illustriert das Beugungsmuster im Luftspalt zwischen Fotomaske und Lackoberfläche sowie die daraus resultierende Intensitätsverteilung auf der Lackoberfläche für verschiedene Wellenlängen bei konstanten Werten für die Öffnungsbreite in der Fotomaske und das Gap. Je größer das Verhältnis zwischen Maskenöffnung und Wellenlänge, desto geringer ausgeprägt ist das Beugungsmuster, und desto planparalleler die Abbildung.

16.9 Störende Einflüsse von Fotomaske und Substrat

Maskendefekte bei der Belichtung von Positivlacken

Punktdefekte (Abmessungen im Bereich der Wellenlänge des Lichts oder darunter) in der Chrom-Schicht der Fotomaske bleiben durch den Kontrast des Lacks dann ohne große Auswirkung auf die entwickelten Lackstrukturen, wenn die Belichtungsdosis an diesen Punkten unter der Schwelle bleibt, welche den Lack entwickelbar macht. Bei höheren Dosen werden unter diesen Defekten „Krater" heraus entwickelt, welche die Lackschicht aber nicht generell unbrauchbar für nachfolgende Prozesse machen, solange sie nicht bis zum Substrat reichen.

Partikel auf den freien Bereichen der Fotomaske führen zu einer lokalen Abschattung der Lackschicht beim Belichten. Je kleiner der Partikel, und je größer die Lackschichtdicke und Lichtdosis ist, desto wahrscheinlicher ist es, dass diese Stellen dennoch frei entwickelt werden.

Maskendefekte bei der Belichtung von Negativlacken oder Umkehrlacken im Negativmodus

Bei der Belichtung von Umkehrlacken im Negativmodus und Negativlacken wirken sich Defekte in der Chromschicht der Fotomaske wie Partikel auf den freien Bereichen der Fotomaske bei der Belichtung von Positivlacken aus, und umgekehrt.

Die Quervernetzung von Negativlacken bewirkt jedoch eine starke Kontraststeigerung. Dadurch kann v. a. eine dünne Lackschicht auch unter sehr kleinen Defekten in der Chromschicht quervernetzen und die Entwicklung ungewollt überstehen.

Einfluss der optischen Substrateigenschaften

Stark UV-reflektierende (z. B. metallisierte) Substrate erhöhen die vom Fotolack absorbierte Lichtdosis, d. h. die für eine Durchentwicklung notwendige Belichtungsdauer sinkt. Andererseits bewirkt die Interferenz des einfallenden mit dem reflektierten Licht eine Verringerung der Lichtdosis unmittelbar in Substratnähe (Details dazu in Abschnitt 15.2).

UV-transmittierende Substrate (z. B. Quarz, Glas, dickes SiO_2 auf Si, Polymere wie PET oder Polykarbonat) leiten Licht lateral im Substrat, erlauben Rückreflexionen vom Substrathalter und verringern so die laterale Auflösung und Kantensteilheit der entwickelten Lackstrukturen.

In beiden Fällen helfen ...

- eine optimale, v. a. nicht zu große Belichtungsdosis,
- eine Antireflexionsbeschichtung wie z. B. AZ® Barli II (Abschnitt 15.2), oder
- die Verwendung von Umkehr- oder Negativlacken, bei denen eine Durchbelichtung bis zum Substrat nicht immer erforderlich ist, wodurch dessen optische Eigenschaften keine dominierende Rolle spielen.

16.10 Laserbelichtung

Geeignete Wellenlängen

Grundsätzlich empfiehlt sich auch bei der Laserbelichtung eine Belichtungswellenlänge im Bereich der Empfindlichkeitsmaxima des zu belichtenden Fotolacks. Da die spektrale Empfindlichkeit von Fotolacken hin zu großen Wellenlängen jedoch nicht abrupt auf Null sinkt, ist beim Laser-Schreiben aufgrund der sehr hohen Lichtintensitäten auch eine Belichtung einige 10 nm entfernt von den Absorptionsbanden möglich. Durch die dort geringe Absorption verlängern sich die Schreibzeiten jedoch entsprechend.

Direkt-Schreiben

Das Schreiben von Linien in die Fotolackschicht mit Lasern als Lichtquelle unterscheidet sich von herkömmlichen Belichtungsmethoden vor allem durch die sehr hohe Lichtintensität des Laserstrahls (bis ca. 10^{10} - 10^{11} mW/cm^2 bei Laser-Dioden!). Dadurch kann sich die Lackschicht so stark erwärmen, dass sich der Fotoinitiator thermisch zersetzt, womit sich die spätere Entwicklungsrate verringert. Ebenfalls möglich ist eine thermische Quervernetzung der Lackschicht in den belichteten Bereichen, was deren Entfernung am Ende des Prozesses erschweren bzw. unmöglich machen kann. Bei Umkehr- oder Negativlacken kann die Umkehrreaktion bzw. die Quervernetzung durch die Erwärmung bereits während der Laserbelichtung selbst stattfinden.

Bei DNQ-basierten Positivlacken ist eine Bläschenbildung in der Lackschicht oder deren Abplatzen durch den beim Belichten gebildeten Stickstoff möglich, falls dieser nicht rasch genug aus der Schicht ausgasen kann.

In diesen Fällen kann der Ausweg darin bestehen, entweder bei geringerer Intensität jeden Punkt länger zu belichten, oder die gesamte Struktur in mehreren Durchgängen zu schreiben.

Laser-Interferenz-Lithografie: Geeignete Fotolacke

Bei der Laser-Interferenz-Lithografie sind die Anforderungen an die Auflösung des Lacks meist sehr hoch. Des weiteren werden dabei meist sehr dünne Lackschichten von wenigen 100 nm benötigt, welche durch Verdünnung bestehender Lacke realisiert werden können. Aus beiden Gründen empfehlen sich für die Laser-Interferenz-Lithografie z. B. der AZ® 701 MiR (geeignet für nachfolgendes Trockenätzen oder Lift-off) oder die AZ® ECI 3000 Serie (optimiert für nasschemische Prozesse wie Ätzen) in entsprechender Verdünnung.

16.11 Grauton-Lithografie

Grundlagen der Grauton-Lithografie

Normalerweise ist man in der Fotolithografie danach bestrebt, ein binäres Verhalten der verwendeten Fotolacke zu erzielen: Bestimmte Bereiche auf dem Substrat sollen komplett frei entwickelt werden, die verbleibenden Lackstrukturen möglichst steile Flanken aufweisen.

Die Grauton-Lithografie hat das Ziel, über die laterale Variation der Belichtungsdosis eine bestimmte Topografie aus der Lackschicht heraus zu entwickeln. Im folgenden ist beschrieben, über welche Mechanismen und Prozessparameter dies erzielt werden kann. Die Auswahl geeigneter Lacke richtet sich im Wesentlichen nach der Funktion der Lackmaske, wozu Kapitel 9 auf Seite 54 Auskunft gibt.

Grauton-Lithografie mit „dünnen" Fotolacken

Als „dünne Lackschichten" sind hier optisch dünne Lacke gemeint, deren Schichtdicke also kleiner als die Eindringtiefe der verwendeten Belichtungswellenlänge ist. Bei typischen g-/h-/i-line Lacken welche mit diesen Linien belichtet werden trifft diese Bedingung auf Schichtdicken < 1- 2 µm zu.

Da bei der Belichtung dünner Lackschichten diese weitgehend homogen bis zum Substrat belichtet werden ist die Entwicklungsrate von der Lackoberfläche bis zum Substrat ebenfalls konstant (vgl. obere Reihe in Abb. 87), hängt jedoch von der lateral variierenden Belichtungsdosis ab und überträgt sich beim Entwickeln in die gewünschten Lack-Topologie.

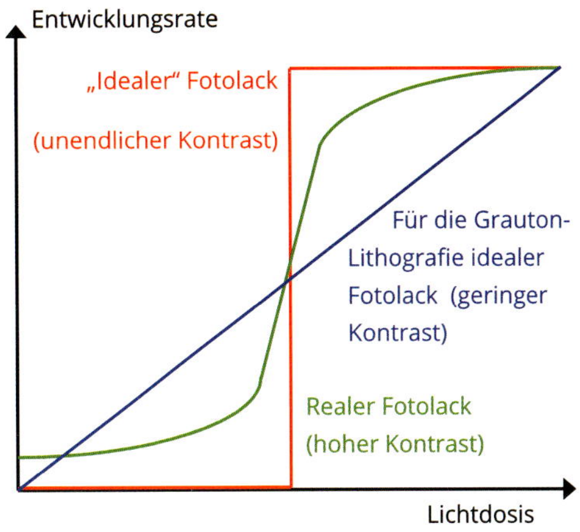

Abb. 92: Die schematische Darstellung der Bedeutung eines geringen (blaue Kurve), hohen (grüne Kurve) und im Idealfall unendlich großen (rote Kurve) Kontrasts bei Fotolacken bzgl. der Abhängigkeit zwischen Belichtungsdosis und erzielbarer Entwicklungsrate.

Der entscheidende Parameter ist demnach die Form der Abhängigkeit der Entwicklungsrate von der Belichtungsdosis. Wie das Schema rechts zeigt, hat ein realer Lack (grün) eine einer Stufenfunktion ähnliche Abhängigkeit: Unterhalb einer bestimmten Belichtungsdosis wird der Lack nur über den Dunkelabtrag im Entwickler gelöst, etwas über dieser Dosis beginnt die Entwicklungsrate auf um mehrere Größenordnungen über dem Dunkelabtrag liegenden Niveau zu sättigen. Um mit solchen Lacken Grautonlithografie zu betreiben müsste die Lichtdosis innerhalb eines sehr schmalen Bereichs der Dosis über das Substrat variiert werden, was schwer reproduzierbar ist. Die Entwicklungsrate eines für die Grauton-Lithografie idealen Fotolacks wäre eine lineare Funktion der Lichtdosis (blau).

Der Kontrast eines realen Fotolacks lässt sich über seine Prozessparameter in Grenzen verringern, wodurch er sich für die Grauton-Lithografie eignen kann, indem die Entwicklungsrate über einen vergleichsweise großen Bereich der Belichtungsdosis gesteuert wird:

Ein kurzer oder/und kühler Softbake (z. B. 60 - 70°C für eine Minute je µm Lackschichtdicke) erhöht, bezogen auf normale Softbakebedingungen, den Dunkelabtrag über den hohen Restlösemittelanteil stärker als die Entwicklungsrate belichteten Fotolacks.

Alternativ verringert ein sehr heißer oder/und langer Softbake (z. B. 120°C für 5 - 10 Minuten) den Kontrast über i) die Verringerung der Entwicklungsrate durch thermisch zersetzten Fotoinitiator und ii) die Erhöhung des Dunkelabtrags, da der zersetzte Fotoinitiator nicht mehr als Inhibitor zur Verfügung steht.

Zusätzlich kann eine kurze Flutbelichtung einen „Offset" der Entwicklungsrate der bei der Struktur-gebenden Belichtung unbelichteten Lackbereiche bewirken.

Ein scharf angesetzter Entwickler (z. B. AZ® 400K oder 351B 1 : 2.5 ... 1 : 3 in H_2O) hat eine deutlich geringere Selektivität (Verhältnis der Entwicklungsrate zum Dunkelabtrag, vgl. Abb. 96 auf Seite 103) als ein schwächer angesetzter Entwickler, was einem geringeren Kontrast des Fotolacks gleichkommt.

Grauton-Lithografie mit „dicken" Fotolacken

Optisch dicke Lackschichten besitzen eine Dicke von einem Mehrfachen der Eindringtiefe der verwendeten Belichtungswellenlänge, was für üblichen Positivlacke einer Schichtdicken ab 5 - 10 µm entspricht.

Wie Abb. 87 (unten) zeigt, ermöglicht bei entsprechend dicken Lackschichten das Bleichen des Fotolacks beim Belichten (Abschnitt 16.6) deren Anwendung in der Grautonlithografie: Durch den Effekt des Bleichens absorbieren dicke Lackschichten zu Beginn der Belichtung nur in den obersten µm, welche dabei UV-transparent werden und das Licht während der weiteren Belichtung immer tiefer in Richtung Substrat lenken. Dadurch steigt die entwickelbare Schichtdicke annähernd linear mit der Belichtungsdosis.

Im Gegensatz zu den im vorherigen Unterabschnitt aufgeführten Anforderungen an dünne Lackschichten sollten in der Grautonlithografie dicke Lackschichten möglichst hochkontrastig prozessiert werden. Die zu diesem Ziel in Abschnitt 16.7 aufgeführten Maßnahmen helfen, den oberen, belichteten Lackbereich möglichst zügig zu entwickeln und beim Übergang zum wenig bis gar nicht belichteten Bereich die Entwicklung zu stoppen.

16.12 Mathematische Formulierung der Belichtung: Absorption, Cauchy und Dill

Absorption

Der Absorptionskoeffizient α, die Lichtintensität I in der Tiefe d der Lackschicht (bezogen auf die auf der Lackoberfläche einfallende Intensität I_0) und der Extinktionskoeffizient k hängen über die Wellenlänge λ wie folgt zusammen:

$$\alpha = \frac{4\pi\, k}{\lambda} \qquad\qquad I = I_0 \exp(-\alpha\, d)$$

Der reziproke Wert von α kennzeichnet die Eindringtiefe von Licht, über welche die Lichtintensität jeweils auf $1/e$ abfällt. Bei typ. Positivlacken liegt dieser Wert zwischen ca. 0.5 und 2 µm (vgl. Abb. 40 auf Seite 42).

Cauchy-Konstanten

Die von der bereits absorbierten Lichtdosis abhängigen Cauchy-Konstanten N_1, N_2 und N_3 beschreiben den Brechungsindex n des Lacks als Funktion der Wellenlänge (Einheit µm) wie folgt:

$$n = N_1 + \frac{N_2}{\lambda^2} + \frac{N_3}{\lambda^4}$$

Die Cauchy-Konstanten werden üblicherweise im unbelichteten (*unbleached*) und vollständig belichteten (*bleached*) Zustand angegeben. Zu beachten ist, dass die Cauchy-Konstanten aus den im sichtbaren Spektralbereich gemessenen Werten von n gefittet werden und auch nur dort gelten. Der spektrale Verlauf $n(\lambda)$ im Bereich der Absorption des Fotolacks kann aus den Cauchy-Konstanten *nicht* berechnet werden.

Dill-Parameter

Die wellenlängenabhängigen Dill-Parameter beschreiben den Extinktionskoeffizienten von Fotolack in Abhängigkeit der (evtl. durch Belichten verringerten) Konzentration an Fotoinitiator *PAC* (0 = vollständig belichtet, 1 = unbelichtet) wie folgt:

$$k = \lambda \frac{A(\lambda) \cdot PAC + B(\lambda)}{4\pi}$$

Zahlenwerte für Fotolacke

Angaben zu den Cauchy-Konstanten und Dill-Parametern sowie Brechungsindex und Extinktionskoeffizient bei g-, h- und i-line für bestimmte Fotolacke finden Sie in den Tabellen der nächsten Seite. Jede Spalte listet die Werte für eine bestimmte Lackfamilie (z. B. AZ® 4500 stellvertretend für den AZ® 4533 und 4562, die Werte des AZ® ECI 3027 gelten auch für den AZ® ECI 3012 und AZ® ECI 3007).

16.13 Stickstoffbildung beim Belichten

Fotoreaktion und Stickstoffbildung

Wie im Schema der Fotoreaktion in Abb. 82 gezeigt, setzen die meisten DNQ-basierten Positivlacke beim Belichten Stickstoff frei. Dieses Gas bildet sich bei der Umwandlung des Fotoinitiators in eine Karbonsäure in Mengen, welche ein Mehrfaches des Lackvolumens betragen können.

Im Idealfall diffundiert der gebildete Stickstoff bereits während des Belichtens rasch genug aus der Lackschicht ohne diese zu schädigen. Mit zunehmender Lackschichtdicke und Belichtungsintensität, sowie während Backschritten nach der Belichtung steigt jedoch die Gefahr, dass der Stickstoff-Partialdruck in der Lackschicht soweit ansteigt, dass sich darin Bläschen oder Spannungsrisse bilden können.

Blasenbildung während der Belichtung

Bilden sich bereits während der Belichtung bzw. unmittelbar danach Stickstoff-Bläschen im Lack, bzw. schäumt die Lackschicht regelrecht auf (milchiges bzw. unter dem Mikroskop styroporartiges Erscheinungsbild, siehe Abb. 93), kann sich dies wie folgt auswirken:

- Bereits beim Belichten gebildete N_2-Blasen streuen das Licht, wodurch sich zum einen die mögliche Auflösung verringert, zum anderen v. a. bei dicken Lackschichten Substrat-nahe Lackbereiche eine stark

Lackserie:	AZ® 1500	AZ® 5214E	AZ® 6600	AZ® 9200	AZ® 701MiR	AZ® ECI 3027	AZ® nLOF 2000
Brechungsindex und Extinktion							
gebleicht							
n (365 nm)	1.6994	1.6904	1.6967	1.6954	---	1.6913	
k (365 nm)	0.0058	0.0012	0.0036	0.0002	---	0.0017	
n (405 nm)	1.6714	1.6667	1.6720	1.6724	---	1.6670	
k (405 nm)	0.0010	0.0005	0.0021	0.0002	---	0.0010	
n (435 nm)	1.6571	1.6534	1.6586	1.6572	---	1.6530	
k (435 nm)	0.0003	0.0004	0.0018	0.0002	---	0	
ungebleicht							
n (365 nm)	1.7123	1.6990	1.7112	1.6963	1.7039	1.7014	1.6389
k (365 nm)	0.0358	0.0175	0.0353	0.0117	0.0214	0.0202	
n (405 nm)	1.6906	1.6888	1.6953	1.6862	---	1.6803	1.6173
k (405 nm)	0.0336	0.0179	0.0383	0.0134	---	0.0244	
n (435 nm)	1.6948	1.6758	1.7035	1.6722	1.6917	1.6826	1.6015
k (435 nm)	0.0227	0.0040	0.0222	0.0019	0.0189	0.0166	
Cauchy Konstanten							
gebleicht							
$d_{Schicht}$ (nm)	1589	1390.3	1571.4	2035	---	---	
N_1	1.5966	1.5908	1.6032	1.6089	1.6057	1.5952	
N_2 (µm²)	0.0037577	0.011525	0.01088	0.0025069	0.00673	0.008451	
N_3 (µm⁴)	2.45E-3	6.70E-07	2.48E-04	4.28E-03	0.00094	0.000656	
ungebleicht							
$d_{Schicht}$ (nm)	1584.6	1414.7	1645.2	2018.2	---	---	---
N_1	1.5996	1.6035	1.6139	1.5995	1.6104	1.6018	1.4402
N_2 (µm²)	0.013498	0.0055741	0.01135	0.0099583	0.00505	0.009896	0,040151
N_3 (µm⁴)	1.88E-04	2.34E-03	8.93E-04	7.16E-04	0.00171	0.000686	-1,8223E-03
Dill Parameter							
365 nm							
A (µm⁻¹)	1.0133	0.6181	---	0.4388	0.7090	0.64	
B (µm⁻¹)	0.2177	0.0314	---	0.0219	0.0342	0.075	
C (cm²/mJ)	0.0239	0.0284	---	0.0222	0.0220	0.0159	
405 nm							
A (µm⁻¹)	---	---	---	0.4245	---	0.76	
B (µm⁻¹)	---	---	---	0.0212	---	0.035	
C (cm²/mJ)	---	---	---	0.0215	---	0.0244	
435 nm							
A (µm⁻¹)	---	---	0.5193	0.0965	---	0.45	
B (µm⁻¹)	---	---	0.0332	0.0220	---	0.036	
C (cm²/mJ)	---	---	0.0079	0.0175	---	0.0152	

Lackserie:	AZ® 4500	AZ® 520D	AZ® 40 XT	AZ® 15 nXT	AZ® 125 nXT
Brechungsindex und Extinktion					
gebleicht					
n (365 nm)					
k (365 nm)					
n (405 nm)					
k (405 nm)					
n (435 nm)					
k (435 nm)					
ungebleicht					
n (365 nm)		---	1.644	1.6807	1.582
k (365 nm)		---		0.0027	0.0013
n (405 nm)		---			
k (405 nm)		---			
n (435 nm)		---			
k (435 nm)		---			
Cauchy Konstanten					
gebleicht					
$d_{Schicht}$ (nm)					
N_1					
N_2 (µm²)					
N_3 (µm⁴)					
ungebleicht					
$d_{Schicht}$ (nm)	6000				
N_1	1,5761	1.6403	1.560	1,5754	1.5206
N_2 (µm²)	-0.0047025	-0.054863	0.007	0.013242	0.008114
N_3 (µm⁴)	0.003569	0.018217	0.0006	0	-0.000217
Dill Parameter					
365 nm					
A (µm⁻¹)		---			
B (µm⁻¹)		---			
C (cm²/mJ)		---			
405 nm					
A (µm⁻¹)		---			
B (µm⁻¹)		---			
C (cm²/mJ)		---			
435 nm					
A (µm⁻¹)		---			
B (µm⁻¹)		---			
C (cm²/mJ)		---			

verringerte Lichtleistung erhalten. Gerade bei dicken Lackschichten kann dies eine Durchentwicklung erschweren bzw. unmöglich machen.

- Mechanische Verspannungen in der Lackschicht durch den N_2-Partialdruck können zu einer Lackabhebung und einem Unterätzen bei nachfolgenden nasschemischen Ätzprozesse bzw. einem Unterwachsen der Lackstrukturen bei der galvanischen Abscheidung führen.
- Nach dem Entwickeln zeigen die Lackflanken kraterförmige Strukturen und Risse, welche die an der Grenze vom belichteten zum unbelichteten Lackbereich gebildeten Bläschen und Spannungsrisse abbilden (Abb. 94).

Mögliche Ursachen und Abhilfen

Eine schlechte Lackhaftung, verstärkt durch den in Substratnähe höheren Restlösemittelanteil, fördert die Bildung von N_2-Bläschen an der Grenzfläche zum Substrat. Die Kapitel 8 und 13 geben Hinweise zur Maximierung der Lackhaftung über eine korrekte Substratvorbehandlung und optimale Softbakeparameter.

Hohe Belichtungsintensitäten (z. B. bei der Laserbelichtung oder Verwendung von 1000 W Mask-Alignern) bedeuten eine erhöhte Stickstoff-Generationsrate, wodurch der Stickstoff gerade aus dicken Lackschichten u. U. nicht rechtzeitig erweichen kann. Mögliche Abhilfen sind entweder eine Verringerung der Belichtungsintensität, oder – falls technisch machbar – eine Aufteilung der Dosis auf mehrere Belichtungsschritte mit Pausen dazwischen.

Fotoinitiator-reiche Dünnlacke wie z. B. die AZ® 1500 oder AZ® 6600 Serie sind wegen ihrer entsprechend stärkeren Neigung zur N_2-Bildung beim Belichten nicht für große Lackschichtdicken über ca. 5 µm geeignet. Für Schichtdicken von ca. 5 - 20 µm empfehlen wir die Dicklacke wie den AZ® 4562 oder 9260

Für noch dickere Lackschichten empfiehlt sich die Verwendung eines Fotolacks, der durch eine andere Fotochemie beim Belichten gar keinen Stickstoff freisetzt, So erlaubt der chemisch verstärkte Ultradicklack AZ® 40 XT Schichtdicken von ca. 20 - 100 µm.

16.14 Stickstoffbildung bei thermischen Prozessen nach dem Belichten

Ursachen und Erscheinungsbild

Manchmal entstehen Stickstoff-Bläschen erst bei thermischen Prozessschritten nach dem Belichten in einer bis dahin bläschenfreien Lackschicht. Durch die erhöhte Temperatur ist der noch in der Lackschicht gelöste Stickstoff zum einen mobiler und kann sich dadurch rascher zu Bläschen zusammenfinden. Die Bläschenbildung selbst wird durch die Abnahme der Viskosität der erwärmten Lacks gefördert.

Diesbezüglich kritische Backschritte sind z. B. ein Post Exposure Bake oder Umkehrbackschritt, wobei der bei der Belichtung gebildete, noch in der Lackschicht befindliche Stickstoff im beim Backen erweichenden Fotolack Bläschen bildet.

Eine Bläschenbildung ist auch in bis dahin unbelichteten, entwickelten Lackstrukturen möglich wenn bei einem nachfolgenden Prozessschritt eine unbeabsichtigte Belichtung begleitet von ggfalls. höheren Temperaturen folgt. Dies kann bei Beschichtungsprozessen (z. B. via Aufdampfen, Sputtern oder CVD) oder Trockenätzen geschehen, wo kurzwellige thermische Strahlung oder UV-Strahlung aus dem Plasma in Kombination mit einer Erwärmung der Lackschicht auftreten.

Maßnahmen zur Abhilfe

Treten Stickstoff-Bläschen bei Backschritten nach dem Belichten in den belichteten Lackstrukturen auf, hilft eine Wartezeit bei Raumtemperatur vor dem Backschritt um den Stickstoff möglichst vollständig ausgasen zu lassen. Die dazu notwendige Dauer wächst für einen gegebenen Lack mit dem Quadrat der Lackschichtdicke, und kann für mehrere µm dicke Lackschichten einige Minuten, bei mehreren 10

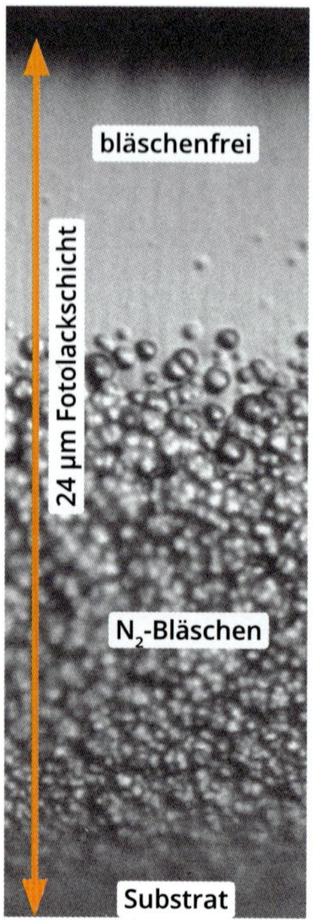

Abb. 93: Der Querbruch einer dicken belichteten Positivlackschicht (hier der AZ® 9260) zeigt deutlich, wie der beim Belichten gebildete Stickstoff vorwiegend im substratnahen Lackbereich zahlreiche Bläschen bildet.

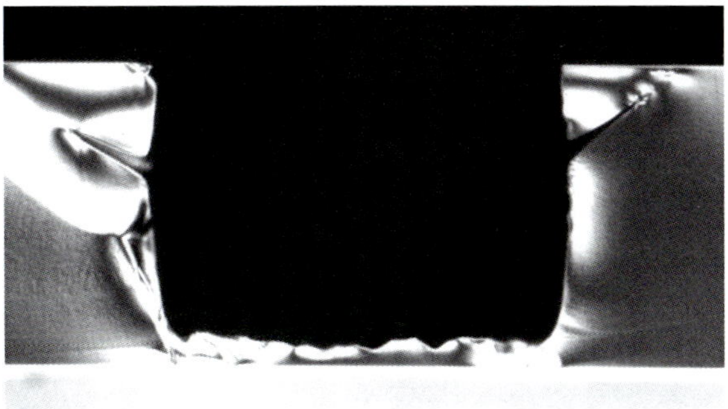

Abb. 94: Hier haben sich beim Belichten durch den dabei gebildeten Stickstoff in der Lackschicht keine Bläschen, sondern linsenförmige Spannungsrisse gebildet. Diese können in Aufsicht (links) ähnlich wie Bläschen aussehen, während der Querbruch einer entwickelten Struktur (rechts) die Risse deutlich zeigt.

µm dicken Lacken auch mehrere Stunden betragen.

Eine vorsichtige, graduelle oder stufenförmige Anhebung der Temperatur während dieser Wartezeit z. B. von Raumtemperatur auf 40°C und 60°C) kann die Wartezeit deutlich verkürzen, da hierdurch die thermisch aktivierte Diffusion des Stickstoffs beschleunigt wird. Dabei ist jedoch darauf zu achten, dass sich nicht hierbei schon N_2-Bläschen bilden. In diesem Fall sollte die vorherige Wartezeit bei Raumtemperatur verlängert, oder/und die Anhebung der Temperatur sachter erfolgen.

Falls Bläschen bei Beschichtungs- oder Trockenätzprozessen in bis dahin unbelichteten Lackstrukturen auftreten, sei auf die im Abschnitt 45.2 auf Seite 188 beschriebenen Abhilfemaßnahmen verwiesen.

17. POST EXPOSURE BAKE

Als „Post Exposure Bake" (PEB) bezeichnet man einen auf die Belichtung, aber noch vor der Entwicklung folgenden Backschritt der Lackschicht. Da die Lackschicht zu diesem Zeitpunkt noch nicht entwickelt, also geschlossen ist, kann der PEB auch problemlos über der Erweichungstemperatur des Fotolacks angewandt werden. Für einen PEB kann es unterschiedliche mögliche Gründe geben, wie im Folgenden erläutert.

17.1 Chemisch verstärkte Positivlacke

Mechanismus des PEB

Während bei chemisch nicht verstärkten Positivlacken die Fotoreaktion mit der Belichtung abgeschlossen ist, benötigen chemisch verstärkte Fotolacke nach deren Belichtung noch einen Backschritt welcher die beim Belichten lediglich initiierte Fotoreaktion vollendet. Die chemische Verstärkung besteht darin, dass das beim Belichten in der Lackschicht gebildete Produkt katalytisch eine Vielzahl an Fotoreaktionen ausführt, womit auch dicke Lackschichten mit geringen Dosen belichtet und dennoch mit hoher Rate entwickelt werden können.

PEB Bedingungen

Ohne PEB würde sich die Lackschicht nicht bzw. nur mit äußerst geringer Rate entwickeln lassen. Die notwendigen Zeiten und Temperaturen für einen ausreichenden PEB hängen nicht von der Lackschichtdicke, sondern vom verwendeten Fotolack ab und betragen typischerweise 100 - 110°C für wenige Minuten. Unter den von uns vertriebenen AZ® Positivlacken (Stand: 2017) ist u. a. nur der AZ® 40 XT chemisch verstärkt und benötigt aus diesem Grund einen PEB.

17.2 Umkehrlacke und quervernetzende Negativlacke

Mechanismus

Umkehrlacke wie der AZ® 5214E oder TI 35 E/ES benötigen für eine Prozessierung im Negativmodus einen meist als „Umkehrbackschritt" bezeichneten PEB, um die bereits belichteten Bereiche chemisch zu invertieren, also später im Entwickler unlöslich zu machen.

Quervernetzende Lacke wie die AZ® nLOF 2000 Negativlackserie oder der AZ® 15 nXT erfordern einen PEB, um die beim Belichten lediglich initiierte Quervernetzung auszuführen und die belichteten Strukturen dadurch im Entwickler unlöslich zu machen.

PEB Bedingungen

Die notwendigen Zeiten und Temperaturen hängen auch hierbei nicht von der Lackschichtdicke, sondern vom verwendeten Fotolack ab und betragen typischerweise 110 - 130°C für wenige Minuten.

Je höher bei Umkehrlacken die Temperatur dieses Backschritts gewählt wird, desto stabiler sind diese Strukturen beim Entwickeln, desto mehr leidet jedoch die Fotoempfindlichkeit und spätere Entwicklungsrate der bislang unbelichteten, später flutbelichteten Bereiche des Lacks.

Je heißer der PEB bei Negativlacken ausgeführt wird, desto stärker ist der Grad der Quervernetzung, und desto stabiler sind diese Strukturen später im Entwickler. Allerdings steigt mit zunehmender PEB-Temperatur auch die thermische Quervernetzung der noch nicht belichteten Lackbereiche, welche sich deshalb schwerer entwickeln lassen.

Nicht alle Negativlacke benötigen einen PEB: Beim Negativlack AZ® 125 nXT findet die Quervernetzung bereits unmittelbar während der Belichtung bei Raumtemperatur statt.

17.3 Positivlacke auf hoch reflektierenden Substraten

Mechanismus

Bei der monochromatischen Belichtung von Lacken auf reflektierenden Substraten bildet sich interferenzbedingt eine in Lichteinfallsrichtung Sin^2-modulierte Intensitätsverteilung in der Lackschicht (im Detail in Abschnitt 15.2 beschrieben). Dieses Lichtmuster überträgt sich über die Konzentrationsverteilung des gebildeten Produkts der Fotoreaktion in eine räumlich inhomogene Entwicklungsrate und damit in unregelmäßige entwickelte Lackstrukturen.

Ein Backschritt nach dem Belichten trägt dazu bei, das Konzentrationsprofil des Produkts der Fotoreaktion über dessen Diffusion zu glätten (Abb. 81) wodurch die im Anschluss entwickelten Lackstrukturen steilere und glattere Flanken sowie eine höhere Strukturtreue und ggfalls. Auflösung aufweisen.

PEB Bedingungen

Die notwendigen Zeiten und Temperaturen hängen nicht von der Lackschichtdicke, sondern vom verwendeten Fotolack ab und betragen typischerweise 110 - 120°C für wenige Minuten. Details hierzu geben die jeweiligen technischen Datenblätter.

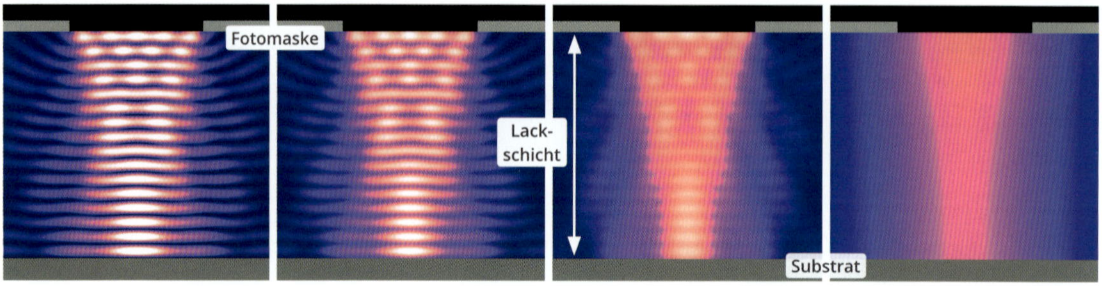

Abb. 81: Die monochromatische Belichtung einer Lackschicht auf einem hoch-reflektierenden Substrat resultiert interferenzbedingt in einer in Lichteinfallsrichtung Sin^2-modulierten Intensitätsverteilung (von blau über rot nach weiß zunehmend) des Produkts der Fotoreaktion (ganz links). Ein unter geeigneten Bedingungen durchgeführter Backschritt glättet dieses Konzentrationsmuster über eine Diffusion der Moleküle des Produkts der Fotoreaktion (von links nach rechts die zeitliche Entwicklung einer numerischen Modellierung dieses Vorgangs).

18. ENTWICKLUNG

Nach der Belichtung liegt die spätere Lackmaske als latentes Bild im Fotolack vor: Die belichteten Bereiche unterscheiden sich chemisch von den nicht belichteten Stellen. Die Aufgabe der Entwicklung ist es, entweder die belichteten (bei Positivlacken) oder unbelichteten (bei Negativlacken) Lackbereiche aufzulösen, wodurch aus dem latenten Bild die fertigen Lackstrukturen entstehen.

Dieses Kapitel erläutert die chemischen und physikalischen Vorgänge während der Entwicklung sowie den Einfluss verschiedener Prozessparameter auf die Entwicklungsrate und Selektivität des Entwicklungsvorgangs.

18.1 Grundchemie von Entwicklern

Wässrig alkalische Entwickler

Positivlacke und die von uns vertriebenen Negativlacke lassen sich wässrig alkalisch entwickeln. Die entsprechenden Entwickler basieren entweder auf verdünnter Natron- oder Kalilauge oder einer wässrigen Lösung aus dem metallionenfreien organischen TMAH (TetraMethylAmmoniumHydroxid).

Manchen Entwicklern sind chemische Puffer gegen die Neutralisation durch CO_2 zur Verlängerung der Standzeit, Oberflächenbenetzer für die Puddle-Entwicklung oder Additive zum Entfernen schwer im Entwickler löslicher Lackrückstände zugesetzt.

Angebrochene Entwicklergebinde sollten gut verschlossen gelagert und im Einsatz nicht unnötig lange offen stehen gelassen werden, um ein Eindringen von CO_2 aus der Umgebungsluft zu verhindern. CO_2 vermindert die Aktivität des Entwicklers nach dem Erschöpfen eines evtl. vorhandenen chemischen Puffers und verringert seine Entwicklungsrate durch einen sinkenden pH-Wert.

Mit Entwickler befüllte offene Behälter nehmen ebenfalls CO_2 aus der Umgebungsluft auf, wobei hier das Verhältnis von Oberfläche zu Volumen entscheidend ist: Bechergläser mit einigen Litern Volumen können schon nach wenigen Stunden deutlich an Aktivität verlieren, während größere Tanks auch Tage und Wochen stabil bleiben. Eine Beaufschlagung des Entwicklers mit Stickstoff, der sich wie ein Teppich auf die Entwickleroberfläche legt und so den CO_2-Eintrag unterdrückt erhöht die Standzeit deutlich.

Organische Lösemittel

Quervernetzende Negativlacke können prinzipiell auch mit organischen Lösemitteln entwickelt werden, in welchen die quervernetzten Lackbereiche unlöslich sind. Bei den von uns vertriebenen, üblicherweise wässrig alkalisch entwickelbaren AZ® Negativlacken ist hierbei jedoch Vorsicht geboten: Bei zu langer Einwirkdauer organischer Lösemittel besteht abhängig vom Quervernetzungsgrad der Lackschicht und deren Haftung zum Substrat die Gefahr, dass sich die quervernetzten Lackbereiche vom Substrat ablösen.

18.2 Auswahlkriterien von Entwicklern

Kompatibilität zu Fotolacken

Nicht jeder Fotolack lässt sich mit jedem Entwickler rückstandsfrei entwickeln. So ist beispielsweise für die AZ® 4500 Serie der NaOH-basierte AZ® 351B weniger geeignet als KOH- oder TMAH-basierte Entwickler, während der AZ® 111 XFS den AZ® 303 als Entwickler erfordert.

Falls bei der Prozessierung von Negativlacken über Streuung, Beugung oder Reflexionen eine unbeabsichtigte Teilbelichtung nominell dunkler Lackbereiche zu befürchten ist bietet sich der TMAH-basierte AZ® 826 MIF an. Dieser beinhaltet einen Zusatz zum Abtrag schwer entwickelbarer Lackbereiche, was auch bei der Entwicklung von Positivlacken u. U. zu einem saubereren Entwicklungsbild führen kann, allerdings auf Kosten eines höheren Dunkelabtrags.

Metallionenhaltig oder metallionenfrei?

Metallionenhaltige Entwickler wie der NaOH-basierte AZ® 351B oder der KOH-basierte AZ® 400K sind in der Regel deutlich preiswerter als metallionenfreie TMAH-basierte Entwickler, ohne grundsätzlichen Unterschied in ihrer Leistungsfähigkeit oder Kapazität.

Ein wichtiges Auswahlkriterium für den optimalen Entwickler ist demnach die Frage, ob metallionenfrei entwickelt werden muss oder metallionenhaltig entwickelt werden darf. Metallionenfreiheit ist z. B. dann eine Bedingung, wenn zwingend ausgeschlossen werden muss, dass Rückstände an Natrium- oder Kaliumionen des Entwicklers auf dem Substrat bei nachfolgenden Hochtemperaturprozessen in das Halbleitersubstrat diffundieren und dort als Störstellen dessen elektronische Eigenschaften beeinflussen.

Verdünnen oder Ready-to-use?

Metallionenhaltige Entwickler wie der AZ® 351B, AZ® 400K oder AZ® Developer werden üblicherweise als Konzentrat geliefert und vor der Anwendung mit DI-Wasser verdünnt.

Die auf 2.38 % TMAH-basierten AZ® 326 MIF, 726 MIF oder 826 MIF sind fertig vorverdünnt (ready-to-use) und werden nur in Ausnahmefällen, wenn es die Anwendung erfordert etwas verdünnt eingesetzt.

Kompatibilität zu Substraten

Ebenfalls berücksichtigt werden muss die Kompatibilität des Entwicklers zum eingesetzten Substratmaterial: Die meisten Entwickler greifen aufgrund ihres hohen pH-Wertes von ca. 13 Metalle wie Aluminium und Kupfer sowie verschiedene Verbindungshalbleiter an, wodurch auch die Gefahr eines Verschleppens des vom Entwickler geätzten Materials auf andere Stellen des Substrats besteht.

Unser „AZ® Developer" (metallionenhaltig, basierend auf Natrium-Metasilikat und -Phosphat) ist auf minimalen Aluminium-Abtrag optimiert und greift auch viele andere alkalisch empfindliche Materialien deutlich weniger an als andere wässrig alkalische Entwickler.

Kompatibilität zum Equipment bzw. Entwicklungsverfahren

Für die Tauchentwicklung (im Becherglas oder Tank) eignen sich grundsätzlich alle Entwickler. Bei einer starken mechanischen Umwälzung des Entwicklers, oder auch im Falle der Sprühentwicklung, kann eine Schaumbildung von z. B. im AZ® 726 MIF oder 826 MIF zugesetzten Tensiden problematisch sein.

Diese als Benetzer fungierenden Tenside sind jedoch in der Puddle-Entwicklung eine Voraussetzung für eine rasche und gleichmäßige Benetzung des Substrats und damit ein über das gesamte Substrat homogenes Entwicklungsergebnis.

Inkompatibilitäten zwischen MIC und MIF Entwicklern

Selbst geringe Spuren an TMAH aus metallionenfreien Entwicklern wie dem AZ® 326 MIF, 726 MIF oder 826 MIF bestehen) können die Entwicklungsrate metallionenhaltiger Entwickler wie dem AZ® 400K oder 351B deutlich verringern.

Werden also TMAH- als auch KOH- oder NaOH-basierte Entwickler eingesetzt, ist auf äußerst sauberes Arbeiten zu achten, um gegenseitige Kontaminationen selbst im ppm-Bereich, z. B. im Zuleitungs- oder Dispensiersystem oder den Entwicklerbehältern, auszuschließen.

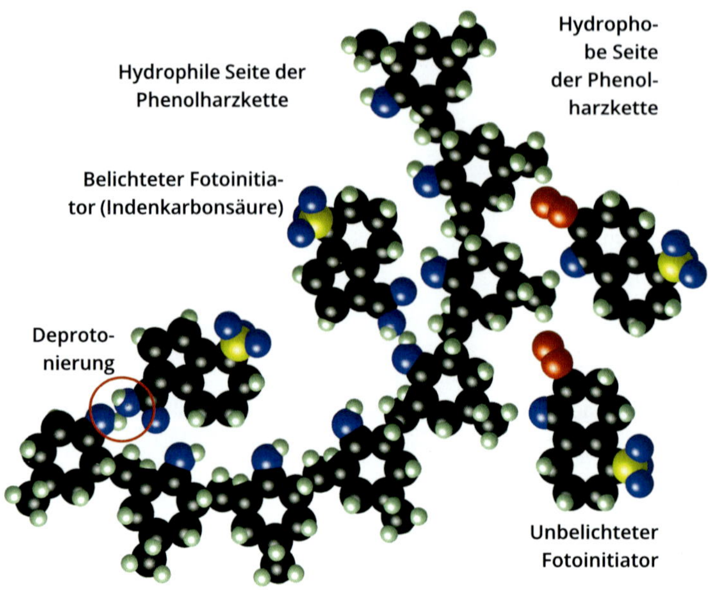

Abb. 95: Der schematische Vorgang der Entwicklung DNQ-basierter Fotolacke auf molekularer Ebene: Im unbelichteten Zustand sitzt der Fotoinitiator auf der hydrophoben Seite der Phenolharzketten, die beim Belichten gebildete Indenkarbonsäure wandert zur hydrophilen Seite.

Dort entzieht sie dem Harz ein Proton, welches sich dadurch negativ auflädt und in wässrig alkalischen Entwicklern löslich wird.

Kohlenstoffatome sind hier schwarz dargestellt, Wasserstoffatome hellgrau, Sauerstoffatome blau, Stickstoffatome rot und Schwefelatome gelb.

18.3 Entwicklung: Vorgänge im Fotolack auf molekularer Ebene

Positivlacke und Umkehrlacke

Die Belichtung unserer Positivlacke, unserer Umkehrlacke im Positivmodus und die Flutbelichtung von Umkehrlacken im Negativmodus basiert auf der Umwandlung des DNQ-basierten Fotoinitiators in eine Indenkarbonsäure (s. Abschnitt 16.1). Diese wandert von der hydrophoben zur hydrophilen Seite der Phenolharzkette des Lacks an der Ort der OH-Gruppen der Phenol-Einheiten. Von dieser OH-Gruppe spaltet die Indenkarbonsäure ein Wasserstoff-Ion ab, wodurch sich das Harzmolekül elektrisch auflädt was letztendlich die erhöhte Löslichkeit in Entwicklern bewirkt.

Negativlacke

Bei Negativlacken besitzt das unbelichtete Harz eine voreingestellte, ausreichend hohe physikalische Löslichkeit in Entwicklern, während belichtete und ausreichend quervernetzte Lackbereiche dort nur einen vernachlässigbaren Abtrag zeigen.

18.4 Entwicklerkonzentration und Selektivität

Definition der Selektivität

Die Selektivität eines Entwicklers bezeichnet das Verhältnis der Abtragsrate des zu entwickelnden Lacks zur Abtragsrate der Lackstrukturen, die auf dem Substrat verbleiben sollen.

Bei der Entwicklung von Positivlacken steigt die Entwicklungsrate (= Abtragsrate des belichteten Lacks) mit der Entwickler-Konzentration langsamer als die Dunkelabtragsrate (= Abtragsrate von unbelichtetem Fotolack) an, wie Abb. 96 anhand einer Verdünnungsreihe am AZ® 400K zeigt:

Eine Erhöhung der Verdünnunggrades des Entwicklers von AZ® 400K : H_2O = 1 : 2 auf 1 : 4 erhöht die Selektivität um einen Faktor fünf, jedoch auf Kosten einer deutlich geringeren Entwicklungsrate.

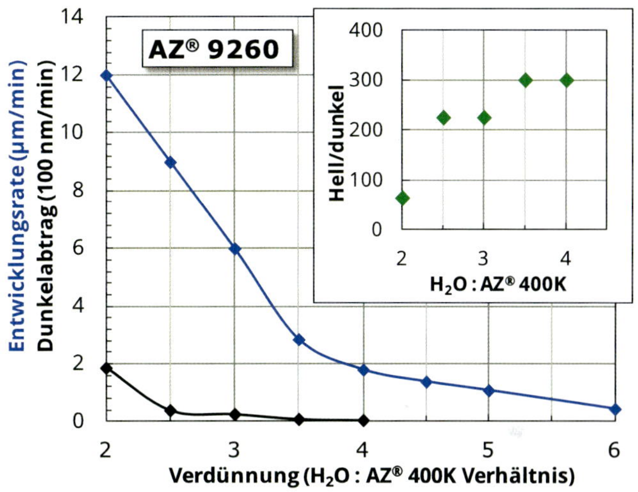

Abb. 96: Der Dunkelabtrag steigt mit zunehmender Entwicklerkonzentration schneller als die Entwicklungsrate, so dass die Selektivität des Entwicklers (im Inneren Plot als Verhältnis der Entwicklungsrate zum Dunkelabtrag aufgetragen) mit der Verdünnung zunimmt. Dieses Experiment wurde an einer 30 µm dicken, bei 100°C für 30 min gebackenen AZ® 9260 Schicht und dem KOH-basierten Entwickler AZ® 400K bei 22°C durchgeführt.

Optimaler Verdünnungsgrad

Deshalb ist bei der Verwendung von Entwicklerkonzentraten auf eine den Prozessanforderungen angepasste Verdünnung zu achten.

Für die meisten Prozesse empfohlene Verdünnungen für den AZ® 400K oder AZ® 351B sind Entwicklerkonzentrat : Wasser = 1 : 4. Für sehr dicke Lackschichten kann zur Beschleunigung der Durchentwicklung ein 1 : 3 Verhältnis angesetzt werden, bei sehr feinen (sub-µm) Strukturen kann ein 1 : 6 Verhältnis eine hohe Auflösung unterstützen. Beim AZ® Developer liegt das entsprechende Verdünnungsfenster zwischen 1 : 0 (unverdünntes Konzentrat) und 1 : 1.

Die 2.38 % TMAH-basierten Entwickler AZ® 326/726/826 MIF liegen für die allermeisten Anwendungen „ready-to-use" vor, können für sehr hohe Auflösungsanforderungen bei sehr dünnen Lackschichten aber auch leicht verdünnt (z. B. Entwickler : Wasser = 4 : 1 ... 2 : 1) werden.

18.5 Temperaturabhängigkeit der Entwicklungsrate

Die Temperaturabhängigkeit der Entwicklungsrate hängt vom verwendeten Entwickler und Fotolack sowie dessen Prozessierung ab und hat ihren Ursprung in den thermischen Aktivierungsenergien aller beim Entwicklungsvorgang beteiligten Teilreaktionen wie Stofftransport, Lösung und Komplexbildung.

Nicht-konstante Entwicklertemperaturen können verschiedene Ursachen haben:

- Schwankende Reinraum-Temperaturen,
- eine unterschiedliche Temperatur des Reinraums und des Entwickler-Lagers,
- Mischungswärme beim Verdünnen aus Konzentraten,
- eine schwankende Temperatur des Reinstwassers zum Verdünnen oder
- Verdunstungskühlung durch den Flow bzw. die Absaugung.

Zur Vermeidung einer Unter- oder Überentwicklung bietet sich eine zumindest stichprobenartige Messung der Entwicklertemperatur an. Kann diese nicht konstant gehalten werden, sollte v. a. bei kritischen Prozessen deren Einfluss auf die Entwicklungsrate bestimmt und ggfalls. die Entwicklungsdauer angepasst werden.

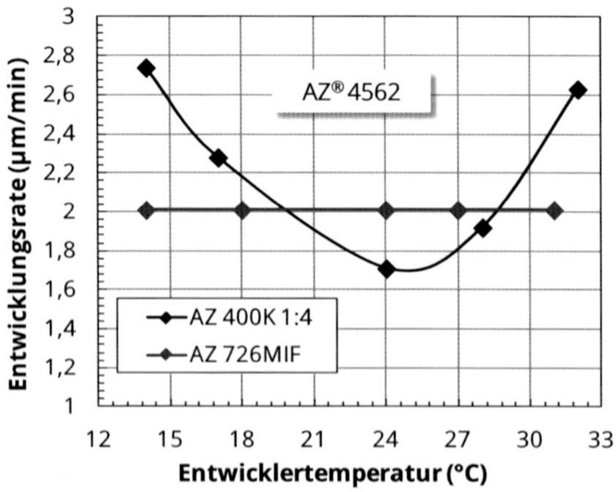

Abb. 97: Die an einer 6 µm dicken AZ® 4562 gemessene Temperaturabhängigkeit der Entwicklungsrate (als Mittelwert über die Entwicklung der gesamten Lackschicht) am Beispiel des KOH-basierten AZ® 400K und TMAH-basierten AZ® 726 MIF.

Abb. 97 zeigt am Beispiel des KOH-basierten AZ® 400K und TMAH-basierten 726 MIF unterschiedliche Temperaturabhängigkeiten der Entwicklungsrate des AZ® 4562: Während der MIF Entwickler zwischen 13°C und 32°C einen konstanten Temperaturgang aufweist, zeigt der AZ® 400K ein Minimum nahe 25°C. Die Zunahme der Entwicklungsrate mit der Temperatur erklärt sich mit einer dabei gesteigerten Reaktionsrate des Entwicklungsprozesses. Der zunächst überraschende Anstieg der Rate zu kleineren Temperaturen liegt daran, dass bei geringeren Temperaturen der gebildete Komplex des bereits entwickelten Lacks stabiler ist und so dessen Wiedereinbau aus dem Entwickler in die Lackschicht unterdrückt wird.

18.6 Erschöpfung des Entwicklers durch Lackanreicherung

Bei entsprechendem Durchsatz an Substraten ist in der Tankentwicklung unter Umständen nicht die Neutralisation des Entwicklers durch CO_2 aus der Luft, sondern die Erschöpfung durch bereits entwickelten Fotolack die Hauptursache für eine abnehmende Entwicklungsrate. Da verschiedene Fotoinitiatoren im Sichtbaren ganz unterschiedlich absorbieren, ist die Färbung des Entwicklerbades kein hinreichend genaues Kriterium für einen notwendigen Wechsel des Entwickleransatzes.

Auch in der Puddle- oder Sprühentwicklung stellt sich oft die Frage nach dem optimalen Entwicklervolumen je Substrat.

Als Faustregel gilt: Befindet sich 1 Promille (Volumen oder Gewicht) entwickelter Fotolack in der Entwicklerflüssigkeit, sinkt die Entwicklungsrate spürbar, ein Wechsel des Entwicklers ist zu diesem Zeitpunkt daher sinnvoll. Ab einem Verhältnis von 1 : 100 ist ein Großteil der OH^--Ionen im Entwickler aufgebraucht, die Entwicklungsrate nahezu Null.

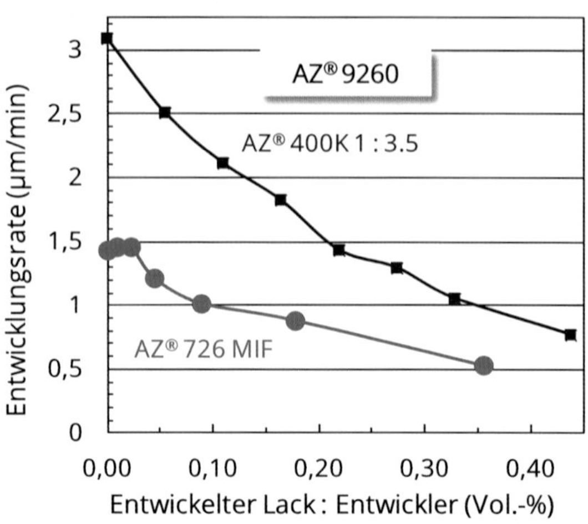

Abb. 98: Bereits ab einem Verhältnis von entwickeltem Fotolack : Entwickler = 1 : 1000 sinkt die Entwicklungsrate deutlich, hier exemplarisch gezeigt am AZ® 9260 entwickelt im KOH-basierten AZ® 400K und alternativ im TMAH-basierten AZ® 726 MIF.

Bei steigender Lack-Konzentration im Entwickler wird ein rasches und ausreichendes Spülen nach dem Entwickeln mit DI-Wasser zur Vermeidung von

Lackrückständen auf den frei entwickelten Flächen des Substrats immer wichtiger. Zur Optimierung (Minimierung) des Entwicklerverbrauchs mittels Tauchentwicklung kann ein zweistufiges Entwickeln sinnvoll sein, wobei nach Erschöpfen des ersten Entwicklerbades dieses entsorgt, durch den Entwickler des zweiten Beckens ersetzt, und letzteres mit frischem Entwickler befüllt wird. Bei der Puddle-Entwicklung dicker Fotolackschichten empfehlen sich zwei oder mehrere aufeinander folgende Puddle-Schritte, zwischen denen der verbrauchte Entwickler kurz abgeschleudert wird, ohne zwischen den Entwicklungsschritten anzutrocknen.

18.7 Belichtungsdosis und Entwicklungsrate

Positivlacke

Beim Belichten DNQ-basierter Positivlacke beeinflussen die folgenden Mechnismen die Entwicklungsrate bzw. deren Verlauf während der Entwicklung der Lackschicht:

- Die Konzentration bereits umgewandelten Fotoinitiators sinkt exponentiell gegen Null
- Durch das Bleichen des Lacks erfolgt die Belichtung v. a. bei optisch dicken Lackschichten mit zunehmender Dosis von der Lackoberfläche bis hin zum Substrat (vgl. Abschnitt 16.6)
- Die Enwicklungsrate hängt nicht linear, sondern vergleichbar einer Stufenfunktion von der Konzentration umgewandelten Fotoinitiators ab (vgl. Abschnitt 16.7)

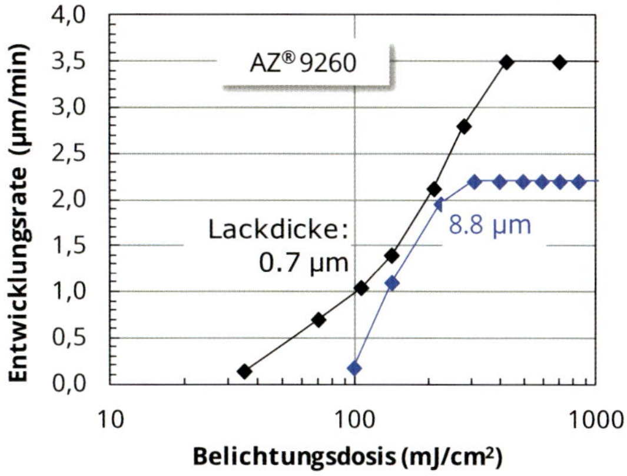

Abb. 99: Durch die begrenzte Eindringtiefe von Licht im Fotolack in Verbindung mit dem Effekt des Bleichens des Lacks beim Belichten verhält sich der Gang der Entwicklungsrate (hier in einem 1 : 4 verdünnten AZ® 400K) dünner Lackschichten (schwarzer Graf) anders als der dicker Lackfilme (blauer Graf).

Abb. 99 zeigt die Auswirkung zunehmender Lichtdosen auf die mittlere Entwicklungsrate einer optisch dünnen (Eindringtiefe des Lichts > Lackschichtdicke) und optisch dicken (Eindringtiefe < Lackschichtdicke) Fotolackschicht: Ab einer bestimmten Lichtdosis ist der Fotoinitiator komplett umgewandelt, die Entwicklungsrate gesättigt. Bei dicken Lackschichten ist die Lackschicht erst ab einer bestimmten Lichtdosis bis zum Substrat durchbelichtet damit durchentwickelbar ist, wie in Abb. 87 auf Seite 90 schematisch dargestellt.

Negativlacke und Umkehrlacke

Die Entwicklungsrate von Negativlacken und Umkehrlacken im Umkehrmodus hängt nur indirekt von der Struktur-gebenden Belichtungsdosis ab, da ja die unbelichteten (Negativlacke) bzw. flutbelichteten (Umkehrlacke) Bereiche entwickelt werden. Diese erhalten jedoch über gebeugtes und gestreutes Licht ebenfalls eine gewisse Dosis, wodurch mit zunehmender Belichtungsdosis v. a. sehr feine Strukturen schwieriger entwickelbar werden. Bei Umkehrlacken ist generell darauf zu achten, dass die Dosis der Flutbelichtung ausreicht, um den Fotoinitiator vollständig umzuwandeln.

Der Abtrag der durch die Fotomaske belichteten Lackbereiche nimmt unterhalb einer bestimmten Lichtdosis deutlich zu, wenn die Quervernetzungs- bzw. Umkehrreaktion nicht mehr vollständig abläuft.

18.8 „Surface Inhibition Layer"

Auswirkung

Entwickelte Positivlackstrukturen zeigen manchmal einen Überhang, welcher aus einer an der Lackoberfläche verminderten Entwicklungsrate resultiert.

Mögliche Erklärungsansätze für einen derartigen *surface inhibition layer* (nicht zu verwechseln mit dem bei Umkehrlacken erwünschten, jedoch über die Umkehrreaktion erzielten Unterschnitt) werden in der Literatur kontrovers diskutiert. Dieser Effekt soll im folgenden hier ohne Anspruch auf Vollständigkeit zusammen mit möglichen Erklärungsansätzen knapp zusammengefasst werden:

Oberflächennahe Quervernetzung

Die beim Belichten mit Hg-Lampen in sehr geringer Intensität auftretende Tief-UV-Strahlung um 250 nm wie auch Luftsauerstoff brechen in den Phenolharzketten des Harzes im Lack chemische Bindungen auf. Bei nachfolgenden Backschritten (z. B. post exposure bake) können als Folge oberflächennahe Lackbereiche thermisch aktiviert quervernetzen und dabei im Entwickler schwer löslich werden.

Bei nicht extrem hohen Belichtungsdosen (wie z. B. bei der Prozessierung sehr dicker Lackschichten notwendig) reicht die anteilige Tief-UV-Dosis jedoch nicht zu einem signifikanten Spalten von Phenolharzketten aus, und die hohe Diffusionskonstante von O_2-Molekülen in der Fotolackschicht kann keine thermisch induzierte Oxidation ausschließlich nahe der Oberfläche erklären.

Räumliche Segregation von Lackbestandteilen

Die unterschiedlichen Randbedingungen (polar/unpolar) der Fotolack/Luft und Fotolack/Substrat-Grenzfläche unterstützen eine räumliche Segregation von Harzmolekülen – selektiert nach deren Molekülgröße – und ermöglichen theoretisch die Anhäufung von schwer im Entwickler löslichen Harzkomponenten an der Lackoberfläche.

Auch die Bildung räumlicher Gradienten anderer, die Entwicklungsrate mitbestimmender Lackbestandteile (v. a. die bei der Belichtung gebildete Indenkarbonsäure oder Restlösemittel) werden in Zusammenhang mit dem surface inhibition layer diskutiert.

Verzögerter Entwicklungsstart

Die – manchmal auch mit dem bloßen Auge über ein milchiges Erscheinungsbild beobachtbare – Aufrauung der zu entwickelnden Lackoberfläche während des Entwicklungsstarts vergrößert die Angriffsfläche des Entwicklers und kann darüber die zu Beginn geringe Entwicklungsrate erklären – nicht jedoch die zu Beginn dieses Abschnittes angesprochenen Überhänge im Lackprofil.

19. HARDBAKE, REFLOW UND DUV-HÄRTUNG

Je nach Zweck der Lackmaske kann es sinnvoll oder notwendig sein, die entwickelten Lackstrukturen über geeignete Maßnahmen chemisch oder physikalisch zu stabilisieren. Dies kann entweder über einen Backschritt zur thermischen Quervernetzung der gesamten Lackstrukturen geschehen, Hardbake genannt. Oder über eine Kombination aus Tief-UV-Strahlung und erhöhten Temperaturen, was via Tief-UV-Härtung nur die Lackoberfläche quervernetzt.

In beiden im Folgenden erläuterten Fällen kann es zu einem thermischen Erweichen und Verrunden der Lackstrukturen kommen, was unter der Bezeichnung Reflow ebenfalls in diesem Kapitel beschrieben wird.

19.1 Hardbake

Definition und Gründe

Ein Hardbake ist ein optionaler, nach dem Entwickeln des Lacks durchgeführter Backschritt. Dieser hat das Ziel, die Lackstrukturen durch physikalische oder chemische Vorgänge im Lack stabiler gegen nachfolgende Prozesse wie nass- oder trockenchemisches Ätzen oder die galvanische Abscheidung machen.

Hierbei stellt sich die Frage nach der für einen bestimmte Prozess optimalen Backtemperatur. Die folgenden Abschnitte beschreiben, welche erwünschten aber auch unerwünschten Vorgänge in den Lackstrukturen bei verschiedenen Temperaturen statt finden.

Thermisches Verrunden (Reflow)

Nicht quervernetzte Lackstrukturen, also entwickelte Positiv- und Umkehrlackmasken erweichen – je nach Fotolack und vorheriger Prozessierung – ab ca. 100°C - 130°C. Dabei verrunden die Lackoberkanten, während die Kontaktpunkte Lack/Substrat weitgehend bestehen bleiben (im Detail in Abschnitt 19.2 beschrieben).

Für nasschemisches Ätzen können verrundete Lackstrukturen zumeist toleriert werden. Für das Trockenätzen oder die Galvanik, in denen senkrechte Lackflanken auch senkrecht bleiben müssen, empfiehlt sich ein gegen thermisches Verfließen stabilerer Fotolacke wie z. B. der AZ® 701 MiR oder die AZ® ECI 3000 Serie, oder quervernetzende Negativlacke wie die für die Galvanik optimierten AZ® 15 nXT oder AZ® 125 nXT.

Verringerung der Lösemittelkonzentration

Die Verringerung des Restlösemittelanteils ist primär die Aufgabe des nach dem Belacken durchgeführten Softbake.

Gerade bei dicken Lackschichten bleibt bei den empfohlenen Softbake-Bedingungen jedoch die Lösemittelkonzentration v. a. in Substratnähe vergleichsweise hoch.

Nach dem Entwickeln kann ein geeigneter Backschritt unterhalb des Erweichungspunktes des verwendeten Fotolacks (um ein thermisches Verrunden zu verhindern) dazu beitragen, v. a. die substratnahen Bereiche der Lackflanken lösemittelärmer und damit stabiler für nachfolgende Prozessschritte zu machen (Abb. 100).

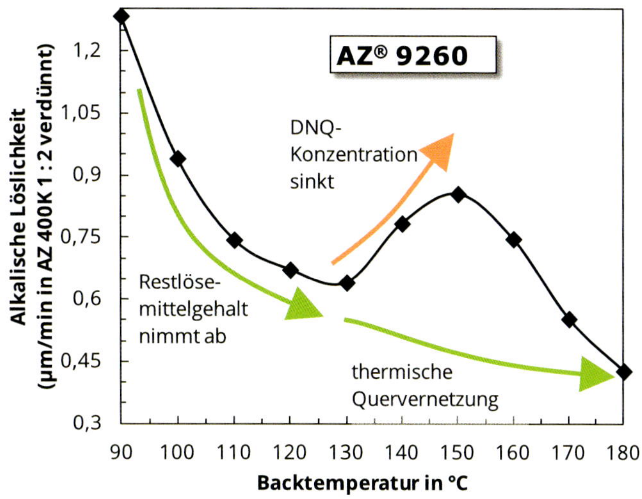

Abb. 100: Ein Hardbake löst verschiedene physikalische und chemische Reaktionen in der Lackschicht aus. Erst Temperaturen ab ca. 140°C quervernetzen und stabilisieren Positivlackstrukturen was deren chemische Stabilität für nachfolgende Prozessschritte erhöhen kann.

Zerfall des Fotoinitiators

Bei Positivlacken zerfällt ab ca. 120°C schon innerhalb weniger Minuten ein signifikanter Teil des Fotoinitiators.

Zwar ist diese nach dem Entwickeln nicht mehr für die Fotoreaktion notwendig, dient jedoch im unbelichteten Zustand in der Lackmaske zur Erhöhung der alkalischen Beständigkeit für nachfolgende nasschemische Ätzschritte oder die galvanische Abscheidung in alkalischen Elektrolyten.

Durch den Zerfall des Fotoinitiators kann demnach die Stabilität der Lackmaske u. U. sogar abnehmen (Abb. 100).

Thermische Quervernetzung

Bei Positivlacken erfolgt ab ca. 130 - 140°C eine zunehmend starke thermische Quervernetzung des Harzes, was v. a. die nasschemische Stabilität gegenüber alkalischen Medien oder organischen Lösemitteln in Grenzen erhöhen kann (Abb. 100).

Bei Negativlacken kann ein Hardbake bei Temperaturen oberhalb eines evtl. im Rahmen der Negativlackprozessierung erfolgten Post Exposure Bakes eine Verstärkung des Quervernetzungsgrades bedingen. Werden die entwickelten Negativlackstrukturen vor dem Hardbake einer Flutbelichtung (ohne Fotomaske) unterzogen, verstärkt sich die Zunahme des Quervernetzungsgrades und damit der nasschemischen Stabilität v. a. an den substratnahen Lackflanken, wo gerade dicke Lackschichten bislang eine vergleichsweise geringe Lichtdosis erhalten haben und damit einen geringen Quervernetzungsgrad aufweisen.

Verspröden der Lackschicht

Die weitere Verringerung des Restlösemittelanteils beim Hardbake verringert die Elastizität der Lackstrukturen, die gleichzeitig mit Luftsauerstoff reagieren und ab ca. 120 - 130°C beginnen zu verspröden. Der unterschiedliche thermische Ausdehnungskoeffizient von Fotolack und Substrat kann dann v. a. bei dicken Lackschichten und Substraten zu u. U. nicht sichtbaren Spannungsrissen in der Lackschicht führen, was sie für nachfolgende galvanische oder nasschemische Prozessschritte unbrauchbar macht.

Kann weder auf den Hardbake verzichtet, noch dessen Temperatur gesenkt werden, lässt sich die Rissbildung über langsames Abkühlen der Schicht durch z. B. Belassen des Substrats auf der ausgeschalteten Hotplate bzw. im auskühlenden Ofen unterdrücken (niemals die heißen Substrate ganzflächig auf eine Oberfläche bei Raumtemperatur legen!). Aus dem gleichen Grund sollten die gebackenen Substrate vorsichtig gehandhabt und jegliche Verformung wie ein Verbiegen der Substrate vermieden werden.

Entfernbarkeit der Lackstrukturen

Je höher der Quervernetzungsgrad der Lackstrukturen durch einen Hardbake ansteigt, desto schwieriger lassen sie sich am Ende des Prozesses wieder entfernen. Bei Positivlacken kommen herkömmliche Stripper wir der AZ® 100 Remover oder organische Lösemittel ab Hardbake-Temperaturen von ca. 150 - 160°C an ihre Grenzen, bei quervernetzenden Negativlacken können schon 130 - 140°C Backtemperatur die Entfernbarkeit stark verschlechtern.

Für die Entfernung quervernetzter Lackstrukturen empfehlen wir entsprechend geeignete Hochleistungs-Remover aus der TechniStrip® Reihe, wie in Kapitel 22 beschrieben.

Hardbake notwendig?

Die hohe nasschemische Stabilität von AZ® und TI Lacken macht zusammen mit einer optimalen Substratvorbehandlung in vielen Fällen einen Hardbake überflüssig, was die Prozessführung vereinfacht und hilft, nachfolgende nasschemische Prozesse reproduzierbarer zu gestalten. Ob demnach ein Hardbake notwendig ist und wenn ja, bei welchen Temperaturen, sollte demnach für jeden Prozess kritisch hinterfragt werden. Bei kritischen Prozessen (z. B. Mesa-Ätzen mit HNO_3) oder der Notwendigkeit, den Grad des Unterätzens weiter zu minimieren, ist ein Hardbake bei Temperaturen > 130°C allerdings jedoch oftmals unverzichtbar.

19.2 Reflow

Definition und Anwendungsbereiche

Während das thermische Verfließen (*Reflow*) entwickelter Fotolack-Strukturen oberhalb deren Erweichungspunktes z. B. während der Beschichtung der Lackmaske für einen sauberen nachfolgenden Lift-off unerwünscht ist, wird es z. B. in der Mikro-Optik gezielt eingesetzt: Durch Reflow sphärisch oder zylindrisch verrundete Lackstrukturen werden via Trockenätzen in das Substrat übertragen, wodurch sich z. B. Mikrolinsen realisieren lassen.

Erweichungstemperaturen von Fotolacken

Die für einen Reflow notwendigen Temperaturen hängen vom Lacksystem ab. Die AZ® 1500 Dünnlack Serie (AZ® 1505, 1512HS, 1514H, 1518) sowie die dickere AZ® 4500 Serie (AZ® 4533 und 4562) wie auch der AZ® 9260 verrunden ab etwa 100 - 110°C, während die thermisch stabileren Lacke der AZ® ECI 3000 Serie erst ab 110 - 120°C, der AZ® 701 MiR und 5214 E erst ab 130 - 135°C erweichen. Quervernetzte Negativlackstruk-

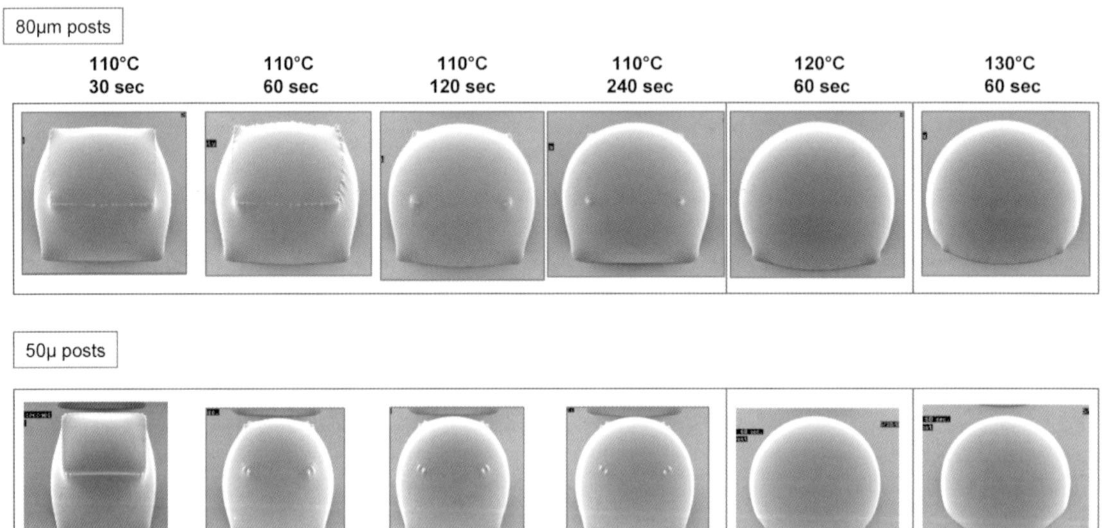

Abb. 101: Das thermische Verrunden (Reflow) entwickelter quaderförmiger Lackstrukturen des AZ® 40 XT bei verschiedenen Temperaturen und Zeiten für 80 µm Lackschichtdicke (oben) und 50 µm Lackschichtdicke (unten). Die Abbildungen entstammen dem Datenblatt ‚AZ® 40XT-11D Thermal Flow' des Herstellers.

Abb. 102: Querbruchaufnahmen von bei zunehmenden Temperaturen thermisch verrundeten AZ® ECI 3027 Lackstrukturen (Quelle: AZ-EM® AZ® ECI 3000 Product Data Sheet)

turen aus dem AZ® 15 nXT oder der AZ® nLOF 2000 Serie verfließen gar nicht, beim AZ® 125 nXT bewirkt bei höheren Temperaturen das Abdampfen von flüchtigen Harzbestandteilen ein Schrumpfen, welches in seinem Ergebnis dem Verrunden von Lackstrukturen ähneln kann.

Die genaue Erweichungstemperatur hängt zudem vom Restlösemittelgehalt ab. Bereits deutlich unterhalb dieser Temperatur beginnt der Lack mechanisch zu relaxieren und verformt sich beim Abbau der durch den Softbake (Lösemittelverlust) und Belichtung (Stickstoff-Freisetzung) gebildeten mechanischem Spannungen.

Erzielte Form der Lackstrukturen

Während des Reflow versucht die Lackstruktur ihre Oberfläche zur Luft zu minimieren, und gleichzeitig die Grenzfläche zum Substrat zu maximieren. Welchen Einfluss beide Mechanismen dabei haben hängt vom Verhältnis der Kohäsionskräften im Lack zu den Adhäsionskräften zwischen Lack und Substrat ab. Bei einem sehr großen Verhältnis der Kohäsions- zu Adhäsionskraft (entsprechend einer sehr schlechten Lackbenetzung) würden sich theoretisch Lackkügelchen auf dem Substrat bilden, während eine dominierende Adhäsionskraft (sehr starke Lackhaftung) dazu führen würde, dass die Lackstruktur versucht, das Substrat großflächig zu benetzen.

Unter realen Bedingungen ist die Ausbildung einer Lack-Linse nur ab einem gewissen Aspektverhältnis (Höhe : Breite der entwickelten Lackstruktur) möglich. Bei kleinen Aspekt-Verhältnissen bildet sich gelegentlich eine „Donut-förmige" Struktur mit einem aufgewölbtem Rand und einer zentralen Vertiefung.

Zu beachten ist ebenfalls, dass sich bei Temperaturen oberhalb von ca. 130°C während des Reflow die mechanischen Eigenschaften des Lacks ändern: Die beginnende thermische Quervernetzung des Harzes des Lacks verlangsamen den Reflow während des Temperns und „frieren" schließlich die erzielte Form ein, u. U. noch bevor das gewünschte Ergebnis erreicht ist.

19.3 Tief-UV-Härtung

Sinn und Zweck

Werden entwickelte Fotolackstrukturen beim Beschichten (thermisches Aufdampfen, Sputtern) oder Trockenätzen über ihre Erweichungstemperatur erhitzt, beginnt die Lackstruktur zu verrunden. Reichen die im Abschnitt 19.1 aufgeführten Maßnahmen nicht aus, dieses Problem in den Griff zu bekommen, kann mittels Tief-UV-Härtung die Temperatur erhöht werden, ab der die Lackstrukturen beginnen zu verrunden.

Mechanismus und Grenzen

Strahlung um 250 nm Wellenlänge bricht Harzmoleküle des Fotolacks auf, nachfolgendes Erhitzen (stufenweise oder rampenförmig auf einer Hotplate, beginnend unterhalb des Erweichungspunktes, gefolgt von 10°C - Stufen nach oben) führt zum Quervernetzen der Lackstrukturen.

Bedingt durch die geringe Eindringtiefe der kurzwelligen Strahlung bildet sich dabei eine wenige 10 nm dicke, quervernetzte „Kruste" an der Lackoberfläche, welche die Fotolackstruktur bis zu einem gewissen Grad vor thermischem Verfließen schützt. Ist keine spezielle Strahlungsquelle für Tief-UV-Strahlung vorhanden, kann auch ein Mask-Aligner für g-, h-, i-line Belichtung verwendet werden. Hier ist der Anteil von Strahlung um 250 nm allerdings so gering, dass eine Flutbelichtung (ohne Maske) über mehrere Stunden notwendig sein kann, um eine (u. U. immer noch geringe) Wirkung zu zeigen.

Dabei ist zu beachten, dass sich die Entfernbarkeit der Fotolackschicht durch die quervernetzte Oberfläche deutlich verschlechtern kann.

20. UMKEHRLACKE UND IHRE PROZESSIERUNG

Umkehrlacke können sowohl positiv als auch negativ prozessiert werden und eignen sich daher auch für Anwender, die mit einem Lack in beiden Modi prozessieren möchten. Dieses Kapitel geht auf die Besonderheiten bei der Prozessierung von Umkehrlacken ein.

20.1 Grundsätzliches zu Umkehrlacken

Anwendungsgebiete

Im Umkehrmodus lassen sich mit Umkehrlacken mit geeigneten Prozessparametern unterschnittene Lackflanken erzielen. Das Hauptanwendungsgebiet hierfür sind Lift-off Prozesse, bei denen der Unterschnitt die Bedeckung der Lackkanten mit dem Beschichtungsmaterial verringert bzw. verhindert was ein sauberes Abheben der Lackstrukturen ermöglicht (vgl. Kapitel 28 auf Seite 142).

Durch den Umkehrbackschritt verbessert sich die thermische wie auch chemische Beständigkeit des Fotolacks in gewissen Grenzen. Dadurch können sich beim Nass- oder Trockenätzen sowie in der Galvanik moderate Vorteile in der Prozessierung zeigen. Diese sind jedoch oftmals in Relation zu den Nachteilen der Umkehrlackprozessierung wie zusätzlichen Prozessschritten und der Schwierigkeit bzw. Unmöglichkeit, senkrechte Lackflanken zu erzielen, aufgewogen. Deshalb ist es für die meisten Prozesse, welche keine unterschnittenen Lackflanken erfordern sinnvoll, statt dessen geeignete Positivlack-Prozesse zu optimieren.

Prozessfolge

Abb. 51 auf Seite 54 zeigt den Ablauf der Umkehrlackprozessierung. Verglichen mit Positivlacken werden zusätzlich die Prozessschritte Umkehrbackschritt und Flutbelichtung benötigt, welche die zuerst belichteten Bereiche im Entwickler unlöslich und dann die bislang noch nicht belichteten Bereiche entwickelbar machen.

Ohne diese beiden Schritte verhält sich der Umkehrlack wie ein gewöhnlicher Positivlack mit entsprechend positiven Lackflanken, unterschnittene Lackflanken können nur im Umkehrmodus erzielt werden.

20.2 Die erste Belichtung bei der Prozessierung im Negativmodus

Die erste (Struktur definierende) Belichtung erfolgt durch eine Maske, welche jene Lackbereiche abschattet, die später weg entwickelt werden sollen. Die Fotomaske ist demnach, verglichen mit Masken für Positivlacke, invertiert. Die Belichtungsdosis hat wie im Folgenden gezeigt großen Einfluss auf das erzielte Lackprofil.

Geringe Lichtdosen

Je größer die Lackschichtdicke verglichen mit der Eindringtiefe des Lichts (z. B. 1 - 2 µm beim AZ® 5214E und TI 35ES) ist, desto ausgeprägter ist das Tiefen-Profil der empfangenen Lichtdosis in der Lackschicht. Bei geringen Lichtdosen erhalten Substrat-nahe Lackbereiche daher wesentlich weniger Licht als die Lackoberfläche und bleiben später im Entwickler weitgehend löslich, was einen stärker ausgeprägten Unterschnitt des Lackprofils zur Folge hat.

Eine zu geringe Belichtungsdosis verhindert beim folgenden Umkehrbackschritt jedoch auch in den oberflächennahen Lackbereichen eine ausreichende Invertierung des Lacks, was dessen Abtragsrate im Entwickler erhöht. Als Folge kann beim Entwickeln die Lackschicht stark ausdünnen, was den Unterschnitt wiederum verringert.

Hohe Lichtdosen

Hohe Belichtungsdosen belichten die Lackschicht nahezu homogen bis zum Substrat, entsprechend gering fällt der Unterschnitt aus.

Eine zu große Belichtungsdosis jedoch bewirkt über Beugung, Streuung und Reflexion am Substrat auch die

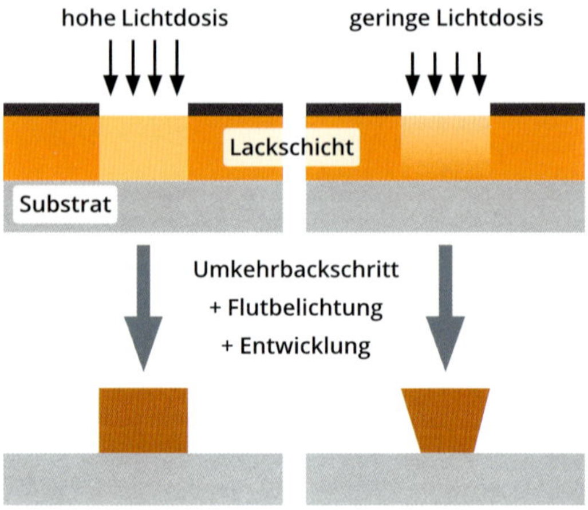

Abb. 103: Je geringer die Dosis der ersten Belichtung bei der Umkehrlackprozessierung, desto tendenziell ausgeprägter der nach dem Entwickeln erzielte Unterschnitt.

Belichtung nominell dunkler Lackbereiche, so dass die nach dem Entwickeln verbliebenen Strukturen deutlich größer ausfallen als erwünscht. Im Extremfall lassen sich schmale Bereiche nicht mehr freientwickeln.

20.3 Der Umkehrbackschritt

Vorgänge im Lack

Beim Umkehrbackschritt wird das Substrat mit der belichteten Lackschicht für einige Zeit geheizt. Hierbei verlieren die belichteten Bereiche des Fotolacks ihre Entwickelbarkeit, während die unbelichteten Bereiche weitgehend fotoaktiv bleiben. Die optimalen Backparameter hängen vom Lack und dem gewünschten Lackprofil ab und betragen typischerweise 110 - 130°C für wenige Minuten, Details hierzu finden sich in dem jeweiligen technischen Datenblatt des verwendeten Umkehrlacks.

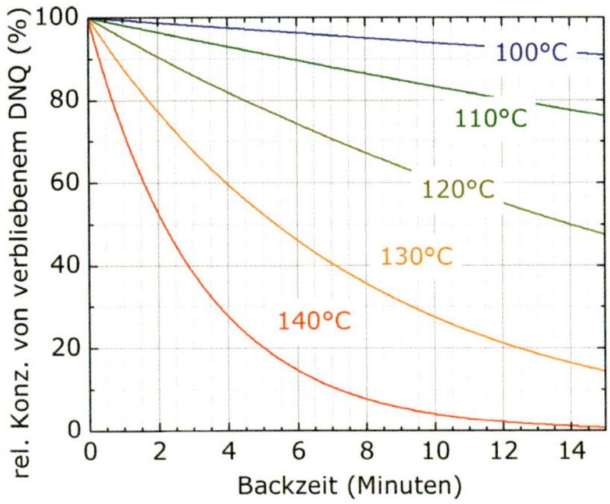

Abb. 104: Beim Umkehrbackschritt wird ein von der Backtemperatur und -zeit abhängiger Teil des Fotoinitiators zerstört.

Einfluss der Backparameter

Geringe Backtemperaturen und -zeiten führen zu einer Invertierung vorwiegend der stärker belichteten (oberflächennahen) Lackbereiche, entsprechend progressiv ist der beim erzielte Unterschnitt der entwickelten Lackstrukturen. Zu geringe Backtemperaturen bzw. -zeiten wandeln selbst die oberflächennahen Lackbereiche nur unvollständig um und führen so zu einem relativ starken Abtrag auch der belichteten Bereiche im Entwickler, was die Lackschicht ausdünnen lässt, die Strukturtreue verringert, und einen Unterschnitt möglicherweise weg entwickelt.

Hohe Backtemperaturen und -zeiten wandeln auch die schwächer belichteten (substratnahen) Lackbereiche um, weswegen das beim Entwickeln erzielte Lackprofil einen schwächer ausgeprägten Unterschnitt aufweist.

Zu hohe Backtemperaturen oder -zeiten zerstören einen Großteil des Fotoinitiators im bislang unbelichteten Lack (Abb. 104), welcher der Flutbelichtung nicht mehr zur Verfügung steht. Dadurch lässt sich der Lack später nur sehr langsam entwickeln, wobei auch die Strukturtreue leidet.

Blasenbildung in der Lackschicht

Die Fotochemie der AZ® 5214E und TI Umkehrlacke ist DNQ-basiert, weshalb beim Belichten Stickstoff freigesetzt wird (Details s. Abschnitt 16.1 auf Seite 85). Hatte dieser nach dem Belichten nicht ausreichend Zeit aus der Lackschicht auszudiffundieren, kann es beim Umkehrbackschritt durch die statt findende Erweichung des Lacks zur Bläschenbildung kommen. Diese werden u. U. erst nach dem Entwickeln über kraterförmige Strukturen in den Lackprofilen sichtbar.

Es ist daher wichtig, den beim Belichten gebildeten Stickstoff vor dem Umkehrbackschritt ausgasen zu lassen. Die hierfür notwendige Wartezeit hängt vom Lack und sehr stark von dessen Schichtdicke ab, und liegt im Bereich weniger Minuten für ca. 1 - 2 µm dicke Lackschichten bis hin zu über einer Stunde für > 10 µm Schichtdicke. Dies macht es v. a. bei dicken Lackschichten ratsam, einen alternativen Einsatz von Negativlacken wie der für Lift-off Prozesse optimierten AZ® nLOF 2000 Serie in Erwägung zu ziehen, welche beim Belichten kein Gas freisetzen.

Einfluss von Substrat und Equipment

Für stabile Umkehrlackprozesse sollte die Umkehrbacktemperatur während definierter Zeiten auf ± 1 - 2°C konstant gehalten werden können. Diese Bedingung ist beim Backen in Konvektionsöfen schwer einzuhalten, weshalb gerade für kritische Prozesse die Verwendung einer Hotplate dringend empfohlen ist.

Wie in Abschnitt 13.6 auf Seite 76 dargestellt, hängt bei der Verwendung einer Hotplate der erzielte Temperaturverlauf auf der Substratoberfläche (= in der Lackschicht) empfindlich von der Art des Substrats ab. Deshalb sollten v. a. bei der Verwendung massiver oder schlecht wärmeleitender Substrate die Umkehrbackparameter individuell optimiert werden.

20.4 Die Flutbelichtung

Zweck der Flutbelichtung und empfohlene Mindestdosis

Bei der dem Umkehrbackschritt folgenden, ohne Maske durchgeführten Flutbelichtung werden auch die bislang noch nicht belichteten Lackbereiche belichtet und dadurch entwickelbar. Um einen bis zum Substrat reichenden Unterschnitt des Lackprofils zu erzielen, sollten dabei auch die substratnahen Lackbereiche eine ausreichende Lichtdosis erhalten. Eine Überbelichtung schadet dabei dem Prozess nicht, da die bereits belichteten Bereiche des Lacks durch den Umkehrbackschritt nicht mehr fotoempfindlich sind. Deshalb empfiehlt sich für die Flutbelichtung eine Dosis, welche mindestens zwei- bis dreimal so groß ist wie diejenige welche notwendig wäre, den Lack positiv zu prozessieren.

Zu beachten ...

Vor allem bei dicken Lackschichten (ca. > 3 µm) sind bei der Flutbelichtung die gleichen Dinge zu berücksichtigen, welche auch bei der Belichtung dicker Positivlacke relevant sind:

Da nach dem Umkehrbackschritt der Lack wasserfrei ist, die Belichtung von DNQ-basierten Lacken jedoch eine Mindestdosis Wasser benötigt, gilt auch für die Flutbelichtung die Notwendigkeit einer vorherigen Rehydrierung. Details hierzu finden sich in Kapitel 10.

Durch die relativ hohe Dosis der Flutbelichtung kann es beim Belichten zu Bläschen- oder Rissbildung durch den freigesetzten Stickstoff führen (s. Kapitel 13).

20.5 Entwicklung

Entwicklungsrate

Die Entwicklungsrate hängt vom verwendeten Lack und den Parametern Temperatur und zeit des Umkehrbackschritts ab.

Je heißer und länger dieser erfolgte, desto größer ist der Anteil des dabei thermisch zersetzten Fotoinitiators. Eine Rate von > 1 µm/Minute in üblichen Entwickleransätzen ist dabei erstrebenswert, aber keine zwingende Notwendigkeit.

Ausbildung des Unterschnitts

Der Grad der Überentwicklung (die Verweildauer im Entwickler nach dem Durchentwickeln des Lacks, bezogen auf die gesamte Entwicklungsdauer) bestimmt maßgeblich die Ausprägung des Unterschnitts. Wie Abb. 105 anhand einer chronologischen Entwicklungsreihe zeigt, werden die substratnahen Bereiche des Unterschnitts erst dann zunehmend deutlich heraus entwickelt, wenn die Lackschicht schon einige Zeit durchentwickelt ist.

Eine 30 %ige Überentwicklung ist ein guter Anhaltspunkt für individuelle Optimierungen. Bei dicken Lackschichten und schmalen Lackstrukturen sollte darauf geachtet werden, dass der beidseitige Unterschnitt die Lackstege nicht überbrückt und diese dadurch vom Substrat liften.

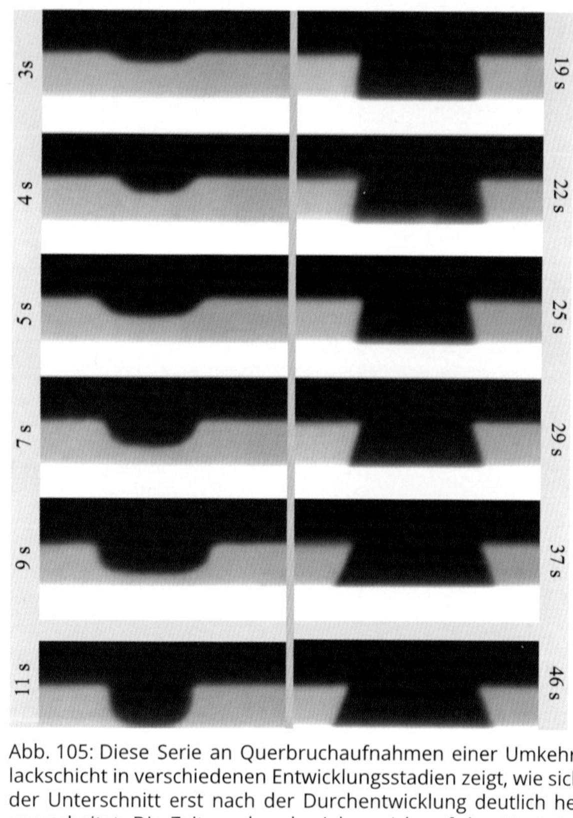

Abb. 105: Diese Serie an Querbruchaufnahmen einer Umkehrlackschicht in verschiedenen Entwicklungsstadien zeigt, wie sich der Unterschnitt erst nach der Durchentwicklung deutlich herausarbeitet. Die Zeitangaben beziehen sich auf den Start der Entwicklung.

Ausreichende Lackschichtdicke

Beim gerichteten Aufdampfen darf die Stärke des aufgebrachten Materials die Lackschichtdicke sogar übersteigen. Grund hierfür ist die

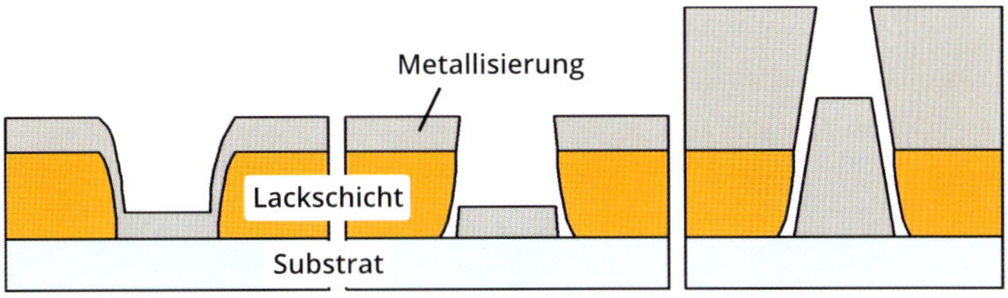

Abb. 106: Bei unterschnittenen Lackprofilen eines Umkehrlacks und gerichtetem Aufdampfen kann die aufgebrachte Schichtdicke grundsätzlich größer als die Lackschichtdicke sein (rechts), auch wenn dies nicht empfohlen ist.

Tatsache, dass das aufgedampfte Material über den freien Stellen langsam zusammenwächst und so eine sich verjüngende Schattenmaske für das nachfolgende Material bildet (Abb. 106).

Um den Lift-off einfach und sauber zu gestalten ist es jedoch ratsam, die Lackschichtdicke deutlich größer als die des aufgebrachten Materials zu halten. Dies gilt erst recht für gesputterte Schichten, bei denen stets die Lackflanken mitbeschichtet werden.

Die sinnvolle Obergrenze der Lackschichtdicke definiert sich aus der erforderlichen Auflösung sowie aus dem größeren Aufwand der Prozessierung dicker Lackschichten.

20.6 Umkehrlacke oder Negativlacke?

Im Gegensatz zu Umkehrlacken lassen sich Negativlacke nur negativ prozessieren. Sie benötigen keine Flutbelichtung, womit sich die Prozessfolge vereinfacht. Zudem besitzt z. B. die AZ® nLOF 2000 Negativlackserie wie auch der AZ® 15 und 125 nXT kein DNQ als Fotoinitiator, wodurch Wartezeiten zum Ausgasen von Stickstoff oder zur Rehydrierung entfallen.

Die starke Quervernetzung von Negativlacken macht die Lackstrukturen zudem thermisch und chemisch stabiler als die lediglich im Entwickler inerten und höchstens mäßig quervernetzen Lackprofile von Umkehrlacken, was ein Verrunden während der Metallisierung verhindert. Durch die Quervernetzung lassen sich Negativlacke aber auch schwerer strippen bzw. liften, v. a. wenn vorher auftretende Prozesstemperaturen 130 - 140°C übersteigen.

Bitte kontaktieren Sie uns, wenn Sie unsicher sind, ob ein Umkehr- oder Negativlack für Ihren Prozess geeigneter ist. Wir beraten Sie gerne!

20.7 Geeignete Umkehrlacke

AZ® 5214E

AZ® 5214E ist mit 1-2 µm Lackschichtdicke ein dünner, hochauflösender Umkehrlack. Noch dünnere Schichtdicken lassen sich über eine Verdünnung des Lacks zwar erzielen und prozessieren, jedoch wird es mit abnehmender Lackschichtdicke zunehmend schwieriger, einen Unterschnitt zu erzielen: Wenn die Eindringtiefe von Licht die Lackschichtdicke deutlich übersteigt, wird der Lack nahezu homogen (ohne Gradient der empfangenen Lichtdosis) bis zum Substrat belichtet.

TI 35E und TI 35ESx

Unser TI 35ESx schließt mit 3 - 5 µm Lackschichtdicke an den AZ® 5214 E an. Die Prozessierung noch dickerer Schichten ist wegen der Stickstoffbildung beim Belichten zunehmend kritisch.

TI xLift

TI xLift erlaubt auch Lackschichtdicken über 10 µm. Jedoch wird die Prozessierung mit zunehmender Lackschichtdicke durch immer längere Zeiten zur Rehydrierung oder zum Ausgasen des beim belichten gebildeten Stickstoff derart zeitaufwändig, dass für die meisten Anwendungen der AZ® nLOF 2070 Negativlack eine sinnvollere Alternative darstellt.

21. PROZESSIERUNG VON AZ® NEGATIVLACKEN

Bei Negativlacken werden im Gegensatz zu Positivlacken die nicht belichteten Bereiche weg entwickelt, die belichteten Bereiche bleiben nach dem Entwickeln stehen. Damit verhalten sich Negativlacke grundsätzlich wie Umkehrlacke im Negativmodus, jedoch mit einem bedeutsamen Unterschied: Im Gegensatz zu den meisten Umkehrlacken quervernetzen belichtete Negativlacke was Auswirkungen auf ihre chemische und thermische Stabilität, aber auch die Entfernbarkeit der Lackstrukturen am Ende des Lithografieprozesses hat.

21.1 Belichtung

Spektrale Empfindlichkeit

Die AZ® nLOF 2000 Negativlackserie wie auch der AZ® 15 nXT und 125 nXT Negativlacke sind i-line Lacke mit einer Empfindlichkeit im Wellenlängenbereich von ca. 340 - 380 nm. Die g- und h-Linie muss bei der Belichtung jedoch nicht heraus gefiltert werden, diese Wellenlängen werden von der Lackschicht ohne die Belichtung zu stören weitestgehend transmittiert.

Chemische Verstärkung

Die Negativlacke AZ® 15 und 125 nXT sind chemisch verstärkt (*chemically amplified*), d. h. pro absorbiertem Photon werden letztendlich mehrere Quervernetzungsreaktionen im Lack ausgeführt. Damit kann der Absorptionskoeffizient des Lacks so gering gehalten werden, dass auch sehr dicke Lackschichten von einigen 10 µm (im Falle des AZ® 15 nXT) bis einige 100 µm (AZ® 125 nXT) mit moderaten Lichtdosen durchbelichtet werden können.

Lichtdosis

Eine zu geringe Lichtdosis führt zu einer unvollständigen bzw. bei optisch dicken Lackschichten nicht bis zum Substrat reichenden Quervernetzung. Dadurch erhöht sich v. a. in Substratnähe der Abtrag der belichteten Lackstrukturen im Entwickler, was jedoch bei Lift-off Prozessen für die substratnahen Lackbereiche zur Ausbildung eines negativen Lackprofils erwünscht sein kann.

Bei einer Überbelichtung werden durch Beugung, Streuung oder Reflexion am Substrat auch Lackbereiche belichtet und quervernetzt, die nominell unbelichtet bleiben sollen. Dadurch verbreitern sich die entwickelten Lackstrukturen bis hin zu dem Effekt, dass schmale Öffnungen nicht mehr aus der Lackschicht frei entwickelt werden können.

Bleichen der Lackschicht

Im Gegensatz zu DNQ-basierten Lacken bleichen AZ® Negativlacke nicht. Bei den rel. stark absorbierenden AZ® nLOF 2000 Lacken mit einer i-Linien Eindringtiefe von 1 - 2 µm äußert sich dies in der Unmöglichkeit, dicke Lackschichten von ca. > 10 µm bis zum Substrat durchzubelichten. Dadurch quervernetzen die Substrat-nahen Lackbereiche nicht, bleiben löslich im Entwickler, und erlauben so ein gerade für Lift-off Prozesse vorteilhaft progressiv unterschnittenes Lackprofil.

21.2 Post Exposure Bake

Vorgänge in der Lackschicht

In den Lacken der AZ® nLOF 2000 Serie oder dem AZ® 15 nXT aktiviert die Belichtung einen Melamin-Quervernetzer, der im nachfolgenden Backschritt (Post Exposure Bake, PEB) die Verknüpfung von kurzen Phenolharz-Molekülen zu längeren Ketten bewirkt. Ohne den PEB findet keine nennenswerte Quervernetzung statt, d. h. im Entwickler würden die belichteten Lackbereiche mit einer ähnlichen Rate abgetragen werden die der unbelichtete Lack.

Beim AZ® 125 nXT startet die Belichtung bereits bei Raumtemperatur eine Photopolymerisation von Acryl-Monomeren. Einen Post Exposure Bake benötigt dieser Lack nicht.

Backparameter

Die empfohlenen PEB-Parameter Temperatur und Zeit hängen vom jeweils verwendeten Fotolack ab und liegen bei typ. 110 - 125°C für 1 - 2 Minuten.

Je kühler bzw. kürzer gebacken wird, desto schwächer ist der Grad der Quervernetzung, und um so größer der Abtrag der belichteten Lackbereiche im Entwickler.

Bei zu hohen Temperaturen bzw. zu langen PEB-Zeiten findet eine zunehmende thermische Quervernetzung auch unbelichteter Lackbereiche statt, welche sich dadurch deutlich langsamer entwickeln lassen. Gerade beim Wunsch nach großen Aspektverhältnissen schadet demnach ein zu intensiver PEB, da sich schmale und tiefe Strukturen u. U. nicht mehr sauber heraus entwickeln lassen.

Wie auch beim Umkehrbackschritt von Umkehrlacken (s. vorheriges Kapitel) sollte für stabile Negativlackprozesse die PEB-Temperatur während definierter Zeiten auf ± 1 - 2°C konstant gehalten werden können. Diese Bedingung ist beim Backen in Öfen schwer einzuhalten, weshalb sich gerade für kritische Prozesse die Verwendung einer Hotplate dringend empfiehlt.

Wie in Abschnitt 9.6 dargestellt, hängt bei der Verwendung einer Hotplate der erzielte Temperaturverlauf auf der Substratoberfläche (= in der Lackschicht) empfindlich von der Art des Substrats ab. Deshalb sollten v. a. bei der Verwendung massiver oder schlecht wärmeleitender Substrate die PEB Parameter individuell optimiert werden.

21.3 Entwickeln, Lift-off und Strippen

Geeignete Entwickler

Für die oben genannten AZ® Negativlacke empfehlen sich TMAH-basierte Entwickler wie der AZ® 326, 726 oder 826 MIF sowie der AZ® 303. NaOH- oder KOH-basierte Entwickler wie der AZ® 351B oder 400K funktionieren zwar in vielen Fällen ausreichend gut, können jedoch nicht generell als erste Wahl empfohlen werden.

Geeignete Stripper

Zum Entfernen der Lackschicht eignen sich organische Lösemittel wie NMP oder DMSO, bei nicht zu großem Quervernetzungsgrad auch gängige Stripper wie der AZ® 100 Remover. Je nach Dicke der Lackschicht und dem Quervernetzungsgrad sollten diese Stoffe auf 60 - 80°C erhitzt eingesetzt werden.

V. a. bei stärker quervernetzten Filmen wesentlich besser als Stripper bzw. Lift-off Medium geeignet sind die im nächsten Abschnitt genannten TechniStrip® Produkte. Bei sehr hartnäckigen Prozessen kann zudem eine Unterstützung im Ultraschallbad notwendig sein.

Nieder siedende Lösemittel sind theoretisch auch als Stripper geeignet, durch die Unmöglichkeit sie bei höheren Temperaturen einzusetzen jedoch in ihrem Potential eingeschränkt.

Geeignete Lift-off Medien

Für den Lift-off gelten die gleichen Empfehlungen, mit Ausnahme des AZ® 100 Remover, der für diesen Prozessschritt kein gut geeignetes Medium ist.

21.4 Anwendungsbereiche der AZ® Negativlacke

AZ® nLOF 2000

Die AZ® nLOF 2000 Negativlackserie ist für Lift-off Anwendungen optimiert. Im Lackschichtdickenbereich von ca. 1 - 15 µm lässt sich ein in Grenzen einstellbarer Unterschnitt erzielen, der bei größeren Lackdicken zunehmend progressiv wird. Die Lackstrukturen verrunden durch ihre Quervernetzung auch bei hohen Tem-

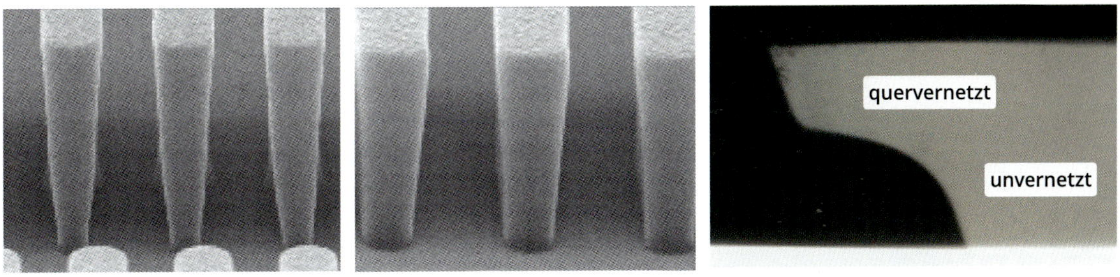

Abb. 107: Links: 700 nm Lackstege mit einem 2.0 µm dicken AZ® nLOF 2020. Mitte: 900 nm Lackstege mit einem 3.5 µm dicken AZ® nLOF 2035. Quelle: AZ® nLOF™ 2000 Product Data Sheet. Rechts: Sehr dicke AZ® nLOF 2070 Schichten (hier: 22 µm), ergeben aufgrund der nur oberflächennahen Quervernetzung einen sehr ausgeprägten Unterschnitt.

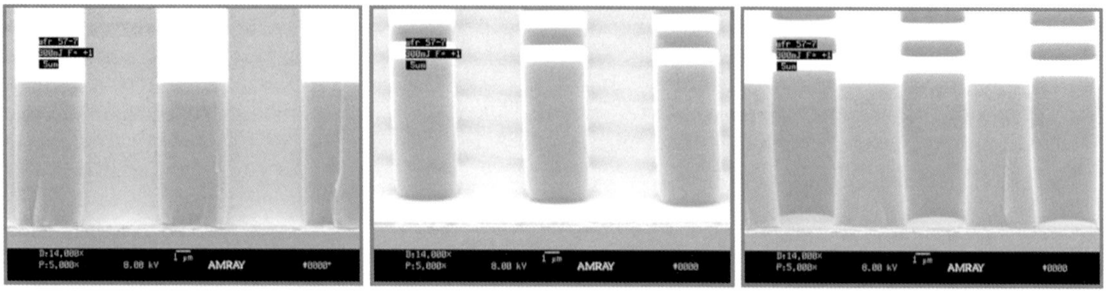

Abb. 108: 5 µm breite Stege, rechteckige Säulen und rechteckige Öffnungen entwickelt aus einem 10 µm dicken AZ® 15 nXT (Quelle: Technisches Datenblatt des Herstellers)

peraturen nicht, jedoch sollten über 140 - 150°C Aufdampftemperatur vermieden werden. Dann nämlich steigt der Grad der Quervernetzung so stark an, dass ein Lift-off sehr schwierig wird. Für stark quervernetzte Lackschichten empfiehlt sich als Lift-off Medium oder Stripper der TechniStrip NI555.

AZ® 15 nXT

Der AZ® 15 nXT erlaubt annähernd senkrechte Lackflanken im Bereich von ca. 5 - 25 µm Lackschichtdicke. Durch seine hohe chemische Stabilität und gute Haftung zu gängigen Substrat-Materialien ist er v. a. für die Galvanik sehr gut geeignet. Als Stripper empfiehlt sich der TechniStrip NI555.

AZ® 125 nXT

Der AZ® 125 nXT erweitert den Anwendungsbereich des AZ® 15 nXT auf Lackschichtdicken von ca. 30 - 150 µm. Über angepasste Prozesse sind auch Schichtdicken von mehreren 100 µm erzielbar. Für hohe Lackschichtdicken oder/und stark quervernetzte Lackschichten empfiehlt sich als Stripper der TechniStrip P1316 oder P1331.

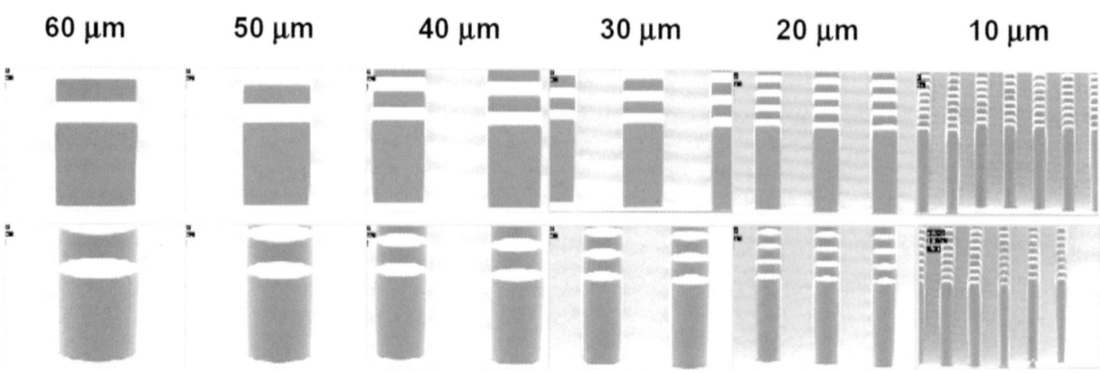

Abb. 109: Von links nach rechts zunehmend feinere Strukturen entwickelt aus einem 60 µm dicken AZ® 125 nXT zeigen dessen Potenzial bzgl. eines hohen Aspektverhältnisses (Quelle: Technisches Datenblatt des Herstellers)

22. ENTFERNEN VON FOTOLACK

Gewöhnlich werden Fotolacke nur als temporäre Maske für Strukturierungsschritte eingesetzt. Der letzte Lithografieschritt ist demnach meist das Entfernen der Lackmaske. Dies soll einerseits zügig und rückstandsfrei geschehen, andererseits aber weder das Substrat noch die bereits darauf abgeschiedenen Materialien angreifen, was eine nicht immer einfach lösbare Aufgabe ist.

Dieses Kapitel beschreibt, welche Remover für welche Fotolacke nach welchen Prozessschritten für welche Substratmaterialien geeignet sind.

22.1 Löslichkeit von Fotolack-Schichten

Nicht quervernetzte AZ® und TI Fotolack-Schichten lassen sich nach der Prozessierung üblicherweise naschemisch problemlos und rückstandsfrei entfernen. Ist dies nicht vollständig möglich, kommen folgende Ursachen in Frage:

Positivlacke beginnen ab ca. 150°C (z. B. während dem Hardbake, Trockenätzen oder Beschichten) thermisch querzuvernetzen was ihre Löslichkeit stark verringert. Wenn möglich sollten die auftretenden Temperaturen gesenkt werden.

Eine optisch induzierte Quervernetzung kann durch Tief-UV Strahlung (Wellenlänge < 250 nm) in Kombination mit höheren Temperaturen Lacke unlöslich machen. Derartige Verhältnisse herrschen u. U. beim Aufdampfen, Sputtern oder Trockenätzen. Durch die geringe Eindringtiefe der sehr kurzwelligen Strahlung ist vorwiegend die Oberfläche der Lackstrukturen von der Quervernetzung betroffen.

Die bei Negativlacken beabsichtigte Quervernetzung kann durch nachfolgende Prozessschritte bei höheren Temperaturen verstärkt werden, was das spätere Entfernen der Lackschicht weiter erschwert.

Auf die Fotolackschicht beim Trockenätzen re-deponiertes Material kann als Barriere ein Entfernen der Lackschicht verhindern.

22.2 Lösemittel als Remover

Aceton

Aceton ist zum Entfernen von Fotolack-Schichten wegen seines hohen Dampfdruckes nur bedingt geeignet. Falls Aceton dennoch verwendet werden soll, empfiehlt sich ein Spülen des mit Lack verunreinigten Acetons mit Isopropanol bevor das Aceton wieder antrocknet und Schlieren bildet. Von einem Erhitzen des Acetons zur Erhöhung der Lösekraft ist wegen dem hohen Dampfdruck und der damit verbundenen hohen Brandgefahr dringend abzuraten.

NMP

NMP (1-Methyl-2-pyrrolidon) ist ein zum Entfernen von Fotolack-Schichten sehr gut geeignetes Lösemittel. Der sehr geringe Dampfdruck von NMP erlaubt ein Erhitzen auf 80°C, um auch stärker quervernetzte Fotolack-Schichten entfernen zu können. Da NMP als giftig und fruchtschädigend eingestuft ist, sollte über Alternativen nachgedacht werden, wie z. B. DMSO:

DMSO

DMSO (Dimethylsulfoxid), welches als Remover eine ähnlich gute Performance wie NMP aufweist und arbeitssicherheitstechnisch unbedenklich ist. Wir haben DMSO in Halbleiter-Qualität bereits in unser Sortiment aufgenommen, bitte fragen Sie uns bei Interesse nach Spezifikationen oder/und einem Muster!

22.3 Alkalische Medien als Remover

Falls es die chemische Stabilität des Substrats erlaubt und keine speziellen Remover verwendet werden sollen, können alternativ wässrig alkalische Medien wie 2 - 3 % KOH oder NaOH (= typische Entwicklerkonzentrate) bei Raumtemperatur zum Entfernen von Fotolack-Schichten verwendet werden. Bei quervernetzten Fotolack-Schichten sind u. U. auch höhere Konzentrationen oder/und Temperaturen notwendig.

Es ist jedoch zu beachten, dass viele Metalle bei hohen pH-Werten geätzt werden, und auch kristallines Silizium von hoch konzentrierten alkalischen Medien angegriffen wird.

22.4 Fertige Stripper

AZ® 100 Remover

AZ® 100 Remover ist ein Amin-Lösemittel Gemisch und Standard-Remover für AZ® und TI Fotolacke. Zur Verbesserung seiner Performance kann AZ® 100 Remover auf 60 - 80°C erhitzt werden, um auch hartnäckige Fotolack-Schichten zu entfernen.

TechniStrip® P1316 und P1331

TechniStrip® P1316 für alkalisch unempfindliche, und P1331 für alkalisch empfindliche Substrate sind Stripper mit sehr starker Lösekraft für

- Novolak-basierte Lacke (u. a. alle AZ® Positivlacke)
- Epoxy-basierte Lacke
- Polyimide, „bonding glues“
- Trockenfilme

Bei typischen Anwendungstemperaturen um 75°C löst TechniStrip® P1316 auch z. B. durch Trockenätzen oder Ionenimplantation stark quervernetzte Lacke in wenigen Minuten rückstandsfrei auf. TechniStrip® P1316 kann auch im Sprühverfahren eingesetzt werden.

TechniStrip® NI555

TechniStrip® NI555 ist ein Stripper mit sehr starker Lösekraft für Novolak-basierte Negativlacke und sehr dicke Positivlacke wie

- AZ® nLOF 2000
- AZ® 15 nXT
- AZ® 40 XT

TechniStrip® NI555 wurde dafür entwickelt, auch quervernetzte Lacke nicht nur abzulösen, sondern rückstandsfrei aufzulösen. Dadurch werden Verunreinigungen des Beckens und Filter durch Lackpartikel und -häutchen verhindert, wie sie bei Standard-Strippern auftreten können.

22.5 O_2-Veraschung

Falls nasschemische Remover entweder aufgrund einer zu hohen Quervernetzung der Fotolack-Schicht nicht geeignet oder generell nicht gewünscht sind, kann Fotolack auch trockenchemisch im O_2-Plasma verbrannt werden.

Nach der Strukturierung der Fotolackschicht erfolg der eigentliche Lithografieschritt: Die Strukturierung des Substrats mit Hilfe der Fotolackmaske.

Diese Strukturierung kann sowohl über abtragende Verfahren wie Nass- oder Trockenätzen, oder aufbauende Verfahren mittels Lift-off oder die galvanische Abscheidung geschehen.

Jede Strukturierungsmethode stellt hierbei bestimmte Anforderungen an die physikalischen oder chemischen Eigenschaften des verwendeten Fotolacks sowie dessen vorheriger Prozessierung.

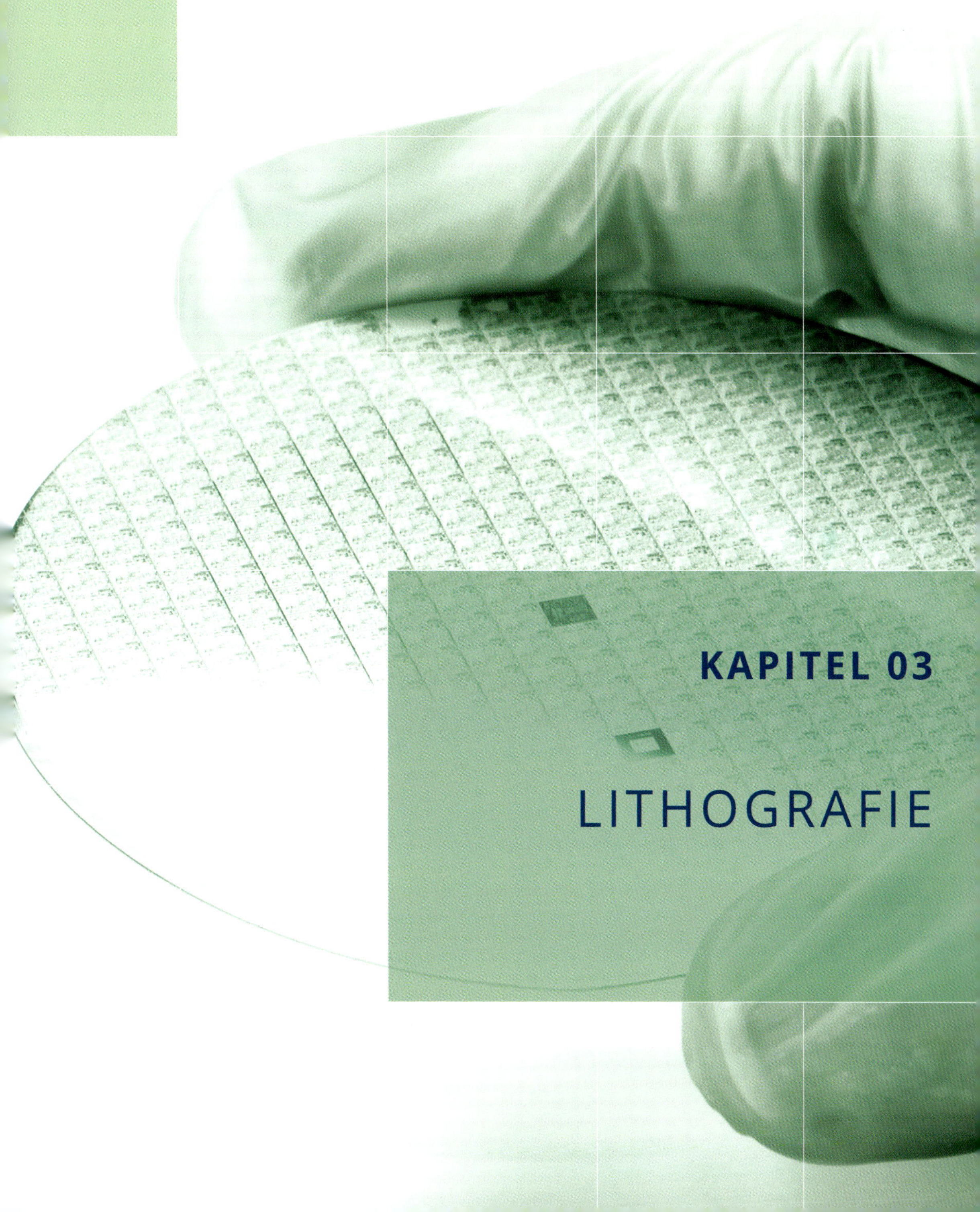

KAPITEL 03

LITHOGRAFIE

23. LÖSEMITTEL UND LÖSLICHKEITEN

Bei der Mikrostrukturierung spielen häufig neben Ätzprozessen auch die Löslichkeiten von Stoffen eine entscheidende Rolle. Dies betrifft nicht nur die Strukturierung organischer Schichten, sondern alle nasschemischen Ätzprozesse: Neben dem chemischen Abtrag müssen die geätzten Stoffe im Ätzmedium gelöst werden.

23.1 An Lösungsvorgängen beteiligte Wechselwirkungskräfte

Ätzen und Lösen

Sowohl beim nasschemischen Ätzen wie auch beim Auflösen eines Festkörpers müssen Bindungen zwischen Atomen oder Molekülen überwunden werden. Während dies beim Ätzen im Rahmen einer chemischen Redoxreaktion mit einem Ladungsübertrag zwischen dem Ionen des Ätzmediums und den Teilchen des zu ätzenden Festkörpers geschieht, ist das Lösen ein rein physikalischer Vorgang ohne Ladungsaustausch und Aufbrechen kovalenter Bindungen.

Deshalb spielen beim Auflösen eines Festkörpers nur die Wechselwirkungskräfte eine Rolle, die nicht auf die Valenzbindungen innerhalb eines Moleküls, sondern zwischen den Molekülen des Festkörpers und dem Lösemittel wirken, wie sie in den folgenden Abschnitten erläutert und in Abb. 113 in ihrer abstandsabhängigen Größenordnung vergleichend dargestellt werden.

Ionische Wechselwirkungen

Ionen, also elektrisch geladene Atome und Moleküle finden sich nicht nur in Salzen oder Elektrolyten. In reinem Wasser ist bei Raumtemperatur durch Autoprotolyse eines von ca. 1.000.000.000 H_2O-Molekülen in Hydroxid- (OH^-) bzw. Oxonium- (H_3O^+) Ionen dissoziiert, in wässrigen Gemischen von organischen Lösemitteln mit saurem (z. B. Ethyllactat) oder alkalischem Charakter (z. B. NMP) kann die Konzentration an Oxonium- oder Hydroxid-Ionen um Größenordnungen darüber liegen.

Die elektrostatische Kraft zwischen Ionen fällt mit dem Quadrat deren Entfernung zueinander. Die entsprechende Wechselwirkungsenergie benachbarter Ionen, also deren Bindungsenergie beträgt typischerweise einige eV und liegt damit in der Größenordnung der kovalenten Bindungen innerhalb eines Moleküls.

Wechselwirkung zwischen permanenten elektrischen Dipolen

In polaren Molekülen bewirkt die unterschiedliche Elektronegativität der am Aufbau beteiligten Atome eine Verschiebung des Schwerpunktes der Valenzelektronenwolke des Moleküls weg vom Schwerpunkt der positiven Kernladungen, woraus ein permanenter elektrischer Dipol resultiert (Abb. 110).

In Flüssigkeiten können sich benachbarte Dipole antiparallel zueinander ausrichten, so dass zwischen dem positiven Pol des einen Dipols und dem negativen Pol des anderen eine anziehende Kraft wirkt, die mit der vierten Potenz des Abstands abnimmt. Die entsprechende Wechselwirkungsenergie benachbarter Moleküle liegt bei einigen 100 meV, im Falle von Wasserstoffbrückenbindungen bis ca. 0.5 eV was auch den hohen Siedepunkt von Wasser erklärt.

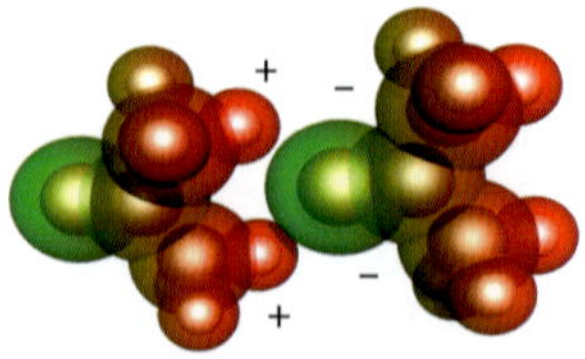

Abb. 110: Die polaren Aceton-Moleküle wechselwirken untereinander als stationäre elektrische Dipole (grün und rot markieren Bereiche negativer und positiver Ladungsdichte).

Wechselwirkung zwischen induzierten elektrischen Dipolen

In allen – auch unpolaren – Atomen und Molekülen fluktuiert ständig die Verteilung der Valenzelektronendichte und erzeugt dabei temporäre elektrische Dipole. Diese induzieren über Verschiebungs- und Orientierungspolarisation in benachbarten Teilchen entgegengesetzt gerichtete Dipole (Abb. 111). Dieser Vorgang ist umso ausgeprägter, je höher deren Polarisierbarkeit, also die Verschiebbarkeit der Valenzelektronenwolke ist.

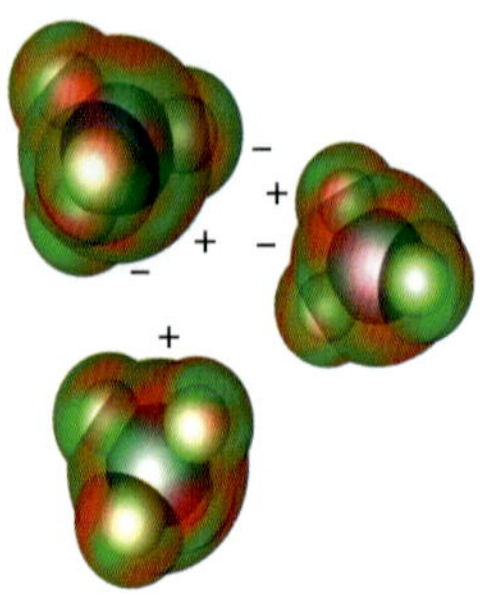

Abb. 111: Die unpolaren CCl_4 Moleküle wechselwirken untereinander über induzierte elektrischer Dipole (grüne und rote Bereiche markieren lokale negative und positive Fluktuationen der Ladungsdichte).

Die daraus resultierende Wechselwirkungsenergie ist selbst für benachbarte Teilchen mit < 100 meV vergleichsweise schwach, die daraus abgeleitete anziehende Kraft fällt mit der 7. Potenz des Abstands zweier Moleküle und ist damit sehr kurzreichweitig.

Die Pauli-Abstoßung

Die in den obigen Abschnitten aufgeführten Wechselwirkungen resultieren zumindest näherungsweise in einer mit unterschiedlichen Potenzen N des reziproken Abstands ($1/R^N$) zweier Teilchen wirkenden anziehenden Kraft, die mit zunehmender Annäherung immer stärker zunimmt. Da Festkörper und Flüssigkeiten eine endliche Dichte und deren Teilchen somit einen bestimmten mittleren Abstand besitzen muss es eine abstoßende Wechselwirkung geben, die unterhalb eines bestimmten Abstands beider Teilchen einer weiteren Annäherung entgegen wirkt.

Diese Kraft stammt aus dem sog. *Lennard-Jones-Potential,* welches sich aus dem *Pauli-Prinzip* ableitet: Nähern sich zwei Teilchen einander soweit dass ihre Elektronenhüllen überlappen, müssen die Elektronen auf energetisch höhere Orbitale ausweichen um nicht verbotenerweise paarweise den gleichen quantenmechanischen Zustand zu besetzen.

Dieses Ausweichen erfordert umso mehr Energie, je mehr sich beide Teilchen annähern, entsprechend steigt dabei die abstoßende Kraft mit zunehmender Annäherung.

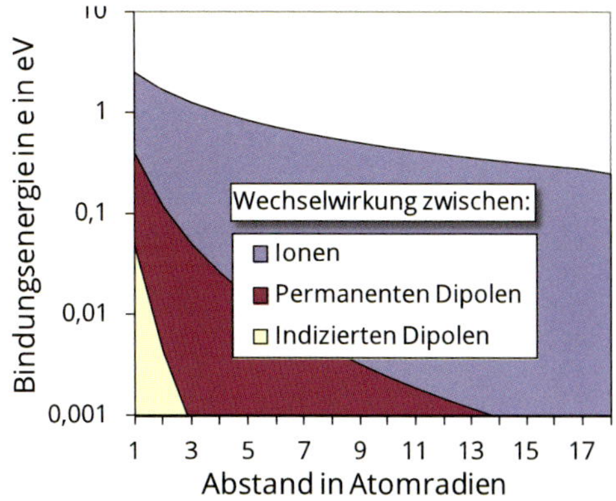

Abb. 113: Die verschiedenen Wechselwirkungskräfte zwischen Teilchen haben unterschiedliche Stärken und fallen unterschiedlich schnell mit der Entfernung ab.

Gemischte Wechselwirkungen

Ebenfalls bedeutsam sind gemischte Wechselwirkungen wie die zwischen Ionen und Dipolen (welche bei der Auflösung von Salzen in polaren Lösemitteln wie Wasser eine Rolle spielen) oder zwischen permanenten und induzierten Dipolen wie sie z. B. in Lösemittelgemischen auftreten können.

23.2 Löslichkeiten: Energie und Entropie

Etwas Thermodynamik

Die Moleküle, Atome oder Ionen von Flüssigkeiten oder Festkörpern besitzen untereinander eine negative Bindungsenergie, weshalb sie bei gegebener Temperatur und gegebenem Druck nicht gasförmig sondern lose (Flüssigkeiten) oder fest (Festkörper) vorliegen. Zum Lösen dieser Stoffe muss deshalb zunächst deren Bindungsenergie überwunden werden.

Beim Lösevorgang sind zudem die im letzten Abschnitt beschriebenen Wechselwirkungen zwischen dem zu lösenden Stoff und den Teilchen des Lösemittels zu berücksichtigen. Dadurch kann beim Lösevorgang die Summe der Bindungsenergien aller beteiligten Teilchen weiter sinken (exotherme Mischungswärme). Ein Beispiel hierfür ist die Erwärmung beim Lösen bzw. Verdünnen von KOH oder Schwefelsäure in Wasser.

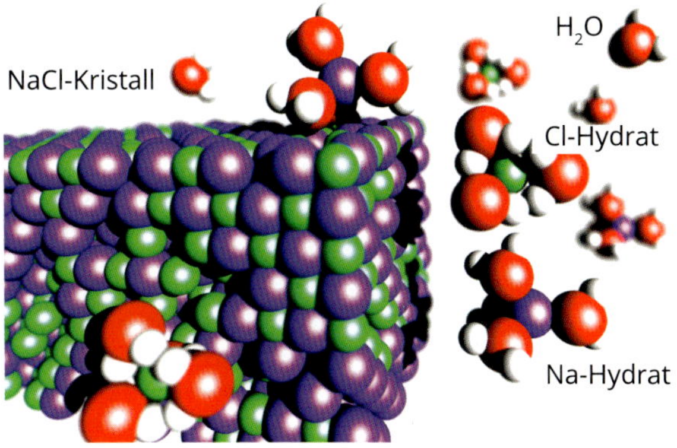

Abb. 112: Das Lösen von Kochsalz in Wasser erfordert Energie zum Aufbrechen der Bindungen. Dass dies dennoch von selbst stattfindet, liegt auch am Entropiegewinn der gelösten Ionen.

Beim Lösen von z. B. Kochsalz (NaCl) in Wasser kühlt sich das Gemisch jedoch unter die Temperatur der Ausgangsstoffe ab, die Mischung verläuft endotherm, es muss also Energie zugeführt werden: Bei der Hydrierung der Na^+- und Cl^--Ionen durch Wassermoleküle wird weniger Energie frei, als das Lösen aus dem NaCl-Kristall erfordert (Abb. 112).

Der Grund, warum – in diesem Beispiel NaCl – trotz notwendiger Energiezufuhr wasserlöslich ist, liegt in dem gleichzeitigen Entropiezuwachs ΔS des Gesamtsystems: Gelöste Ionen haben mehr Freiheitsgrade bzgl. Ort und Geschwindigkeit und damit eine größere Entropie (Unordnung) als im Kristall gebundene Ionen.

Bei konstantem Volumen und Druck strebt ein abgeschlossenes System der Temperatur T danach, die freie (Mischungs-)Enthalpie $F = U - T \cdot S$ zu minimieren, d. h. eine Löslichkeit ist nur gegeben, wenn gilt: $\Delta U - T \cdot \Delta S < 0$.

Das Hansendiagramm

Die im letzten Abschnitt genannte Bedingung $\Delta U - T \cdot \Delta S < 0$ als Voraussetzung für eine hinreichende Löslichkeit zweier Stoffe (z. B. Fotolack und Lösemittel oder zweier Lösemittel untereinander) lässt sich nach *Hansen* aus der Art und Größe der auftretenden intermolekularen Wechselwirkungen ableiten.

Die Löslichkeit zweier Medien A und B miteinander ist um so größer, je besser die verschiedenen auftretenden Wechselwirkungsenergien von A und B jeweils übereinstimmen.

Trägt man wie in Abb. 114 gezeigt das zu lösende Medium A sowie verschiedene Lösemittel B in einem Diagramm über deren jeweiligen molaren Wechselwirkungsenergien permanenter (σ_P) und indizierter Dipolmomente (σ_D) sowie der Wasserstoffbrückenbindungsenergien (σ_H) auf, zeigen sich geeignete Lösemittel (grüne Punkte innerhalb der grünen Sphäre) nahe A und ungeeignete Lösemittel (rote Punkte) weiter entfernt davon.

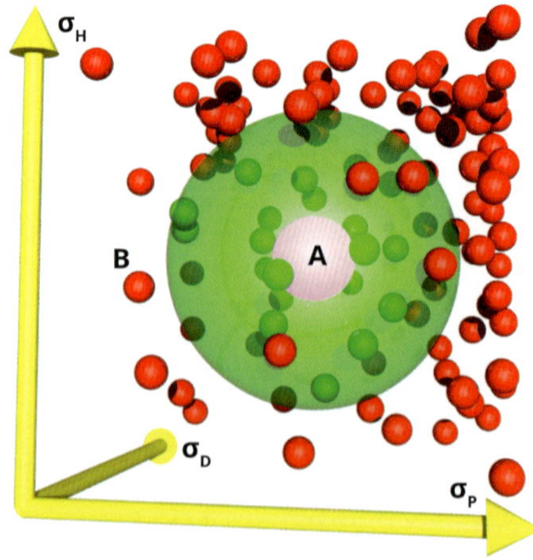

Abb. 114: Das Hansendiagramm stellt Stoffe als Punkte im durch Wechselwirkungskräfte der Moleküle aufgespannten Parameterraum dar. Miteinander gut lösliche Stoffe liegen darin nahe beieinander, schwer lösliche weiter voneinander entfernt.

23.3 Wichtige Kenngrößen organischer Lösemittel

Dampfdruck, Verdunstung und Siedepunkt

Um aus der Flüssigkeit in die Gasphase überzutreten, muss ein Atom bzw. Molekül mit seiner kinetischen (Translations-)Energie E_{kin} die Bindungsenergie E_B zu den übrigen Flüssigkeitsteilchen überwinden. Zur Erfüllung dieser Bedingung gleichzeitig für alle Moleküle in Wasser oder typischen organischen Lösemitteln wären allerdings Temperaturen von einigen 1000°C erforderlich. Bei geringeren Temperaturen (auch am Siedepunkt) erfüllt nur ein kleiner Teil der Moleküle über die Maxwell-Boltzmann-Energieverteilung (Abb. 115) die Bedingung $E_{kin} > E_B$, selbst bei zusätzlicher Einbeziehung des Energiegewinns durch Wechselwirkungen der Teilchen untereinander in der Gasphase.

Während diese Teilchenfraktion mit hoher kinetischer Energie in die Gasphase übergehen kann, besitzen die in der Flüssigkeit verbleibenden Teilchen ohne äußere Energiezufuhr eine geringere mittlere E_{kin}, was einer kleineren Temperatur entspricht (Verdunstungskühlung).

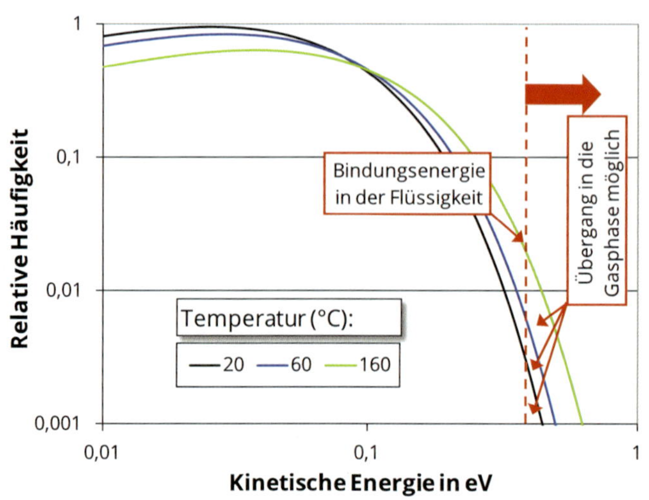

Abb. 115: Mit zunehmender Temperatur besitzt ein immer größerer Anteil der Moleküle eines fiktiven Lösemittels genug kinetische Energie, um in die Gasphase überzutreten.

Die Teilchen in der Gasphase über der Flüssigkeit besitzen ebenfalls eine Energieverteilung, so dass die Fraktion mit Ekin < EB wieder in die flüssige Phase übergehen kann (Kondensation).

Der Gleichgewichtszustand beider Übergänge definiert den temperaturabhängigen Dampfdruck einer Flüssigkeit. Übersteigt dieser den Umgebungsdruck, beginnt die Flüssigkeit zu sieden. Unterhalb des so definierten Siedepunkts spricht man von Verdunstung.

Da die Dipolstärke polarer Moleküle wie auch die Polarisierbarkeit mit der Molekülgröße zunehmen, besitzen aufgrund der damit verbundenen hohen Wechselwirkungsenergie Flüssigkeiten aus großen, polaren Molekülen wie NMP einen sehr geringen Dampfdruck und hohen Siedepunkt, während z. B. Aceton als kleines, schwach polares Molekül einen hohen Dampfdruck und geringen Siedepunkt aufweist.

MAK-Wert

Der MAK-Wert (maximale Arbeitsplatzkonzentration) ist die höchstzulässige Konzentration eines Arbeitsstoffes als Gas, Dampf oder Schwebstoff in der Luft am Arbeitsplatz, die nach dem gegenwärtigen Stand der Kenntnis über ein Arbeitsleben im Allgemeinen die Gesundheit der Beschäftigten nicht beeinträchtigt und diese nicht unangemessen belästigt. In der Regel wird der MAK-Wert als Durchschnittswert über Zeiträume bis zu einem Arbeitstag oder einer Arbeitsschicht angegeben.

Auch im Rahmen der Einhaltung von MAK-Werten sollte man generell bestrebt sein, die Konzentration gesundheitsschädlicher Chemikalien in der Luft am Arbeitsplatz so gering wie möglich zu halten.

Explosionsbereich

Der Explosionsbereich ist der Konzentrationsbereich zwischen der unteren (*UEG*) und der oberen Explosionsgrenze (*OEG*). Die Werte für *UEG* und *OEG* definieren den kritischen Bereich des Brenngasgehaltes im Brenngas/Luft-Gemisch, bei denen eine selbstständige Flammenausbreitung von der Zündquelle her möglich ist. Der untere Explosionsbereich kann wie im Falle von Benzin unter 1 % liegen, der obere Explosionsbereich vieler organischer Lösemittel liegt bei einigen 10 %.

Flammpunkt

Der Flammpunkt ist die niedrigste Temperatur, bei der sich bei Normaldruck unter den bei der Prüfmethode angegebenen Bedingungen aus einer Flüssigkeit Dämpfe in einer solchen Menge entwickeln, dass sich oberhalb der Flüssigkeit ein durch Fremdzündung entflammbares Dampf-Luft-Gemisch bilden kann. Viele organische Lösemittel - darunter Methanol, Ethanol, Isopropanol und Aceton - besitzen Flammpunkte < 20°C, bilden also bereits bei Raumtemperatur mit Luft brennbare bzw. explosionsfähige Gasgemische.

Zündtemperatur

Die Zündtemperatur stellt ein Maß für die Selbstentzündlichkeit, also die Entzündung ohne äußere Zündquelle dar. Die Zündtemperatur ist die niedrigste Temperatur, bei der sich die Prüfsubstanz im Gemisch mit Luft unter den im Prüfverfahren definierten Bedingungen entzündet. Die Zündtemperatur vieler organischer Lösemittel liegt oberhalb von 200°C.

Kenngrößen ausgewählter organischer Lösemittel im Vergleich

	ρ (g/cm³)	T_S (°C)	P_S (hPa)	T_F (°C)	T_Z (°C)	D_E (10^{-30} C·m)	α (10^{-40} m²As/V)	UEG ($\%_{Vol}$)	OEG ($\%_{Vol}$)
Aceton	0,79	56	246	-18	527	9,6	6,4	2,2	14,3
Isopropanol	0,78	82	43	12	425	5,5	7,9	1,9	13,4
MEK	0,81	80	105	-7,5	475	9,2	9,1	1,5	12,6
Methanol	0,79	65	129	9	440	5,7	3,6	6	50
Ethanol	0,79	78	58	12	400	5,8	5,7	3,1	27,7
PGMEA	0,97	149	3,1	45	315		14,6	1,5	7
Ethyllactat	1,03	154	1,6	46	400		12,6	1,5	11,4
Ethylacetat	0,89	77	98	-4	470	6,3	9,9	2	12,8
Butylacetat	0,88	127	10,7	27	390		13,9	1,2	7,5
MIBK	0,80	116	18,8	14	475		13,2	1,2	8
NMP	1,03	203	0,32	86	265	4,1	11,8	1,5	9,5
DMSO	1,1	189	0,06	88	270	13	8,9	1,8	n. d.

Tab. 5: Die Kenngrößen Dichte (ρ), Siedepunkt (T_S), Dampfdruck bei 20°C (P_S), Flammpunkt (T_F), Zündtemperatur (T_Z), elektrisches Molekül-Dipolmoment (D_E), statische Polarisierbarkeit (α), untere (UEG) und obere Explosionsgrenze (OEG) ausgewählter organischer Lösemittel aus unserem Portfolio.

24. NASSCHEMISCHES ÄTZEN - GRUNDLAGEN

Bevor in später folgenden Kapiteln auf spezifische Fragestellungen zum nasschemischen Ätzen bestimmter Stoffe eingegangen wird, möchte dieses Kapitel zunächst für ein besseres Verständnis die entsprechenden chemischen Grundlagen zu Säuren, Basen und dem prinzipiellen Ablauf des Ätzens erläutern.

24.1 Säuren und Basen: Oxidation und Reduktion

Die Autoprotolyse von Wasser

Reines Wasser enthält über die thermisch aktivierte endotherme Autoprotolyse 2 $H_2O \rightarrow H_3O^+ + OH^-$ bei Raumtemperatur ca. 10^{-7} mol Oxonium- (H_3O^+) und Hydroxid- (OH^-) Ionen je Liter, was gemäß

$$pH = -\log_{10}\left[H_3O^+\right]$$

einem als neutral definierten pH-Wert von 7 entspricht. Der Grad dieser Autodissoziation nimmt mit der Temperatur zu, so beträgt der pH-Wert von 100°C heißem Reinstwasser bereits ca. 6, entsprechend einer bezogen auf Raumtemperatur zehnfach erhöhten H_3O^+ -Konzentration.

Säuren

Säuren als Protonendonatoren erhöhen in wässrigen Lösungen über die Abgabe (Dissoziation) von Protonen (Bsp. Salzsäure: $HCl + H_2O \rightarrow H_3O^+ + Cl^-$) die Konzentration an H_3O^+-Ionen, wodurch der pH-Wert sinkt. Ein Maß für die Stärke einer Säure ist der Dissoziationsgrad in wässrigen Lösungen, der über den pK_s-Wert

$$pK_S = -\log_{10}\left(\frac{\left[H_3O^+\right]\cdot\left[dissoziierte\ Säure^-\right]}{\left[undissoziierte\ Säure\right]}\right)$$

definiert ist. Sehr starke Säuren wie $HClO_4$, HI, HCl oder H_2SO_4 sind als wässrige Lösung nahezu vollständig dissoziiert. Die starke Tendenz von H_3O^+-Ionen, Protonen abzugeben bzw. Elektronen aufzunehmen, begründet die oxidierende Wirkung von Säuren.

Basen

Basen als Protonenakzeptoren erhöhen in wässrigen Lösungen die Konzentration an OH^--Ionen. Nach dem Massenwirkungsgesetz bleibt bei gegebener Temperatur das Produkt $[H_3O^+]\cdot[OH^-]$ konstant, so dass die H_3O^+-Konzentration sinkt, folglich der pH-Wert steigt. Analog zu Säuren lässt sich die Stärke einer Base in wässrigen Lösungen definieren gemäß

$$pK_B = -\log_{10}\left(\frac{\left[OH^-\right]\cdot\left[dissoziierte\ Base^+\right]}{\left[undissoziierte\ Base\right]}\right)$$

Die Tendenz der OH^--Ionen, ein Elektron abzugeben, begründet die reduzierende Wirkung von Basen.

Konjungierte Säuren- und Basenpaare

Die Abgabe von Protonen durch Säuren bzw. die Aufnahme von Protonen durch Basen ist reversibel, wodurch sich ein konzentrations- und temperaturabhängiges Gleichgewicht einstellt, wie am Beispiel verdünnter Essigsäure über folgende Gleichung ausgedrückt:

$$CH_3COOH + H_2O \leftrightarrow CH_3COO^- + H_3O^+$$

Wasser als Base nimmt das Proton der Essigsäure auf, während bei der Rückreaktion das Acetat-Ion als Base das Proton des als Säure fungierenden Oxonium-Ions aufnimmt. Im System Essigsäure und Wasser stehen somit zwei konjugierte Säure-Base-Paare miteinander im Gleichgewicht.

Zahlenbeispiele für pH-, pK_S- und pK_B-Werte ausgewählter Substanzen

pH-Werte		pK_S-Werte von Säuren		pK_B-Werte von Basen	
Salzsäure (37 %)	-1	Perchlorsäure ($HClO_4$)	-10	Lithiumhydroxid (LiOH)	< 0
Magensäure	2	Salzsäure (HCl)	-6	Natriumhydroxid (NaOH)	< 1
Flusssäure (50 %)	2	Schwefelsäure (H_2SO_4)	-3	Kaliumhydroxid (KOH)	< 1
Cola (typ.)	2 - 3	Salpetersäure (HNO_3)	-1,32	$Mg(OH)_2$	1,2
Fruchtsäfte (typ.)	3 - 4	Phosphorsäure (H_3PO_4)	2,13	$Ca(OH)_2$	2,37
Leitungswasser	7 - 8.5	Flusssäure (HF)	3,14	Tetramethylammoniumhydroxid (TMAH)	4,2
Natronlauge (1 %)	13,5	Ameisensäure (HCOOH)	3,75	Ammoniak (NH_3)	4,75
Natronlauge (30 %)	15	Essigsäure (CH_3COOH)	4,75	Adenin ($C_5H_5N_5$)	9,8

Tab. 6: Beispielhafte pH-, pK_S- und pK_B-Werte verschiedener Substanzen. In der Spalte der pK_S- Werte nimmt die Säurestärke von unten nach oben zu, in der Spalte der pK_B- Werte analog die Basenstärke.

24.2 Chemische Puffer

Definition

Chemische Puffer sind Substanzen, welche den pH-Wert einer Lösung trotz Zugabe oder Entnahme von H_3O^+- oder OH^--Ionen auf einem bestimmten Wert weitgehend konstant halten und so u. a. dafür sorgen, dass beim nasschemischen Ätzen die Ätzrate konstant bleibt. Die Puffer erfüllen diese Aufgabe, indem sie sowohl Oxonium- oder Hydroxid-Ionen freisetzen wenn deren Konzentration sinkt, als auch sie binden bzw. neutralisieren wenn deren Konzentration steigt.

Um beide Aufgaben erfüllen zu können sind Pufferlösungen schwache, also unvollständig dissoziierte Säuren oder Basen wodurch gleichzeitig deren konjugierte Basen bzw. Säuren in der Lösung vorliegen.

Beispiele

Neben dem bereits genannten Essigsäure/Acetat-Puffer sind der Ammoniumpuffer ($NH_4 + H_2O \leftrightarrow NH_3^+ + OH^-$) sowie der für die Aufrechterhaltung des intarzellulären pH-Wertes für den Organismus wichtige Phosphatpuffer ($H_2PO_4^- + H_2O \leftrightarrow HPO_4^{2-} + H_3O^+$) bedeutende Puffersysteme.

24.3 Komplexbildner

Theorie

Mit fortschreitender Ätzdauer konzentriert sich das geätzte Material in der Lösung immer weiter auf, besonders in unmittelbarer Nähe der geätzten Oberfläche. Je geringer dessen Löslichkeitsprodukt im Ätzmedium ist, desto stärker wird dadurch der Wiedereinbau in den Festkörper gefördert und die Ätzrate damit verringert bzw. zum Erliegen gebracht.

Die stabile Bindung der geätzten Atome in einem im Ätzgemisch hinreichend löslichen chemischen Komplex ermöglicht eine konstant hohe Ätzrate. Ein Komplex ist eine Struktur, bei der ein Zentralatom (meist ein Metallion = das geätzte Element), das in seiner Elektronenkonfiguration Lücken aufweist, von einem oder mehreren Molekülen oder Ionen (den *Liganden*) umgeben ist, die freie Elektronenpaare für die Bindung zur Verfügung stellen.

Beispiele

Beim Ätzen von Gold in Königswasser wird die sehr gut wasserlösliche Tetrachloridogoldsäure ($HAuCl_4$) gebildet, mit cyanidischen Lösungen der Cyano-Komplex $Au(CN)_2^-$. Beim Ätzen von Platin in Königswasser bildet sich Hexachloridoplatinsäure $H_2[PtCl_6]$.

24.4 Teilschritte beim Ätzen: Oxidation, Lösen, Diffusion und Konvektion

Oxidation

Der erste Reaktionsschritt beim nasschemischen Ätzen ist die Oxidation des zu ätzenden Mediums. Dies kann entweder über die Komplexbildung oder durch oxidierende Bestandteile im Ätzgemisch geschehen, wofür oftmals Wasserstoffperoxid oder Salpetersäure eingesetzt wird.

Lösen

Das oxidierte Material muss rasch genug von der Oberfläche in Lösung gehen, um ein rasches und gleichmäßiges Ätzen zur ermöglichen. Zum Ätzen der Oxide häufig eingesetzte Substanzen sind Salzsäure, Flusssäure, Ammoniumhydroxid oder Phosphorsäure.

Diffusion

Bei Raumtemperatur besitzen Atome und Moleküle mittlere Teilchengeschwindigkeiten von bis zu mehreren 100 m/s. Durch die in Flüssigkeiten geringe mittlere freie Weglänge resultiert daraus jedoch eine ungerichtete Zitterbewegung, welche Konzentrationsgradienten geätzter Stoffe nur sehr langsam abbaut.

Konvektion

Entweder durch die Gasbildung beim Ätzen, durch die Wärmeentwicklung exothermer Ätzreaktionen, oder durch äußeren Einfluss wie Umwälzung induziert ist Konvektion eine Voraussetzung dafür, dass der geätzte Stoff rasch auch über makroskopische Distanzen abtransportiert und so eine räumlich und zeitlich homogene Ätzrate erzielt wird.

24.5 Ätzen von Metallen und Edelmetallen

Energie, Entropie und Enthalpie

Das saure Ätzen von Metallen beruht im Wesentlichen auf einer Oxidation des Metalls durch die von den H_3O^+-Ionen abgegebene Protonen, welche dabei gemäß:

$$\text{Metall} + H^+ \rightarrow \text{Metall}^+ + H$$

zu neutralem Wasserstoff reduziert werden. Würde man nur energetische Aspekte des Ätzens beachten, könnten nur Metalle geätzt werden, bei denen obige Reaktion exotherm abläuft, die Änderung der inneren Energie ΔU also negativ ist. Diese Bedingung erfüllen definitionsgemäß alle Metalle mit einem Normalpotenzial E_0 kleiner als das des Wasserstoffs welches wie in Abschnitt 30.2 beschrieben auf Null festgelegt wird, also alle per Definition *unedlen* Metalle.

Dass jedoch auch Edelmetalle mit einem positiven Normalpotenzial *wie z. B.* das leicht ätzbare Kupfer mit einem E_0 = +0.34 eV geätzt werden können, liegt daran, dass – wie grundsätzlich bei allen chemischen Reaktionen – neben der Verringerung der Energie die Zunahme der *Entropie* eine Rolle bei der Frage spielt, ob eine Reaktion bevorzugt in der gewünschten Richtung abläuft. In physikalischen Größen ausgedrückt ist diese Bedingung dann erfüllt, wenn die Änderung der freien Enthalpie $\Delta F = \Delta U - T \cdot \Delta S$ negativ ist, d. h. das Produkt aus Temperatur T und Entropieänderung ΔS positiver als die Änderung der inneren Energie ΔU. Ein positives ΔS ist z. B. durch die Zunahme der Zahl der Translations- und räumlichen Freiheitsgrade durch den Übergang vom Festkörper in die Lösung oder der gelösten Stoffe in die Gasphase gegeben.

Elektronenschalen und Normalpotenzial

Sowohl die sehr reaktiven Alkalimetalle (Li, K, Na ...), als auch viele der inerten Edelmetalle (Au, Ag, Pt ...) besitzen ein s-Orbital mit einem ungepaarten Elektron. Während dieses Elektron bei Alkalimetallen sehr leicht an Reaktionspartner abgegeben werden kann (Oxidation), ist es bei Edelmetallen vergleichsweise stark an das Atom gebunden (positives Normalpotenzial).

Diese starke Bindung begründet sich u. a. darin, dass ein Edelmetallatom neben einem (im Falle von Au, Ag oder Pt) unvollständig gefüllten s-Orbital der Hauptquantenzahl („Schale") n ein vollständig gefülltes d-Orbital der Hauptquantenzahl n-1 besitzt (Beispiel Elektronenkonfiguration Gold: $[Xe]4f^{14}5d^{10}6s^1$). Dieses d-Orbital ragt teilweise über das s-Orbital hinaus und schirmt es räumlich gegen mögliche Reaktionspartner ab. Hinzu kommt, dass der Atomkern aus Sicht des ungepaarten s-Elektrons elektrostatisch nur durch den weiter innen liegenden Anteil des d-Orbitals abgeschirmt ist und das s-Elektron somit stärker an den Kern gebunden wird.

Manche Edelmetalle besitzen keine ungepaarten Elektronen in ihrer Hülle. Das äußerste s-Orbital ist entweder leer (wie z. B. bei Palladium) oder vollständig mit einem Elektronenpaar gefüllt (z. B. bei Iridium), was die chemische Stabilität weiter erhöht. So löst sich Iridium erst in 100°C heißem Königswasser nennenswert.

24.6 Grundsätzliche Problemstellungen beim Nassätzen

Unterätzen und Lackablösung kleiner Strukturen

Lösen sich bei nasschemischen Ätzprozessen zunächst oder ausschließlich kleine bzw. schmale Lackstrukturen ab, deutet dies auf ein Unterätzen hin, beginnend von den frei entwickelten Bereichen.

Unterstützt von höheren Temperaturen oder/und Gasbildung aus der Ätzreaktion (z. B. beim Al-Ätzen), heben sich schließlich Lackstrukturen durch die Verringerung ihrer Kontaktfläche zum Substrat von diesem ab.

Bei isotropen Ätzen lässt sich das Ausmaß des Unterätzens nicht beliebig verringern: Für jeden in die Tiefe zu ätzenden µm wird sich die Ätze im Ätzbecken auch mindestens einen µm lateral unter den Lack ätzen, lediglich Sprühätzen erlaubt eine gewisse Selektivität in die Tiefe. Ist das Ausmaß des Unterätzens jedoch stärker, deutet dies auf eine schlechte Lackhaftung hin.

Die Verbesserung der Lackhaftung kann über eine optimierte Substratvorbehandlung (Kapitel 8 auf Seite 50), angepasste Softbakeparameter (Kapitel 13 auf Seite 71) oder/und einen Hardbake nach dem Entwickeln (Abschnitt 19.1 auf Seite 106) verbessert werden. Ein solcher Hardbake kann oberhalb des Erweichungspunktes des Fotolacks zu einem besseren Kontakt zum Substrat führen. Ab ca. 140 - 150°C stabilisiert eine thermische Quervernetzung des Harzes die Lackstrukturen zusätzlich, erschwert aber zunehmend deren spätere Entfernbarkeit.

24.7 Großflächige Lackablösung

Beim Ätzen in Flusssäure

Beim Ätzen mit HF oder HF-haltigen Gemischen zeigt sich oft eine großflächige Lackabhebung nach einer bestimmten Ätzdauer oder beim anschließenden Spülen. Grund hierfür sind zwei parallel ablaufende Mechanismen:

- Durch das Eindiffundieren der Flusssäure in die Lackschicht quellen die Lackstrukturen auf.
- Gelangt die HF bis zum Substrat und greift – wie z. B. bei SiO_2 oder Glas der Fall – dieses großflächig unter der Lackschicht an, hebt sich die Lackschicht ab (Abb. 116).

Somit liegt zumindest zur Erklärung dieses Effekts kein eigentliches Lackhaftungsproblem vor. Statt dessen muss die Barriere für in Richtung Substrat diffundierende F^--Ionen erhöht werden, was z. B. über eine dickere Lackschicht möglich ist. Hierbei gilt in guter Näherung, dass eine Verdopplung der Lackschichtdicke die mögliche Ätzdauer vervierfacht.

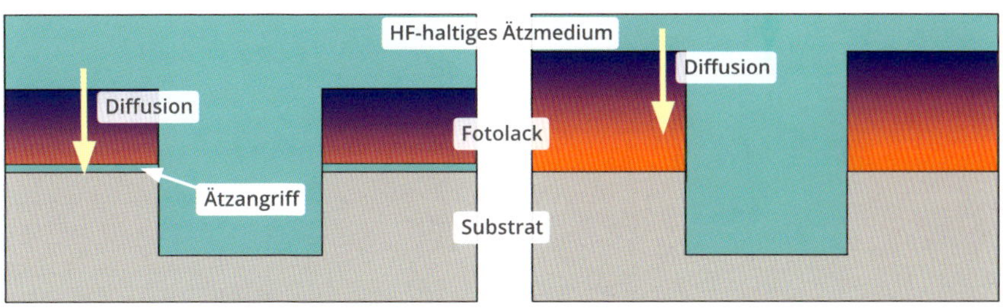

Abb. 116: Diffundieren die Fluorid-Ionen HF-haltiger Ätzen durch die Lackschicht bis zum Substrat, wird dieses großflächig angeätzt und die Lackstrukturen können sich abheben (links). Eine dickere Lackschicht (rechts) oder die Verwendung gepufferter statt ungepufferter Flusssäure kann die mögliche Ätzdauer deutlich verlängern.

Zudem hilft die Verwendung von gepufferter (BHF) statt ungepufferter HF, da im Falle von BHF die aktiven Ionen die in der Lackschicht weniger mobilen HF_2^--Ionen für das Ätzen verantwortlich sind.

Quervernetzende Negativlacke als Ätzmaske unterdrücken ebenfalls die Diffusion des Ätzmediums zum Substrat.

Sonderfälle

Im Falle beidseitig metallisierter Substrate bei denen beide Metalle ein unterschiedliches Normalpotenzial besitzen (z. B. Silber auf der einen Seite und Aluminium auf der anderen) bildet sich in wässrigen Lösungen ein galvanisches Element. Auf der einen Seite kann sich Wasserstoffgas an der Grenzfläche Metall/Lack bilden, welches die darüber liegende Lackschicht abheben kann.

In diesem Fall hilft eine ganzflächige, geschlossene Schutzlackschicht auf der jeweils gegenüber liegenden Seite des Substrats. Als Schutzlack dient prinzipiell jeder Fotolack oder die preiswerteren, Fotoinitiator-freien Lacke wie der AZ® 520D.

24.8 Stabilität von AZ® und TI Fotolackmasken gegenüber Ätzmedien

Organische Lösemittel

Nahezu alle organischen Lösemittel lösen Positiv- und Umkehrlacke in kurzer Zeit auf. Lediglich quervernetzende Negativlacke wie die AZ® nLOF 2000 Serie oder bei Temperaturen oberhalb 150°C thermisch quervernetzte Positiv- oder Umkehrlacke sind gegenüber organischen Lösemitteln in Grenzen stabil. Ein Auflösen der Lackstrukturen findet dann nicht mehr statt, jedoch kann sich die Lackmaske nach einer von der Lackschichtdicke und vom Grad der Quervernetzung abhängigen Einwirkdauer des Lösemittels vom Substrat abheben.

Säuren

Salzsäure ist ein gegenüber Fotolacken meist unkritisches Ätzmedium.

Beim Ätzen mit Flusssäure ist deren Permeabilität in Fotolackschichten zu berücksichtigen (vgl. Abschnitt 24.7). Ungepufferte oder gepufferte Flusssäure lässt sich jedoch bei ausreichend dicken Fotolackschichten oder kurzen Ätzzeiten für viele Ätzprozesse problemlos einsetzen.

Stark oxidierende Säuren wie HNO_3-haltige Gemische oder Ätzgemische aus H_2SO_4 und H_2O_2 greifen Fotolack stark an. Eine thermische Quervernetzung von Positivlacken oder der Einsatz quervernetzender Negativlacke kann die Stabilität der Lackmaske deutlich erhöhen.

Basen

In alkalischen Medien sind Fotolacke deutlich weniger stabil an in sauren Lösungen. Selbst 1 - 2 %ige Natron- oder Kalilauge greift Positivlackstrukturen an, bei höheren Konzentrationen neigen auch quervernetzte Negativlacke zur Ablösung vom Substrat.

Aus diesem Grund ist mit einer Maskierung durch übliche Positiv- oder Negativlacke ist z. B. weder anisotropes Silicium-Ätzen noch alkalisches Ätzen von dickeren Aluminium-Filmen möglich.

25. NASSCHEMISCHES ÄTZEN VON METALLEN

In mikroelektronischen und -mechanischen Bauteilen kommen die verschiedensten Metalle aufgrund ihrer jeweiligen elektrischen, optischen oder mechanischen Eigenschaften zum Einsatz. Besonders häufig sind dies Aluminium, Chrom, Gold, Kupfer, Silber, Nickel und Titan, welche alle auch nasschemisch strukturiert werden können.

*Dieses Kapitel beschreibt die Besonderheiten beim Ätzen dieser Metalle mit unterschiedlichen Ätzmischungen auch im Hinblick auf die Prozessierung einer dafür eingesetzten Lackmaske. Alle Konzentrationen der in diesem Kapitel mit * gekennzeichneten Substanzen beziehen sich auf die üblicherweise verfügbare Konzentration des betreffendes Stoffes wie in Abschnitt 25.8 aufgeführt.*

25.1 Ätzen von Aluminium

Eigenschaften und Einsatzbereiche von Aluminium in der Mikrostrukturierung

Aluminium ist mit einer Dichte von 2.7 g/cm³ ein Leichtmetall und kristallisiert kubisch flächenzentriert. Durch seine hohe elektrische Leitfähigkeit findet es in der Mikroelektronik für Leiterbahnen Anwendung, wofür es bei Kontakt mit Kupfer zur Verringerung der Elektromigration mit Kupfer und bei Kontakt mit Silicium zur Vermeidung der Bildung von Aluminium-Silicium-Mikrolegierungen mit Silicium legiert wird.

Mit einem Normalpotenzial von -1.66 V ist Aluminium kein Edelmetall, jedoch durch eine native, sehr dünne Oxidschicht (Al_2O_3) in vielen Medien chemisch inert.

Aluminium-Ätzen

Typische Al-Ätzen bestehen aus wenigen % HNO_3* zur Oxidation des Aluminiums, 65 - 80 % H_3PO_4* zum Ätzen des nativ vorhandenen und ständig durch die HNO_3 neu gebildeten Aluminiumoxids, Essigsäure* zur Verbesserung der Benetzung des Substrats mit der Ätzlösung sowie zur Pufferung der Salpetersäure und Wasser zum Einstellen der Ätzrate bei gegebener Temperatur.

Aluminium kann ebenfalls alkalisch z. B. mit verdünnter Natron- oder Kalilauge geätzt werden. Fotolackmasken kommen hierfür jedoch nicht in Frage, da der entsprechend hohe pH-Wert die Lackschicht in kurzer Zeit auflöst bzw. im Falle quervernetzter Negativlacke ablösen kann.

Homogenität des Al-Ätzens

Das eigentliche Aluminium-Ätzen startet erst, wenn das auf Aluminiumoberflächen grundsätzlich vorhandene, wenige nm dicke native Aluminiumoxid (Al_2O_3) z. B. durch die Phosphorsäure als Bestandteil typischer Al-Ätzgemische abgetragen wurde. Aus diesem Grund wirkt sich auch die Fotolackprozessierung auf einen nachfolgenden Al-Ätzschritt aus:

Alkalische Entwicklerlösungen greifen die Aluminiumoxidschicht verstärkt dort an, wo der Lack zuerst durchentwickelt ist. Dazu gehören dünnere Lackbereiche, lateral größere belichtete Bereiche oder Bereiche die z. B. beugungsbedingt oder durch eine inhomogene Belichtung eine höhere Dosis erhalten haben.

Je nach Grad der Überentwicklung und der Wartezeit zwischen Entwicklung und dem Al-Ätzen (Neubildung von nativem Al_2O_3) kann dies dann zu einem lateral inhomogenen Aluminium-Ätzstart und damit zu unterschiedlichen Ätztiefen bzw. -zeiten führen (Abb. 117).

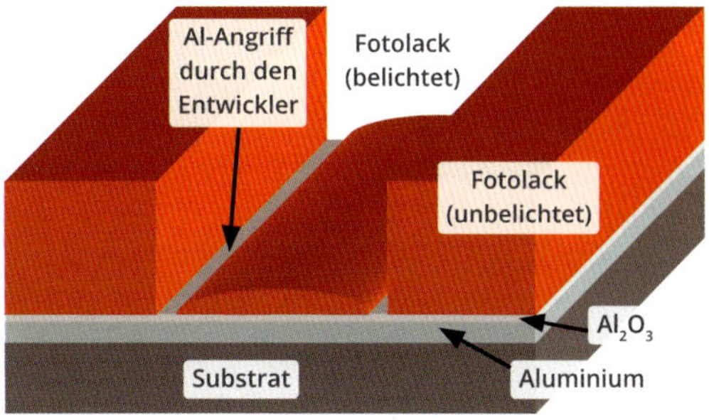

Abb. 117: Alkalische Entwickler greifen das native Oxid auf Aluminium-Schichten dort verstärkt an, wo der Lack zuerst durchentwickelt ist. Dort kann das spätere, eigentliche Al-Ätzen rascher beginnen als an den beim Entwickeln länger durch die Lackschicht geschützten Bereichen.

Ebenfalls problematisch für ein homogenes Ätzergebnis kann die Wasserstoffentwicklung bei der Ätzreaktion sein. Die ständig gebildeten H_2-Bläschen bleiben einige Zeit auf der Oberfläche sitzen und blockieren so über eine unterdrückte Versorgung mit frischem Ätzmedium den Ätzvorgang. In diesem Fall kann es helfen, den Ätzvorgang mehrfach durch ein kurzen Eintauchen in Wasser zu unterbrechen was die H_2-Bläschen zumindest vorübergehend beseitigt.

Kompatibilität und Selektivität

Alle unsere Fotolacke sind grundsätzlich ausreichend stabil in H_3PO_4/HNO_3-basierten Ätzgemischen um als Lackmaske eingesetzt werden zu können.

Die Ätzrate von auf H_3PO_4/HNO_3-Gemischen basierenden Aluminium-Ätzen ist stark temperaturabhängig und verdoppelt sich bereits bei wenigen Grad Temperaturanstieg. Mit nur wenigen Prozent Silicium legiertes Aluminium weist eine ähnliche Ätzrate wie reines Aluminium auf.

Kupfer wird von dieser Al-Ätze deutlich stärker als Aluminium geätzt, Nickel vergleichsweise schwach angegriffen. Titan, Chrom und Silber werden nicht nennenswert geätzt, Edelmetalle wie Gold, Platin gar nicht angegriffen.

Unsere Aluminiumätze

Unsere Aluminiumätze *TechniEtch Al80* hat die Zusammensetzung $H_3PO_4^*$: HNO_3^* : CH_3COOH^* : H_2O = 80 %: 5 % : 5 % : 10 % und wird von uns in 2.5 L Gebinden in MOS-Qualität angeboten.

25.2 Ätzen von Chrom

Eigenschaften und Einsatzbereiche von Chrom in der Mikrostrukturierung

Chrom wird auf dem Gebiet der Mikrostrukturierung wegen seiner hohen Härte und guten Haftung auf vielen Materialien zur Herstellung von Fotomasken wie auch als Haftvermittler für nachfolgend aufgebrachte Metallfilme verwendet.

Ätzgemische für Chrom

Chromätzen basieren meist Ammoniumcernitrat $(NH_4)_2[Ce(NO_3)_6]$ mit Perchlorsäure ($HClO_4$) als optionalem Additiv. Perchlorsäure ist als äußerst starke Säure in wässriger Lösung nahezu vollständig dissoziiert (pKS-Wert < -8) und dient als sehr starkes Oxidationsmittel zur Stabilisierung des Ammoniumcernitrats. Ammoniumcernitrat ist selbst ein sehr starkes Oxidationsmittel, welches gemäß der folgenden Summenformel

$$3\,(NH_4)_2Ce(NO_3)_6 + Cr \rightarrow Cr(NO_3)_3 + 3(NH_4)_2Ce(NO_3)_5$$

das Chrom zur Oxidationsstufe III oxidiert, wobei das Cer von der Oxidationsstufe IV nach III reduziert wird. Das Chromnitrat, welches während des Ätzvorgangs einen dunklen, sich ständig neu bildenden Belag auf der Chromschicht bildet, ist in Wasser und damit in der Chromätze selbst sehr gut löslich was einen Komplexbildner obsolet macht.

Kompatibilität und Selektivität

Alle unsere Fotolacke sind ausreichend stabil in Ammoniumcernitrat und Perchlorsäure basierten Ätzgemischen um als Lackmaske eingesetzt werden zu können.

Kupfer, Silber und Vanadium werden von diesem Ätzgemisch stark geätzt. Aluminium, Titan, Wolfram und Nickel erfahren nur einen schwachen Angriff. Die Edelmetalle Gold, Platin und Palladium werden nicht angegriffen. Erfahrungsgemäß kann es bei Kupfer in elektrisch leitender Verbindung zu Chrom zu einer stark verringerten Ätzrate des Chroms kommen.

Unsere Chromätze

Unsere Chromätze *TechniEtch Cr01* hat die Zusammensetzung Ammoniumcernitrat : Perchlorsäure : Wasser = 10.9 % : 4.25 % : 84.85 % und weist bei Raumtemperatur eine Ätzrate von ca. 60 nm/Minute auf.

25.3 Ätzen von Gold

Eigenschaften und Einsatzbereiche von Gold in der Mikrostrukturierung

Gold ist mit 19.3 g/cm^3 ein Edelmetall sehr hoher Dichte welches kubisch flächenzentriert kristallisiert. Mit einem Normalpotenzial von +1.5 V gehört Gold zu den Edelmetallen. Durch seine Elektronenkonfiguration $[Xe]4f^{14}5d^{10}6s^1$ kann Gold sehr schwer oxidiert werden: Das ungepaarte Valenzelektron ist durch das vollständig gefüllte 5d Orbital von möglichen Reaktionspartnern weitgehend abgeschirmt und damit sehr schwer abzuspalten.

Das nasschemische Ätzen von Gold erfordert deshalb zwei Voraussetzungen: Einen sehr stark oxidierenden Reaktionspartner und einen Komplexbildner, welcher das geätzte Gold in Lösung hält und den – energetisch günstigen – Wiedereinbau verhindert.

Gerade wegen seiner hohen chemische Stabilität gegenüber den meisten Säuren und Basen wird Gold in der Mikroelektronik als gegen Korrosion sehr unempfindliches Metall für elektrische Kontaktflächen bzw. deren Beschichtung eingesetzt.

Ätzen von Gold mit HCl/HNO_3

Gemische aus Salpetersäure und Salzsäure (im Mischungsverhältnis 1 : 3 auch *Königswasser* genannt) ätzen Gold bereits bei Raumtemperatur. Die starke oxidative Wirkung dieses Gemisches beruht auf der Bildung von Nitrosylchlorid (NOCl) über die Reaktion $HNO_3 + 3\,HCl \rightarrow NOCl + 2\,Cl + 2\,H_2O$. Die dabei ebenfalls gebildeten freien Chloratome halten das gelöste Edelmetall als Chlorkomplex (Tetrachlorogold-(III)-säure = $HAuCl_4$) in der Lösung. Königswasser verbraucht sich selbst und zerfällt mit der Zeit unter Bildung nitroser Gase und Chlorgas.

Die Ätzrate von Königswasser bei Raumtemperatur für Gold liegt bei ca. 10 µm/min und kann durch Erwärmen des Gemisches auf einige 10 µm/min erhöht werden.

Palladium, Aluminium, Kupfer und Molybdän werden ebenfalls bei Raumtemperatur in Königswasser geätzt. Für das Ätzen von Platin und Rhodium muss das Königswasser zur Erzielung einer nennenswerten Ätzrate erhitzt werden, Iridium wird nur von stark erhitztem (kochenden) Königswasser geätzt.

Silber wird von Königswasser nicht geätzt, da sich dabei auf dem Silber eine schützende Silberchloridschicht ausbildet. Chrom, Titan, Tantal, Zirkonium, Hafnium und Niob bilden dünne, sehr dichte Passivier- (meist: Oxid-)schichten an ihrer Oberfläche welche - zumindest bei Raumtemperatur - das Metall vor einem nennenswerten Angriff in Königswasser schützen. Wolfram wird von Königswasser aus dem gleichen Grund nur langsam geätzt.

Ätzen von Gold mit KI/I_2

Jod bildet über die Gleichung $2\,Au + I_2 \rightarrow 2\,AuI$ Goldiodid, dessen wässrige Löslichkeit durch das gelöste Kaliumiodid deutlich erhöht wird. Das Jodid bzw. Jod kann durch andere Halogene bzw. deren Salze ersetzt werden - ausgenommen Fluor, welches keine lösliche Goldverbindung bildet.

Im Mischungsverhältnis $KI : I_2 : H_2O$ = 4 g : 1 g : 40 ml erzielt diese Lösung bei Raumtemperatur eine Ätzrate für Gold von etwa 1 µm/min. Zu Kupfer besteht keine nennenswerte Selektivität, Nickel wird davon nur im Falle direkter (elektrisch leitender) Verbindung mit Gold angegriffen.

Ätzen von Gold mit Cyaniden

Mit wässrigen Lösungen des sehr giftigen Natriumcyanid (NaCN) oder ebenfalls sehr giftigen Kaliumcyanid (KCN) wird Gold unter Bildung des gut löslichen Cyano-Komplexes $[Au(CN)_2]$ gelöst. Diese Reaktion erfordert entweder Luftsauerstoff oder Sauerstoff, welcher von der Ätzlösung zugegebenem H_2O_2 abgespalten wird.

Cyanidlösungen greifen neben Gold auch z. B. Silber und Kupfer an, welche wasserlösliche, cyanidische Komplexe bilden.

Unsere Goldätzlösung

Unsere fertig angesetzte Goldätzlösung *TechniEtch ACI$_2$* basiert auf einer Kaliumiodid/Iod-Lösung.

25.4 Ätzen von Kupfer

Eigenschaften und Einsatzbereiche von Kupfer in der Mikrostrukturierung

Aufgrund seiner hohen elektrischen Leitfähigkeit und den verglichen mit Silber geringeren Kosten findet Kupfer in der Mikroelektronik wie auch im Leiterplattenbereich eine breite Anwendung als Material für Leiterbahnen. Durch die fehlende Möglichkeit einer trockenchemischen Strukturierung via Plasmaätzen müssen hierfür nasschemische Ätzverfahren angewandt werden, ggfalls. in Kombination mit einer nachfolgenden galvanischen Verstärkung.

Ätzen von Kupfer

Kupfer wird von (auch verdünnter) Salpetersäure sowie gesättigter 30 %iger $Fe(Cl)_3$ Lösung geätzt. Gemische aus NH_4OH und H_2O_2 ätzen Kupfer ebenfalls.

25.5 Ätzen von Nickel

Eigenschaften und Einsatzbereiche von Nickel in der Mikrostrukturierung

Das Übergangsmetall Nickel gehört mit einer Dichte von 8,9 g/cm^3 zu den Schwermetallen und kristallisiert kubisch flächenzentriert. Durch seine Härte und hohe chemische Beständigkeit werden Nickelschichten als Korrosionsschutz von Oberflächen gegen chemische und mechanische Beanspruchung eingesetzt.

Ätzen von Nickel

Oxidierende Säuren überziehen Nickel mit einer passivierenden Oxidschicht, welche das weitere Ätzen verhindert. Aus diesem Grund ist zum Ätzen von Nickel neben einem Oxidationsmittel ein Medium notwendig, welches das sich ständig neu bildende Oxid zu lösen vermag.

Wie Titan lässt sich Nickel mit H_2O_2 (zur Oxidation des Ti) und HF (Ätzen des Oxids) ätzen. Als Oxidator kann auch Salpetersäure und Salzsäure statt Flusssäure verwendet werden. Eine wässrige 30 %ige $Fe(Cl)_3$ Lösung ätzt ebenfalls Nickel.

25.6 Ätzen von Silber

Eigenschaften und Einsatzbereiche von Silber in der Mikrostrukturierung

Das Edelmetall Silber kristallisiert wie Gold kubisch flächenzentriert. Es besitzt unter allen Metallen die höchste elektrische Leitfähigkeit und wird in der Mikroelektronik dort als Material für Leiterbahnen eingesetzt, wo die Anforderung an einen minimalen Widerstand die verglichen mit Kupfer höheren Materialkosten rechtfertigt.

Ätzen von Silber

Ätzmischungen für Silber benötigen eine Komponente, welche das Silber oxidiert, und eine weitere Komponente zum Lösen bzw. Ätzen des dabei gebildeten Silberoxids.

Neben der im Abschnitt Ätzen von Gold beschriebenen KI / I_2 / H_2O-Ätzlösung wird Silber auch von NH_4OH^* : $H_2O_2^*$: Methanol = 1 : 1 : 4 geätzt. Das giftige Methanol ist kein zwingender Bestandteil und kann unter Einbußen der Ätzhomogenität weggelassen bzw. durch Wasser ersetzt werden. Ein weiteres Ätzgemisch für Silber ist eine wässrige Lösung aus HNO_3^* : HCl^* : H_2O = 1 : 1 : 1.

25.7 Ätzen von Titan

Eigenschaften und Einsatzbereiche von Titan in der Mikrostrukturierung

Titan als sehr hartes und korrosionsbeständiges Metall wird in der Mikrostrukturierung häufig als Haftschicht zwischen dem Substrat und darüber aufgewachsene Metallschichten verwendet. Als Trennschicht zwischen dem Silicium-Substrat und Aluminium dient es als Barriere gegen eine Eindiffusion von Si in Al zur Verhinderung des sog. *Aluminium Spiking* wobei das Aluminium die vom darin eindiffundierten Silicium zurück gelassenen Räume füllt und dadurch Kurzschlüsse verursachen kann.

Ätzen von Titan

Titan bildet an Luft eine sehr stabile Oxidschicht. Diese wird nur durch Flusssäure stark angegriffen, welches deshalb Bestandteil von Titanätzen ist. Zur Oxidation der jeweils freigeätzten Schichten eignet sich als zweiter Bestandteil H_2O_2. In einem Mischungsverhältnis HF^* : $H_2O_2^*$: H_2O = 1 : 1 : 20 lässt sich Titan bei Raumtemperatur mit etwa 1 µm/Minute ätzen.

25.8 Standardkonzentrationen

Alle Konzentrationsangaben aller in diesem Kapitel genannten, mit einem (*) markierten Stoffe beziehen sich auf folgende Basis-Konzentrationen:

HCl^* = 37 % HCl in H_2O	HNO_3^* = 70 % HNO_3 in H_2O
$H_2SO_4^*$ = 98 % H_2SO_4 in H_2O	HF^* = 50 % HF in H_2O
$H_2O_2^*$ = 30 % H_2O_2 in H_2O	$H_3PO_4^*$ = 85 % H_3PO_4 in H_2O
NH_4OH^* = 29 % NH_3 in H_2O	CH_3COOH^* = 99 % CH_3COOH in H_2O

26. NASSCHEMISCHES ÄTZEN VON SILICIUM UND SiO_2

Silicium und sein Oxid SiO_2 sind die häufigsten in der Mikroelektronik und Mikromechanik eingesetzte Substratmaterialien. Als solches dient es nicht nur als passiver Träger, sondern als elektrisch, optisch oder mechanisch funktionale Komponente in Bauteilen. Die Mikrostrukturierung von Silicium und SiO_2 kann auch über nasschemische Ätzverfahren erfolgen, wie sie in diesem Kapitel beschrieben werden.

26.1 Anisotropes Ätzen von Silizium

Ätzmechanismus

Stark alkalische Medien wie wässrige KOH-, NaOH- oder TMAH-Lösungen ätzen kristallines Silizium via

$$Si + 2\,OH^- + 2\,H_2O \rightarrow Si(OH)_4 + H_2 \rightarrow SiO_2(OH)_2^{2-} + 2\,H_2$$

Da die Si-Atome der verschiedenen Kristallebenen (vgl. Abb. 8 auf Seite 17) für die Ätzreaktion unterschiedliche Aktivierungsenergien aufweisen, und das KOH-Ätzen von Si nicht diffusions- sondern Ätzratenlimitiert ist, erfolgt der Ätzvorgang anisotrop: Die {100}- und {110}-Ebenen werden deutlich rascher geätzt die als Ätz-Stopp fungierenden, stabilen {111}-Ebenen.

(111)-orientierte Wafer

(111)-orientierte Si-Wafer werden von alkalischen Lösungen kaum angegriffen, da hier die gesamte Waferoberfläche einen Ätz-Stopp bildet. Da die reale Orientierung von Wafern meist um wenige 0,1° gegen die ideale Kristallebene verkippt ist kommt es bei nominell (111)-orientierten Wafer jedoch ebenfalls zu einem Ätzangriff in Form sehr flacher Stufen.

(100)-orientierte Wafer

(100)-Wafer bilden beim alkalischen Ätzen Pyramiden mit quadratischer Grundfläche und {111}-Ebenen als Mantelflächen (dargestellt in Abb. 13 auf Seite 18, links), welche z. B. auf kristallinen Si-Solarzellen zur Verringerung der Lichtreflexion realisiert werden.

(110)-orientierte Wafer

(110)-Wafer bilden beim alkalischen Ätzen rechtwinklige Gräben mit {111}-Ebenen als Flanken (dargestellt in Abb. 13 auf Seite 18, rechts), wie sie z. B. in der Mikromechanik und Mikrofluidik Verwendung finden.

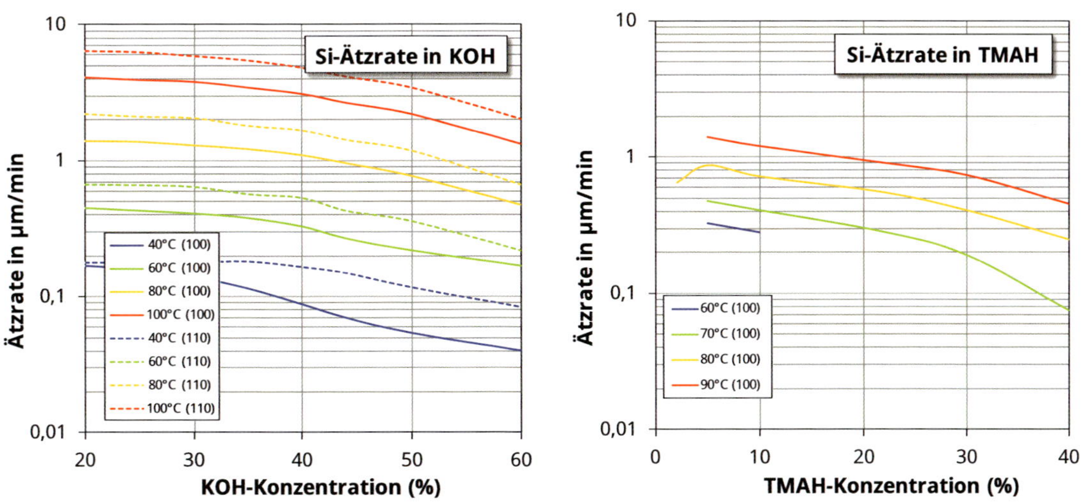

Abb. 118: Die konzentrations- und temperaturabhängige Ätzrate von (100)- und (110)-Ebenen von kristallinem Silicium in KOH (linker Graf) bzw. TMAH (rechter Graf). Das alkalische Ätzen von Silicium erfordert wie in Abschnitt 26.1 gezeigt neben OH^--Ionen auch freie Wassermoleküle. Daher nimmt die Ätzrate, aber auch die Oberflächen-Rauigkeit der geätzten Silicium-Oberfläche, zu größeren Konzentrationen hin ab.

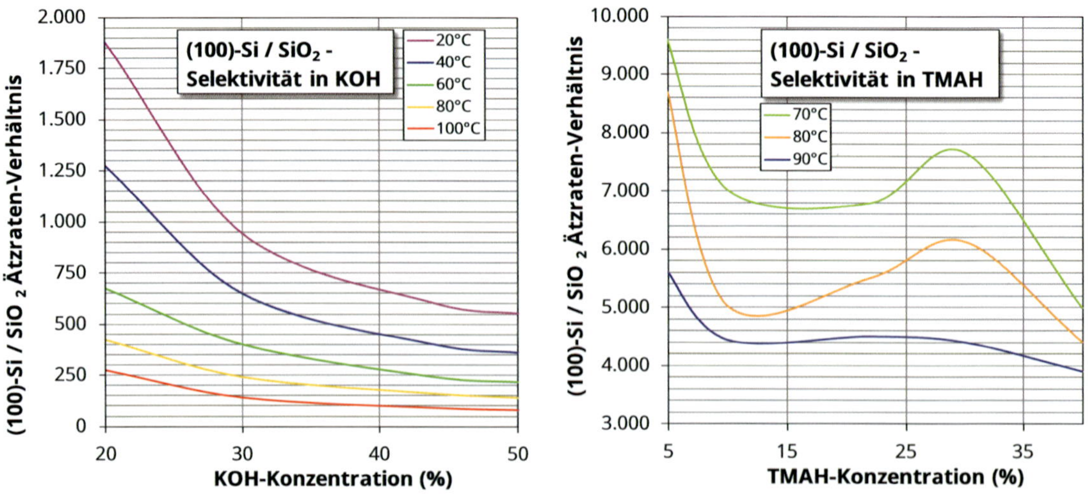

Abb. 119: Die konzentrations- und temperaturabhängige Selektivität der Ätzrate von (100)- Silicium und SiO_2 in KOH (linker Graf) bzw. TMAH (rechter Graf). In TMAH besitzen die Ätzraten von Si und SiO_2 ihr Maximum bei unterschiedlichen TMAH-Konzentrationen, weshalb ihr Verhältnis ein lokales Minimum bildet.

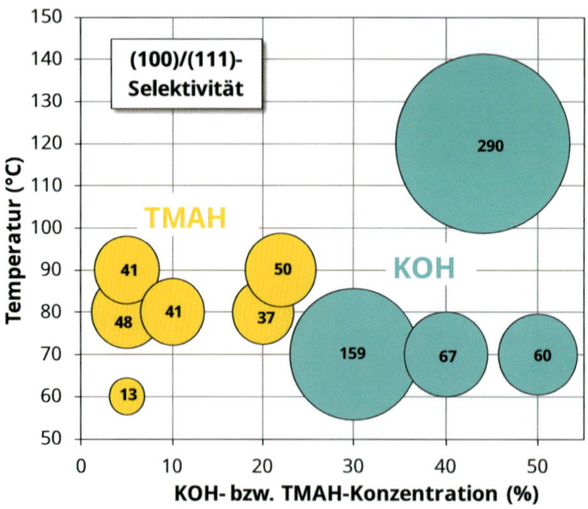

Abb. 120: Das Verhältnis der Ätzraten von Silicium in (100)- zur (111)-Richtung in TMAH (orange Kreisflächen) und KOH (blaugrün) als Funktion der jeweiligen Konzentration und Temperatur

Ätzraten

Die Anisotropie, die absoluten Ätzraten und die Homogenität des Ätzens hängen neben der Ätztemperatur sowohl von Defekten im Silizium, als auch von Verunreinigungen der Ätze durch Metallionen und bereits geätzte Si-Ionen ab.

Auch die Dotierung des Si spielt eine große Rolle: Hoch Bor-dotiertes Si bildet beim Ätzen Borsilikat-Glas, welches ab sehr hohen Bordotierungen (> 10^{19} cm^{-3}) als Ätzstopp wirkt.

Abb. 118 zeigt die temperatur- und konzentrationsabhängigen Ätzraten von (100)- und (110)-Ebenen in KOH und TMAH (Abb. 118), sowie die Selektivität der Ätzen zu SiO_2 (Abb. 119 und Abb. 120), welches oft als Maskierung verwendet wird.

Typische Ätzgemische

25 % TMAH und 44 % KOH erhalten Sie von uns in VLSI-Qualität. Da diese Medien SiO_2 nur in sehr geringem Maß angreifen muss vor dem anisotropen Si-Ätzen die (native) SiO_2-Schicht in verdünnter bzw. gepufferter Flusssäure entfernt werden.

Geeignete Ätzmasken

Die für das anisotrope Ätzen von Silicium notwendigen hohen pH-Werte und Temperaturen greifen selbst stark quervernetzte Negativlackstrukturen in kürzester Zeit an, so dass Fotolackmasken hierfür nicht in Frage kommen. Hierfür werden Hartmasken aus üblicherweise Siliciumnitrid, SiO_2 oder alkalisch stabilen Metallschichten wie Chrom verwendet, die wiederum über Fotolackmasken strukturiert werden können.

26.2 Isotropes Ätzen von Silicium mit HF/HNO_3

Ätzmechanismus

Der grundlegende Ätzmechanismus beim isotropen Ätzen von Silicium gliedert sich in die Oxidation von Silicium durch Salpetersäure und dem Ätzen des dabei an der Oberfläche stets neu gebildeten Oxids mit Flusssäure:

(1) Bildung von NO_2 aus Salpetersäure: $4\ HNO_3 \rightarrow 4\ NO_2 + 2\ H_2O + O_2$

(2) Oxidation von Silicium durch NO_2: $2\ NO_2 + Si \rightarrow SiO_2 + 2\ NO$

(3) Ätzen von SiO_2: $SiO_2 + 6\ HF \rightarrow H_2SiF_6 + 2\ H_2O$

mit der Summenformel der Gesamtreaktion:

$$4\ HNO_3 + 2\ Si + 12\ HF \rightarrow 4\ NO + 6\ H_2O + O_2 + 2\ H_2SiF_6$$

Die dabei entstehende Hexafluoridokieselsäure (H_2SiF_6) ist in wässriger Lösung stabil.

Ätzraten von Silicium

Abb. 121 zeigt die Ätzrate von kristallinem Silicium in unterschiedlichen HF : HNO_3 Gemischen bei Raumtemperatur.

Man erkennt, dass bei sehr kleinen Konzentrationen einer der beiden Komponenten auch die Ätzrate auf Null sinkt, da sich in reinem HF kein in HF ätzbares SiO_2 bildet, und in reiner HNO_3 keine HF zum Ätzen des SiO_2 zur Verfügung steht.

Eine genaue Kontrolle der Ätzrate erfordert Temperaturgenauigkeiten von ± 0.5°C. Die Verwendung von Essigsäure als Verdünner verbessert die Benetzung der hydrophoben Si-Oberfläche und erhöht so die Ätzrate bei verbesserter Homogenität.

Dotiertes (n- und p-Typ) Silicium zeigt eine höhere Ätzrate als undotiertes Silicium.

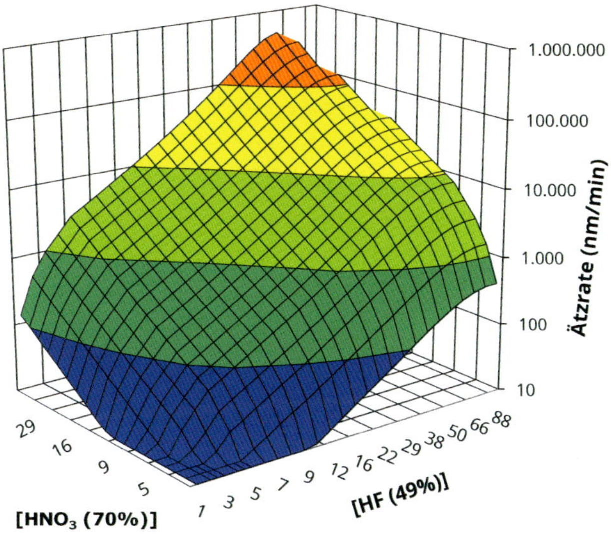

Abb. 121: Die Ätzrate von Silicium als Funktion der HNO_3- und HF-Konzentration des Ätzgemisches bei Raumtemperatur.

Selektivität Si : SiO_2

Wie das Ätzdreieck in Abb. 122 zeigt, fördern hohe HF : HNO_3-Verhältnisse über den Oxidationsschritt von Silicium das Raten-limitierte Ätzen von Si mit stark temperaturabhängiger Ätzrate.

Kleine HF : HNO_3-Verhältnisse fördern diffusionslimitiertes Ätzen von SiO_2 geringer Temperaturabhängigkeit. Reine HF greifet Silicium gar nicht an, reine HNO_3 führt lediglich zu einer Oxidation dessen Oberfläche.

Die Ätzrate von SiO_2 ist durch die HF-Konzentration bestimmt, da hierfür die der Oxidationsschritt keine Rolle spielt.

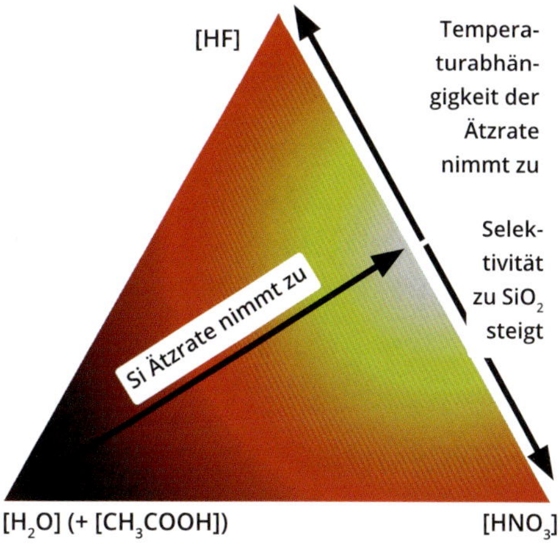

Abb. 122: Das Ätzdreieck für Silicium zeigt die prinzipielle Abhängigkeit der Ätzrate von der Zusammensetzung der Ätze.

26.3 Ätzen von SiO_2 mit HF oder BHF

Flusssäure

Flusssäure (HF) ist das einzige nasschemische Medium, mit dem sich SiO_2 mit nennenswerter Rate isotrop ätzen lässt. Durch die sehr hohe Toxizität von gerade höher konzentrierter HF sollte stets überlegt werden, mit welchen Maximal-Konzentrationen gearbeitet werden muss. Für einen „HF-Dip" zum Entfernen von nativem Oxid genügt schon 1 %-ige HF, und selbst einige 100 nm SiO_2 können problemlos mit 10 %-iger HF oder gepufferter HF (BOE 7 : 1) geätzt werden.

Wir bieten neben 50 %-iger HF auch 1 %-ige und 10 %-ige HF, sowie BOE 7 : 1 (= AF 87.5 - 12.5), jeweils in VLSI-Qualität, an.

Gepufferte Flusssäure

Das Ätzen von Si und SiO_2 verbraucht über die Reaktion $SiO_2 + 4\ HF \rightarrow SiF_4 + 2\ H_2O$ Fluorid-Ionen. Mit Ammoniumfluorid gepufferte HF (BHF = $NH_4F + H_2O + HF$) bewirkt:

- Die Aufrechterhaltung der Konzentration freier F^--Ionen über $NH_4F + H_2O \rightarrow H_3O+ + F^- + NH_3$ für eine konstante, kontrollierbare und homogene Ätzrate
- Eine Erhöhung der Ätzrate über hochreaktive HF_2^- -Ionen
- Einen Anstieg im pH-Wert (→ verringerte Neigung zu Unterätzen/Lackablösung)

Stark gepufferte Flusssäure zeigt einen pH-Wert von bis zu 7 und kann über chemische pH-Indikatoren u. U. nicht nachgewiesen werden! Wir bieten gepufferte HF (BOE 7 : 1 = AF 87.5 - 12.5) in 2.5 L Gebinden in VLSI-Qualität optional mit und ohne Netzmittel an.

Ätzraten von SiO_2 in HF oder BHF

Verglichen mit thermischem Oxid zeigt abgeschiedenes (z. B. via CVD) SiO_2 aufgrund seiner Porosität bzw. geringen Kristallinität eine höhere Ätzrate, „nasses Oxid" aus gleichem Grund eine etwas höhere Ätzrate als „trockenes Oxid", also thermisch via O_2 hergestelltes SiO_2 (Details s. Abschnitt 2.1 auf Seite 24). Phosphordotiertes SiO_2 ätzt schneller als undotiertes SiO_2

Ätzen von Gläsern

Gläser unterschiedlicher Zusammensetzungen zeigen eine starke Abhängigkeit ihrer Ätzrate von Zusätzen in verwendeten HF-haltigen Ätzgemischen. Solche Additive (z. B. HCl oder HNO_3) lösen beim Glasätzen gebildete, in reinem HF inerte und so als Ätzstopp wirksame Oberflächenschichten und erlauben so eine homogen hohe Ätzrate ohne eine auch für die Lackschicht kritische Notwendigkeit, die HF-Konzentration zu erhöhen.

27. TROCKENÄTZEN

Beim Trockenätzen geschieht der Materialabtrag nicht durch die in einer Flüssigkeit gelösten Verbindungen, sondern durch die Atome oder Moleküle eines zumindest teilweise ionisierten Gases.

Dieses Kapitel beschreibt die grundlegenden physikalischen und chemischen Vorgänge dieses Ätzprozesses und geht auf die speziellen Anforderungen der vorherigen Fotolackprozessierung zur Definition und Stabilität der gewünschten Lackmaske ein.

27.1 Grundlegende Ätzmechanismen und Parameter

Physikalische und chemische Vorgänge beim Trockenätzen

Der Abtrag des zu ätzenden Materials kann entweder physikalisch durch die kinetische Energie der Teilchen (neutrale oder ionisierte Atome oder Moleküle) aus dem Gas, oder über chemische Reaktionen zwischen dem Material und dem Gas erfolgen.

Der physikalische Mechanismus lässt sich als teilelastischer Stoß von Ionen mit den Atomen des zu ätzenden Mediums betrachten. Chemische Reaktionen spielen hierbei keine oder nur eine untergeordnete Rolle, weshalb das Ätzen nur in geringem Maß materialselektiv ist. Da die Ionen aus dem Gas meist durch elektrische Felder senkrecht zum Substrat beschleunigt werden, ist der Materialabtrag in diese Vorzugsrichtung anisotrop.

Dominiert hingegen der chemische Ätzmechanismus, erfolgt das Ätzen vorwiegend über die stark materialselektive Bildung flüchtiger Verbindungen des zu ätzenden Mediums durch Radikale aus dem Plasma. Deren Flugrichtung spielt bei der chemischen Reaktion keine Rolle, weshalb der Ätzvorgang weitgehend isotrop ist. Verglichen mit dem physikalischen Abtrag erlaubt der chemische Abtrag eine tendenziell deutlich höhere Ätzrate.

Technologien zum Trockenätzen

Beim Plasmaätzen dominiert der chemische Abtrag des zu ätzenden Materials. Auf diese Weise wird üblicherweise mit chlorierten oder/und fluorierten Kohlenwasserstoffen Si oder SiO_2 isotrop und sehr materialselektiv geätzt.

Beim *Sputterätzen (ion milling)* erfolgt der material Abtrag physikalisch durch auf das Substrat beschleunigte Edelgasionen wie Argon oder Xenon.

Reaktives Ionenätzen (*RIE, Reactive Ion Etching*) stellt eine Kombination aus physikalischem und chemischem Abtrag dar: Hierbei werden chemisch reaktive Radiale im Plasma gebildet und durch elektrische Felder in Richtung Substrat beschleunigt.

Zielparameter beim Trockenätzen

Die *Ätzrate* definiert sich aus der abgetragenen Dicke des zu ätzenden Materials pro Zeit.

Die *Selektivität* ist das Verhältnis der Ätzraten zweier Materialien, die gleichzeitig dem Ätzangriff ausgesetzt sind. Hierbei kann es sich z. B. um die Fotolackstrukturen der Ätzmaske sowie das zu ätzende Material handeln, aber auch zwei übereinander gestapelte Materialien die nacheinander geätzt werden.

Die *Anisotropie* beschreibt das Verhältnis der Ätzraten senkrecht und parallel zur Substratoberfläche. Je isotroper der Ätzvorgang ist, desto stärker wird die Ätzmaske während der Ätzvorgangs unterätzt.

Die *Uniformität* beschreibt die Homogenität der Ätzrate über die gesamte Substratfläche.

27.2 Plasmaätzen von Si und SiO_2

Typische Ätzgase

Typische Ätzgase für das Ätzen von SiO_2 sind fluorierten Kohlenwasserstoffe ($C_xF_yH_z$) wie z. B. Tetrafluormethan (CF_4) Die grundlegenden Reaktionen im Plasma und auf dem zu ätzenden SiO_2 sind:

(1) Bildung von F-Radikalen durch Elektronenstöße: $e^- + CF_4 \rightarrow CF_3 + F + e^-$

(2) Bildung flüchtiger Si-Verbindungen: $SiO_2 + 4\,F \rightarrow SiF_4 + O_2$

Typische Ätzgase für das Ätzen von Si sind chlorierte und fluorierte Kohlenstoffverbindungen ($C_xF_yCl_z$), wie auch hier am Beispiel Tetrafluormethan:

(1) Bildung von F-Radikalen durch Elektronenstöße: $e^- + CF_4 \rightarrow CF_3 + F + e^-$

(2) Bildung flüchtiger Si-Verbindungen: $Si + 4\,F \rightarrow SiF_4$

Anpassung des geforderten Ätzratenverhältnisses Si : SiO_2

Die Zugabe von Sauerstoff erhöht über die Reaktion $CF_3 + O \rightarrow COF_2 + F$ die Konzentration von Fluor-Radikalen im Plasma mit folgenden Auswirkungen:

- Über die Reaktion $Si + 4\,F \rightarrow SiF_4$ steigt die Ätzrate von Silicium bis zu einem Maximum bei einem Anteil von ca. 12 % O_2 in CF_4.
- Über die Reaktion $SiO_2 + 4\,F \rightarrow SiF_4 + O_2$ steigt auch die Ätzrate von SiO_2, mit einem Maximum bei ca. 20 % O_2 in CF_4.
- Über die O_2-Veraschung wird eine vorhandene Lackmaske stärker angegriffen

Die Zugabe von Wasserstoff zum Prozessgas

- verringert über die Reaktion $H + F \rightarrow HF$ die Konzentration von Fluor-Radikalen im Plasma und die Ätzrate, allerdings für Si stärker als für SiO_2.
- führt über die Reaktion $CF_4 + H + Si \rightarrow CH_xF_y$ zur Abscheidung chemisch sehr inerter fluorierter Polymere bevorzugt auf Silicium-Oberflächen und stoppt so das Ätzen von Silicium.

Tiefes reaktives Ionenätzen: Der „Bosch-Prozess"

Zum trockenchemischen Ätzen von Strukturen mit steilen Flanken und sehr hohem Aspektverhältnis bietet sich der sog. Bosch-Prozess an:

Abwechselnd anisotropes Si-Ätzen und die Bildung einer gegenüber dem Plasma inerten fluorierten Polymerschicht auf den geätzten Flanken sowie den Flanken der Lackstrukturen ermöglicht Aspektverhältnisse > 50, Silicium-Ätzraten > 10 µm/min und Ätzratenverhältnisse > 450 bzgl. Si : SiO_2 bzw. > 150 bzgl. Silicium : Fotolack.

27.3 Plasmaätzen verschiedener Metalle

Aluminium

Aluminium kann mit Hilfe Bromhaltiger Gase wie Bromwasserstoff (HBr) oder chlorhaltiger Gase wie z. B. BCl_3, Cl_2 oder CCl_4 unter Bildung der hinreichend flüchtigen Verbindungen Aluminiumbromid ($AlBr_3$) bzw. Aluminiumchlorid ($AlCl_3$) geätzt werden.

Wolfram

Wolfram wird mit fluorhaltigen Gasen unter Bildung von flüchtigem Wolframhexafluorid (WF_6) geätzt, dem dichtesten bekannten Gas unter Standardbedingungen.

Titan

Durch die sehr geringen Dampfdrücke von Titanchlorid ($TiCl_3$) und Titanfluorid (TiF_3) eignen sich reine Plasmaprozesse mit entsprechend halogenisierten Prozessgasen nicht für das Trockenätzen von Titan, weshalb meist Argon zugegeben wird um den Abtrag zur Sputterätzen zu verstärken.

Kupfer, Silber und Gold

Diese Metalle bilden keine hinreichend flüchtigen Halogenide für ausreichend hohe Plasmaätzraten bei Temperaturen unter 150°C. Mit Hilfe von wasserstoffhaltigen Prozessgasen können sich jedoch (instabile) Hydride der Metalle bilden, welche über Ionen- oder photonenassistierte Prozesse mit Ätzraten von wenigen nm/min von der Oberfläche desorbiert werden können.

27.4 Anforderungen an die Fotolackprozessierung

Senkrechte Lackflanken

Für möglichst senkrechte Lackprofile sind ein hochkontrastiger Fotolack, sowie für hohen Kontrast optimierte Prozessparameter erforderlich, wie

- je nach gewünschter Schichtdicke und erforderlicher thermischer Stabilität der AZ® 701 MiR für Lackschichtdicken unter 1 µm, die AZ® ECI 3000 Serie für 1 - 3 µm Lackschichtdicke, oder der AZ® 9260 für noch dickere Schichten,
- die Verringerung des Dunkelabtrags und eine Aufrechterhaltung der möglichen Entwicklungsrate von Positivlacken über u. a. optimierte Softbakeparameter (Abschnitt 13.5) und
- die Verwendung eines hoch-selektiven, d. h. optimal verdünnten Entwicklers wie z. B. die MIF Entwickler AZ® 326 und AZ® 726, oder der AZ® 400K oder AZ® 351B in ausreichend hoher Verdünnung.

Realisierung von Lacklinsen

Sollen linsenförmige Lackstrukturen in das Substrat übertragen werden, wird üblicherweise ein normal prozessiertes Lackprofil mit rechteckigem Querschnitt durch Erwärmen über die Erweichungstemperatur des Lacks verrundet. Für diesen Prozess eignen sich grundsätzlich alle Positivlacke, wobei die Serien AZ® 1500, AZ® 4500 und 9200 eine relativ geringe Erweichungstemperatur von ca. 100 - 110°C aufweisen. Details zu diesem Reflow genannten Verrunden von Lackstrukturen gibt Abschnitt 19.2 auf Seite 108.

Entfernen der Fotolackmaske nach dem Ätzen

Zum Entfernen der Lackmaske nach dem Trockenätzen eignen sich grundsätzlich alle Standard-Stripper. Erhöhte Temperaturen beim Trockenätzen, evtl. unterstützt von der UV-Hintergrundstrahlung aus dem Plasma können jedoch die Lackstrukturen oberflächennah oder durchgehend quervernetzen. Leidet darunter die Entfernbarkeit der Lackmaske nach dem Ätzvorgang, können die im folgenden Abschnitt 27.5 aufgeführten Maßnahmen gegen zu starke Erwärmung umgesetzt werden. Eine Ultraschallbehandlung beim Strippen unterstützt die Entfernung der Lackstrukturen ebenfalls.

Für stark quervernetzte Positivlacke, welche sich mit Standard-Removern nicht mehr entfernen lassen, empfehlen sich die Hochleistungs-Stripper TechniStrip® P1316 für Positivlacke oder der TechniStrip® NI555 für viele Novolak-basierte Negativlacke wie der AZ® nLOF 2000 Serie.

27.5 Maßnahmen gegen das Verfließen der Lackstrukturen

Wärmeentwicklung beim Ätzen kann die Kanten der verwendeten Fotolackmaske verrunden, was sich beim Trockenätzen in das Substrat überträgt. Mögliche Maßnahmen zur Abhilfe sind

- eine optimierte Wärmekopplung des Substrats an dessen Halterung (z. B. etwas Turbopumpenöl für gute Wärmeabfuhr verspannter, gekrümmter Substrate),
- ein ausreichender Wärmepuffer (massive Konstruktion des Substrathalters) oder
- eine Wärmeabfuhr (z. B. schwarz eloxiertes Aluminium als rückseitiger Wärmeabstrahler) des Substrathalters,
- eine verringerte Ätzrate bzw. ein mehrstufiges Ätzen mit zwischengeschalteten Abkühlpausen oder
- ein gegen thermisches Verrunden ausreichend thermisch stabiler Fotolack wie z. B. AZ® 701 MiR oder die AZ® ECI 3000-Serie
- sowie ein ausreichender Softbake zur Minimierung des Restlösemittelanteils.

27.6 Maßnahmen gegen Blasenbildung in der Lackschicht beim Ätzen

Erscheinungsbild

Zeigen sich nach dem Ätzen Blasen in den Lackstrukturen oder scheint die Lackschicht regelrecht aufgeschäumt, kann dies unterschiedliche Ursachen haben:

Verdampfen von Restlösemittel

Ein unzureichender Softbake kann zum Verdampfen von Restlösemittel in der unter dem wachsenden Film eingeschlossenen Lackschicht und so zu Blasenbildung führen. Hinweise zu optimalen Softbake-Parametern finden sich im Abschnitt 13.5.

Verdampfen von Wasser

Eine andere mögliche Quelle für Dampfbläschen ist Wasser, welches beim Entwickeln in die Lackschicht eingedrungen ist und bei einem erneuten Backen nach dem Entwickeln verdampft werden kann. Die hierbei angewandten Temperaturen sollten höchstens 20°C unter der Erweichungstemperatur des verwendeten Lacks liegen um ein thermisches Verformen der Lackstrukturen zu verhindern.

Stickstoff-Bildung

DNQ-basierte Positivlackstrukturen sind nach dem Entwickeln noch photoaktiv und können während des Trockenätzens durch die kurzwellige Strahlung aus dem Plasma belichtet werden, wobei sich große Mengen Stickstoff bilden. Als Abhilfe-Maßnahme dient eine Flutbelichtung nach dem Entwickeln mit anschließender Wartezeit, um den gebildeten Stickstoff komplett ausgasen zu lassen bevor das Substrat zum Trockenätzen eingeschleust wird.

Im Negativmodus prozessierte Umkehrlacke sind nicht mehr photoaktiv, und Negativlacke setzen beim Belichten generell keinen Stickstoff frei, weshalb diese von dieser Problematik nicht betroffen sind.

28. LIFT-OFF

Während die Strukturierung über Ätzprozesse aus einer ganzflächigen Beschichtung des Substrats durch eine Maskierung partiell Material entfernt, wird beim Lift-off Verfahren nur dort Material direkt auf dem Substrat abgeschieden, wo dieses nicht durch eine Lackmaske geschützt ist.

Dieses Kapitel beschreibt die Anforderungen an die Erzielung einer für die Beschichtung und den Lift-off geeigneten Lackmaske, Problemstellungen in Hinblick auf deren Beschichtung sowie das schlussendliche Entfernen der Lackmaske mit dem darauf abgeschiedenen Material.

28.1 Grundprinzip des Lift-off Verfahrens

Prozessfolge

Abb. 123 zeigt die grundlegenden Unterschiede in den Prozessfolgen bei der Strukturierung von Schichten via Ätzen (linke Spalte) und Lift-off (rechte Spalte).

Während für Ätzprozesse die Fotolackprozessierung auf einer zuvor aufgebrachten Beschichtung erfolgt, wird beim Lift-off Verfahren die Beschichtung auf bereits realisierte Fotolackstrukturen aufgebracht.

Der anschließende eigentliche Lift-off entfernt die Lackstrukturen zusammen mit dem darauf abgeschiedenen Material, während das durch die Öffnungen der Lackmaske direkt auf das Substrat aufgebrachte Material an diesen Flächen wie gewünscht verbleibt.

Wie das Schema zeigt, muss bei einem Wechsel zwischen einem Ätz- und Lift-off-Prozess die Fotomaske zur Lackprozessierung invertiert, oder zwischen einer Positiv- und Negativprozessierung des Fotolacks gewechselt werden.

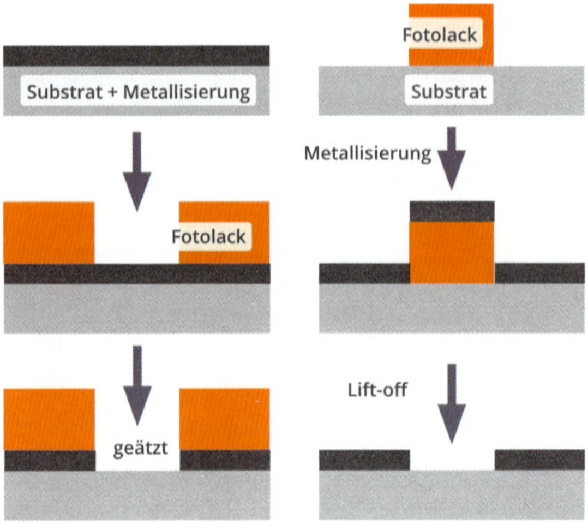

Abb. 123: Die prinzipielle Prozessfolge der Strukturierung einer (z. B. Metall-)Schicht über Ätzverfahren (links) und Lift-off (rechts).

Vor- und Nachteile zu Ätzprozessen

Während es beim nasschemischen Ätzen stets zu einem mehr oder weniger stark ausgeprägten Unterätzen der Lackstrukturen kommt, ermöglicht das Lift-off Verfahren prinzipiell sehr genau definierte Strukturen.

Dies gilt jedoch in erster Linie für eine durch Aufdampfen erzielte Beschichtung: Isotrope Sputterprozesse beschichten auch die Lackflanken was zu unregelmäßig begrenzten Strukturen führen kann.

Bei einigen Materialien wie Gold oder Siliciumnitrid ist ein nasschemisches Ätzen aufgrund der schlechten Haftung darauf aufgebrachter Lackmasken oftmals problematisch und daher Trockenätzen oder Lift-off eine sinnvolle Alternative. Nasschemische Ätzprozesse scheiden auch dann aus, wenn die erforderlichen Chemikalien aus z. B. arbeitssicherheitstechnischen Gründen nicht eingesetzt werden können oder sollen.

Wenn es durch den Beschichtungsprozess und dessen Dauer zu einer starken Erwärmung des Substrats kommt sind Lift-off Prozesse u. U. kritisch, da hierbei die bereits vorhandenen Fotolackstrukturen thermisch beeinträchtigt werden was sich in einem thermischen Verrunden oder/und einer thermischen Quervernetzung zeigen kann.

28.2 Für Lift-off Prozesse geeignete Fotolacke

Positivlacke

Falls weder die Notwendigkeit einer hohen thermischen Stabilität gegen Verfließen beim Beschichten der Lackstrukturen, noch die Vorgabe unterschnittener Lackprofile besteht, spricht nichts gegen den Einsatz von Positivlacken für Lift-off Prozesse.

Zur Minimierung einer ungewollten Beschichtung der Lackflanken empfehlen sich die in Abschnitt 27.4 auf Seite 140 aufgeführten Maßnahmen zur Erzielung möglichst senkrechter Lackprofile. Für bei höheren Temperaturen durchgeführte Beschichtungsprozesse ist der Einsatz thermisch stabiler Fotolacke mit für Positivlacke vergleichsweise hohen Erweichungstemperaturen wie z. B. der AZ® 701 MiR oder die AZ® ECI 3000 Serie sinnvoll.

Negativlacke

Negativlacke vereinen zwei für Lift-off Prozesse oftmals wichtige Eigenschaften: Je nach verwendetem Fotolack kann einer mehr oder weniger stark ausgeprägter Unterschnitt in den entwickelten Lackprofilen erzielt werden, und die Quervernetzung verhindert ein thermisches Verfließen der Lackstrukturen während der Beschichtung. Falls hierbei die Temperaturen jedoch zu stark ansteigen, kann der Quervernetzungsgrad des Lacks soweit zunehmen, dass der anschließende Lift-off aufgrund der zunehmenden Unlöslichkeit der Lackstrukturen schwierig bis unmöglich wird.

Eine für Lift-off Anwendungen optimierte Lackserie sind die Negativlacke der Familie AZ® nLOF 2000 mit Lackschichtdicken zwischen ca. 2 und 10 µm.

Umkehrlacke

Umkehrlacke erlauben im Negativmodus ein in Grenzen einstellbar unterschnittenes Lackprofil ohne bei der Prozessierung nennenswert querzuvernetzen. Dadurch bleiben die Lackstrukturen anfällig für ein thermisches Verrunden während der Beschichtung, lassen sich verglichen mit quervernetzenden Negativlacken jedoch tendenziell leichter liften.

28.3 Die Beschichtung

Sputtern oder Aufdampfen?

Beim Sputtern erfolgt die Abscheidung des Materials mehr oder weniger isotrop, wodurch die Flanken auch stärker unterschnittener Lackstrukturen ebenfalls mit beschichtet werden. Das Lift-off Medium kann die Lackstrukturen erst dann lösen wenn es die Beschichtung an den Flanken durchdrungen hat, was für reproduzierbare Lift-off Anwendungen die Dicke gesputterte Schichten in der Praxis auf maximal wenige 100 nm begrenzt.

Das Aufdampfen von Schichten erfolgt gerichtet, wodurch selbst positive Lackflanken nur in geringem Ausmaß, die Flanken unterschnittener Lackprofile gar nicht mitbeschichtet werden. Dadurch ist ein sauberer Lift-off auch bei dickeren Schichten meist problemlos möglich.

Thermische Effekte auf die Lackstrukturen

Beim Beschichten von Lackstrukturen via Aufdampfen, Sputtern oder CVD kann das Substrat und damit die Lackstrukturen über eine Substratheizung, die Strahlung der Verdampferquelle, die Kondenswärme des wachsenden Films oder die kinetische Energie der Ionen aus dem Plasma über die Erweichungstemperatur des verwendeten Lacks erhitzt werden.

Hierbei verformen und verrunden die Lackstrukturen (vgl. Abschnitt 19.2 auf Seite 108) und werden dadurch vollflächig beschichtet, was den nachfolgenden Lift-off erschwert bzw. unmöglich macht.

Abhilfe gegen ein thermisches Verfließen bieten

- ein thermisch stabiler Fotolack wie der AZ® 701 MiR oder die AZ® ECI 3000 Serie
- eine optimierte Wärmekopplung des Substrats an dessen Halterung (z. B. etwas Turbopumpenöl für gute Wärmeabfuhr verspannter, gekrümmter Substrate),
- ein ausreichender Wärmepuffer (massive Konstruktion des Substrathalters) oder
- eine Wärmeabfuhr (z. B. schwarz eloxiertes Aluminium als rückseitiger Wärmeabstrahler) des Substrathalters,
- Tief-UV-Härtung (Abschnitt 19.3 auf Seite 109) oder
- eine verringerte Abscheiderate bzw. eine mehrstufige Beschichtung mit zwischengeschalteten Abkühlpausen.

Stickstoff-Bildung

Die entwickelten Strukturen DNQ-basierter Positivlacke sind noch fotoaktiv und können beim Beschichten durch die hierbei präsente kurzwellige UV-Strahlung der Verdampferquelle bzw. des Plasmas bei Sputter-

oder CVD-Prozessen ungewollt belichtet werden.

Hierbei wird Stickstoff freigesetzt (vgl. Abschnitt 16.1 auf Seite 85), welche, unter der wachsenden (Metall-) Schicht eingeschlossen, in der bei höheren Temperaturen weicher werden Lackschicht Bläschen bilden können. Die Strukturen sehen nach der Beschichtung dann oftmals „verrissen" oder wellig aus.

Um diese ungewollte Belichtung samt der Freisetzung des Stickstoffs der Beschichtung vorwegzunehmen, dient eine Flutbelichtung der Lackstrukturen nach der Entwicklung ohne Maske mit ausreichend hoher (ca. die zwei- bis dreifache Lichtdosis der Struktur-gebenden Belichtung) Dosis der entwickelten Positivlackstrukturen. Um den dabei gebildeten Stickstoff vor dem folgenden Vakuumprozess ausdiffundieren zu lassen ist eine anschließende Wartezeit wichtig, deren Dauer stark von der Lackschichtdicke abhängt, und typischerweise zwischen einigen Minuten für wenige µm dicke Lackschichten, bis ca. einer Stunde für 10 µm dicke Fotolacke beträgt.

Umkehrlacke im Umkehrmodus benötigen diese Flutbelichtung nicht, da durch den Umkehrprozess die Lackstrukturen nicht mehr fotoempfindlich sind. Für den Lift-off optimierte Negativlacke wie die AZ® nLOF 2000 Negativlackserie setzen beim Belichten durch ihre spezielle Fotochemie keinen Stickstoff oder andere Gase frei.

28.4 Der Lift-off

Geeignete Lift-off Medien

Grundsätzlich eignen sich nahezu alle organischen Lösemittel als Lift-off Medium, wobei nieder siedende Lösemittel wie Aceton nicht empfehlenswert sind: Zum einen können diese zur Beschleunigung des Lift-off nicht erwärmt werden, zum anderen bergen rasch verdunstende Lösemittel die Gefahr der Re-deposition gelifteter (Metall-) Flitter auf das Substrat, welche sich danach kaum mehr entfernen lassen.

Wir empfehlen für saubere und reproduzierbare Lift-off Prozesse hoch siedende Lösemittelgemische der TechniStrip® Reihe (z. B. den NI 555 für die AZ® nLOF 2000 Negativlacke), welche bei höheren Lift-off Temperaturen auch quervernetzte Lackstrukturen auflösen können und mit den meisten gängigen Substratmaterialien mit Ausnamhe vin III/V-Halbleitern hinreichend kompatibel sind

„Zäune" nach dem Lift-off

Werden beim Beschichten der Lackstrukturen auch deren Flanken beschichtet, erfolgt beim Lift-off der Abriss an einer mehr oder weniger zufälligen Stelle auf der Lackflanke, wonach aufgestellte zaunartige Strukturen des zu liftenden Materials auf dem Substrat verbleiben. Als Abhilfe kommen in Frage:

- Thermisch gerichtetes Aufdampfen des Materials anstelle des weitgehend ungerichteten Sputterns, welches stets auch die Lackflanken mitbeschichtet
- Im Falle der Notwendigkeit der Verwendung von Positivlacken bei gerichtetem Aufdampfen die Erzielung möglichst senkrechter Lackflanken
- Bei der Verwendung von Umkehr- oder Negativlacken die Anwendung von Prozessparametern für möglichst ausgeprägt unterschnittene Lackprofile (vgl. Kapitel 20 auf Seite 110 bzw. 21 auf Seite 114)
- Bei nicht-quervernetzten Lacken kein Überschreiten des Erweichungspunktes beim Beschichten über die in Abschnitt 28.3 auf Seite 143 gelisteten Maßnahmen

29. IONENIMPLANTATION

Neben dem Materialabtrag via Ätzen, dem Aufbau über das Lift-off Verfahren oder die galvanische Abscheidung kann eine Mikrostrukturierung auch über die lokale Modifizierung der elektrischen Eigenschaften des Substrates bzw. darauf abgeschiedener Schichten erfolgen.

Ein gängiges Verfahren hierfür ist die Ionenimplantation, bei der bestimmte Elemente gezielt in ein Material eingebaut werden wie es im folgenden Kapitel beschrieben wird.

29.1 Grundlagen der Ionenimplantation

Prinzip

Halbleiter wie Silicium ändern ihre elektronischen Eigenschaften grundlegend, wenn Dotierstoffe wie Phosphor oder Bor in bereits sehr geringer Konzentration im ppm-Bereich in den Kristall eingebaut werden (Abb. 20 auf Seite 22). Eine solche gezielte „Verunreinigung" mit Elementen erfolgt üblicherweise bereits während der Kristallzucht der betreffenden Substrate mit dem Ziel einer räumlich möglichst homogenen Definition der elektrischen Leitfähigkeit.

Für elektronische Bauteile wie Dioden oder Transistoren ist es jedoch notwendig, die Leitfähigkeit bzw. den Leitungstyp (*p*- oder *n*-typ) auf µm- oder nm-Skala räumlich zu modifizieren und zu definieren. Hierzu werden bei der Ionenimplantation ionisierte und in einem elektrischen Feld beschleunigte Dotierstoffe in den Halbleiter eingeschossen.

Beschleunigungsspannung und Ionengeschwindigkeiten

Ein *n*-fach ionisiertes Atom der Masse *M* besitzt nach Durchlauf einer Spannungsdifferenz *U* (*Beschleunigungsspannung*) die Geschwindigkeit *v* gemäß

$$v = \sqrt{\frac{2\, n \cdot U \cdot e}{M}}$$

was für ein einfach ionisiertes vergleichsweise schweres Atom wie Arsen nach einer für die Ionenimplantation vergleichsweise geringen Beschleunigungsspannung von 10 keV eine Geschwindigkeit von ca. 160 km/s, und für ein mit 500 keV beschleunigtes leichtes Bor^+-Ion mit ca. 3000 km/s ca. 1 % der Lichtgeschwindigkeit bedeutet, wofür die obige klassische Betrachtung gewöhnlich immer noch in sehr guter Näherung genügt.

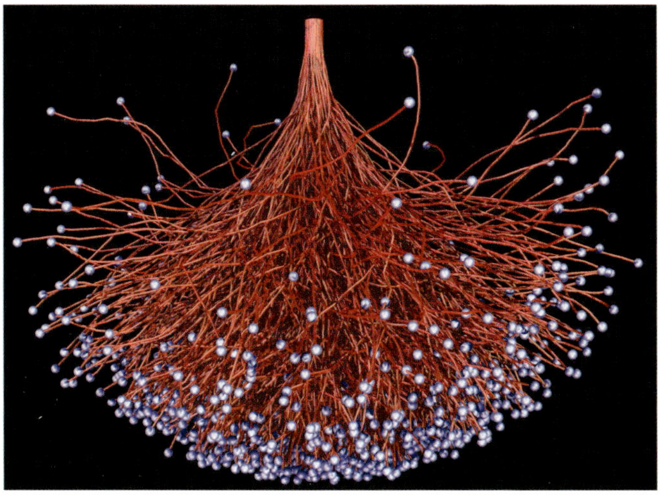

Abb. 124: Die numerisch modellierten zurückgelegten Pfade (rot) von 1000 in einem fiktiven Festkörper abgebremsten, oben mittig mit einer ursprünglich „nach unten" gerichteten Flugrichtung eingeschossenen Ionen. Die blauen Kugeln markieren die Stellen, an denen die Ionen zur Ruhe kommen und im Festkörper eingebaut werden.

Streuprozesse zwischen Ionen und Festkörper

Im Substrat werden die Ionen durch zahlreiche, aufeinander folgende Stöße, also elektromagnetische Wechselwirkungen, mit den Elektronen und Atomkernen des Festkörpers, abgebremst.

Inelastische Stöße mit Elektronen führen zur Anregung oder Ionisation der Atome der Wirtsmatrix. Bei für diese Prozesse zu geringen Ionenenergien von einigen 10 eV, also ca. 1 Promille der ursprünglichen Energie, kann ein Ladungsaustausch zwischen Ion und Festkörper im Rahmen der kurzzeitigen Bildung von „Quasimolekülen" der Ions mit den Atomen der Matrix erfolgen.

Mit den Nukleonen des Festkörpers erfolgen in erster Linie elastische Stöße mit einem Streuquerschnitt der mit abnehmender Ionengeschwindigkeit ansteigt. Daneben können auch inelastische Stöße erfolgen, bei denen die Atome der

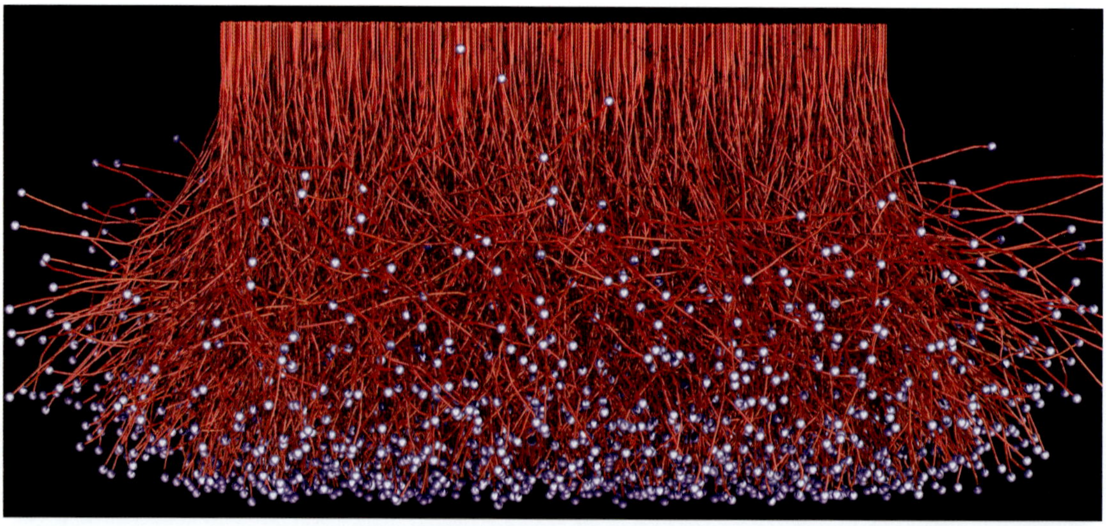

Abb. 125: Die numerisch modellierten zurückgelegten Pfade (rot) von 5000 in einem fiktiven Festkörper abgebremsten, über eine größere Fläche „von oben" eingeschossenen Ionen. Hierbei überlagern sich die in Abb. 124 gezeigten Streukegel zu einem in die Tiefe relativ scharf begrenzten Konzentrationsprofil der implantierten Ionen (blaue Kugeln).

Wirtsmatrix im Gefüge des Festkörpers versetzt werden was in kristallinen Medien für gewöhnlich unerwünschte Punktdefekte erzeugt.

Reichweite und Reichweitenverteilung der Ionen im Festkörper

Da die Stöße zwischen Ionen und Festkörper stochastische Prozesse sind lässt sich nur eine Reichweitenverteilung definieren. Deren Maximum steigt weitgehend linear mit der Ionenenergie, also der Beschleunigungsspannung. Je höher die Dichte der Wirtsmatrix und je höher deren mittlere Kernladungszahl, desto geringer ist die mittlere Reichweite der implantierten Ionen.

Da jeder Stoß auch eine Änderung der Bewegungsrichtung bedingt, ergibt sich für die Verteilung der an einer Stelle implantieren Ionen der in Abb. 124 numerisch modellierte Streukegel. Für den Anwender interessant ist demnach die Reichweitenverteilung der Ionen in die Tiefe des Substrats, also die in Einschussrichtung projizierte Reichweitenverteilung wie sie Abb. 125 für eine laterale Abmessung der implantierten Fläche größer als die Eindringtiefe der Ionen zeigt. Das tiefer unterhalb der Substratoberfläche liegende Ende der Reichweitenverteilung ist durch die Ionen welche bei den Stößen zufällig nahezu keine laterale Auslenkung erfahren haben deutlich schärfer ausgeprägt als der Bereich darüber bis zur Oberfläche des Substrats, wo räumlich stärker gestreute Ionen zur Ruhe kommen, falls sie nicht sogar durch Rückstreuung teilweise auch den Festkörper wieder verlassen haben.

Bei kristallinen Körpern muss zusätzlich die Anisotropie des Streuquerschnitts berücksichtigt werden. Wie Abb. 12 auf Seite 18 zeigt, durchziehen in kristallinem Silicium in {110}-Richtung sechseckige Kanäle den gesamten Kristall parallel zu denen Ionen wesentlich tiefer in den Festkörper eindringen können als entlang anderer Kristallrichtungen (*Gitterführungseffekt*).

29.2 Fotolackprozessierung für die Ionenimplantation

Geeignete Fotolacke

An die als Maske für die Ionenimplantation eingesetzten Fotolacke gibt es neben der Vorgabe für die Lackschichtdicke, die laterale Auflösung und Flankensteilheit üblicherweise keine speziell an die Ionenimplantation ausgerichteten Anforderungen.

Die Erwärmung des Substrats während der Implantation kann es jedoch notwendig machen, einen Fotolack mit einer ausreichend hohen Erweichungstemperatur zu verwenden.

Notwendige Lackschichtdicken

Die Lackmaske muss dick genug sein, um die Ionen an diesen Stellen zuverlässig zu absorbieren. Entsprechend nimmt die notwendige Lackschichtdicke mit der Ionenenergie zu. Je höher die Dichte ρ und mittlere Kernladungszahl Z der verwendeten Lackmaske, desto dünner kann deren notwendige Schichtdicke zur zuverlässigen Absorption der Ionen ausfallen. Da sich bzgl. dieser Parameter ρ und Z die Matrix wie Phenol-, Epoxie- oder Acryl-Harz gängiger Fotolacke nur in geringem Maß unterscheiden, macht es in der Praxis meist wenig Sinn, die Auswahl des verwendeten Fotolacks speziell an diesem Kriterium auszurichten, sondern an der damit prozessierbaren Lackschichtdicke.

Entfernen der Lackmaske

Der lokal sehr hohe Energieeintrag der Ionen in die Lackmaske führt dort meist zu einer sehr starken Quervernetzung was das nasschemische Entfernen der Lackmaske nach der erfolgten Ionenimplantation erschwert oder unmöglich macht.

Falls nicht einmal Hochleistungs-Remover wie der TechniStrip® P1316 oder NI555 (s. Abschnitt 22.4 auf Seite 118) die Lackmaske entfernen können kann es hilfreich sein, die Lackschichtdicke etwas zu erhöhen: Wenn die Ionen bereits ca. 1 µm oberhalb des Substrats von der Lackmaske aufgefangen werden und dort ihre kinetische Energie teilweise in eine Quervernetzung des Harzes umsetzen, bleibt der substratnahe Bereich der Lackmaske unvernetzt so dass sich der Remover entlang dieser Schicht vorarbeiten und den stark quervernetzten Bereich der Lackmaske darüber vom Substrat abheben kann.

Bei der galvanischen Abformung werden Metallschichten elektrochemisch aus Elektrolyten abgeschieden, in welchen die Metalle als Ionen gelöst sind.

Im Rahmen der Mikrostrukturierung erfolgt die Abscheidung entweder durch eine Fotolackmaske, oder auf einer vorab über eine Fotolackmaske strukturierte metallische Saatschicht.

KAPITEL 04

GALVANIK

30. ELEKTROCHEMISCHE GRUNDLAGEN

Der folgende Abschnitt möchte die physikalischen und chemischen Grundlagen zur galvanischen Abscheidung in dem Umfang erläutern, wie es für das Verständnis der folgenden Kapitel hilfreich ist.

30.1 Das Metallpotenzial

Ein Metall in wässriger Lösung

Taucht man ein Metall in eine wässrige Lösung (eine Salzlösung, eine verdünnte Säure oder nur Wasser), geht ein Teil des Metalls als positive Ionen in Lösung, wobei sich das Metall durch die zurück bleibenden Elektronen negativ auflädt (Abb. 126).

Das System aus Metall und Lösung strebt hierbei nach minimaler freier Enthalpie $H = U - T{\cdot}S$ (U = innere Energie, T = Temperatur, S = Entropie). Die Änderung der inneren Energie betrifft sowohl die aufzubringende Gitterenergie des Metallatoms beim Austritt aus dem Festkörper als auch die bei der Hydratation des gelösten Ions frei werdende Energie. Zur Entropie-Änderung trägt der höhere Freiheitsgrad (= Zunahme der Entropie) eines vorher im Festkörper gebundenen Metallions in Lösung, und die stärkere Lokalisierung (= Abnahme der Entropie) der bei der Hydratation an das Metallion gebundenen, vorher frei beweglichen Wasser-Moleküle bei.

Im Gleichgewicht halten sich die beiden Phasenübergänge, das Lösen der Metall-Atome und deren Wiedereinbau in den Festkörper, in der Waage. Die Potenzialdifferenz zwischen der gelösten Phase und dem Festkörper im Gleichgewichtszustand nennt man Metallpotenzial.

Physikalische Beschreibung: Die Nernst-Gleichung

Mit der Nernst-Gleichung lässt sich die Abhängigkeit des Metallpotenzials E von bestimmten Umgebungsbedingungen beschreiben:

$$E = E_0 + \frac{RT}{z_e F} \ln(C_{M+})$$

wobei E_0 das Standardelektrodenpotenzial (s. nächster Abschnitt), T die Temperatur, R die molare Gaskonstante, F die Faraday-Konstante, z_e der Ionisierungsgrad der gelösten Metallatome und C_{M+} deren Konzentration in Lösung darstellt.

Das Metallpotenzial steigt demnach mit der Temperatur (da durch stärkere thermisch aktivierte Diffusion der hydratisierten Metall-Ionen mehr davon weg von der elektrochemischen Doppelschicht in Lösung gehen können), sowie – aus gleichem Grund – mit der Konzentration gelöster Metall-Ionen. Die Zunahme des Metallpotenzials ist bei Metallen höherer Ionisationsstufe schwächer ausgeprägt, da aus elektrochemischer Sicht ein zweifach geladenes Metallion die elektrochemische Grenzschicht in gleichem Maße aufbaut wie zwei einwertige Ionen.

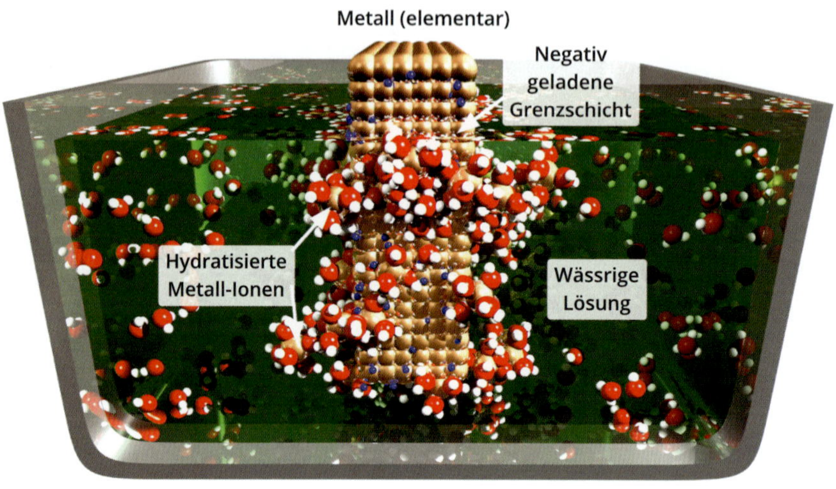

Abb. 126: Schematische Darstellung der Bildung einer elektrochemischen Doppelschicht an der Oberfläche eines in eine wässrige Lösung eingetauchten Metalls: Atome aus dem Metall gehen als positive Ionen in hydratisiert in Lösung, die negativ geladenen Elektronen (blau) bleiben im Metall bzw. dessen Oberfläche zurück.

30.2 Die elektrochemische Spannungsreihe

Theorie

Das Metallpotenzial zwischen der negativ aufgeladenen Elektrode und dem mit positiven Metallionen angereicherten Elektrolyten ist selbst nicht messbar, das Potenzial zwischen zwei verschiedenen Elektrodenpotenzialen hingegen schon.

Um die relative Größe der Metallpotenziale verschiedener Metalle vergleichen zu können, führt man eine Messung mit einer Gegenelektrode unter Standardbedingungen (25 °C, 101,3 kPa, einmolare Lösung des untersuchten Metalls) durch. Als Gegenelektrode dient eine von H_2 umspülte Platin-Elektrode, auf deren katalytisch wirksamen Oberfläche das H_2-Gas zu atomarem Wasserstoff dissoziiert, welcher auf der Pt-Elektrode eine atomare Schicht bildet (Normal-Wasserstoffelektrode).

Normalpotenziale und ihre Bedeutung

Führt man eine solche Messung unter Standardbedingungen für bestimmte Elemente durch (Abb. 127), erhält man deren Standardpotenziale, die in Tab. 7 gelistet sind.

Je höher das Standardpotenzial eines Metalles, desto edler ist das Metall: Metalle mit positivem Standardpotenzial sind per Definition Edelmetalle, welche nicht von Säuren (Ausnahme: oxidierende Säuren) angegriffen werden. Unedle Metalle mit negativem Standardpotenzial lösen sich in Säuren unter H_2-Bildung auf.**Die**

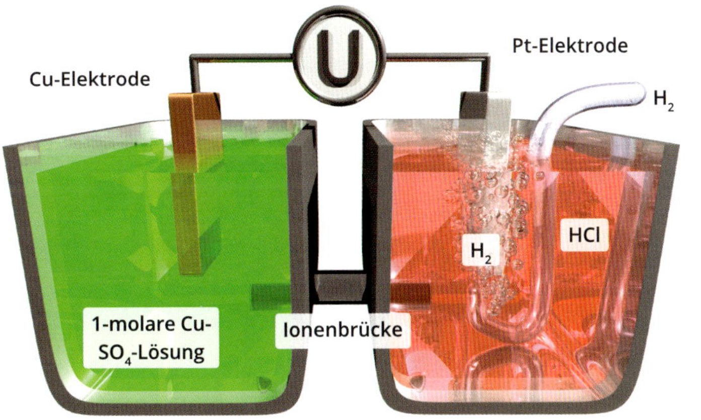

Abb. 127: Schematische Darstellung der Bestimmung des Normalpotenzials eines Metalls (an diesem Beispiel Kupfer, linkes Becken) bezogen auf eine Standard-Wasserstoffelektrode (rechts), bei der es sich um eine mit Wasserstoff umspülte Platin-Elektrode in verdünnter Salzsäure handelt.

Spannungsreihe neutraler Elemente

Die folgende Tabelle listet das Normalpotenzial einiger Elemente bzw. Elektrodenreaktionen. je negativer das Normalpotenzial, desto unedler das Metall.

Element	Elektroden-reaktion	Normalpotenzial (V)	Element	Elektroden-reaktion	Normalpotenzial (V)
Lithium	$Li \rightarrow Li^+ + e^-$	-3,02	Zinn (IV)	$Sn \rightarrow Sn^{4+} + 4e^-$	+0,05
Kalium	$K \rightarrow K^+ + e^-$	-2,92	Antimon	$Sb \rightarrow Sb^{3+} + 3e^-$	+0,20
Barium	$Ba \rightarrow Ba^{2+} + 2e^-$	-2,92	Arsen	$As \rightarrow As^{3+} + 3e^-$	+0,30
Strontium	$Sr \rightarrow Sr^{2+} + 2e^-$	-2,89	Kupfer	$Cu \rightarrow Cu^{2+} + 2e^-$	+0,345
Calcium	$Ca \rightarrow Ca^{2+} + 2e^-$	-2,84	Kupfer	$Cu \rightarrow Cu^+ + e^-$	+0,52
Natrium	$Na \rightarrow Na^+ + e^-$	-2,75	Iod	$2I^- \rightarrow I_2 + 2e^-$	+0,536
Magnesium	$Mg \rightarrow Mg^{2+} + 2e^-$	-2,38	Silber	$Ag \rightarrow Ag^+ + e^-$	+0,80
Aluminium	$Al \rightarrow Al^{3+} + 3e^-$	-1,66	Palladium	$Pd \rightarrow Pd^{2+} + 2e^-$	+0,83
Mangan	$Mn \rightarrow Mn^{2+} + 2e^-$	-1,05	Quecksilber	$Hg \rightarrow Hg^{2+} + 2e^-$	+0,85

Zink	$Zn \rightarrow Zn^{2+} + 2e^-$	-0,76	Platin	$Pt \rightarrow Pt^{2+} + 2e^-$	+1.20
Chrom	$Cr \rightarrow Cr^{3+} + 3e^-$	-0,71	Chlor	$2\,Cl^- \rightarrow Cl_2 + 2e^-$	+1,358
Eisen(II)	$Fe \rightarrow Fe^{2+} + 2e^-$	-0,44	Gold	$Au \rightarrow Au^{3+} + 3e^-$	+1,42
Nickel	$Ni \rightarrow Ni^{2+} + 2e^-$	-0,24	Gold	$Au \rightarrow Au^+ + e^-$	+1,7
Blei	$Pb \rightarrow Pb^{2+} + 2e^-$	-0,125	Fluor	$2\,F^- \rightarrow F_2 + 2\,e^-$	+2,85
Wasserstoff	$H \rightarrow H^+ + e^-$	0,000			

Tab. 7: Das Normalpotenzial einiger Elemente bzw. Elektrodenreaktionen. Da in Referenz zu einer Wasserstoffelektrode gemessen wird, ist dessen Normalpozential 0 V.

30.3 Ladungsaustausch

Tauchabscheidung: Ein Metall in der Salzlösung eines edleren Metalls

Taucht man in eine wässrige Lösung eines Metallsalzes (z. B. Kupfer als $CuSO_4$-Lösung) ein weniger edles Metall wie z. B. Eisen (s. Schema unten), gehen aus dem Eisen zunächst Atome als Ionen in Lösung über (wie beschrieben im Abschnitt Das Metallpotenzial, Seite 5).

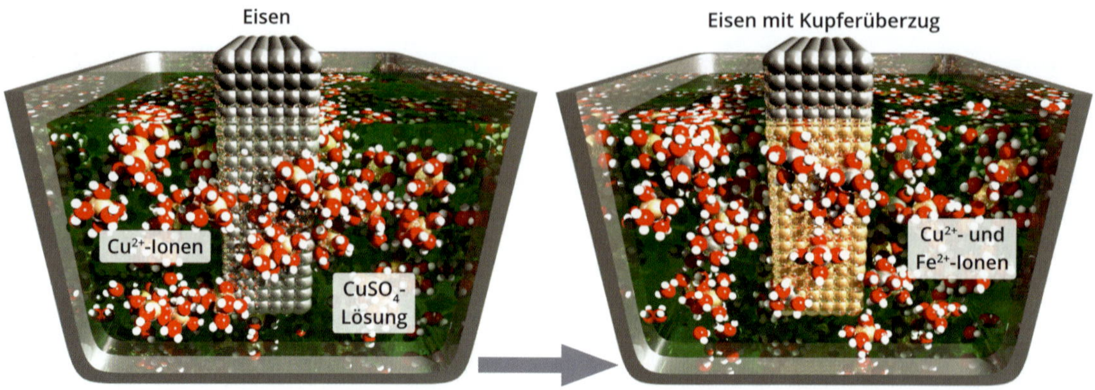

Abb. 128: Der Ladungsaustausch zwischen zwei Metallen (das weniger edle Metall zunächst elementar in einer Lösung des edleren Metalls) mit unterschiedlichem Standardpotenzial erfolgt solange, bis das edlere Metall auf dem unedleren Metall einen Überzug gebildet hat der das weitere Lösen des unedleren Metalls unterbindet.

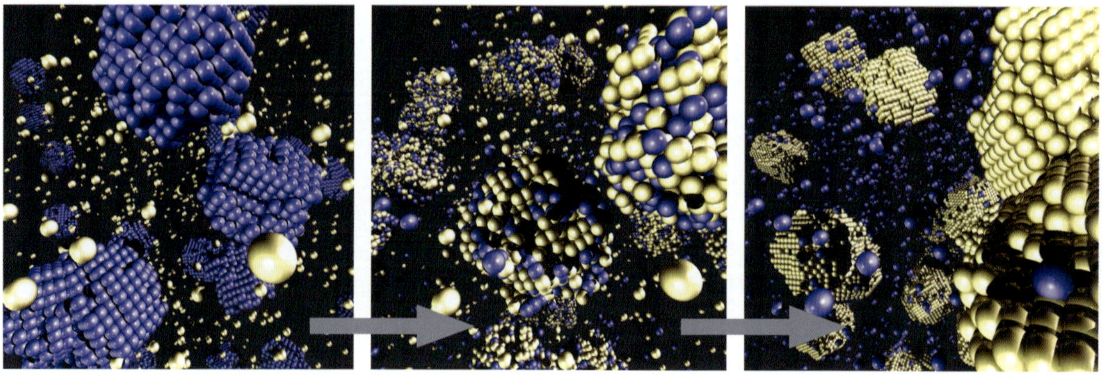

Abb. 129: Bei einem Metallpulver (blaugrau dargestellt) ausreichend kleiner Partikelgröße in Lösung eines edleren Metalls (goldfarben dargestellt) substituiert dieses durch Ladungstausch das unedlere Metall vollständig.

Für jedes gelöste Fe^{2+}-Ion bleiben zwei Elektronen im Eisen zurück, welche sich mit einem Cu^{2+}-Ion aus der Lösung zu elementarem Kupfer verbinden. Dieses Kupfer scheidet sich als dünner Film auf dem Eisen ab, unterbindet so den weiteren Übertritt von Eisen-Ionen in Lösung und stoppt letztlich den Prozess des Ladungsaustausches zwischen Eisen und Kupfer.

Dieser stromlose Mechanismus des Ladungsaustausches wird großtechnisch z. B. beim Verkupfern von Eisen, oder beim Versilbern von Kupfer oder Messing in einer Silbernitrat-Lösung angewandt.

Zementierung: Ein Metallpulver in der Salzlösung eines edleren Metalls

Wendet man das Prinzip der Tauchabscheidung nicht auf einen Metallstab, sondern auf ein Pulver eines Metalls in einer Salzlösung eines edleren Metalls an, erfolgt die Umwandlung u. U. vollständig: Ist die Größe der Metallpartikel des Pulvers vergleichbar mit der Stärke der aufgelösten Schicht bzw. der Dicke der Überzugs aus dem edleren Metall, lösen sich die unedleren Metall-Partikel vollständig auf, und dienen bis dahin als Substrat für das Wachstum eines Partikels des edleren Metalls.

Auf diese Weise lässt sich z. B. mit Eisen elementares Kupfer aus einer Kupfer-Lösung, oder elementares Gold aus einer cyanidischen Goldlösung mit Zinkstaub gewinnen (schematisch in Abb. 129 dargestellt).

30.4 Das galvanische Element

Zwei Metalle in einer Säure

Taucht man, wie in Abb. 137 gezeigt, zwei unterschiedliche Metalle (eines weniger edel als das andere, in diesem Beispiel Eisen und Kupfer) miteinander elektrisch leitend verbunden in eine Säure (in diesem Beispiel Schwefelsäure), spricht man von einem galvanischen Element. Ab dem Zeitpunkt des Eintauchens in die Säure finden folgende elektrochemische Reaktionen statt:

Aus der Elektrode mit dem unedleren Metall, in diesem Beispiel Eisen, treten Eisen-Ionen via $Fe \rightarrow Fe^{2+} + 2e^-$ in Lösung über. Die beiden Elektronen wandern über die elektrische Verbindung beider Elektroden zur edleren Kupfer-Elektrode, wo sie via $2\ H_3O^+ + 2e^- \rightarrow 2\ H_2O + H_2$ Oxonium-Ionen der Säure zu neutralem Wasserstoff reagieren, der gasförmig aufsteigt. Die Reaktion kommt erst dann zum Erliegen, wenn entweder die Eisen-Elektrode oder die Säure verbraucht ist.

Solange die Reaktion erfolgt, beträgt die zwischen den beiden Elektroden messbare Spannung die Differenz der Standardpotenziale beider Metalle (in diesem Beispiel ca. 0,8 V), was das Grundprinzip einer Batterie darstellt.

Ein unerwünschter Effekt des Prinzips galvanischer Elemente ist die elektrochemische Korrosion: Werden Bauteile aus z. B. Eisen und Aluminium, oder Eisen und Kupfer elektrisch leitfähig miteinander verbaut, beginnt das unedlere Metall zu korrodieren, sobald die Bauteile von (z. B. Regen-)Wasser benetzt werden.

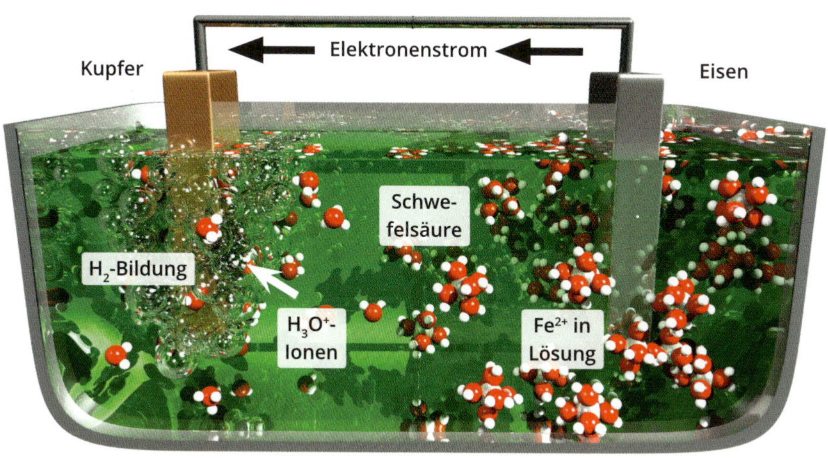

Abb. 130: Ein galvanisches Element, bestehend aus zwei elektrisch leitfähig verbundenen Elektroden verschiedener Metalle in einer sauren Lösung.

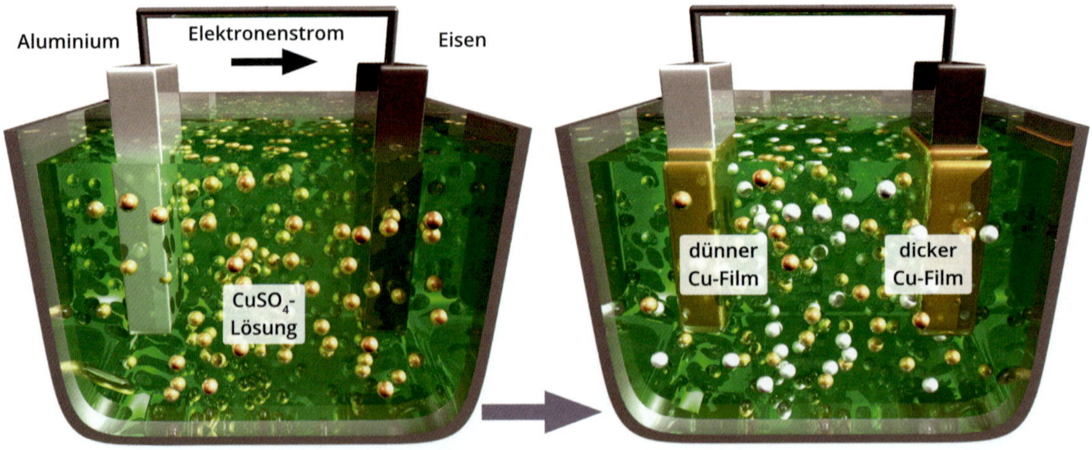

Abb. 131: Schematische Darstellung der Verkupferung von Eisen mit Hilfe von Aluminium in einer $CuSO_4$-Lösung. Links: Unmittelbar nach dem Eintauchen der Metalle in die Lösung; rechts: Der Prozess stoppt wenn das Aluminium ganzflächig verkupfert ist und kein weiteres Aluminium mehr in Lösung gehen kann.

Zwei Metalle in der Salzlösung eines dritten Metalls

Taucht man zwei elektrisch leitfähig verbundene, unterschiedlich edle Metalle (z. B. Eisen und Aluminium, Abb. 131) in die wässrige Lösung eines Salzes eines edleren Metalls (z. B. Kupfer), beginnen zunächst Eisen wie auch Aluminium in Lösung zu gehen. Gemäß dem Prinzip das Ladungsaustauschs schlägt sich elementares Kupfer auf beiden Metallen nieder.

Das verglichen mit Eisen unedlere Aluminium geht dabei schneller in Lösung, wodurch sich das Aluminium rascher negativ aufladen würde. Diese Potenzialdifferenz versucht sich über den Elektronenfluss vom Al- zum Fe-Stab abzubauen. Dort angekommen, können die Elektronen Cu^{2+}-Ionen neutralisieren, so dass auf dem Eisen der Kupferfilm auch dann noch weiter wächst, wenn das Eisen schon ganzflächig verkupfert ist.

Dieser Prozess endet dann, wenn das Aluminium ganzflächig von Kupfer überzogen ist. In diesem Zustand können keine weiteren Al-Ionen in Lösung gehen, entsprechend keine weiteren e^- zum Eisen fließen und dort Cu-Ionen neutralisieren. Für eine technische Anwendung der Verkupferung von Metallen versieht man das unedlere Metall daher mit einer deutlich größeren Oberfläche.

30.5 Elektrolyse

Definitionen: Elektroden, Elektrolyt und Elektrolyse

Die bislang behandelten elektrochemischen Vorgänge zwischen Metallen und Lösungen, wie die Ausbildung eines Metallpotenzials, der Ladungsaustausch oder die Abläufe in einem galvanischen Element, erfolgen ohne äußere Spannungs- bzw. Stromquelle.

Werden die in Lösung getauchten Metalle an eine Spannungsquelle angeschlossen übernehmen sie die Funktion einer Elektrode (negative Kathode bzw. positive Anode). Die Flüssigkeit (eine wässrige Salzlösung, eine verdünnte Säure oder Base), welche zwischen den Elektroden als Ionenstromleiter fungiert nennt man Elektrolyt. Mit Elektrolyse werden die dabei ablaufenden elektrochemischen und in den folgenden Abschnitten behandelten Vorgänge vornehmlich an den Oberflächen der Elektroden bezeichnet.

Beispiel 1: Elektrolyse von Salzsäure mit unlöslicher Anode

Verdünnte Salzsäure liegt als starke Säure nahezu vollständig dissoziiert in Form von Oxonium- (H_3O^+) Ionen und Chlorid (Cl^-) Ionen vor. Taucht man in eine solche Lösung ein über eine Spannungsquelle verbundenes Elektrodenpaar aus z. B. Platin oder Grafit und legt an diese eine Gleichspannung an, finden zwei Reaktionen statt (schematisch in Abb. 132 dargestellt):

An der positiven Anode geben die negativ geladenen Chlor-Ionen ihr Elektron ab und werden via $2\,Cl^- \rightarrow 2e^- + Cl_2$ zu neutralem Chlorgas umgewandelt. An der negativ geladenen Kathode werden die Oxonium-Ionen via

Abb. 132: Schematische Darstellung der Elektrolyse von Salzsäure: Nach Anlegen einer Gleichspannung an die Elektroden in einem Elektrolyten aus verdünnter Salzsäure wandern die H_3O^+-Ionen zur Kathode wo sie zu H_2 neutralisiert werden, die Cl^--Ionen zur Anode wo sie Chlorgas (Cl_2) bilden.

$2\ H_3O^+ + 2e^- \rightarrow 2\ H_2O + H_2$ zu Wasser und Wasserstoff-Gas umgewandelt.
Der Vorgang endet erst, wenn die Salzsäure verbraucht ist.

Beispiel 2: Das Daniell-Element

Das Daniell-Element, welches hier als ein historisches Beispiel eines galvanischen Elements aufgeführt werden soll, besteht aus zwei über eine Ionenbrücke verbundene Elektrolyten: Einen mit einer Zinksulfat-Lösung, in welche eine Zinkelektrode taucht, und einen mit einer Kupfersulfat-Lösung, in welche eine Kupferelektrode taucht. Aufgabe der Ionenbrücke ist es, die Durchmischung beider Elektrolyte zu verhindern, jedoch eine gerichtete Ionenwanderung (Drift) im elektrischen Feld zwischen den Elektroden zu ermöglichen. An den Elektroden liegt eine Gleichspannung an, welche zwei elektrochemische Prozesse in Gang setzt:

Aus der Zink-Anode gehen Zink-Ionen in Lösung, während sich an der Kupfer-Kathode elementares Kupfer abscheidet. Zum Ladungsausgleich wandern SO_4^{2-}-Ionen über die Ionenbrücke vom Kupfer- zum Zink-Elektrolyten.

Ionen-Transport im Elektrolyten

Konvektion ist eine makroskopische Bewegung des gesamten Elektrolyten, welche alle darin enthaltenen Atome, Ionen und Moleküle unabhängig von ihrer Größe und ihrem Ladungszustand gleichermaßen bewegt.

Neben der erzwungenen Konvektion durch z. B. Rühren oder ein Pumpwerk kann auch ohne äußere Kräfte durch Gasbildung an den Elektroden oder Dichteunterschiede im Elektrolyten unter dem Einfluss der

Abb. 133: Schematische Darstellung eines Daniell-Elements: Nach Anlegen einer Gleichspannung geht an der Zn-Elektrode Zn in Lösung, scheidet sich an der Cu-Elektrode Cu ab, und wandern SO_4^{2-}-Ionen zum Ladungsausgleich vom Cu-Elektrolyten zum Zn-Elektrolyten.

Gravitation Konvektion auftreten. Solche Dichteunterschiede können auf lokalen Stoffumwandlungen durch chemischen Reaktionen oder daraus folgenden Temperaturunterschieden beruhen.

Diffusion ist eine Folge der ungerichteten thermischen Bewegung von Teilchen (Atome, Moleküle, Ionen) im Elektrolyten, wodurch Konzentrationsgefälle geglättet werden. Während die Geschwindigkeit solcher Teilchen bei Raumtemperatur typ. einige 100 m/s beträgt, liegt aufgrund ständiger Richtungsänderungen durch Stöße mit anderen Teilchen im Elektrolyten (typ. 10^{21} Kollisionen / Sekunde) die „netto" zurück gelegte Wegstrecke bei einigen mm oder cm pro Stunde.

Drift hingegen bezeichnet eine der Diffusion überlagerte, aber gerichtete Bewegung aufgrund äußerer Kräfte, wie sie Ionen des Elektrolyten im elektrischen Feld der Elektroden erfahren. Die darauf beruhende Wanderungsgeschwindigkeit der Ionen hängt u. a. von deren Beweglichkeit im Elektrolyten, von der Temperatur, dem Ladungszustand der Ionen und der elektrischen Feldstärke im Elektrolyten ab und beträgt unter typischen Bedingungen einige cm pro Stunde.

Dissoziation im Elektrolyten

Mischt man eine Säure in Wasser, dissoziiert ein Teil der Säure zu Oxonium-Ionen und den Anionen der Säure (z. B. $HCl + H_2O \rightarrow H_3O^+ + Cl^-$). Basen dissoziieren teilweise zu Hydroxid-Ionen und den Kationen der Base (z. B. $KOH \rightarrow K^+ + OH^-$). Das Lösen von Salzen beruht auf deren Dissoziation in Anionen und Kationen (z. B. $NaCl \rightarrow Na^+ + Cl^-$). Bei der elektrochemischen Betrachtung saurer, basischer oder aus gelösten Salzen bestehenden Elektrolyte ist es daher wichtig zu wissen, welcher Anteil des gelösten Stoffs tatsächlich dissoziiert vorliegt.

Der Dissoziationsgrad als Verhältnis der dissoziierten Säure-, Base- oder Salz-Teilchen zu deren Anfangskonzentration hängt vom Stoff selbst, sowie der Temperatur und Konzentration des Stoffs in der wässrigen Lösung ab. Beispielhafte Zahlenwerte für Raumtemperatur und eine 0,1-normale Lösungen sind in der folgenden Tabelle dargestellt:

Stoffreaktion (0,1 N Lösung)	Dissoziationsgrad	Stoffreaktion (0,1 N Lösung)	Dissoziationsgrad
$HCl + H_2O \rightarrow H_3O^+ + Cl^-$	91 %	$KOH \rightarrow K^+ + OH^-$	86 %
$HNO_3 + H_2O \rightarrow H_3O^+ + NO^{3-}$	89 %	$Ba(OH)_2 \rightarrow Ba^+ + 2OH^-$	78 %
$NaCl \rightarrow Na^+ + Cl^-$	69 %	$NH_4OH \rightarrow NH_4^+ + OH^-$	11 %
$NaOH \rightarrow Na^+ + OH^-$	21 %	$CuSO_4 \rightarrow Cu^{2+} + 2(SO_4)^{2-}$	39 %

Bei mehrprotonigen Säuren wie z. B. Phosphorsäure oder Borsäure ist die Situation komplexer: Diese Stoffe können ein oder mehrere Protonen abgeben, entsprechend in unterschiedlichen Ladungszuständen dissoziiert vorliegen. Bei einer 0,1 N Phosphorsäure lassen sich für die Konzentrationen der möglichen Dissoziationsprodukte bei Raumtemperatur folgende Zahlenwerte angeben:

$H_3PO_4 + H_2O \rightarrow H_3O^+ + H_2PO_4^-$ (Dissoziationsgrad ca. 12 %)

$H_2PO_4^- + H_2O \rightarrow H_3O^+ + HPO_4^{2-}$ (Dissoziationsgrad << 1 %)

$HPO_4^{2-} + H_2O \rightarrow H_3O^+ + PO_4^{3-}$ (Dissoziationsgrad nahezu 0 %)

Je höher der Ladungszustand eines Ions ist, desto unwahrscheinlicher wird die Abgabe eines weiteren H^+, so dass Phosphorsäure bei Raumtemperatur nur eine vergleichsweise geringe Konzentration freier Phosphat-Ionen enthält.

Temperaturabhängigkeiten

Der Parameter Temperatur bestimmt nahezu alle bei der Elektrolyse auftretenden chemischen und physikalischen Prozesse: Der Dissoziationsgrad der im Elektrolyten gelösten Stoffe, die Diffusion der Teilchen im Elektrolyten, sowie chemische Reaktionen im Elektrolyten und an der Oberfläche der Elektroden.

Überspannung

Theoretisch müsste sich Eisen in reinem Wasser auflösen, da nach der elektrochemischen Spannungsreihe das Auflösen von Eisen ($Fe \rightarrow Fe^{2+} + 2e^-$) unter Wasserstoffbildung aus den durch Auto-Dissoziation des Wasser vorliegenden Oxonium-Ionen ($2\,H_3O^+ + e^- \rightarrow H_2 + 2\,H_2O$) ohne äußere Spannungsquelle statt finden sollte.

Ebenfalls theoretisch sollte sich bei der Elektrolyse die notwendige Spannung als Summe beider Elektrodenpotenziale ergeben, was sich jedoch in der Praxis als ein zu geringer Wert darstellt.

Grund für diese Diskrepanz sind physikalische und chemische Reaktionen im Elektrolyten und auf der Elektrodenoberfläche, die zusätzlich zu den eigentlichen Redox-Reaktionen Energie erfordern, wie:

- Der elektrische Widerstand bei der Ionenwanderung
- Die Diffusion der Ionen durch die Grenzschicht auf der Elektrode
- Das Abstreifen der Hydrathülle der Ionen
- Eventuelle chemische Reaktionen an der Elektrodenoberfläche
- Die Anlagerung der Ionen an die Elektrode
- Ortswechsel das angelagerten Atome auf der Elektrode bis zum Einbau in einen energetisch günstigen Gitterplatz
- Bei gasförmigen Reaktionsprodukten wie H_2, Cl_2 oder O_2 deren Bildung aus den Atomen

Die Differenz zwischen der zur Elektrolyse notwendigen Spannung und der aus der Spannunsgreihe abgeleiteten, theoretischen Potenzialdifferenz, nennt man Überspannung.

31. VORGÄNGE AN DEN ELEKTRODEN

Die galvanische Abformung ist ein elektrochemischer Vorgang welcher, mit Ausnahme der stromlosen Abscheidung, an der durch das zu beschichtende Substrat gebildeten Elektrode statt findet. Auf dessen Oberfläche und in der Schicht unmittelbar darüber finden die komplexe Transportvorgänge und chemische Reaktionen statt bevor die Metallatome letztlich an einer bestimmten Stelle in der wachsenden Schicht eingebaut werden.

31.1 Ionentransport zwischen Elektrolyt und Elektrode

Anode und Kathode

Alle im folgenden beschriebenen Transportmechanismen zwischen Elektrolyt und Elektroden gelten gleichermaßen für den Transport weg von der Elektrode wie auch hin zu ihr. Beschrieben wird deshalb stellvertretend für beide Transportrichtungen der Transport von Kationen zur Kathode (siehe Schema unten).

Konvektion im Volumen

Die Diffusionsbewegung durch die thermische Bewegung der Teilchen wie auch die Driftbewegung im elektrischen Feld der Elektroden ist zu gering, um eine galvanische Abscheidung mit der erforderlichen Rate aufrecht zu erhalten, wenn der Bereich in unmittelbarer Nähe der Elektrode bereits an geeigneten Ionen verarmt ist.

Deshalb ist eine Konvektion des Elektrolyten unerlässlich. Eine solche makroskopische Umwälzung aller Teilchen des Elektrolyten muss nicht zwingend von außen vorgegeben werden, sondern findet bereits durch räumliche Temperatur- und damit Dichteunterschiede im Elektrolyten statt.

Konvektion alleine kann Teilchen jedoch nicht bis unmittelbar an die Elektrode heranführen, da sich in bewegten Flüssigkeiten über Festkörpern stets eine Diffusionsgrenzschicht ausbildet, deren Stärke mit zunehmender Konvektionsgeschwindigkeit jedoch abnimmt.

Abb. 134: Beim Stofftransport von Ionen zur Elektrode folgen die Transportmechanismen Konvektion und Diffusion aufeinander, gefolgt vom Abstreifen der Hydrathülle und Anlagerung an die Elektrode.

Diffusion in der Grenzschicht

Die Teilchen unmittelbar an der Elektrodenoberfläche haften an dieser, sind also an diese physikalisch durch verschiedene Wechselwirkungskräfte relativ schwach gebunden. Darüber lassen sich parallel zur Elektrodenoberfläche gestapelte Teilchenschichten denken, die sich mit jeweils bestimmtem Geschwindigkeitsunterschied parallel zur vorherigen Schicht bewegen können. Ab einem bestimmten Abstand geht diese Diffusionsschicht in den konvektiven Bereich des Elektrolyten über.

Innerhalb der Diffusionsschicht nimmt die Konzentration der Ionen, welche sich an der Elektrode durch Aufwachsen (z. B. $Cu^+ + e^- \rightarrow Cu$) oder Phasenumwandlung (z. B. $2\ H^+ + 2\ e^- \rightarrow H_2$) verbrauchen, in Richtung der als „Teilchen-Senke" fungierenden Elektrode ab. Dieser Konzentrationsgradient als treibende Kraft ist umso größer, je dünner die Diffusionsschicht, also je stärker die Konvektionsgeschwindigkeit darüber ist. Eine starke Konvektion fördert deshalb auch die Diffusion durch die Diffusionsgrenzschicht

Anlagerung an die Elektrode

Kationen sind in wässrigen Lösungen stets hydratisiert, also aufgrund der Ion-Dipol-Wechselwirkung von einer Hydrathülle aus zum Ion ausgerichteten Wasser-Molekülen umgeben. Diese Hülle muss zunächst abgestreift werden, bevor sich das Kation an die Kathode anlagern kann.

Eine genauere Betrachtung der Diffusionsgrenzschicht

Innerhalb der Diffusionsgrenzschicht lassen sich zwei Bereiche definieren: Die innere Helmholtzschicht bezeichnet die an die Elektrode adsorbierte Monolage der Lösemittelmoleküle (z. B. H_2O) oder anderer Ionen des Elektrolyten. Die äußere Helmholtzschicht besteht aus den hydratisierten Ionen des Elektrolyten, welche an der inneren Helmholtzschicht angelagert sind.

Um aus dem Elektrolyten an die Oberfläche der Elektrode zu gelangen (oder von der Elektrode in Lösung zu gehen), müssen die Ionen die Helmholtzschicht durchdringen, was als Durchtrittsreaktion bezeichnet wird. Anschließend streifen die Ionen ihre Hydrathülle ab und werden ins Gitter des Festkörpers eingebaut. Der Durchtritt durch die Grenzschicht wie auch das Abstreifen der Hydrathülle erfordert eine Aktivierungsenergie, die durch eine erhöhte Spannung (Durchtrittsüberspannung) an der externen Spannungsquelle aufgebracht werden muss.

31.2 Schichtwachstum

Physikalische Grundlagen

Nachdem die Kationen zur Kathode gelangt sind und ihre Hydrathülle abgestreift haben, lagern sie sich zunächst lose gebunden als Ad-Atome an die Oberfläche des Festkörpers an. Sie können dort thermisch aktiviert diffundieren, bis sie an einem energetisch günstigen Platz dauerhaft ins Kristallgefüge eingebaut werden.

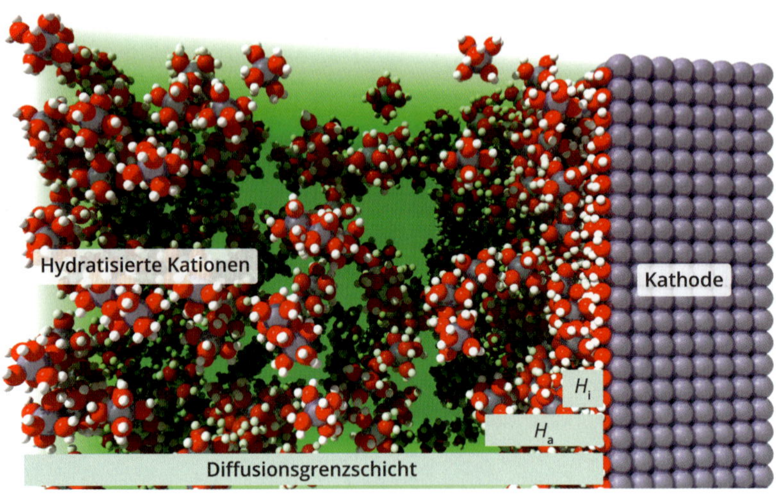

Abb. 135: Eine schematische Darstellung der Diffusionsgrenzschicht mit der äußeren (H_a) und inneren (H_i) Helmholtzschicht.

Abb. 136: Beim Aufwachsen einer Schicht auf der Elektrode lagern sich in diesem vereinfachten kubischen Gitter-Modell neue Teilchen an einer zufälligen Stelle an und suchen sich dann über thermisch aktivierte Sprünge den energetisch günstigsten Platz (d. h. mit einer möglichst großen Anzahl an Nachbarn) im Kristallgefüge. Die Färbung der Atomlagen dient nur der besseren Visualisierung.

Simulation ...

Die folgenden Simulationen stellen den Mechanismus der Anlagerung und Einbau eines Kations in den Festkörper sehr vereinfacht dar: Jedes Teilchen in einem kubischen Gitter hat 26 Nachbarplätze (6 über die Seitenflächen, 12 über die Kanten, und 8 über die Ecken der zentralen Zelle), die jeweils besetzt oder unbesetzt sein können. Je mehr besetzte Nachbarn ein Teilchen hat (wobei die Nachbarplätze über die Kanten und Ecken durch den größeren Abstand weniger beitragen), desto größer ist dessen Bindungsenergie an diesem Ort. Die Wahrscheinlichkeit p für einen thermisch aktivierten Wechsel von einer Gitterstelle (Energie E_1) zu einer benachbarten Stelle ($E_{2)}$ ist demnach:

$$p = c \cdot \exp\left[-\frac{E_2 - E_1}{kT}\right]$$

wobei kT die kinetische Energie des Teilchens, und c eine Konstante ist. Die Bilderserie in Abb. 136 zeigt das ausschließlich über dieses Modell simulierte Wachstum einer Schicht, Monolage um Monolage, in unterschiedlichen Stadien:

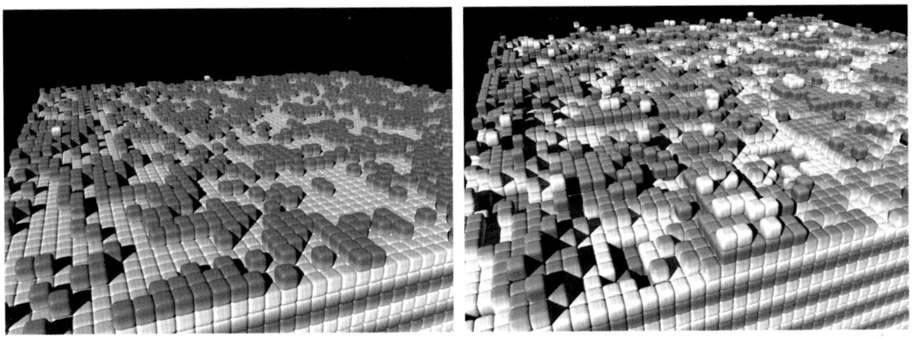

Abb. 137: Langsameres Kristallwachstum (links) führt zu glatteren Schichten als rasches Wachstum (rechts), da die angelagerten Teilchen „mehr Sprünge Zeit" haben, energetisch günstige Gitterplätze mit möglichst vielen Nachbarn zu finden und zu besetzen. Die unterschiedliche Färbung der Atomlagen dient nur der übersichtlicheren Darstellung des Vorgangs.

Abb. 138: An Spitzen ist das elektrische Feld größer, hier lagern sich neue Kationen bevorzugt an. Die Farbgebung der einzelnen Ebenen dient nur der besseren Darstellung.

Je mehr Zeit die angelagerten Teilchen für die Suche nach einem energetisch möglichst günstigen Gitterplatz haben (über z. B. eine geringere Abscheiderate oder/und höhere Temperatur), desto glatter wächst die Schicht (Abb. 137).

Nicht nur die Bindungsenergie zu benachbarten besetzten Gitterstellen, sondern auch das lokale elektrische Feld trägt zur Energiebilanz eines Teilchen-Sprungs auf der Oberfläche der Elektrode bei: Je kleiner der Krümmungsradius der Oberfläche, desto stärker das lokale elektrische Feld, und desto wahrscheinlicher der Einbau eines Teilchens an dieser Stelle. Abb. 138 zeigt das Ergebnis einer Simulation, die diesen Aspekt berücksichtigt: Kleine, zufällige Unregelmäßigkeiten zu Beginn der Abscheidung (Keimbildung) verstärken sich mit dem weiteren Wachstum (Keimwachstum), da neue Teilchen bevorzugt dort eingebaut werden.

... und Praxis

Die Realität der galvanischen Abscheidung ist wesentlich komplexer als die Annahmen der hier behandelten Simulationen:

Elektroden sind i. d. Regel keine Einkristalle, sondern amorphe oder nanokristalline Festkörper, wodurch die Bindungsverhältnisse auf deren Oberfläche örtlich verschieden sind.

Unberücksichtigt blieben auch die Transportmechanismen innerhalb der Diffusionsgrenzschicht, v. a. der Durchtritt durch die innere und äußere Helmholtzschicht.

Auch das Abstreifen der Hydrathülle und chemische Reaktionen wirken sich auf die Energiebilanz eines Teilchens zwischen Anlagerung und Einbau ins Kristallgefüge aus.

31.3 Elektroden

Elektroden 1. Art

Hierbei handelt es sich um die in den vorhergehenden Abschnitten behandelten, „typischen" Metallelektroden, aus denen das Metall in Form gelöster Ionen austritt und entsprechend der Oxidationszahl z der Metallionen gemäß $Me \rightarrow Me^{z+} + z\,e^-$ Elektronen in der Elektrode zurück bleiben. Das Gleichgewichtspotenzial lässt sich durch die Nernst-Gleichung bestimmen. Das Metall liegt demnach in zwei Phasen vor: Metallisch in der Elektrode und gelöst im Elektrolyten.

Elektroden 2. Art

Bei Elektroden 2. Art gehen die heraus gelösten Ionen nicht (oder nur in geringem Maß) in Lösung, sondern bilden mit (meist) Anionen aus dem Elektrolyten eine schwer lösliche Verbindung, die nahezu vollständig ausfällt. Das Metall der Elektrode 2. Art liegt demnach in drei verschiedenen Phasen vor: Metallisch, ionisiert in Lösung und als Salz ausgefällt. Das Gleichgewichtspotenzial lässt sich auch hier aus der Nernst-Gleichung berechnen, wobei die Konzentration der freien Ionen aus dem Löslichkeitsprodukt der ausfallenden Verbindung im Elektrolyten bestimmt werden muss.

Ein Beispiel für eine Elektrode 2. Art ist eine Silberelektrode in einer Kaliumchlorid-Lösung, wobei schwer lösliches AgCl entsteht. Das Silber liegt im Gleichgewicht metallisch (als Elektrode), ausgefälltes AgCl und in geringem Maße im Elektrolyten gelöst (freie Ag^+-Ionen) vor.

Elektroden 3. Art

Wenn mehr als nur ein Stoff des Elektrolyten mit der Elektrode reagiert, liegen mehrere Redoxsysteme parallel vor, die - wenn sich beide Systeme die gleichen Anionen teilen - über deren Löslichkeitsprodukte miteinander gekoppelt sind. Ein Beispiel für Elektroden 3. Art ist eine in AgS und PbS getauchte Silber-Elektrode.

Redoxelektroden

Redoxelektroden gehen nicht in Lösung, sondern nehmen nur als Elektronendonator bzw. akzeptor und ggfalls. als Katalysator an den elektrochemischen Redoxreaktionen teil. Die bei der Elektrolyse von verdünnter Salzsäure zu H_2 und Cl_2 eingesetzten Platin-Elektroden sind solche Redoxelektroden. Redoxelektroden kommen auch als Mess-Sonden z. B. zur pH-Wert Messung zum Einsatz, wo sich die Elektrode nicht auflösen darf, um einerseits das zu messende Medium nicht zu kontaminieren, und andererseits für stabile Messungen keine Oberflächen- und Formänderung erleiden darf.

Gaselektroden

Eine Gaselektrode ist zunächst eine Metallelektrode, die jedoch von einem bestimmten Gas umspült wird welches idealerweise als durchgehende Monolage auf der Metalloberfläche adsorbiert. Ein Beispiel für eine Gaselektrode ist die Standard-Wasserstoffelektrode als Referenzelektrode zur Bestimmung des Standardpotenzials eines Stoffes. Hierbei handelt es sich um eine von Wasserstoff umspülte Platin-Elektrode, auf deren katalytisch wirksamer Oberfläche H_2 zu Wasserstoff-Atomen gespalten werden, welche sich auf dem Platin anlagern.

32. ELEKTROCHEMISCHE DEFINITIONEN

Dieses Kapitel definiert erläutert die elektrochemischen Begriffe wie sie in den darauf folgenden Kapiteln bei der Behandlung der galvanischen Abscheidung bestimmter Metalle verwendet werden.

32.1 Neutrale, ionisierte und gelöste Stoffe

Elektrochemisches Äquivalent

Die theoretisch maximale Menge eines Stoffs (in Gramm), die an der Elektrode je Amperestunde abgeschieden wird, definiert durch die Formel $A_E = M/(z\ F)$, wobei M die molare Masse, F die Faraday-Konstante und z die Oxidationszahl des Stoffs ist. Typische Werte bei Metallen liegen zwischen 0.3 g/Ah für das leichte Al mit Oxidationszahl +3, und 7.3 für das schwere Gold mit Oxidationszahl +1.

(Elektrolytische) Dissoziation

Der Zerfall einer Verbindung in Anionen und Kationen in einem Lösemittel, z. B. Kochsalz in Wasser gemäß $NaCl \rightarrow Na^+ + Cl^-$ oder Salzsäure in Wasser via $HCl + H_2O \rightarrow H_3O^+ + Cl^-$. Der Dissoziationsgrad eines Stoffs kennzeichnet den Anteil dieses Stoffs, der unter den gegebenen Bedingungen (Konzentration, Druck, Temperatur, ...) dissoziiert vorliegt.

Hydratation (Hydration)

Anlagerung von Wassermolekülen an gelöste Ionen via Ion/Dipol-Wechselwirkungen, oder an neutrale Moleküle via Wasserstoff-Brückenbindungen oder/und Wechselwirkungen zwischen statischen (H_2O-Molekül) und indizierten Dipolen. Die damit verbundene Hydrationsenergie sowie die Änderung der Entropie (durch stärkere Lokalisierung der Wassermoleküle) hat einen entscheidenden Beitrag in die freie Lösungsenthalpie eines Stoffs und bestimmt dadurch seine Löslichkeit mit.

Ionisationsenergie

Die zur Ionisierung eines Atoms oder Moleküls notwendige Energie. Innerhalb einer Periode nimmt die erste Ionisationsenergie (Entfernen eines Elektrons vom neutralen Atom) tendenziell aufgrund der zunehmenden Kernladungszahl zu (z. B. Li ... Ne: 5,4 ... 21,6 eV), um zur nächsten Periode wegen der nun nächst höheren, weiter vom Atomkern entfernten besetzten Schale wieder sprunghaft abzufallen. Bereits n-fach ionisierte Stoffe haben eine deutlich höhere n. Ionisationsenergie (z. B. Eisen: 7,9 eV, 16.2 eV und 30,6 eV für die 1., 2. und 3. Ionisierung).

Löslichkeit

Die maximale Konzentration c_{max} eines Stoffes in einem anderen, bei der das Gemisch im Gleichgewicht einphasig ist. Bei Stoffen mit exothermer Lösungsreaktion (z. B. NaOH) sinkt die Löslichkeit bei zunehmender Temperatur, bei Stoffen mit endothermer Lösungsreaktion (z. B. KNO_3 oder NH_4NO_3) steigt die Löslichkeit mit dem Erwärmen. Die Größe von c_{max} definiert, ob ein Stoff z. B. sehr leicht, leicht, wenig oder schwer löslich genannt wird.

Normalpotenzial

Das Normal- oder Standardpotenzials eines Stoffes ist das sich einstellende Potenzial zwischen diesem Stoff und einer Wasserstoff-Elektrode, wenn beide unter Normalbedingungen (25 °C, 101,3 kPa) in eine 1-molare Lösung des betreffenden Stoffes tauchen. Je positiver das Normalpotenzial, desto „edler" der Stoff bzw. das Metall (z. B. Lithium = -3.02 V, Gold = +1.7 V).

Oxidationszahl

Die Ladungszahl eines Atoms in einer Verbindung unter der Annahme, dass die Valenzelektronen eines Teilchens jeweils dem elektronegativeren Bindungspartner zugeschrieben werden. Atome im elementaren Zustand haben immer die Oxidationszahl 0, bei einatomigen Ionen entspricht die Oxidationszahl der Ionenladung (z. B. Fe^{3+} hat die Oxidationszahl +3).

32.2 Elektrolyte und Elektroden

Deckfähigkeit

Die Fähigkeit eines Elektrolyten, eine lückenlose Metallschicht abzuscheiden. Besonders bei geringen mittleren Stromdichten kann es durch lokale Fluktuationen der Stromdichte zu Bereichen auf der Oberfläche des Werkstücks kommen, auf denen die Stromdichte zu gering für eine ausreichende Metallabscheidung ist.

Leitfähigkeit des Elektrolyten

Elektrolyte sind reine Ionenleiter mit einer bestimmten elektrischen Leitfähigkeit. Theoretisch lässt sich die Leitfähigkeit aus den Beweglichkeiten der im Elektrolyten enthaltenen (unterschiedlichen) Ionen ableiten, deren Konzentration über die Konzentration der Inhaltsstoffe sowie deren temperatur- und konzentrationsabhängigen Dissoziationsgrad bestimmt wird. In der Praxis spielen zudem Wechselwirkungen zwischen den Ionen sowie Polarisationseffekte auf der Grenzfläche Elektrolyt/Elektrode ebenfalls eine Rolle, so dass sich das System Elektrode/Elektrolyt nur in mehr oder weniger guter Näherung wie ein ohmscher Widerstand verhält.

pH-Wert

Reines Wasser enthält über die Autoprotolyse $H_2O + H_2O \rightarrow H_3O^+ + OH^-$ bei Raumtemperatur ca. 10^{-7} mol H_3O^+ und OH^- pro Liter, was gemäß

$$pH = -\log_{10}\left[H_3O^+\right]$$

einem neutralen pH-Wert von 7 entspricht. Da die Autoprotolyse thermisch aktiviert ist, beträgt der pH-Wert von 100°C heißem Reinstwasser bereits ca. 6. Säuren als Protonendonatoren erhöhen in wässrigen Lösungen über die Abgabe (Dissoziation) von Protonen (Bsp. Salzsäure: $HCl + H_2O \rightarrow H_3O^+ + Cl^-$) die Konzentration an H_3O^+-Ionen, wodurch der pH-Wert sinkt. Einige Beispiele für pH-Werte:

Stoff	HCl (20 %)	Magensaft	Haushalts-essig	DI-Wasser	Seifenlauge	KOH (1.4 %)	KOH (50 %)
pH-Wert	-1	1-3	3	7	8-12	13	14.5

Tab. 8: Die pH-Werte verschiedener Flüssigkeiten

Streuung bzw. Streufähigkeit

Durch die geometrische Form der Elektroden sowie eine auf mikroskopischer Skala inhomogene Oberfläche der Elektrode (Rauigkeit, Nanokristallinität) variiert die Stromdichte über deren Oberfläche, was sich auf die auf der Elektrode statt findenden elektrochemischen Reaktionen auswirkt. Hierbei unterscheidet man ...

Glanztiefstreuung

Elektrolyte, bei denen glänzende Schichten über einen großen Bereich der Stromdichteverteilung abgeschieden werden können, besitzen eine hohe Glanztiefstreuung.

Makrostreuung

Elektrolyte mit hoher Makrostreuung erlauben über einen gewissen Bereich der durch die geometrische Elektrodenform variierenden Stromdichteverteilung ein dennoch gleichmäßiges Schichtwachstum.

Mikrostreuung

Elektrolyte mit hoher Mikrostreuung ermöglichen über einen gewissen Bereich der durch die Rauheit der Elektrodenoberfläche variierenden Stromdichteverteilung ein gleichmäßiges Schichtwachstum.

Stromausbeute

Das Verhältnis der tatsächlich auf der Kathode abgeschiedenen Metallmenge zum nach dem Elektrochemischen Äquivalent berechneten theoretischen Wert. Werte < 100 % beruhen Reaktionen parallel zur Metallabscheidung, welche ebenfalls Elektronen verbrauchen (z. B. H_2-Bildung aus H_3O^+-Ionen im Elektrolyten). Werte über 100 % treten auf, wenn sich die Anode nicht nur elektrolytisch, sondern auch chemisch auflöst und dabei frei gewordene Elektronen zur Metallabscheidung zur Verfügung stehen.

Überspannung

Die Differenz zwischen der zur Elektrolyse notwendigen Spannung und der aus der Spannunsgreihe abgeleiteten, theoretischen Potenzialdifferenz. Die Ursachen einer Überspannung sind energiezehrende Prozesse in der elektrochemischen Reaktionskette wie Diffusion, Adsorption, Abstreifen der Hydrathülle, Gasbildung etc.

Zersetzungsspannung

Die für die Elektrolyse theoretisch nach der Nernst-Gleichung berechnete notwendige Potenzialdifferenz zwischen Kathode und Anode. Zur tatsächlich für eine Abscheidung notwendigen Spannung addieren sich noch ggfalls. Überspannungen.

32.3 Abgeschiedene Metallschicht

Duktilität

Die Fähigkeit eines Stoffs, bei äußerer mechanischer (Über-)belastung nicht zu brechen, sondern sich zu verformen. Wenig duktile Stoffe wie Glas bei Raumtemperatur sind spröde und brechen leicht, während sich Weichmetalle wie Gold mit hoher Duktilität auch bei Raumtemperatur gut formen lassen (z. B. als Blattgold). Die Duktilität eines Stoffes hängt stark von seiner kristallinen Struktur und damit den Abscheidebedingungen der Schicht ab.

Glanz

Welche Oberflächeneigenschaften eines Stoffes zu einem glänzenden Eindruck führen ist noch nicht gänzlich verstanden, auch wenn eine möglichst glatte, feinkristalline Struktur dabei eine große Rolle spielt. In der galvanischen Abscheidung erfordert dies grundsätzlich eine hohe Keimbildungsdichte bei gleichzeitiger Unterdrückung des Wachstum dieser Keime zu größeren Kristalliten.

Härte

Der mechanische Widerstand, den ein Stoff dem Eindringen eines Fremdkörpers entgegensetzt. Harte Schichten zerkratzen nicht so leicht und nutzen sich weniger durch Abrieb ab. Es gibt verschiedene Methoden der Härteprüfung wie die Härteprüfung nach Rockwell (Eindringen eines Prüfkörpers in den Stoff), nach Brinell (Bestimmung der Fläche des Abdrucks einer auf den Prüfstoff gepressten Stahlkugel) oder nach Mohs: Die Mohs-Härte ist eine empirische Tabelle einheitsloser Werte zwischen 1 (Talk) und 10 (Diamant), bei der ein Stoff, der einen anderen Stoff zu ritzen vermag, unter diesem Stoff (größere Mohs-Härte) steht. Die Härte eines Stoffes hängt stark von seiner (nano-)kristallinen Struktur und damit den Abscheidebedingungen der Schicht ab.

Porosität

Das Verhältnis aus mikroskopischem Leer- bzw. Hohlraumvolumen (Poren) eines Stoffs zu seinem Gesamtvolumen. In der Werkstofftechnik klassifiziert man die Porosität nach mikroporös (Poren < 2 nm), mesoporös (2 ... 50 nm) und makroporös (> 50 nm). Die erzielte Porosität einer abgeschiedenen Metallschicht hängt stark von den Abscheidebedingungen ab und kann nur theoretisch den Wert 1 erreichen.

33. GALVANISCHE ABSCHEIDUNG BESTIMMTER METALLE

Dieses Kapitel geht konkret auf die galvanische Abscheidung bestimmter Metalle ein, die aufgrund ihrer spezifischen Eigenschaften häufig Verwendung in der Mikroelektronik oder Mikromechanik finden. Zu jedem Metall werden mögliche Elektrolyte und die entsprechenden elektrochemischen Vorgänge im Elektrolyten und den Elektroden erläutert.

33.1 Galvanische Abscheidung von Gold

Anwendungsbereiche

In der Elektronik und Elektrotechnik finden Goldüberzüge aufgrund der guten elektrischen Leitfähigkeit, der sehr hohen Korrosionsbeständigkeit, dem geringen Kontaktwiderstand sowie die gute Lötbarkeit von Gold breite Verwendung. Typische Schichtdicken liegen bei einigen 100 nm (z. B. zur Löthilfe) bis einigen µm als Korrosionsschutz.

Alkalische zyanidische Abscheidung von Gold

Hierbei basiert der Elektrolyt auf dem hochgiftigen Kaliumdicyanoaurat(I) = $K[Au(CN)_2]$. Diese Verbindung enthält ca. 68 % Gold und dissoziiert in wässriger Lösung in K+- und $[Au(CN)_2]^-$-Ionen. Letztere wandern zur Anode und dissoziieren dort zu Au^+- und $(CN)^-$-Ionen. Die Gold-Ionen wandern zurück zur Kathode, werden dort neutralisiert und auf der Kathode abgeschieden.

Als Anode kommen entweder lösliche Gold- oder Gold-Kupferelektroden, oder unlösliche platinierte Titan-Elektroden zum Einsatz.

Neutrale zyanidische Abscheidung von Gold

Dieser Elektrolyt basiert ebenfalls auf Kaliumdicyanoaurat, enthält jedoch kein freies Zyanid (keine freien $(CN)^-$-Ionen). Als Anode kommen unlösliche platinierte Titan-Elektroden zum Einsatz.

Saure zyanidische Abscheidung von Gold

Auch hier ist Kaliumdicyanoaurat die Goldquelle im Elektrolyten, der zusätzlich Cobalt oder Nickel, sowie Zitronensäure enthält. Hierdurch lassen sich glänzende Goldschichten erzielen, die wegen ihres relativ großen Anteils organischer Bestandteile vergleichsweise hart sind und eine geringe Duktilität aufweisen.

Als Anode kommen unlösliche platinierte Titan-Elektroden oder Edelstahl zum Einsatz.

Stark saure zyanidische Abscheidung von Gold

Hierfür bildet dreiwertiges Kaliumtetracyanoaurat(III) = $K[Au(CN)_4]$, welches auch in stark sauren Lösungen beständig ist, den Metallträger des Elektrolyten. Weiterhin sind Mineralsäuren wie Schwefel- oder Phosphorsäure enthalten.

Zyanid-freie Abscheidung von Gold mit Goldsulfiten

Anstelle der hochgiftigen Cyano-Verbindungen basiert hierbei der Elektrolyt auf Ammoniumdisulfitoaurat(I) = $(NH_4)_3[Au(SO_3)_2]$ bzw. Natrium-disulfitoaurat(I) = $(Na)_3[Au(SO_3)_2]$ (Alkaligoldsulfit). Die $[Au(SO_3)_2]^{3-}$-Ionen der Lösung zerfallen nahe der Kathode in Au^+ und $(SO_3)^{2-}$-Ionen, die Goldionen werden an der Kathode zu Gold reduziert und abgeschieden.

Neben dem Verzicht auf die hochgiftigen zyanidischen Bäder haben aus sulfitischen Elektrolyten abgeschiedene Goldschichten die Vorteile ausgezeichneter Makrostreufähgkeit (= hohe Abscheiderate auch an strombenachteiligten Stellen der Elektrode) und hoher Duktilität.

Unser Goldbad NB SEMIPLATE AU 100 basiert aus diesen Gründen auf einem sulfitischen Elektrolyten.

Glanzbildung

Ein hoher Glanz des abgeschiedenen Goldes erfordert eine glatte Oberfläche mit feiner, definierter kristalliner Struktur. Dafür ist es notwendig, die Keimbildung beim Gold-Wachstum zu fördern, dabei gleichzeitig das Keimwachstum zu unterdrücken.

Diese Anforderung wird je nach Elektrolyt durch Zugabe von Elementen wie Arsen, Thallium, Selen und Blei sowie Ethylendiamin erfüllt, die das Wachstum der Kristallite über eine lokal selektive Passivierung oder eine chemische Pufferung unmittelbar am Ort der Goldabscheidung kontrollieren.

33.2 Galvanische Abscheidung von Nickel

Abscheidung von Nickel mit Nickelsulfat

Hauptmetalllieferant ist hierbei Nickelsulfat als Hexahydrat mit der Formel $NiSO_4 \cdot (H_2O)_6$, oder als Heptahydrat ($NiSO_4 \cdot (H_2O)_7$). Nickelchlorid als Hexahydrat = $NiCl_2 \cdot (H_2O)_6$ dient zur Verbesserung der Anodenlöslichkeit sowie als Leitsalz der Erhöhung der elektrischen Leitfähigkeit des Elektrolyten. Borsäure (H_3BO_3) dient als chemischer Puffer zur Aufrechterhaltung des pH-Wertes.

Das Nickelsulfat dissoziiert in wässriger Lösung in Ni^{2+} und $(SO_4)^{2-}$ Ionen. Die Ni^{2+}-Ionen werden an der Kathode zu Nickel reduziert, welches sich dort als metallischer Überzug abscheidet. Die Sulfat-Ionen wandern zur Kupfer-Anode und bilden dort unter Verbrauch der Anode neues Kupfersulfat, welches in Lösung geht.

Abscheidung von Nickel mit Chloridelektrolyten

Reine (d. h. Nickelsulfat-freie) Chloridelektrolyte bestehen aus $NiCl_2 \cdot (H_2O)_6$ als Metalllieferant und Leitsalz in einem, und Borsäure als chemischer Puffer.

Verglichen mit Nickelsulfat-Elektrolyten erlauben Nickelchlorid-Bäder wegen ihrer höheren elektrischen Leitfähigkeit eine Abscheidung mit geringerer elektrischer Leistung. Jedoch sind Nickelchlorid-Bäder teurer und korrosiver als Nickelsulfat-Bäder.

Abscheidung von Nickel mit Nickelsulfamat

Hauptmetalllieferant dieses Elektrolyten ist Nickelsulfamat-4-hydrat mit der Formel $Ni(SO_3NH_2)_2 \cdot (H_2O)_4$, Nickelchlorid = $NiCl_2$ zur Verbesserung der Anodenlöslichkeit und Borsäure (H_3BO_3) als chemischer Puffer zur Aufrechterhaltung des pH-Wertes.

Das Nickelsulfamat dissoziiert in wässriger Lösung in Ni^{2+} und $(SO_3NH_2)^-$ Ionen. Die Ni^{2+}-Ionen werden an der Kathode zu Nickel reduziert, welches sich dort als metallischer Überzug abscheidet. Die Sulfamat-Ionen wandern zur Nickel-Anode und bilden dort unter Verbrauch der Anode neues Nickelsulfamat.

Nickelsulfamat besitzt eine sehr hohe Wasserlöslichkeit, so dass damit sehr metallreiche Bäder mit hohen Stromdichten und Abscheideraten angesetzt werden können, welche dennoch Nickelschichten mit guten mechanischen Eigenschaften erzielen. Die Verwendung eines Nickelsulfamat-basierten Elektrolyten ist besonders dann empfehlenswert, wenn gleichzeitig dicke und spannungsfreie Schichten benötigt werden. Die dabei abgeschiedene Nickelschicht ist sehr duktil und bietet einen guten Schutz gegenüber Verschleiß und Korrosion.

Unser Nickelbad NB SEMIPLATE AU 100 basiert aus diesen Gründen auf einem Elektrolyten auf Basis von Nickelsulfamat.

Voraussetzungen für glänzende Nickelschichten

Welche Oberflächeneigenschaften zu einer glänzenden (Nickel-)Oberfläche führen ist auch für Nickel noch nicht gänzlich verstanden, auch wenn eine möglichst glatte, feinkristalline Struktur eine große Rolle dabei spielt. Eine feinkristalline Oberfläche erfordert, dass zum einen eine hohe Keimbildungsdichte besteht, andererseits das Wachstum dieser Keime zu größeren Kristalliten unterdrückt wird.

Glanzträger (primäre Glanzmittel)

Zusätze wie Sulfonamide, Sulfonimide und Sulfonsäuren bewirken eine Kornverfeinerung der wachsenden Nickelschicht, welche eine tendenziell hohe Duktilität aufweist.

Glanzbildner und Einebner (sekundäre Glanzmittel)

Diese Zusätze ermöglichen über einebnende Effekte hochglänzende Schichten von allerdings geringerer Duktilität.

33.3 Galvanische Abscheidung von Zinn

Abscheidung von Zinn mit Zinn(II)-sulfat

Hierbei besteht der Elektrolyt aus einer schwefelsauren Zinn(II)-sulfat Lösung. Das Zinnsulfat dissoziiert in wässriger Lösung in Sn^{2+} und $(SO_4)^{2-}$-Ionen. Die Sn^{2+}-Ionen werden an der Kathode zu Zinn reduziert, welches sich dort als metallischer Überzug abscheidet. Die Sulfat-Ionen wandern zur Zinn-Anode und bilden dort unter Verbrauch der Anode neues Zinnsulfat, welches in Lösung geht.

Abscheidung von Zinn mit Zinn(II)-methansulfonat

Hierbei besteht der Elektrolyt aus Methansulfonsäure (CH_3SO_3H) und ihrem Salz, Zinn(II)-methansulfonat. Dieses Salz dissoziiert in wässriger Lösung in Sn^{2+} und $(CH_3SO_3)^-$-Ionen. Die Sn^{2+}-Ionen werden an der Kathode zu Zinn reduziert, welches sich dort als metallischer Überzug abscheidet. Die Methansulfonat-Ionen wandern zur Zinn-Anode und bilden dort unter Verbrauch der Anode neues Zinn(II)-methansulfonat, welches in Lösung geht.

Unser Zinnelekrolyt NB SEMIPLATE SN 100 basiert auf Zinn(II)-methansulfonat und Methansulfonsäure.

33.4 Galvanische Abscheidung von Kupfer

Anwendungsbereiche

In der Elektronik dient die elektrochemische Verkupferung u. a. dem Aufbau von Leiterbahnen bei gedruckten Schaltungen sowie zum Durchkontaktieren.

Alkalische cyanidische Abscheidung von Kupfer

Metallträger ist hierbei Kupfer(I)cyanid (CuCN), welches nicht in Wasser, jedoch in wässrigen Lösungen von NaCN oder KCN löslich ist, wobei sich via CuCN + 2 NaCN $\rightarrow$ $Na_2[Cu(CN)_3]$ lösliche cyanidische Komplexe bilden. Daraus abgeschiedene Kupferschichten zeigen eine sehr gute Haftfestigkeit.

Schwefelsaure Abscheidung von Kupfer

Als Alternative zum hochgiftigen Kupfer(I)cyanid besteht der Elektrolyt für die schwefelsaure Abscheidung aus in verdünnter Schwefelsäure gelöstem Kupfersulfat ($CuSO_4$). Das Kupfersulfat dissoziiert in wässriger Lösung in Cu^{2+} und $(SO_4)^{2-}$-Ionen. Die Cu^{2+}-Ionen werden an der Kathode zu Kupfer reduziert, welches sich dort als metallischer Überzug abscheidet. Die Sulfat-Ionen wandern zur Kupfer-Anode und bilden dort unter Verbrauch der Anode neues Kupfersulfat, welches in Lösung geht.

Die Schwefelsäure dient nicht nur der Leitfähigkeitsverbesserung des Elektrolyten, sondern ist die Voraussetzung für eine zusammenhängende, gleichmäßige Schichtabscheidung.

Unser Nickelbad NB SEMIPLATE CU 100 basiert aus in verdünnter Schwefelsäure gelöstem Kupfersulfat.

33.5 Galvanische Abscheidung von Silber

Anwendungsbereiche

In der (Mikro-)Elektronik dienen kommen Silberschichten wegen ihrer guten elektrischen Eigenschaften zum Einsatz: Unter allen Metallen besitzt Silber die höchste elektrische Leitfähigkeit.

Cyanidische Abscheidung von Silber

Da Silbercyanid (AgCN) in Wasser nahezu unlöslich ist, wird dem Elektrolyten Kaliumcyanid (KCN) beigegeben, wodurch die Konzentration freien Cyanids erhöht wird. Je nach der Konzentration freien Cyanids stellen sich Gleichgewichtskonzentrationen der löslichen cyanidischen Komplexe Dicyanoargentat = $[Ag(CN)_2]^-$, Tricyanoargentat = $[Ag(CN)_3]^{2-}$, und Tetracyanoargentat = $[Ag(CN)_4]^{3-}$ ein.

Cyanidfreie Abscheidung von Silber

Als Alternative zum hochgiftigen Silbercyanid kommt eine ganze Reihe an weniger-. bzw. ungiftigen Komplexbildnern zum Einsatz, wie z. B. Jodid, Sulfit, Ethylendiamin oder Thioharnstoff.

34. FOTOLACKPROZESSIERUNG IN DER MIKROGALVANIK

An Fotolackmasken für die galvanische Abformung werden hinsichtlich Lackhaftung, Lackprofil und der chemischen Stabilität meist ganz spezifische Anforderungen gestellt. Dieses Kapitel beschreibt, wie sich über die Fotolackprozessierung diesen Anforderungen nachkommen lässt.

34.1 Optimal geeignete Fotolacke

Saure und alkalische Beständigkeit der Lackmaske

Die als Lackmatrix aller gängigen AZ® und TI Lacke verwendete Phenol und Acrylharze machen diese Fotolacke in sauren Galvanik-Bädern überwiegend stabil, solange es sich nicht um stark oxidierende Medien wie Salpetersäure handelt.

Alkalische Bäder hingegen können eine nicht-quervernetzte (Positiv-)lackmaske ab einem pH-Wert von etwa 10 während er elektrochemischen Abscheidung angreifen, wobei die Lackschädigung oder -unterwanderung von Temperatur und Dauer abhängig sind. Zu beachten ist, dass der im Bad gemessene pH-Wert nicht mit dem am Ort der Metallabscheidung (und damit am Ort der Lackstrukturen) übereinstimmen muss.

Ein Hardbake kann die alkalische Beständigkeit bei Positivlacken erst ab Temperaturen von ca. 140°C erhöhen. Diese liegen über dem Erweichungspunkt aller Positivlacke, wodurch die Lackprofile nach einem solchen Hardbake verrundet und damit für die Galvanik meist nicht mehr geeignet sind (vgl. Abschnitt 19.1 auf Seite 106).

Quervernetzende Negativlacke wir der AZ® nLOF 2000, der AZ® 15 nXT oder der AZ® 125 nXT besitzen verglichen mit Positivlacken eine deutlich höhere alkalische Stabilität.

Lackhaftung zum Substrat

Durch das Aufquellen von Fotolack kann die Haftung zum Substrat während der galvanischen Abformung nachlassen und Metall die Lackschicht unterwandern und so unterwachsen. Die Lackhaftung kann über die Lackauswahl, dessen Prozessierung sowie die Substratvorbehandlung (Kapitel 8 auf Seite 50) optimiert werden.

Die Lackserien AZ® 1500, 4500, 9200 und ECI 3000 zeigen verglichen mit für trockenchemische Prozesse optimierten Lacken eine grundsätzlich verbesserte Haftung zum Substrat. Quervernetzende Negativlacke wie die AZ® nLOF 2000 Serie oder der AZ® 15 nXT oder AZ® 125 nXT weisen ebenfalls eine sehr gute Haftung auf.

34.2 Optimierung der Lackhaftung

Haftschicht

Grundsätzlich ist ein dünner Metallfilm als Haftvermittler gerade für Anwendungen in der Galvanik sehr zu empfehlen, da ohnehin in vielen Fällen eine metallische Saatschicht benötigt wird: Ein wenige nm dünner Titan- oder Chromfilm verbessert die Lackhaftung v. a. im Vergleich mit Gold oder Platin deutlich. Ein solch dünner Metallfilm kann - falls erforderlich - nach dem Entwickeln auf den freientwickelten Stellen in geeigneten Medien entfernt werden. Hierbei ist darauf zu achten, dass lateral nicht zu stark unter den Lackfilm geätzt wird, d. h. der Ätzvorgang nicht viel länger als zum Entfernen der frei entwickelten Metallschicht dauert.

Softbake und Hardbake

Optimale Softbakeparameter (für die meisten Standardlacke empfehlen wir 100°C für eine Minute je µm Lackschichtdicke auf der Hotplate, einige Minuten länger bei Ofenprozessen) verbessern ebenfalls die Lackhaftung. Wichtig gerade für dicke Lackschichten ist die Vermeidung eines zu abrupten Abkühlens des Substrats nach dem Softbake um eine Rissbildung in der Fotolackschicht zu verhindern. Ein Backschritt nach dem Entwickeln kann die Lackhaftung zwar verbessern, jedoch liegen im Falle von Positivlacken die dafür notwendigen Temperaturen von 120-140°C meist über dem Erweichungspunkt des verwendeten Lacks was die Lackstrukturen verrunden lässt. Bei Negativlacken kann ein solcher Hardbake ohne die Gefahr der Verrundung des Lackprofils durchgeführt werden. Allerdings sinkt mit zunehmender Hardbake-Temperatur die spätere Entfernbarkeit der Lackmaske in nasschemischen Medien.

Restlösemittel

Unter üblichen Softbakeparametern getrocknete Fotolackschichten besitzen noch einen Restlösemittelanteil von einigen Prozent. Gelangt das Lösemittel während der Galvanik in das Bad, kann durch diese Verunreinigung die Chemie der Abscheidung gestört werden.

In diesem Fall ist ein intensiverer (d. h. längerer oder heißerer) Softbake zu empfehlen. Bei dicken Lackschichten, bei welchen auch ein langer Softbake einen rel. hohen Restlösemittelanteil in Substratnähe zurücklässt, kann ein Backschritt nach dem Entwickeln hilfreich sein. Um bei der Verwendung von Positivlacken die Lackflanken zu erhalten, sollte dieser höchstens 20 °C unter der Erweichungstemperatur des verwendeten Fotolacks ausgeführt werden. Bei quervernetzten Negativlacken ist keine nachträgliche Verrundung der Lackstrukturen zu befürchten, allerdings nimmt bei zu hohen Backtemperaturen die Entfernbarkeit der Lackmaske nach der Galvanik ab.

34.3 Optimierung der Haftung des abgeschiedenen Metalls

Entwicklung

Wird der Fotolack mit einem nicht geeigneten Entwickler entwickelt oder nach dem Entwickeln nicht ausreichend gespült, können wenige nm dünne, schwer detektierbare Lackrückstände ein optimales Aufwachsen des abgeschiedenen Metalls verhindern.

Zeigen sich derartige Lackrückstände trotz einem ausreichend langen Entwickeln und nachfolgenden Spülen, kann die Verwendung des Entwicklers AZ® 826 MIF (entweder als Ersatz für einen bisher verwendeten Entwickler oder als ca. 30 Sekunden-Dip nach dem eigentlichen Entwickeln) durch sein Additiv Abhilfe schaffen.

Haftvermittler

Falsch applizierte Haftvermittler wie z. B. flüssig aufgebrachtes HMDS (Abschnitt 8.2 auf Seite 51) können ebenfalls die Haftung des aufgewachsenen Metalls zur Saatschicht verringern.

Metallorganische Haftvermittler wie TI PRIME können ebenfalls die Haftung des aufgewachsenen Metalls verschlechtern, wenn sie nicht in den freientwickelten Bereichen durch z. B. einen HF Dip entfernt werden.

34.4 Lackprofil

Senkrechte Flanken

Werden möglichst senkrechte Kanten gewünscht, empfiehlt sich für wenige µm dicke Fotolackmasken die Positivlacke der AZ® ECI 3000, für 5 - 30 µm dicke Schichten die ebenfalls positiven AZ® 4562 oder AZ® 9260 oder der Negativlack AZ® 15 nXT. Sehr große Lackschichtdicken von 30 - 150 µm mit sehr steilen Flanken erlaubt der positive AZ® 40 XT oder der Negativlack AZ® 125 nXT.

Negative Flanken

Soll die abgeformte Metallstruktur ein positives Profil aufweisen, empfiehlt sich als Lackmaske der AZ® nLOF 2000 Negativlackserie für Schichtdicken bis ca. 20 µm, bei noch größeren Schichtdicken der Negativlack AZ® 15 nXT. Bei beiden Lacken lässt sich über die Belichtungsdosis und den post exposure bake die Form des Unterschnitts über einen großen Bereich einstellen (Kapitel 21).

35. ANWENDUNGSBEISPIELE

In diesem letzten Kapitel zur Galvanik möchten wir einige technologische „Highlights" präsentieren, welche mit den von uns vertrieben Elektrolyten und teilweise auch unseren Fotolacken realisiert wurden. Diese Anwendungsbeispiele und die dazu gezeigten Abbildungen stammen von unserem Kooperationspartner und Hersteller der genanten Elektrolyte NB Technologies (www.nb-technologies.de).

35.1 Mikroschalter

Abb. 139 zeigt eine CCD-Mikroskopaufnahme eines thermischen, lateral aktuierbaren, bistabilen Mikroschalters. Die mechanisch beweglichen Elemente bestehen aus ca 12 µm dicken galvanischem Nickel (Verwendeter Elektrolyt: NB Semiplate Ni 100). Die kleinste Abmessung der Ni-Balken ist 4 µm. Die Kontaktelemente bestehen aus Gold (Elektrolyt: NB Semiplate Au 100).

Die transparenten Elemente bestehen aus einem quervernetzten Negativlack und dienen der mechanischen Verbindung.

Wesentliche Anforderungen an die Galvanik bestehen hinsichtlich der Vermeidung von Stressgradienten, der Dickenuniformitäten, insbesondere bei unterschiedlichen Strukturgrößen, und der Dauerstabilität der

Eigenschaften unter mechanischer und thermischer Belastung.

Schön zu erkennen sind die unterschiedlichen Ebenen durch die Überwachsung des Nickels als Verbindung zu Goldstrukturen sowie die Überwachsung der Nickelbalken über die Kante der Opferschicht (aus ca. 4 µm dickem Cu, bereits entfernt). Diese unterschiedlichen Ebenen stellen eine hohe Anforderung an den Lackprozess (hier AZ 9260).

Abb. 140 zeigt mehrere REM-Aufnahmen eines thermischen Aktors und eines Kontaktes eines Mikroschalters.

Mechanische Elemente bestehen aus Glanznickel (Elektrolyt: NB Semiplate Ni 100). Für die Erzielung der vertikalen Auslenkung wird durch die Abscheideparameter ein Stressgradient in der Nickelschicht eingestellt.

Auch hier ist die Stabilität der Kornstruktur von fundamentaler Bedeutung. Der Kontaktbereich besteht aus Glanzgold (Elektro-

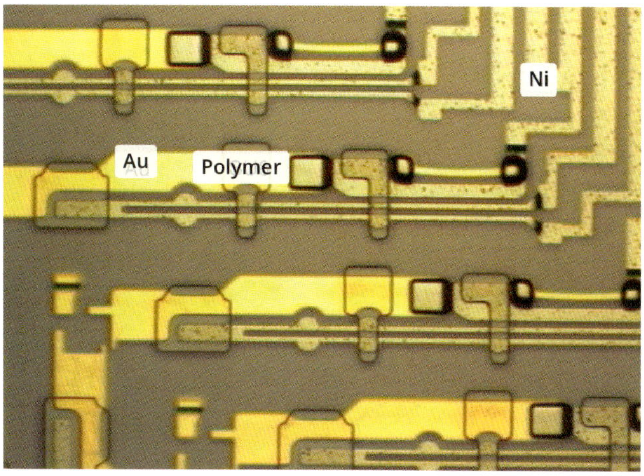

Abb. 139: CCD-Mikroskopaufnahme eines thermischen, lateral aktuierbaren, bistabilen Mikroschalters.

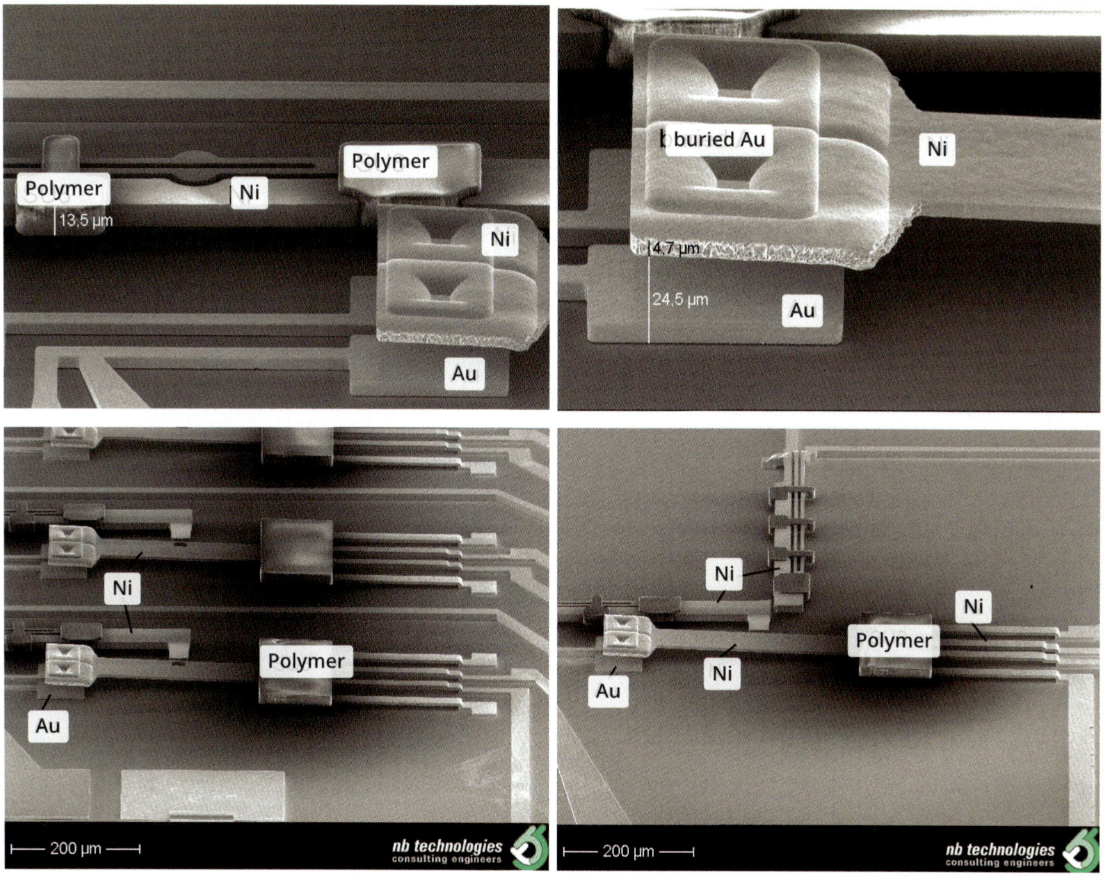

Abb. 140: REM-Aufnahmen eines thermischen Aktors und eines Kontaktes eines Mikroschalters, hergestellt unter verwendung der Gold- und Kupfer-Elektrolyten NB Semiplate Au 100 und NB Semiplate Cu 100

lyt: NB Semiplate Au 100). Zur Freilegung der beweglichen Elemente wurden Opferschichten aus Kupfer (Elektrolyt: NB Semiplate Cu 100) mit sehr guter Dickenuniformität und Oberflächenqualität eingesetzt.

Zur elektrischen Trennung und mechanischer Verbindung werden Elemente aus quervernetztem Negativlack eingesetzt.

Abb. 144 zeigt die REM-Aufnahme der Aktor-Struktur des Mikroschalters aus Nickel (Elektrolyt: NB Semiplate Ni 100). Die schmalen Nickelbalken wurden auf einer Opferschicht aus Kupfer (Elektrolyt: NB Semiplate Cu 100) mit guter Dickenuniformität und hoher Oberflächengüte abgeschieden.

Die Schichtdicke der Opferschicht beträgt hier ca 3 µm. Gut erkennbar ist die Überwachsung der Nickelstruktur über die Kante der Opferschicht. Die Breite der Nickelbalken beträgt etwa 4 µm, die Kantensteilheit ist nahezu 90°. Solche Verhältnisse und Anforderungen stellen hohe Ansprüche an den Lackprozess, wobei hier ein Lackprozess mit 18 µm AZ® 9260 bei einem Aspektverhältnis von 4,5 mit nahezu senkrechten Seitenwänden über eine Kupferkante von ca 3 µm optimiert wurde. Dabei erfordern nicht zuletzt die unterschiedlich starken Reflexionen der Untergründe (Kupferopferschicht und Goldstartschicht) eine sorgsame Anpassung der Belichtungsparameter.

Abb. 141 zeigt die Schnittansicht einer strukturierten Nickelabscheidung (FIB-Schnitt). Das Nickel wurde ohne Glanzzusatz prozessiert. Zu erkennen ist die Kornstruktur und das typische Stängelwachstum. Deutlich erkennbar ist auch die kleinere Kornstruktur im unteren Schichtbereich,

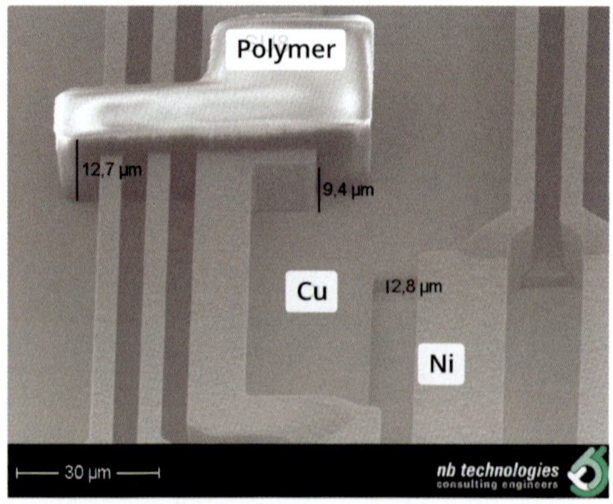

Abb. 144: REM-Aufnahme der Aktor-Struktur des Mikroschalters aus Nickel (Elektrolyt: NB Semiplate Ni 100)

Abb. 141: (rechts) Schnittansicht einer strukturierten Nickelabscheidung (FIB-Schnitt)

Abb. 142: (unten) REM-Aufnahme eines lateralen Mikrokontaktes aus Gold (NB Semiplate Au 100) auf Kupferopferschicht (NB Semiplate Cu 100)

Abb. 143: (rechts unten) REM-Aufnahme des Kontaktbereiches des Mikroschalters.

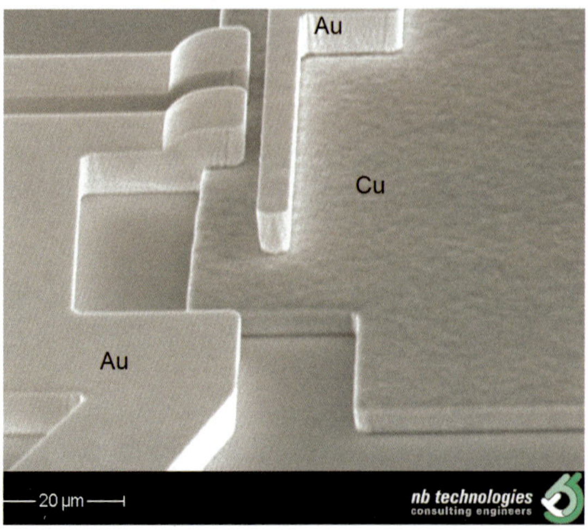

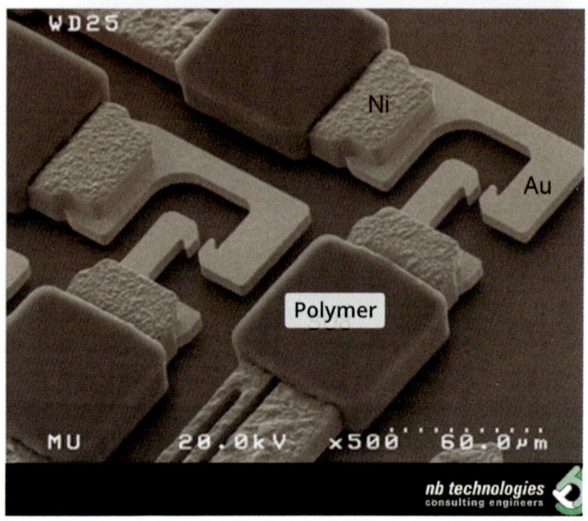

wo die Anpassung an den Untergrund stattfindet.

In manchen Anwendungen ist hierauf spezielles Augenmerk zu richten. Eigenschaften wie Glanz, Stress und Kornwachstum lassen sich in bestimmten Grenzen durch Ergänzer, aber auch durch die Prozessführung beeinflussen. Eine Beimischung von Mn beispielsweise schützt die Kornstruktur vor Veränderungen bei mechanischer oder thermischer Belastung. Eine feine Kornstruktur kann für schmale Federlemente, wie hier mit 4 µm Breite, bevorzugt werden, allerdings nur, wenn gewährleistet ist, dass die Körner stabil sind und sich nicht unter Belastung vergrößern oder verändern.

Abb. 142 zeigt die REM-Aufnahme eines lateralen Mikrokontaktes aus Gold (NB Semiplate Au 100) auf Kupferopferschicht (NB Semiplate Cu 100). Die Kupferopferschicht zeigt eine sehr gute Dickenuniformität und Oberflächengüte. Bemerkenswert ist, dass die zwar geringe, aber erkennbare höhere Rauheit der Opferschicht durch die Goldabscheidung wieder eingeebnet wird.

Abb. 143 zeigt die REM-Aufnahme des Kontaktbereiches des Mikroschalters. Die Kontakte bestehen aus Glanzgold (NB Semiplate Au 100). Im Bedarfsfall kann der NB Semiplate Au 100 mit einem Palladiumzusatz modifiziert werden (zu NB Semiplate AuPd 100), um die Kontakteigenschaften zu verbessern.

Das Nickel des thermischen Aktors (NB Semiplate Ni 100) ist mit dem Goldkontakt durch Überwachsung verbunden. Das Nickel wird im Hinblick auf den Haftverbund mit dem Polymer mit wenig Glanz prozessiert. Nichtsdestotrotz wird eine gewisse Feinheit der Korngröße im Hinblick auf die mechanischen Eigenschaften im Federelement mit geringer Breite von nur 4 µm (Abb. 142) prozessiert.

35.2 Mehrlagenverdrahtung auf dünnen Folien.

Abb. 145: NB Semiplate Au 100 wird eingesetzt für die Metallisierung von Mehrlagenverdrahtung in Verbindung mit dünnen Folien. Hier dargestellt sind 12 µm dicke Polyimidfolien mit zwei Metallisierungsebenen. Besondere Anforderungen bestehen hier im Hinblick auf Haftfestigkeit, Schichtstress, Stabilität der Eigenschaften und Einebnung von Topographien.

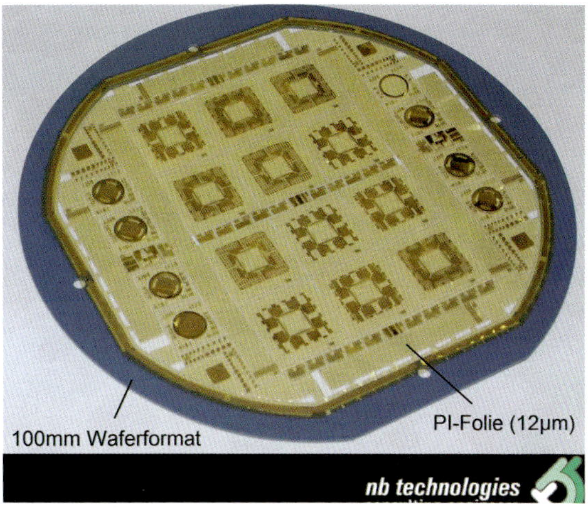

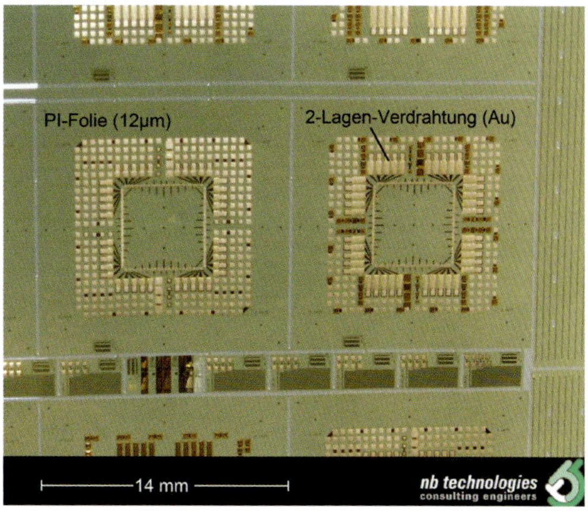

Abb. 145: 12 µm dicke Polyimidfolien mit zwei Metallisierungsebenen

Während sich die bisherigen Kapitel dieses Buchs thematisch von Wafern zu fertig strukturierten Bauteilen vorgearbeitet haben, möchte der nun folgende Teil schnelle Hilfe bei akuten Problemen zu Lithografie-Prozessen geben.

Den häufigsten Fragestellungen werden in sehr kompakter Form mögliche Antworten und Ursachen gegenübergestellt.

Über Verweise zu den vorherigen Abschnitten lassen sich diese Punkte bei Bedarf soweit vertiefen wie es dem Verständnis der Zusammenhänge hilft.

KAPITEL 05

TROUBLE-SHOOTING

36. UNGEWOHNTES ERSCHEINUNGSBILD DES FOTOLACKS UND DER LACKSCHICHT

36.1 Verfärbung?

i) Lagerzeit

Positiv- und Umkehrlacke dunkeln im Laufe der Zeit nach (s. Abschnitt 7.5 auf Seite 47), beschleunigt bei höheren Lagertemperaturen. Der Grund hierfür sind chemische Reaktionen des Fotoinitiators unter Bildung hoch absorbierender Azo-Farbstoffe. Diese Verfärbung tritt nur im sichtbaren Spektralbereich auf und hat keinen Einfluss auf die Prozessierung des Fotolacks. Da die Farbänderung sehr langsam abläuft, fällt sie meist erst bei einem Chargenwechsel des Fotolacks auf.

ii) Kontamination

Auch der Kontakt mit Wasser oder ungeeigneten Lösemitteln wie Isopropanol, oder ein Einfrieren von Fotolack kann eine Farbänderung bewirken. In diesen Fällen kann eine dauerhafte Schädigung des Fotolacks nicht ausgeschlossen werden.

iii) Substrat und Lackschichtdicke

Unterschiedliche Substratmaterialien lassen die Farbe der Lackschicht unterschiedlich aussehen.

Gerade bei dünnen Fotolackschichten kann eine durch Lösemittelverlust (Abb. 44 auf Seite 48), Überlagerung des Lacks (Abschnitt 7.5 auf Seite 47), oder geänderten Umgebungsbedingungen (Temperatur, Belackungssystem oder -parameter) bedingte Änderung der Lackschichtdicke um bereits wenige 10 nm einen interferenzbedingten Farbumschlag der Lackschicht bewirken.

iv) Nasschemische Prozesse

Durch den Angriff oxidierender Ätzmittel wie HNO_3-haltige Gemische oder durch hohe Backtemperaturen können Lackstrukturen bräunlich verfärben.

36.2 Unbelackte Stellen nach dem Belacken?

i) Lackbenetzung

Eine schlechte Lackbenetzung wie oftmals auf Edelmetallen oder nach HF-Dip von SiO_2-Oberflächen ohne vollständige Entfernung des Oxids (Abschnitt 8.3 auf Seite 52), unzureichend gereinigten Substraten (Abschnitt 8.1 auf Seite 50) oder hoher Luftfeuchtigkeit kann das Auftreten unbelackter Stellen auf dem Substrat fördern.

ii) Dispensierte Lackmenge

Beim Aufschleudern kann ein weiterer Grund für Lackabrisse eine zu geringe Lackmenge (die je nach Substratgröße, Lackschichtdicke und Lackviskosität empfohlene Menge beträgt 1 - 5 ml Lack/Substrat) oder dezentral auf dem Substrat dispensierter Lack sein.

iii) Schleuderprofil

Beim Aufschleudern auf glatten Substraten verbessert oftmals eine große Beschleunigung (einige 1000 U/min/s) auf die Endschleuderdrehzahl ohne vorheriges Anschleudern das Belackungsergebnis (Abb. 55 auf Seite 61).

Beim Aufschleudern auf texturierten Substraten ist ein langsames Anschleudern zum gleichmäßigen Verteilen des Lacks vor der Rampe auf die Endschleuderdrehzahl empfehlenswert, was jedoch relativ große Mengen an Lack erfordert.

iv) Partikel, Bläschen

Partikel und Gasbläschen sind oft die Ursache für Defekte in der Lackschicht (Abschnitt 10.5 auf Seite 62), die Ursachen und Abhilfen werden im folgenden Abschnitt beschrieben.

36.3 Streifen, Bläschen und Partikel in der Lackschicht nach dem Belacken?

i) Luftbläschen

Luftbläschen im Fotolack wirken als Startpunkt für Lackabrisse (Abschnitt 10.5 auf Seite 62). Luftbläschen können beim Umfüllen oder Bewegen von Fotolack in diesen gelangen und benötigen je nach dessen Viskosität einige Stunden Wartezeit (bei sehr hoch viskosen Lacken auch Tage) vor dem Dispensieren um an die Oberfläche zu steigen. Auch beim Aufziehen von Lack in eine Küvette oder Pipette können Luftbläschen mit eingesaugt werden.

ii) Stickstoff-Bläschen

N_2-Bläschen wirken ebenso als Startpunkt für Lackabrisse (Abschnitt 10.5 auf Seite 62) und haben ihren Ursprung im allmählichen Zerfall des Fotoinitiators, bei welchem Stickstoff freigesetzt wird. Werden Lackflaschen über längere Zeit gelagert löst sich der N_2 im Lack und perlt beim Öffnen des Gebindes durch den plötzlichen Druckabfall aus. Auch hier hilft eine Wartezeit vor dem Dispensieren, je nach Lackviskosität von bis zu mehreren Stunden, bei geöffnetem aber aufgesetztem Deckel, um die N2-Bläschen nach oben steigen zu lassen. Stickstoff kann sich auch im Lack lösen, wenn dieser (statt einer Lackpumpe zum Fördern von Fotolack) via Druckbeaufschlagung auf das Substrat verwendet wird.

iii) Partikel

Partikel können in ähnlicher Weise wie Luft- oder Gasbläschen zu einem inhomogenen Belackungsergebnis führen. Befinden sich Partikel bereits auf dem Substrat kann dies an einer unzureichenden Substratreinigung, wie auch ungenügenden Reinraumklasse am Ort der Belackung liegen (Abschnitt 10.5 auf Seite 62).

Partikel im Lack können ihren Ursprung im Umfüllen in unzureichend gereinigten Gefäßen oder überlagerten = gealterten Lacken haben (Abschnitt 7.5 auf Seite 47). Zu hohe Lagertemperaturen oder eine zusätzliche Verdünnung beschleunigen die Lackalterung (Abschnitt 7.4 auf Seite 46).

36.4 Bläschen in der Lackschicht erst nach dem Softbake?

i) Flüchtige Lackbestandteile

Einige Lacke wie der AZ® 40XT beinhalten auch höher-flüchtige Bestandteile an Harz oder Lösemittel, welche während typischer Softbake-Temperaturen verdampfen und dabei auch mit dem Auge gut sichtbare Bläschen in der Lackschicht bilden. In diesem Fall sollte die Erwärmung auf die Softbake-Zieltemperatur ausreichend langsam erfolgen (z. B. über das langsame Annähern des Substrats auf einer Proximity-Hotplate falls vorhanden; mehrminütige Temperatur-Rampen wie z. B. 60 ... 80 ... 100°C auf einer Kontakt-Hotplate; oder einer Temperaturrampe in einem Ofen).

ii) Ausgasende Substrate

Aus bestimmten poylmerischen Substraten können beim Softbake flüchtige Bestandteile verdampfen, welche in der darüber liegenden Lackschicht Bläschen bilden. Abhilfe kann ein Ausheizen der noch unbelackten Substrate bringen.

iii) Eingeschlossene Luftbläschen

Evtl. befinden sich bereits vor dem Softbake mit dem bloßen Auge nicht sichtbare Bläschen in der Lackschicht, welche erst während des Softbake zu größeren, nun besser sichtbaren Bläschen zusammen wachsen. Ursachen für Bläschen nach dem Belacken sind im Abschnitt 36.3 beschrieben.

36.5 Matte oder wellige Lackoberfläche nach dem Beschichten?

i) Überlagerter Lack

Deren Ursache ist meist eine derart hohe Partikelkonzentration, wie sie nur im Lack durch eine Überlagerung (Abschnitt 7.5 auf Seite 47) oder den Kontakt zu ungeeigneten Lösemitteln entstanden sein kann. Zu hohe Lagertemperaturen oder eine starke Verdünnung (Abschnitt 7.4 auf Seite 46) beschleunigen die Lackalterung. Eine weitere Verwendung des Lacks evtl. verbunden mit Partikelfiltration, ist nicht empfehlenswert, da die Partikelbildung mit einem Verlust an Fotoinitiator verbunden ist.

ii) Stark verdünnte Lacke

Zu lange bei Raumtemperatur und darüber gelagerte, v. a. hoch verdünnte Lacke zeigen gelegentlich eine „Gelierung", welche sich in einer Art makroskopischer „Klümpchen" in der Lackschicht äußert. Diese Alterungserscheinung ist irreversibel und durch eine Filtration kaum zu beseitigen.

37. BELACKUNGSTECHNIKEN: HÄUFIGE PROBLEMSTELLUNGEN

37.1 Aufschleudern: Randwall? (Weitere Erläuterungen hierzu in Abschnitt 10.3 auf Seite 60)

i) Hochviskose Lacke

Die Verwendung ausreichend hoch-viskoser Lacke (z. B. der AZ® 4562 oder AZ® 9260 für 5 - 30 µm Lackschichtdicke, oder die Ultradicklacke AZ® 40 XT oder 125 nXT für Schichten > 30 µm) bei hoher Schleuderdrehzahl führt zu einem deutlich geringer ausgeprägten Randwall als das langsame Aufschleudern niedrigviskoser Lacke.

ii) Runde Substrate

Dynamische Randwallentfernung bei ca. 500 U/min mit AZ® EBR Solvent (keine Lösemittel mit hohem Dampfdruck wie z. B. Aceton!). Falls keine automatische Einheit zur Randwallentfernung installiert ist, auch manuell aus einer Waschflasche mit feiner Spritzdüse, unmittelbar gefolgt von einem Abschleudern des Lösemittels bei höheren Schleuderdrehzahlen.

iii) Eckige Substrate

Falls möglich ein Entfernen (Brechen) der Randstücke des Substrates samt Randwall oder ein Abwischen des Randwalls mit Reinraumtüchern und Lösemittel.

Ein Aufbau auf dem Substratteller (z. B. Blechscheibe) mit einer Vertiefung, welche das Substrat beim Belacken lateral und vertikal bündig aufnimmt, wie es mittlerweile einige Hersteller von Belackern anbieten.

iv) Lackuntypisch hohe Lackschichtdicken

Bei Lackschichtdicken deutlich über der Standarddicke des jeweiligen Lacks: Eine höhere Schleuderdrehzahl (2000 - 4000 U/min) für wenige Sekunden mit steilen Auf- und Abwärtsrampen anstelle geringer Schleuderdrehzahlen für längere Zeit.

v) Abschleudern des Randwalls

Ein Abschleudern des Randwalls durch abrupte Zunahme der Schleuderdrehzahl optimalerweise dann, wenn die Lackschicht schon ausreichend angetrocknet, der Randwall aber noch flüssig genug für einen Abriss ist.

vi) Mehrfachbelackung

Eine Mehrfachbelackung mit jeweils höherer Schleuderdrehzahl erfordert höher viskose Lacke sowie einen kurzen Softbake zwischen den Belackungsschritten, um ein Anlösen der bereits aufgebrachten Lackschicht zu unterdrücken.

vii) Wartezeit zwischen Belackung und Softbake

Eine von der Lackschichtdicke und dem Restlösemittelgehalt abhängige Wartezeit (Substrat horizontal gelagert, um ein laterales Fließen zu vermeiden) zwischen Belackung und Softbake, um eine Erhöhung des bestehenden Randwalls durch die bei hohen Temperaturen abnehmende Viskosität der Lackschicht zu verhindern (bei sehr dicken Lackschichten evtl. eine graduelle oder stufenförmige Temperaturrampe von Raumtemperatur auf die Zieltemperatur).

viii) Wegentwickeln des Randwalls

Ein Belichten und Entwickeln des Randwalls ist bei Positiv- oder Umkehrlacken ebenfalls möglich, kann aber durch die Einwirkung des Entwicklers vor der Belichtung zu einem T-Topping der erzielten Lackstrukturen führen.

37.2 Aufschleudern: Kometenhafte Strukturen?

i) Luft- oder Stickstoffbläschen

Diese radial-strahlenförmigen Lackinhomogenitäten haben ihren Ursprung meist in Luft- oder N_2-Blasen, seltener in Partikeln, welche beim Aufschleudern zum Rand des Substrats getrieben werden. Ursachen und Abhilfen sind in den Abschnitten 36.2 und 36.3 beschrieben.

37.3 Aufschleudern: Substrat teilweise unbelackt?

i) Ursachen und Abhilfen siehe Abschnitt 37.2.

37.4 Sprühbelackung: Unzureichende Kantenbedeckung?

i) Lackzusammensetzung (Lösemittel)

Eine zu hohe Konzentration v. a. hochsiedender Lösemittel lässt die gerade gebildete Lackschicht zu stark von Kanten der Textur zurückfließen. Fragen Sie uns nach geeigneten Verdünnungsrezepturen für Sprühlacke!

ii) Equipment

Änderungen am Equipment (geringere Distanz zwischen Sprühkopf und Substrat oder größere Tröpfchenradien) können die Lösemittelkonzentration der auf dem Substrat auftreffenden Tröpfchen erhöhen und damit zu einem zu starken Fließen des Lackfilms führen. Falls technisch umsetzbar, kann auch ein z. B. auf 40 - 60°C erwärmtes Substrat während der Sprühbelackung zu einer rascheren Trocknung des Lacks und einem rascheren Stopp des Verfließens führen.

37.5 Sprühbelackung: Raue Lackschicht

i) Lackzusammensetzung (Lösemittel)

Eine zu geringe Konzentration v. a. hoch-siedender Lösemittel verhindert, dass die auf dem Substrat auftreffenden Lacktröpfchen verfließen und so die Lackschicht glätten können (Abschnitte 11.4 auf Seite 67 und 11.5 auf Seite 68). Fragen Sie uns nach geeigneten Verdünnungsrezepturen für Sprühlacke!

ii) Equipment

Änderungen am Equipment (größere Distanz zwischen Sprühkopf und Substrat oder kleinere Tröpfchenradien) können die Lösemittelkonzentration der auf dem Substrat auftreffenden Tröpfchen verringern und damit eine Glättung der gebildeten Lackschicht verhindern (Abschnitt 11.3 auf Seite 66).

37.6 Tauchbeschichtung: Inhomogene Lackschichtdicke?

i) Lackzusammensetzung (Lösemittel)

Variiert die erzielte Lackschichtdicke über das gesamte Substrat in Ziehrichtung, ist zu langsam antrocknender, am Substrat nach unten abfließender Lack die Ursache. Für die Tauchbeschichtung optimierte Lacke (Abschnitt 12.3 auf Seite 70) wie der *MC Dip Coating Resist* (Abschnitt 53.6 auf Seite 200) besitzen eine Lösemittelzusammensetzung, welche homogene Lackschichtdicken erlaubt.

ii) Überlagerter Lack

Tauchlacke sind üblicherweise stark verdünnt, und gerade bei Raumtemperatur anfälliger für eine rasche Alterung mit Partikel- oder Klümpchenbildung (Abschnitt 7.4 auf Seite 46), welche zu Inhomogenitäten der gebildeten Lackschicht führen. In diesem Fall hilft nur ein vollständiger Austausch des Lacks.

iii) Equipment

Vibrationen (durch den Schrittmotor der Ziehvorrichtung oder Erschütterungen der Umgebung) oder Schwankungen der Luftströmung führen zu rel. starken Schichtdickeninhomogenitäten parallel zur Oberfläche des Lacks im Becken. Auch sollte darauf geachtet werden, dass die Aufhängung des Substrats nicht mit in den Lack eintaucht, sonst stört der daran abfließende Lack die Homogenität der Beschichtung (Abschnitt 12.2 auf Seite 69).

37.7 Walzenbeschichtung: Inhomogene Lackschicht

i) Geeigneter Lack?

Für die Walzenbeschichtung optimierte Lacke weisen thixotrope Eigenschaften auf, d. h. eine unter mechanischem Druck veränderliche Viskosität, was bei der Walzenbeschichtung zu homogeneren Ergebnissen führt als die Verwendung von „normalen" Fotolacken.

37.8 Siebdruck: Grundsätzliche Eignung von Fotolacken

i) Geeigneter Lack?

Die mechanischen Eigenschaften von Fotolacken bringen in der Regel keine guten Ergebnisse für deren Aufbringen mittels Siebdruckverfahren. Soll diese Belackungstechnik dennoch eingesetzt werden, empfehlen sich Versuche mit hochviskosen Dicklacken wie den Positivlacken AZ® 4562, AZ® 9260 oder AZ® 40 XT, oder den Negativlacken AZ® 15 nXT oder AZ® 125 nXT.

38. BELICHTUNGSTECHNIKEN: HÄUFIGE PROBLEMSTELLUNGEN

38.1 Laserschreiben

i) Bläschen oder Risse in der Lackschicht?

Zeigen sich Bläschen oder Risse nach der Belichtung in der Positiv- oder Umkehrlackschicht, liegt dies in der durch die hohen Lichtintensitäten hohen N_2-Generation bei der Umwandlung des Fotoinitiators während der Fotoreaktion. Neben der Verwendung von Fotoinitiator-ärmeren Lacken wie dem AZ® 4562 oder AZ® 9260 oder dem AZ® 40 XT welcher beim Belichten gar kein N_2 freisetzt kann auch ein längerer/heißerer Softbake (Abschnitt 13.5 auf Seite 75), sowie eine optimierte Lackhaftung (Kapitel 8 auf Seite 50) Abhilfe schaffen. Bleibt die Bläschen- oder Rissbildung dennoch bestehen, muss entweder die Schreibzeit bei verringerter Laserleistung erhöht, oder das Laserschreiben in mehrere Zyklen aufgeteilt werden.

ii) Hitzeentwicklung in der Lackschicht?

Kann der belichtete Lack auch trotz ausreichender Lichtdosis nicht entwickelt, oder der unmittelbar benachbarte, unbelichtete Lack nicht entfernt werden, ist die Lackschicht durch die hohe Lichtintensität evtl. zu heiß geworden. Hierbei vernetzt das Harz des Lacks welcher dabei seine Löslichkeit in vielen Medien verliert. Falls die Laserleistung nicht weiter verringert werden kann, hilft evtl ein mehrstufiges Schreiben mit jeweils verringerter Dosis.

iii) Fokussierung des Laserstrahls

V. a. bei dickeren Schichten DNQ-basierter Positivlacke kann sich der Lack beim Belichten durch den in den belichteten Stellen gebildeten Stickstoff (vgl. Abschnitt 16.13) etwas aufblähen, was die Fokussierung des Lasers in der Lackschicht beeinträchtigt. Dagegen hilft ein mehrfaches Laserschreiben mit Pausen dazwischen, um den dabei jeweils neu gebildeten Stickstoff aus der Lackschicht ausgasen zu lassen.

38.2 Laserinterferenz-Lithografie

i) Bzgl. starken Verdünnungen geeigneter Fotolack?

Hierbei werden oft sehr dünne Lackschichten benötigt, welche meist nur durch Verdünnen bestehender Lacke erreicht werden können. Während z. B. die AZ® 1500 und AZ® 6600 Lackserien auf zu starke Verdünnung mit rascher Partikelbildung reagieren (Abschnitt 7.4 auf Seite 46), eignen sich der AZ® 701 MiR und die AZ® ECI 3000 Serie auch für hohe Verdünnungen, wofür wir das Lösemittel PGMEA = *AZ® EBR Solvent* empfehlen.

ii) Ausreichend hochauflösender Fotolack?

Die bei der Laserinterferenz-Lithografie oftmals geforderten sehr hohen Auflösungen im sub-µm Bereich lassen sich nur mit bestimmten Lacken erzielen. Wir empfehlen den temperaturstabilen AZ® 701 MiR für nachfolgende trockenchemische oder die AZ® ECI 3000 Serie für nachfolgende nasschemische Prozesse.

38.3 Belichtungswellenlängen außerhalb der Absorptionsbanden des Fotolacks

i) Zu große Belichtungswellenlänge?

Zu große Wellenlängen (z. B. > 450 nm bei Breitband-Lacken) sind zum Belichten bedingt geeignet, da der Empfindlichkeitsbereich von Fotolacken nicht abrupt endet, sondern über mehrere 10 nm Wellenlänge gegen Null abfällt (Abb. 40 auf Seite 42). Jedoch werden durch die schwache Absorption die zur vollständigen Belichtung notwendigen Lichtdosen mit zunehmender Wellenlänge sehr groß. Durch die hohe Eindringtiefe des Lichts steigt auch die Gefahr, dass bei transparenten oder rauen/texturierten Substraten das Licht lateral sehr weit geführt wird was die erzielbare Auflösung verringert (Abschnitt 16.9 auf Seite 93).

ii) Belichtungswellenlänge zu klein?

Zu kleine Wellenlängen (< 340 nm für i-line- und Breitband-Lacke) erhöhen nur theoretisch die mögliche Auflösung. Durch die geringe Eindringtiefe des Lichts und die parasitäre Absorption bereits umgewandelten Fotoinitiators nimmt die zur Durchbelichtung der Lackschicht notwendige Lichtdosis stark zu was durch die bei geringen Wellenlängen immer stärker auftretende Rayleigh-Streuung die erzielte Auflösung oft verschlechtert.

38.4 Verkleben der Lackschicht mit der Maske

i) Zu viel Restlösemittel?

Nach einem zu kurzen/kühlen Softbake ist der Restlösemittelanteil der Lackschicht u. U. so hoch, dass ein Verkleben mit der Fotomaske stattfindet. Wir empfehlen eine Softbaketemperatur von 100°C für eine Minute je µm Lackschichtdicke auf der Hotplate, im Ofen durch die Dauer der Erwärmung einige Minuten länger (Abschnitte 13.5 und 13.6 auf Seite 76).

ii) Partikel oder Bläschen in der Lackschicht?

Partikel auf der Maske können in den Lack gepresst werden und beim Entfernen der Maske die Lackschicht teilweise vom Substrat abziehen.

iii) Hard-Contact?

Ein Hard-Contact beim Belichten fördert ein Verkleben der Lackschicht mit der Maske. Falls anwendbar, kann ein Soft-Contact Modus Abhilfe schaffen. Dies gilt besonders für Lacke wie dem AZ® 40 XT oder AZ® 125 nXT, welche auch nach dem Softbake noch relativ niederviskos sind.

iv) Schlechte Lackhaftung zum Substrat?

Eine schlechte Lackhaftung erhöht grundsätzlich die Gefahr, dass die Lackschicht stellenweise von der Fotomaske abgezogen wird. Hinweise zur Haftungsverbesserung gibt Kapitel 41.

v) ARC-Coating als Lösung

Eine Beschichtung der Lackschicht mit dem (eigentlich als Antireflexschicht gedachten) AZ® Aquatar kann die „Klebrigkeit" der Oberfläche der Lackschicht ebenfalls verringern. AZ® Aquatar ist wasserlöslich und wird zu Beginn der Entwicklung automatisch entfernt.

39. ENTWICKLUNG: ZU GERINGE ENTWICKLUNGSRATE

39.1 Ausreichende Rehydrierung?

i) Ausreichend lange Rehydrierung?

DNQ-basierte Positivlacke (die meisten AZ® Positivlacke außer z. B. dem AZ® 40 XT) und Umkehrlacke benötigen während der Belichtung eine Mindestmenge an Wasser im Lackvolumen, welches nach dem Softbake oder Umkehrbackschritt wieder über die Luftfeuchtigkeit zugeführt werden muss (Kapitel 14). Die notwendige Dauer hängt stark von der Lackschichtdicke ab und beträgt zwischen etwa einer Minute für 1 µm dicke Lackschichten und mehreren Stunden für mehrere 10 µm dicke Schichten (Abb. 74 auf Seite 79).

ii) Ausreichende Luftfeuchte?

Bei ausreichend langer Rehydrierung bestimmt die Höhe der Luftfeuchte die erzielbare Entwicklungsrate. Deshalb empfehlen wir eine möglichst konstante relative Luftfeuchte von etwa 40 - 50 %.

iii) Rehydrierung rückgängig gemacht?

Eine ausreichende Rehydrierung kann mit der gleichen Zeitkonstante wieder rückgängig gemacht werden, wenn die Lackschicht vor oder während des Belichtens wieder einer geringen Luftfeuchte ausgesetzt wird (Abschnitt 14.2 auf Seite 79).

39.2 Ausreichende Belichtungsdosis bei Positivlacken?

i) Optimierte Belichtungsdosis?

Grundsätzlich hängt die notwendige Belichtungsdauer neben dem Fotolack und dessen Schichtdicke auch von der spektralen Emission der Lichtquelle und der spektralen Empfindlichkeit des Fotolacks ab (16.5 auf Seite 87). Eine Belichtungsreihe mit Bestimmung der Lichtdosis-abhängigen Entwicklungsrate (Abb. 84 auf Seite 89) empfiehlt sich stets bei neuen Prozessen, Lacken oder Änderungen am Belichter.

ii) Dünne Fotolackschichten?

Bei dünnen Fotolackschichten (Lackschichtdicke < Eindringtiefe des Lichts) bewirkt eine zu geringe Lichtdosis eine konstante, geringe Entwicklungsrate (Abschnitt 16.6 auf Seite 90). Da die Lackschicht von Anfang an bis zum Substrat belichtet wird spielen dessen optische Eigenschaften (Transmission und Reflexion) eine entscheidende Rolle für die Größe der notwendigen Lichtdosis.

iii) Dicke Fotolackschichten

Bei dicken Lackschichten (Lackschichtdicke > Eindringtiefe des Lichts) bewirkt eine zu geringe Lichtdosis eine konstante Entwicklungsrate bis zu einer bestimmten Tiefe, von der an die Rate auf nahe Null sinkt (Abschnitt 16.6 auf Seite 90).

39.3 Kompatibler Entwickler?

i) Zusammenspiel von Lack und Entwickler

Nicht jeder Fotolack lässt sich mit jedem Entwickler entwickeln (s. Angaben in den Abschnitten 53.3 - 53.6 ab Seite 198). Beispielsweise erfordern der AZ® 4533 und 4562 für rückstandsfreies Entwickeln den KOH-basierten AZ® 400K oder den TMAH-basierten AZ® 826 MIF. Für die Negativlacke der AZ® nLOF 2000 Serie, den AZ® 15 nXT oder 125 nXT empfiehlt sich auf gleichem Grund ein TMAH-basierter Entwickler wie der AZ® 326 MIF, 726 MIF oder 826 MIF, wobei letzterer durch ein als Scum-Remover wirkendes Additiv besonders dazu geeignet ist, schwer entwickelbare Lackbereiche sauber zu entfernen. Der AZ® 111 XFS muss mit dem AZ® 303 entwickelt werden.

39.4 Entwickler noch aktiv?

i) Neutralisation durch Kohlendioxid

CO_2-Eintrag aus der Luft begrenzt die Standzeit offener Entwicklerbäder um so stärker, je größer das Verhältnis von Flüssigkeitsoberfläche zu -volumen ist (kleine Gefäße). Eine Beaufschlagung des Entwicklerbades mit Stickstoff verlängert die Standzeit. Auch in verschlossenen Behältern lässt durch CO_2-Diffusion durch die Behälterwandung die Aktivität von Entwicklern im Laufe der Zeit nach, was im Resthaltbarkeitsdatum des Entwicklers berücksichtigt ist (Abschnitt 7.6 auf Seite 48).

ii) Erschöpfung furch entwickelten Fotolack

Eine Anreicherung mit entwickeltem Fotolack begrenzt die Kapazität von Entwicklern, welche spätestens dann erschöpft, wenn das Entwicklerbad einige Promille seines Eigenvolumens an Fotolack entwickelt hat (Abschnitt 18.6 auf Seite 104).

39.5 Entwickler zu stark verdünnt?

i) Konzentrate vs. ready-to-use Entwickler

Die Entwickler AZ® 400K und AZ® 351B werden üblicherweise 1 : 4 mit Wasser verdünnt angewandt, der AZ® Developer kann konzentriert bis 1 : 1 verdünnt eingesetzt werden. Die TMAH-basierten Entwickler AZ® 326 MIF, 726 MIF und 826 MIF kommen in der Regel unverdünnt zum Einsatz. Beim AZ® 303 liegen typische Verdünnungsverhältnisse bei 1 : 4 (für den AZ® 111 XFS) und 1 : 5 ... 1 : 8 (übrige Lacke). Bei sehr dünnen Fotolackschichten oder sehr feinen Strukturen kann auf Kosten der Entwicklungsrate eine bis etwa eineinhalb mal höhere Verdünnung helfen, das Entwicklungsergebnis reproduzierbarer zu gestalten (vgl. auch Abb. 96 auf Seite 103).

39.6 HMDS korrekt angewandt, oder Kontamination mit anderen Medien?

i) Korrekte Anwendung von HMDS

Wird HMDS aufgeschleudert bzw. bei Raumtemperatur aus der Gasphase aufgebracht, oder dringen die Dämpfe von abgeschleudertem HMDS beim Belacken in die Lackschicht ein, aktiviert sich das HMDS unter der Fotolackschicht erst während des Softbakes. Das hierbei abgespaltene Ammoniak kann v. a. Substratnahe Fotolackbereiche chemisch verändern (quervernetzen) und damit eine (Durch-)entwicklung verhindern bzw. die Entwicklungsrate verringern (Abb. 48 auf Seite 52). Wir empfehlen dringend, HMDS aus der Gasphase auf beheizte Substrate aufzubringen (Abschnitt 8.2 auf Seite 51) und Lack als auch Lackschicht fern von HMDS-Dämpfen zu halten. Aus diesem Grund darf HMDS auch auf keinen Fall in Lackschleudern eingesetzt werden, in der parallel Belackungen mit Fotolack durchgeführt werden.

ii) Kontamination aus der Luft

Viele häufig in Reinräumen eingesetzte Stoffe wie Ammoniak oder Chlorbenzol können über die Gasphase in die Lackschicht eindringen, diese bei nachfolgenden Backschritten (z. B. Softbake) quervernetzen oder anderweitig chemisch stabilisieren und so die Entwicklungsrate verringern.

39.7 Thermische Zersetzung des Fotoinitiators?

i) Während der Lagerung

Durch eine zu lange oder bei zu hohen Temperaturen erfolgte Lagerung von Fotolack, zerfällt bereits vor dessen Prozessierung ein zunehmender Teil des Fotoinitiators, wodurch die erzielte Entwicklungsrate sinkt. In Grenzen kann eine angepasste Lichtdosis, ein schärfer angesetzter Entwickler oder eine längere Entwicklungsdauer diesen Zerfall kompensieren, allerdings mit der Konsequenz eines höheren Dunkelabtrags.

ii) Beim Softbake

Die fotoempfindliche Komponente von Fotolacken ist temperaturempfindlich. Übersteigen Dauer und Temperatur von Softbake, Umkehrbackschritt (oder der Post Exposure Bake bei Negativlacken) die empfohlenen Werte, kann dies die Entwicklungsrate deutlich verringern (vgl. Abb. 104 auf Seite 111). Wir empfehlen für den Softbake von Positivlacken als ungefähren Startwert für ggfalls. weitere Optimierungen eine Temperatur von 100°C für eine Dauer von einer Minute je µm Lackschichtdicke. Bei Negativlacken (AZ® 15 nXT, AZ® 125 nXT) oder speziellen Dicklacken (AZ® 40 XT) weichen die optimalen Softbake-Parameter von dieser Regel ab, Details dazu in den jeweiligen Datenblättern.

39.8 Lackschichtdicke größer als erwartet?

i) Geometrie des Spincoaters

Änderungen der Strömungsverhältnisse der Luft im Spincoater (andere Substratformen und -größen, Änderungen im Flow oder der Absaugung, Abdeckung des Substrattellers) können über eine geänderte Verdunstungsrate des Lösemittels der Lackschicht deren erzielte Schichtdicke beeinflussen.

ii) Umgebungsbedingungen beim Aufschleudern

Die Verdunstungsrate des Lösemittels einer aufgeschleuderten Lackschicht und damit deren erzielte Dicke hängt neben der Temperatur und Luftfeuchtigkeit von der Lösemittelkonzentration der Atmosphäre in der

Lackschleuder ab. Diese wiederum hängt davon ab, wann und wie viele Substrate seit der letzten Reinigung der Lackschleuder bereits belackt wurden. Aus diesem Grund kann es hinsichtlich konstanter Lackschichtdicken sinnvoll sein, vor einer Belackungsreihe einige Dummy-Wafer zu belacken.

iii) Verringerter Lösemittelgehalt des Lacks

Die Viskosität von Lack und damit dessen erzielte Schichtdicke hängt neben dessen Temperatur auch stark vom Lösemittelanteil ab, welcher im Laufe der Zeit durch häufiges Öffnen der Gebinde abnehmen kann.

Bei der Tauch- und Sprühbelackung kommen meist auch nieder-siedende Lösemittel wie Aceton oder MEK im Lack zum Einsatz, welche wesentlich rascher verdunsten als die sonst verwendeten hoch-siedenden Lösemittel. Entsprechend rascher kann bei diesen Belackungstechniken die erzielte Lackschichtdicke mit der Standzeit des Lacks zunehmen.

iv) Überlagerter Lack?

Manche Fotolacke zeigen je nach Lagertemperatur der Gebinde über Monate oder Jahre hinweg einen langsamen Anstieg in ihrer Viskosität.

39.9 Geänderte Substratreflektivität?

i) Optisch dünne Lacke

Gerade bei dünnen Fotolackschichten hängt die vom Lack absorbierte Lichtdosis und damit die für eine zügige Entwicklung notwendige Belichtungsdauer von dem Reflexions- und Streuverhalten des Substrats ab. Während Metalle wie Cr. Ag oder Pt kurzwelliges Licht sehr stark reflektieren, werden die für die Belichtung von Fotolack geeigneten Wellenlängen von z. B. ITO stark absorbiert, und von Quarz und Gläsern zum großen Teil transmittiert.

39.10 Bei Negativ- oder Umkehrlacken im Umkehrmodus?

i) Zu heißer Post Exposure Bake?

Ein zu heißer/langer Umkehrbackschritt bzw. Post Exposure Bake (auch ein deutlich zu heißer Softbake) führt zu einer thermischen Quervernetzung des Harzes (vgl. Abb. 100 auf Seite 107) auch der unbelichteten Lackbereiche, welche deswegen langsamer entwickeln.

ii) Versehentliche Belichtung

Gelangt Licht auch an die nominell „dunklen Stellen“ der Lackschicht, findet auch dort eine teilweise Umkehrreaktion bzw. Quervernetzung statt was die Entwicklungsrate verringert. Mögliche Gründe für eine unfreiwillige Belichtung sind unzureichende Gelblichtbedingungen (Abschnitt 7.3 auf Seite 44), Lichtbeugung durch einen Abstand zwischen Fotomaske und Lackoberfläche (Abschnitt 16.8 auf Seite 92), Lichtstreuung in der Lackschicht bei einer zu hohen Lichtdosis (Abschnitt 16.5 auf Seite 87), eine diffuse Reflexion bei rauen Substraten oder eine laterale Lichtführung durch Reflexion an texturierten Substraten oder innerhalb transparenter Substrate.

iii) Prozessführung kritischer Negativlacke

Für manche Negativlacke wie den AZ® 15 nXT ist die Dauer zwischen Belichtung und Post Exposure Bake, und die zwischen Post Exposure Bake und Entwicklung besonders kritisch, da hierbei die bei der Belichtung induzierten Reaktionen weiter laufen und so auch nicht-belichtete Lackbereiche quervernetzen können. Aus diesem Grund sollten bei solchen Lacken diese Zeitdauern konstant und möglich kurz (nicht länger als wenige Minuten) gewählt werden.

39.11 Bei chemisch verstärkten Lacken?

i) Fehlender obligatorischer Post Exposure Bake

Der chemisch verstärkte AZ® 40 XT benötigt zum Abschluss der Fotoreaktion zwingend einen Backschritt nach dem Belichten um entwickelbar zu werden.

40. ENTWICKLUNG: ZU HOHER DUNKELABTRAG

40.1 Entwickler korrekt verdünnt?

Mit zunehmender Entwicklerkonzentration steigt der Dunkelabtrag rascher als die Entwicklungsrate (Abb. 96 auf Seite 103). AZ® 400K und AZ® 351B werden üblicherweise 1 : 4 mit Wasser verdünnt angewandt. AZ® Developer kann konzentriert bis 1 : 1 verdünnt eingesetzt werden. Die Entwickler AZ® 326 MIF, 726 MIF und 826 MIF kommen in der Regel unverdünnt zum Einsatz. Beim AZ® 303 liegen typische Verdünnungsverhältnisse zwischen 1 : 4 (für den AZ® 111 XFS) und 1 : 5 ... 1 : 8 (übrige Lacke). Für die Dicklackprozessierung oder eine Erhöhung des Durchsatzes kann die Entwicklerkonzentration auf Kosten der Selektivität einige 10 % über diesen Werten liegen.

40.2 Kompatibler Entwickler?

Einige Entwickler wie AZ®Developer oder AZ® 826 MIF weisen vergleichsweise hohe Dunkelabtragsraten auf. Wenn die zu entwickelnden Fotolacke diese Entwickler nicht erfordern, sollten selektivere Entwickler verwendet werden (s. Angaben in den Abschnitten 53.3 - 53.6 ab Seite 198).

40.3 Optimaler Softbake?

i) Zu kurz oder zu kühl?

Ein zu kurzer/kühler Softbake erhöht durch den damit verbundenen hohen Restlösemittelanteil der Fotolackschicht den Dunkelabtrag. Als „Daumenregel" für die meisten Standardlacke empfehlen wir eine Softbaketemperatur von 100°C für eine Minute je µm Lackschichtdicke (Abschnitt 13.5 auf Seite 75). Bei Negativlacken (AZ® 15 nXT, AZ® 125 nXT) oder speziellen Dicklacken (AZ® 40 XT) weichen die optimalen Softbake-Parameter von dieser Regel ab, Details dazu in den jeweiligen Datenblättern.

Bei der Verwendung von Öfen sollte die Dauer dazu addiert werden, welche die Substrate zum Aufheizen auf Solltemperatur benötigen. Auf Hotplates können massive oder schlecht Wärme leitende Substrate, sowie nicht planar anliegende (verspannte oder gewölbte) Substrate die effektive Temperatur in der Lackschicht verringern, was über eine Verlängerung des Softbake oder eine Erhöhung der Temperatur kompensiert werden kann (Abschnitt 13.6 auf Seite 76).

ii) Zu heiß oder zu lange?

Bei einem zu ausgedehnten/heißen Softbake zerfällt ein Teil des Fotoinitiators, welcher im unbelichteten Zustand als Inhibitor wirkt und als solcher die Abtragsrate im Entwickler verringert (Abschnitt 13.5 auf Seite 75). Als Folge steigt der Dunkelabtrag, der Kontrast des Lacks nimmt ab.

40.4 Zersetzung des Fotoinitiators durch zu lange oder falsche Lagerung?

Durch eine zu lange oder bei zu hohen Temperaturen erfolgte Lagerung von Fotolack zerfällt bereits vor dessen Prozessierung ein zunehmender Teil des Fotoinitiators, welcher im unbelichteten Zustand als Inhibitor wirkt und als solcher die Abtragsrate im Entwickler verringert (Abschnitt 7.5 auf Seite 47).

40.5 Bei Umkehr- oder Negativlacken?

i) Parameter für den Umkehrbackschritt

Bei Umkehrlacken hat der Umkehrbackschritt nach der ersten Belichtung die Aufgabe, die belichteten Bereiche im Entwickler unlöslich zu machen. Fällt der Umkehrbackschritt zu kühl oder zu kurz aus, ist die Abtragsrate dieser Lackbereiche im Entwickler deutlich erhöht. Die empfohlenen Umkehrbackparameter hängen vom jeweils verwendeten Umkehrlack und den Anforderungen an den Prozess ab (Abschnitt 20.3 auf Seite 111).

ii) Parameter für den Post Exposure Bake bei Negativlacken

Bei Negativlacken quervernetzt der Post Exposure Bake (PEB) die belichteten Lackbereiche und macht diese so unlöslich im Entwickler. Die empfohlenen PEB-Parameter hängen vom jeweils verwendeten Negativlack ab (Abschnitt 21.2 auf Seite 114), für die AZ® nLOF 2000 Lacke empfehlen wir einen Hotplate-Prozess bei 110 - 120°C für 1-2 Minuten.

40.6 Versehentliche Belichtung „dunkler" Bereiche bei Positivlacken?

i) Streuung in der Lackschicht

Bei zu hohen Lichtdosen (Abschnitt 16.5 auf Seite 87) kann Lichtstreuung (Rayleigh-Streuung) innerhalb der Fotolackschicht auch nominell dunkle Bereiche belichten, welche dann im Entwickler mit abgetragen werden.

ii) Proximity Gap beim Belichten

Ein Abstand zwischen Maske und Lackoberfläche (beabsichtigt oder unbeabsichtigt durch Partikel oder Blasen in der Lackschicht oder einen Randwall) führt zu einer Belichtung benachbarter Lackbereiche durch Beugung (Abschnitt 16.8 auf Seite 92) und Mehrfachreflexionen zwischen Maske und Lackoberfläche.

iii) Texturierte Substrate

Texturierte oder raue Substrate streuen Licht auch lateral unter die von der Fotomaske abgeschatteten Bereiche der Lackschicht. Bei transparenten Substraten kann Licht lateral im Substrat geführt werden und so den Lack ebenfalls an nominell dunklen Stellen belichten. In diesem Fall kann es sinnvoll sein, die Belichtungsdosis nicht höher als notwendig zu wählen (Abschnitt 16.5 auf Seite 87). Zusätzlich kann ein Bottom-Layer Anti-Reflective Coating wie der AZ® Barli Abhilfe schaffen (Abschnitt 15.2 auf Seite 83).

iv) Keine ausreichenden Gelblichtbedingungen

Die meisten Positivlacke sind auch im kurzwelligen sichtbaren Bereich des Spektrums empfindlich. Daher können Leuchtstoffröhren, Glühbirnen, sowie direktes oder indirektes Tageslicht Lackschichten belichten. Wir empfehlen dringend, alle Lichtquellen und Fenster z. B. mit geeigneter Gelbfolie zu filtern um zu gewährleisten, dass keine Wellenlängen < ca. 520 nm transmittiert werden (Abschnitt 7.3 auf Seite 44).

40.7 Nachentwicklung?

Beim Entwickeln dringt der alkalische Entwickler auch in die nicht zu entwickelnde Lackschicht ein. Wird nach dem Entwickeln nicht ausreichend gespült, konzentrieren sich beim anschließenden Trocknen diese Entwickler-Rückstände in der Lackschicht auf und bilden mit dem Wasser eines nachfolgenden Entwicklungsschritts eine starke Base, welche eine Schicht des Lacks abtragen kann. Kann auf eine Nachentwicklung nicht verzichtet werden, sollte nach dem Entwickeln besonders gründlich mit Wasser gespült werden.

41. SCHLECHTE LACKHAFTUNG

41.1 Optimale Substratvorbehandlung?

i) Saubere Substrate

Bei sauberen Substraten genügt ein Ausheizen bei 120°C bis 140°C für einige Minuten zur Desorption von auf der Oberfläche angelagerten Wassermolekülen. Ab 150°C brechen die auf oxidierten Oberflächen stets präsenten OH-Bindungen auf, wobei der hydrophobe Charakter und damit die Lackbenetzung und -haftung weiter zunimmt (Abschnitt 8.1 auf Seite 50).

ii) Organische Verunreinigungen

Bei mit Partikeln oder organischen Verunreinigungen kontaminierten Substraten empfiehlt sich zur Verbesserung der Lackbenetzung und -haftung eine zweistufige Substratreinigung mit 1. Aceton (entfernt organische Verunreinigungen) und 2. Isopropanol (entfernt verunreinigtes Aceton, bevor sich daraus Schlieren bilden können), s. Abschnitt 8.1 auf Seite 50.

iii) Falsche HMDS-Anwendung

HMDS sollte im Vakuum aus der Gasphase auf beheizte Substrate aufgebracht werden. Das Auftragen in flüssiger Form verschlechtert in vielen Fällen die Lackhaftung deutlich unter die Lackhaftung unbehandelter Substraten. Aus diesem Grund darf HMDS auch auf keinen Fall in Lackschleudern eingesetzt werden, in der parallel Belackungen mit Fotolack durchgeführt werden (Abschnitt 8.2 auf Seite 51).

iv) Vorangegangenes Ätzen mit HF-haltigen Medien

Nach erfolgtem SiO_2-Ätzen mit HF (z. B. „HF-Dip") hängt die Lackhaftung stark davon ab, ob das Oxid vollständig entfernt wurde: Ist dies der Fall, zeigt die Wasserstoff-passivierte Si-Oberfläche für einige Zeit eine sehr gute Lackhaftung. Bei einem unvollständigen Oxid-Ätzen kann eine stark hydrophile Oberfläche mit sehr schlechter Lackbenetzung und -haftung zurückbleiben, welche über fortgeführtes, vollständiges Oxid-Ätzen oder Backen bei hohen Temperaturen (ca. 700°C) wiederhergestellt werden kann (Abschnitt 8.3 auf Seite 52).

41.2 Beim Ätzen mit HF-haltigen Ätzlösungen?

Flusssäure diffundiert relativ rasch durch Fotolackschichten. Hierbei quillt zum einen die Lackschicht auf, zum anderen beginnt auch das unter der Lackschicht eingeschlossene Substrat zu ätzen. Als Folge schwimmt die Lackschicht während des Ätzvorgangs oder beim anschließenden Spülen großflächig auf. Neben einer dickeren Lackschicht hilft auch die Verwendung gepufferter Flusssäure (BOE) anstelle ungepufferter HF (Abschnitt 24.7 auf Seite 129).

41.3 Auf Edelmetallen?

Edelmetalle wie Gold oder Platin weisen generell eine sehr schlechte Lackhaftung auf, die auch über organische Haftvermittler wie HMDS kaum verbessert werden kann (Abschnitt 8.3 auf Seite 52). Falls anwendbar, dient eine wenige nm dicke Schicht aus z. B. Titan oder Chrom als metallischer Haftvermittler, welcher nach der Entwicklung des Fotolacks an den frei entwickelten Stellen, bzw. nach der gesamten Prozessierung großflächig wieder abgeätzt werden kann.

41.4 Optimaler Softbake?

i) Zu kurz oder zu kühl?

ii) u lange oder zu heiß?

Wird der Softbake zu lange/heiß angewandt, versprödet die Lackschicht und verschlechtert v. a. bei zu rascher Abkühlung nach dem Softbake über mechanische Spannungen die Lackhaftung. Langsame Abkühlrampen können eine Abhilfe darstellen.

41.5 Positivlacke auf transparenten Substraten?

Bei der Belichtung mit zu hohen Dosen kann Licht in transparenten Substraten lateral über größere Strecken geführt werden und hierbei die Fotolackschicht in Substratnähe belichten. Dadurch heben sich v. a. kleine/schmale Strukturen im Entwickler ab. Eine angepasste, tendenziell geringe Lichtdosis kann diesen Effekt minimieren (Abschnitt 16.5 auf Seite 87).

41.6 Umkehr- oder Negativlacke?

Ist über eine geringe Belichtungsdosis (Abschnitte 20.2 auf Seite 110 und 21.1 auf Seite 114) und/oder einen zu kurzen/kühlen Umkehrbackschritt (Abschnitt 20.2 auf Seite 110) bzw. Post Exposure Bake (Abschnitt 21.1 auf Seite 114) nur die Lackoberseite inert bzw. quervernetzt, können substratnahe Lackbereiche vom Entwickler lateral so stark abgetragen werden, dass kleine/schmale Lackstrukturen im Entwickler vom Substrat abheben.

41.7 Beidseitig unterschiedlich metallisierte/dotierte Substratmaterialien?

Sind Vorder- und Rückseite eines elektrisch leitenden Substrates mit verschiedenen Metallen bzw. unterschiedlichen Dotierungen versehen, kann sich in wässrigen Lösungen (Entwickler, Ätzmedium ...) aus beiden Seiten ein galvanisches Element bilden (24.7 auf Seite 129). Eine mögliche Folge davon ist Wasserstoff-Bildung auf einer Seite, welche die darüber liegende Lackschicht abzuheben versucht. Eine geschlossene Schutzlackschicht auf der jeweils anderen Substratseite kann diesen Effekt verhindern.

42. ZU GERINGE LATERALE AUFLÖSUNG DES FOTOLACKS

42.1 Geeigneter Fotolack?

Positivlacke wie der AZ® 1505 oder AZ® 1512HS erlauben Strukturgrößen unter 1 µm, der AZ® 701 MiR und der AZ® ECI 3007 auch unter 0.5 µm. Unter den Negativlacken eignet sich der AZ® nLOF 2020 Serie für Auflösungen im sub-µm Bereich.

Hohe Aspektverhältnisse bei dicken und sehr dicken Lackschichten sind mit den Positivlacken AZ® 9260 und 40 XT, sowie den Negativlacke AZ® 15 nXT und AZ® 125 nXT realisierbar.

42.2 Gap zwischen Fotomaske und Lackoberseite?

i) Beugungseffekte

Ein durch Partikel, Luftbläschen, Randwall oder verbogene bzw. wellige Substrate verursachter Abstand zwischen Maskenunterseite und Lackoberfläche verringert über Beugung die Erzielung der mit dem verwendeten Lack prinzipiell möglichen lateralen Auflösung (Abschnitt 16.8 auf Seite 92).

42.3 Geeignete Softbake-Parameter?

i) Zu heiß oder zu lange?

Bei einem zu heißen oder/und langen Softbake zersetzt sich ein nicht vernachlässigbarer Anteil des Fotoinitiators von Positiv- und Umkehrlacken, welcher im unbelichteten Zustand als Inhibitor die Abtragsrate im Entwickler verringert. Übersteigen Dauer und Temperatur des Softbake die empfohlenen Werte, kann dies bei gleichzeitiger Verringerung der Entwicklungsrate die Dunkelabtragsrate erhöhen, was die Erzielung sehr kleiner Lackstrukturen erschwert.

Wir empfehlen eine Softbaketemperatur von 100°C für eine Minute je µm Lackschichtdicke (Abschnitt 13.5 auf Seite 75). Bei Negativlacken (AZ® 15 nXT, AZ® 125 nXT) oder speziellen Dicklacken (AZ® 40 XT) weichen die optimalen Softbake-Parameter von dieser Regel ab, Details dazu in den jeweiligen Datenblättern.

Bei der Verwendung von Öfen sollte die Dauer dazu addiert werden, welche die Substrate zum Aufheizen auf Solltemperatur benötigen. Auf Hotplates können massive oder schlecht Wärme leitende Substrate, sowie nicht planar anliegende (verspannte oder gewölbte) Substrate die effektive Temperatur in der Lackschicht verringern, was über eine Verlängerung des Softbake oder eine Erhöhung der Temperatur kompensiert werden kann (Abschnitt 13.6 auf Seite 76).

ii) Zu kurz oder zu kühl?

Bei einem zu kurzen oder kühlen Softbake (Abschnitt 13.5 auf Seite 75) verbleibt zu viel Restlösemittel in der Lackschicht, wodurch der Dunkelabtrag verhältnismäßig groß wird. Dadurch lassen sich sehr kleine Strukturen schwerer erzielen..

42.4 Kompatibler und optimal angesetzter Entwickler?

i) Zum Lack passender Entwickler?

Einige Entwickler wie der AZ® Developer oder AZ® 826 MIF besitzen vergleichsweise hohe Dunkelabtragsraten und sind daher für sehr kleine Lackstrukturen oder die Anforderung sehr steiler Lackkanten nicht empfehlenswert.

ii) Entwickler ausreichend verdünnt?

→ Abschnitt 40.1 auf Seite 183

42.5 Optimale Belichtungsdosis?

i) Bei Positivlacken

Im Falle von Positivlacken steigt bei einer zu geringen Belichtungsdosis (Abschnitt 16.5 auf Seite 87) entweder die zur Durchentwicklung notwendige Dauer, oder der Entwickler muss höher konzentriert angesetzt werden. In beiden Fällen ist der Abtrag unbelichteten Fotolacks vergleichsweise groß, womit die erzielbare Auflösung abnimmt.

ii) Bei Negativ- oder Umkehrlacken

Im Falle von Negativ- oder Umkehrlacken steigt bei einer zu geringen Belichtungsdosis (Abschnitte 20.2 auf Seite 110 und 21.1 auf Seite 114) der Abtrag der belichteten Fotolackbereiche, was die erzielbare Auflösung verringert.

iii) Stark überbelichtet?

Bei zu hohen Lichtdosen können auch nominell dunkle Bereiche innerhalb der Fotolackschicht belichtet werden, welche dann im Falle von Positivlacken im Entwickler mit abgetragen werden oder im Falle von Negativ- oder Umkehrlacken die entwickelbaren Lackbereiche verkleinert. Beides setzt die erzielbare Auflösung herab und ist im Detail mit möglichen Ursachen in Abschnitt 40.6 auf Seite 184 erläutert.

43. BLÄSCHEN ODER PARTIKEL IN DER LACKSCHICHT NACH DEM BELACKEN

43.1 Bewegte Lackflaschen?

Beim Bewegen (Tragen, Schwenken) von Lackflaschen können Luftbläschen im Lack eingeschlossen werden. Um die Bläschen vor dem Dispensieren des Lacks an dessen Oberfläche steigen zu lassen, sollte die Lackflasche einige Zeit davor ruhen. Die notwendige Wartezeit hängt stark von der Viskosität des Lacks ab, eine Stunde sollte auf jeden Fall Besserung bringen.

43.2 Über längere Zeit verschlossene Fotolackflaschen?

DNQ-basierte Positiv- und Umkehrlacke setzen durch den allmählichen Zerfall des Fotoinitiators im Laufe der Zeit Stickstoff frei, welcher sich zunächst im Fotolack löst und durch den plötzlichen Druckabfall beim Öffnen des Gebindes Blasen bilden kann. Um diese vor dem Dispensieren des Lacks an dessen Oberfläche steigen zu lassen, sollte die Lackflasche einige Zeit davor mit aufgelegtem Deckel (um Druckausgleich zu ermöglichen ohne Partikel einzutragen) ruhen. Die notwendige Wartezeit hängt stark von der Viskosität des Lacks ab, eine Stunde sollte auf jeden Fall Besserung bringen.

43.3 Manuelles Dispensieren?

Mittels Pipetten oder Spritzen den Lack manuell aufzubringen, führt oft zu einzelnen Luftbläschen. Es kann helfen, den Dispensier-Behälter von dem Dispensieren einige Zeit senkrecht zu lagern, um eingeschlossene Luftbläschen an die Oberfläche steigen zu lassen.

43.4 Sprühbelackung?

Bei einem zu hohen Anteil eines nieder siedenden Lösemittels trocknen die Lacktröpfchen bereits im Sprühnebel zu Kügelchen, welche sich auch auf dem Substrat absetzen (11.3 auf Seite 66).

43.5 Überlagerter Fotolack?

Über das Haltbarkeitsdatum hinaus oder falsch (zu warm) gelagerter Fotolack neigt zu Partikelbildung. Hiervon sind v. a. niederviskose Dünnlacke mit hohem Fotoinitiator-Gehalt betroffen (7.5 auf Seite 47).

43.6 Verdünnter Fotolack?

Eine Verdünnung von Fotolacken sollte nur mit geeigneten Lösemitteln (z. B. PGMEA oder MEK) und in begrenztem Verdünnungsverhältnis erfolgen, sonst neigen Fotolacke zu rascher Partikelbildung. Bitte kontaktieren Sie uns für Angaben geeigneter Verdünnungen (7.4 auf Seite 46).

43.7 Klümpchen oder „Beulen" im Lackfilm nach dem Aufschleudern?

i) Klümpchen?

Ein oder mehrere mm-große, unregelmäßige Lackstrukturen auf der belackten Substratoberfläche haben ihren Ursprung meist in der an der Dispenseröffnung angetrockneten Lackschicht. Die dort vor allem bei längeren Pausen oder starker Absaugung durch die Verdunstung des Lösemittels gebildete Lackhaut gelangt beim Dispensieren ganz oder in Stücken auf die Lackschicht. Um die Bildung der Lackhaut zu unterbinden kann zwischen den Belackungsschritten die Zeit verkürzt, die Absaugung verringert bzw. unterbrochen, oder kurz vor dem Dispensieren eine kleine Lackmenge direkt in den Schleudertopf abgelassen werden.

ii) Zentrale Überhöhung?

Eine zentrale, ca. cm-große Überhöhung der Lackschicht hat ihren Grund meist in einer zu langen Wartezeit zwischen dem Dispensieren des Lacks und dem Schleuderstart. Durch die Verdunstung des Lösemittels trocknen dabei v. a. hoch-viskose Lacke soweit, dass sie beim Aufschleudern nicht mehr homogen ausdünnen können.

44. BLÄSCHEN IN DER LACKSCHICHT NACH DEM BELICHTEN

44.1 Ausreichender Softbake?

Ein zu kurzer/kühler Softbake verschlechtert über einen hohen Restlösemittelanteil der Fotolackschicht die Lackhaftung. Bei dicken Fotolackschichten bilden sich beim Belichten meist N_2-Bläschen v. a. in Substratnähe. Wir empfehlen eine Softbaketemperatur von 100°C für ca. 1 Minute je µm Lackschichtdicke (Abschnitt 13.5 auf Seite 75). Bei Negativlacken (AZ® 15 nXT, AZ® 125 nXT) oder speziellen Dicklacken (AZ® 40 XT) weichen die optimalen Softbake-Parameter von dieser Regel ab, Details dazu in den jeweiligen Datenblättern.

Bei massiven oder schlecht Wärme leitenden Substraten bzw. Ofenprozessen sollten einige Minuten dazu gegeben werden (Abschnitt 13.6 auf Seite 76).

44.2 Ausreichende Lackhaftung?

Der beim Belichten von Positiv- oder Umkehrlacken gebildete Stickstoff kann an Stellen schlechter Lackhaftung lokal Bläschen bilden. Empfehlungen zur optimalen Substratvorbehandlung gibt Kapitel 41.

44.3 Zu hohe Belichtungsintensität?

Der beim Belichten von Positiv- oder Umkehrlacken gebildete Stickstoff sollte möglichst zeitgleich aus der Lackschicht diffundieren können. Ist die Belichtungsintensität zu groß, bilden sich bei zunehmender N_2-Konzentration in der Lackschicht Bläschen oder Spannungsrisse. Eine Verringerung der Belichtungsintensität bzw. die Aufteilung der Belichtung in mehrere Schritte mit Pausen dazwischen (z. B. beim Laserschreiben) kann Abhilfe schaffen.

44.4 Zu dicke Fotolackschicht?

Je dicker die Fotolackschicht ist, desto schwieriger wird es, den beim Belichteten erzeugten Stickstoff an die Oberfläche diffundieren zu lassen bevor er Bläschen bilden kann. Deshalb empfehlen sich für dicke Lackschichten geeignete Dicklacke wie der AZ® 4562 oder AZ® 9260, deren N_2-Generationsrate durch den geringeren Fotoinitiator-Anteil vergleichsweise gering ist, oder den chemisch verstärkten Ultradicklack AZ® 40 XT oder Negativlacke welche beim Belichten keinen Stickstoff freisetzen.

45. BLÄSCHEN IN DER LACKSCHICHT NACH BACK- ODER PROZESSSCHRITTEN

45.1 Nach Backschritten belichteten Fotolacks?

Der beim Belichten von Positiv- oder Umkehrlacken gebildete Stickstoff kann bei höheren Temperaturen (während z. B. Post Exposure Bake, Umkehrbackschritt, oder nachfolgenden Galvanikprozessen) in dem zusätzlich erweichenden Fotolack Bläschen bilden. Abhilfe schafft eine längere Wartezeit zwischen Belichten und dem nachfolgenden Back- oder Prozessschritt, um den gebildeten Stickstoff aus der Lackschicht ausdiffundieren zu lassen (Abschnitt 16.14 auf Seite 98).

45.2 Nach einer Beschichtung (Sputtern, Aufdampfen) oder Trockenätzen?

i) Restlösemittel?

Die hierbei auftretende Temperaturerhöhung lässt in den Lackstrukturen Restlösemittel oder beim Entwickeln aufgenommenes Wasser verdunsten. Unterstützt durch den geringen Hintergrunddruck wie auch den unter Wärme erweichenden Fotolack können hierdurch Bläschen im Lack entstehen. Ein längerer/heißerer Softbake (Abschnitt 13.6 auf Seite 76) verringert den Restlösemittelanteil, ein Backschritt nach dem Entwickeln ausreichend weit unterhalb der Erweichungstemperatur der verwendeten Fotolacks (6.5 auf Seite 40) zudem den Wassergehalt.

ii) Stickstoff?

Eine weitere mögliche Quelle für die Gasbildung ist Stickstoff, welcher als Produkt der Fotoreaktion in bislang unbelichteten Fotolackstrukturen durch die beim Sputtern, Trockenätzen (Abschnitt 27.6 auf Seite 141) oder Aufdampfen präsente UV-Strahlung entsteht. Um ein Belichten der Lackstrukturen während des Prozesses zu verhindern, schafft eine Flutbelichtung vor dem jeweiligen Prozess Abhilfe. Deren Dosis sollte - ohne Fotomaske - ein Mehrfaches der Struktur-definierenden Belichtung betragen, gefolgt von einer ausreichenden Wartezeit zum Ausgasen des hierbei gebildeten N_2. Übliche Negativlacke sowie der chemisch verstärkte Ultradicklack AZ® 40 XT setzen beim Belichten keinen Stickstoff frei und benötigen deshalb diese Schritte nicht.

46. NASSCHEMISCHES ÄTZEN: HÄUFIGE PROBLEMSTELLUNGEN

46.1 Haftungsprobleme?

Mögliche Ursachen und Hilfen zu schlechter Lackhaftung sind in Kapitel 41 auf Seite 184 aufgeführt.

46.2 Unterätzen?

Isotrope Ätzen unterätzen generell den Lack in einem der Ätztiefe vergleichbaren Ausmaß. Ein stärkeres Unterätzen könnte ein Hinweis auf schlechte Lackhaftung (Kapitel 41 auf Seite 184) sein, welche auch über einen Hardbake (Abschnitt 19.1 auf Seite 106) nach dem Entwickeln bei ca. 140°C verbessert werden kann.

46.3 Unregelmäßiger Ätzstart?

i) Lackrückstände?

Auch wenige nm dünne Lackrückstände in den nominell frei entwickelten Bereichen können eine Barriere für einen zügigen Ätzstart darstellen. Mögliche Gründe hierfür können sein: Inkompatibler Entwickler (Abschnitt 39.3), falsche HMDS-Vorbehandlung (Abschnitt 8.2 auf Seite 51) oder unzureichendes Spülen nach dem Entwickeln.

ii) Lackschicht auf Aluminium?

Bei Aluminium greifen alkalische Entwickler die Aluminiumoxidschicht verstärkt dort an, wo der Lack am ehesten durchentwickelt ist (z. B. an dünneren Lackstellen, an den Rändern entwickelter Strukturen oder an entwickelten Strukturen zunehmender Größe, s. Abb. 117 auf Seite 131). Je nach Grad der Überentwicklung und der Wartezeit zwischen Entwicklung und Al-Ätzen kann dies dann zu einem räumlich inhomogenen Al-Ätzstart und damit zu unterschiedlich tief geätztem Al führen.

46.4 Unregelmäßige Ätztiefen beim Al-Ätzen?

Die beim Al-Ätzen gebildeten, am Substrat fest sitzenden Bläschen verhindern lokal den Nachschub von Al-Ätze. Diese Bläschen können entweder via Ultraschall oder über abwechselndes Ätzen und kurzes Eintauchen in DI-Wasser (Intervall-Ätzen) vom Substrat gelöst werden (Abschnitt 25.1 auf Seite 131).

46.5 Lackschädigung mit HNO_3-haltigen Ätzen?

Bei stark oxidierenden Medien kann ein Hardbake nach dem Entwickeln bei ca. 140°C die chemische Beständigkeit des Lacks erhöhen (Abschnitt 19.1 auf Seite 106).

46.6 Keine Lackbeständigkeit in alkalischen Medien (KOH, TMAH ...)?

Zwar kann ein Hardbake bei 150°C oder darüber die alkalische Stabilität von Fotolacken erhöhen. Jedoch sind selbst sehr heiß gebackene, quervernetzte Lackstrukturen als Lackmaske für anisotropes Si-Ätzen nicht ausreichend stabil. Für diesen Zweck empfiehlt sich der Einsatz von Hartmasken aus z. B. SiO_2 oder Siliciumnitrid.

47. TROCKENÄTZEN: HÄUFIGE PROBLEMSTELLUNGEN

47.1 Verfließen des Fotolacks?

Steigt die Temperatur beim Trockenätzen über der Erweichungstemperatur (typ. 100 - 130°C bei Positivlacken) des verwendeten Fotolacks, beginnt dieser zu verrunden und zu verfließen. Maßnahmen zur Abhilfe sind in Abschnitt 28.3 auf Seite 143 aufgelistet.

47.2 Aufschäumen des Fotolacks?

Ein noch unbelichteter Positivlack kann durch die beim Trockenätzen präsente UV-Strahlung belichtet werden und dabei Stickstoff freisetzen. Unterstützt durch das thermische Erweichen des Fotolacks können sich so Bläschen bilden bzw. der Fotolack aufschäumen. Maßnahmen zur Abhilfe sind in Abschnitt 28.3 auf Seite 143 aufgelistet.

47.3 Lack lässt sich nicht mehr strippen?

Hohe Temperaturen, Ionenbeschuss und UV-Hintergrundstrahlung während des Trockenätzens können den Fotolack so stark quervernetzen, dass er sich danach nasschemisch schwer oder gar nicht entfernen lässt. Das Kapitel 22 auf Seite 117, insbesondere 22.4 auf Seite 118 beschreibt mögliche Maßnahmen zur Abhilfe. Auf die Lackschicht redeponiertes Material kann ebenfalls das Entfernen des Fotolacks erschweren, in diesem Fall kann eine Unterstützung mit Ultraschall helfen.

48. GALVANIK: HÄUFIGE PROBLEMSTELLUNGEN

48.1 Unzureichende Lackstabilität im Elektrolyten

i) Saure Bäder?

Im sauren Medien mit Ausnahme stark oxidierender Medien wie Salpetersäure sind alle AZ® und TI Lacke ausreichend stabil für die Galvanik. Sollte es dennoch zu einem Angriff der Lackmasken kommen, könnten evtl. Zusätze organischer Lösemittel dafür verantwortlich sein.

ii) Alkalische Bäder?

Alkalische Bäder sind kritischer. Ab einem pH-Wert von ca. 10 (abhängig von der Temperatur des Bades und der Dauer der Galvanik) wird die Lackmaske zunehmend angegriffen. Quervernetzende Lacke wie der AZ® 15 nXT, der AZ® 125 nXT oder die AZ® nLOF 2000 Serie besitzen eine höhere Stabilität im Alkalischen als Positiv- oder Umkehrlacke.

48.2 Verunreinigung der Galvanik durch austretendes Restlösemittel?

i) Softbake nicht ausreichend?

Unter üblichen Softbakeparametern getrocknete Fotolackschichten können immer noch einen Restlösemittelanteil von einigen Prozent aufweisen. Gelangt das Lösemittel während der Galvanik in das Galvanik-Bad, kann hierdurch die Chemie der Abscheidung gestört werden. In diesem Fall ist ein intensiverer (längerer/heißerer) Softbake zu empfehlen.

ii) Dicke Lackschichten?

Bei dicken Lackschichten, bei welchen auch ein langer Softbake einen rel. hohen Restlösemittelanteil in Substratnähe zurücklässt, kann ein Backschritt nach dem Entwickeln hilfreich sein. Um die Lackflanken zu erhalten, sollte dieser wenigstens 10 °C unter der Erweichungstemperatur des verwendeten Fotolacks ausgeführt werden.

48.3 Unerwünschtes Lackprofil

i) Senkrechte Lackflanken gefordert?

→ Abschnitt 34.4 auf Seite 168

ii) Unterschnittene Lackprofile gefordert?

→ Abschnitt 34.4 auf Seite 168

iii) Positive Lackprofile gefordert?

Soll die aufwachsende Metallstruktur ein negatives Profil aufweisen (d. h. sich nach oben öffnen) muss sich das Lackprofil vom Substrat weg verjüngen. Dies kann entweder mit einem Proximity Gap der Maske beim Belichten oder einem Reflow der Lackstrukturen nach dem Entwickeln über der Erweichungstemperatur des verwendeten Fotolacks erzielt werden.

48.4 Die aufgewachsene Metallstruktur haftet nicht gut?

i) Lackrückstände durch die Entwicklung?

Wird der Fotolack mit einem nicht geeigneten Entwickler entwickelt oder nach dem Entwickeln nicht ausreichend gespült, können wenige nm dünne, nicht sichtbare Lackrückstände ein optimales Aufwachsen des abgeschiedenen Metalls verhindern. Welcher Fotolack welchen Entwickler benötigt, ist in Abschnitt 39.3 auf Seite 180 aufgeführt.

ii) Lackrückstände durch falsch angewandtes HMDS?

Falsch appliziertes (flüssig oder auf unbeheizte Wafer aufgebrachtes) HMDS kann zu einer Quervernetzung substratnaher Fotolackschichten führen, welche nicht vollständig entwickelt werden und so zwischen Saatschicht und Metall verbleiben (Abschnitt 8.2 auf Seite 51).

iii) Lackrückstände durch Quervernetzung durch das Substrat?

Quervernetzende Negativlacke auf bestimmten Metallen (oftmals Kupfer) quervernetzen unter bestimmten Prozessierungsbedingungen von Metallisierung und Lack in der Nähe zum Metall, was die dortige Entwicklung stoppt und nach dem Entwickeln dünne (meist wenige 10 oder 100 nm) Lackfilme zurücklässt. Die Negativlacke AZ® 15 nXT und AZ® 125 nXT gelten als Cu-kompatibel.

iv) Unterwandern bzw. Unterwachsen der Lackmaske?

Durch das Aufquellen von Fotolack kann die Haftung zum Substrat während der galvanischen Abformung nachlassen. Tipps zur Optimierung der Lackhaftung gibt Kapitel 41. Die für die Galvanik optimierten Negativlacke AZ® 15 nXT und AZ® 125 nXT weisen eine auf den meisten Substratmaterialien verbesserte Lackhaftung auf. Auf Edelmetallen verbessert ein wenige nm dünner Titan-Film (alternativ Chrom oder Aluminium) die Lackhaftung deutlich. Ein solch dünner Metallfilm kann - falls erforderlich - nach dem Entwickeln auf den frei entwickelten Stellen in geeigneten Medien entfernt werden. Hierbei ist darauf zu achten, dass lateral nicht zu stark unter den Lackfilm geätzt wird, d. h. der Ätzvorgang möglichst zeitgleich mit dem Entfernen der Haftschicht beendet wird.

49. LIFT-OFF FUNKTIONIERT NICHT (GUT GENUG)

49.1 Aufdampfen oder Sputtern?

Während beim mehr oder weniger isotropen Sputtern auch senkrechte oder unterschnittene Lackflanken mit beschichtet werden, führt das gerichtete Aufdampfen generell zu einem deutlich besseren Ergebnis beim Lift-off. Vor allem bei dicken (> einige 100 nm) aufgebrachten Schichten sollte - wo anwendbar - das Aufdampfen dem Sputtern vorgezogen werden (28.3 auf Seite 143).

49.2 Lackprofil: Geeigneter Fotolack?

Unterschnittene Lackkanten sind für ein gutes Ergebnis beim Lift-off besser als senkrechte oder gar positive Flanken. Deshalb sind Negativlacke wie die AZ® nLOF 2000 Serie oder Umkehrlacke wie z. B. AZ® 5214 E oder TI 35ES Positivlacken vorzuziehen. Sollen dennoch Positivlacke eingesetzt werden, empfehlen sich solche mit der Option nahezu senkrechter Flanken wie die AZ® ECI 3000 Serie oder der AZ® 9260 Dicklack.

49.3 Erweichen beim Beschichten?

Steigt die Temperatur beim Beschichten über den Erweichungspunkt des verwendeten Fotolacks, verrunden die Lackflanken und werden dadurch ebenfalls beschichtet (Abschnitt 28.3 auf Seite 143).

49.4 Geeignetes Lift-off Medium?

i) (Un)geeignete Lösemittel

Beim Lift-off mit dem rasch verdunstenden Aceton setzen sich oft Flitter bereits geliffteten Materials auf dem Substrat ab und lassen sich nur sehr schwer wieder entfernen. Besser geeignet sind hoch-siedende Lösemittel wie DMSO, welche aufgrund des geringen Dampfdrucks zudem auf 80°C erhitzt werden kann. Eine zusätzliche Ultraschallbehandlung kann den Lift-off beschleunigen.

ii) Geeignete Spezial-Stripper?

Für thermisch quervernetzte Positivlacke oder Negativlacke wie der AZ® nLOF 2000 Serie oder dem AZ® 15 nXT oder AZ® 125 nXT empfehlen sich die Hochleistungs-Stripper TechniStrip P1316 für Positivlacke und AZ® 125 nXT bzw. TechniStrip NI555 für die AZ® nLOF 2000 Serie und den AZ® 15 nXT (Kapitel 22 auf Seite 117).

50. SUBSTRAT-ANGRIFF DURCH FOTOCHEMIKALIEN

50.1 Verfärbung/Angriff durch den Fotolack?

i) Eingefärbte Lacke?

Zusätzlich eingefärbte Lacke wie der PL 177 oder AZ® 520D können in seltenen Fällen v. a. poröse Substrate anfärben. Hier wäre der Einsatz ungefärbter Lacke zu prüfen.

ii) Lösemittel-stabile Substrate?

Die in Fotolacken eingesetzten Lösemittel sind meist sehr kräftige Lösemittel welche verschiedene Polymere angreifen. Ein rasches Schleudern unmittelbar nach dem Dispensieren sowie ein Softbake unmittelbar nach dem Belacken können etwas Abhilfe schaffen. Alternativ schützt ein dünner Metallfilm, welcher nach dem Entwickeln und nach dem Entfernen des Lacks abgeätzt werden kann das Polymer in Grenzen vor dem Lösemittel.

iii) Auswirkung der Fotoreaktion?

Viele Fotolacke bilden beim Belichten organische Säuren, welche entsprechend empfindliche Materialien angreifen können.

50.2 Angriff durch Entwickler?

i) Wässrig alkalische Alternativen?

Wässrig alkalische (auf KOH-, NaOH oder TMAH basierte) Entwickler greifen alkalisch empfindliche Substratmaterialien wie z. B. Al oder ITO an. Der *AZ® Developer* ist auf geringen Al-Angriff optimiert und eignet sich in angepasster Verdünnung für nahezu alle Fotolacke und Prozesse.

ii) Alternativen für Negativlacke

Quervernetzende Negativlacke wie die AZ® nLOF 2000 Serie oder der AZ® 15 nXT und 125 nXT können grundsätzlich auch mit einigen organischen Lösemitteln entwickelt werden, wozu wir PGMEA = AZ® EBR Solvent empfehlen. Hierbei ist ggfalls. durch angepasste Prozessparameter und einer Kontrolle des Entwicklungsvorgangs darauf zu achten, dass sich die lackschichten nicht im Lösemittel vom Substrat abheben.

50.3 Angriff durch Remover?

i) Alkalische Remover?

Der AZ® 100 Remover ist nur dann auf alkalisch empfindlichen Materialien unkritisch, wenn er absolut wasserfrei angewandt wird. Selbst geringe Verunreinigungen mit Wasser erhöhen den pH-Wert, wodurch z. B. Aluminium angegriffen wird.

ii) NMP?

NMP ist im konzentrierten Zustand pH-neutral. Mit zunehmender Verdünnung mit Wasser steigt der pH-Wert und erreicht in Nähe einer 1 : 1 Verdünnung ein Maximum von ca. 10.5.

51. FOTOLACK LÄSST SICH NICHT MEHR ENTFERNEN

51.1 Lösemittel als Remover?

Das gelegentlich benutzte Aceton ist kein optimaler Remover, da es zum einen wegen des geringen Flammpunkts nicht erhitzt werden darf, zum anderen aufgrund seines hohen Dampfdrucks rasch verdunstet und dadurch Lackrückstände verursachen kann. Innerhalb der organischen Lösemittel empfiehlt sich NMP (N-Methyl-2-pyrrolidon) oder das ungiftige DMSO (Dimethylsulfoxid), welche beide bis 80°C erhitzt auch stärker quervernetzten Fotolack entfernen können. Ebenfalls empfohlen sind die NMP-freien und pH-neutralen Hochleistungs-Stripper TechniStrip P1316, P1331 und NI555 (Abschnitt 22.4 auf Seite 118).

51.2 Alkalische Medien als Remover?

Als Alternative zu organischen Lösemitteln empfiehlt sich AZ® 100 Remover, der absolut wasserfrei eingesetzt auch weitgehend kompatibel zu Aluminium ist. Alternativ kann auch NaOH oder KOH in ausreichender Konzentration (> 3 % für gängige Positivlacke) als Remover für alkalisch ausreichend stabile Substratmaterialien eingesetzt werden, wobei eine Quervernetzung des Fotolacks höhere Konzentrationen und/oder höhere Temperaturen erfordert.

51.3 Hardbake bei sehr hohen Temperaturen?

Negativlacke quervernetzen bereits bei der Prozessierung, auf Phenolharz basierte (AZ®-)Positivlacke quervernetzen ab ca. 150°C. Für alle Lacke gilt, dass der Quervernetzungsgrad und damit die Unlöslichkeit in Lösemitteln oder alkalischen Removern mit zunehmender Temperatur steigt. Für stark quervernetzte Positivlacke empfiehlt sich der Hochleistungs-Stripper TechniStrip® P1316 oder - bei großen Lackschichtdicken oder Novolak-basierten Negativlacken - der TechniStrip® NI555 (Abschnitt 22.4 auf Seite 118).

51.4 Nach dem Beschichten (Sputtern, Aufdampfen, CVD)?

Die hierbei auftretende Temperaturerhöhung kann zusammen mit der (thermischen oder Rekombinations-)-UV-Strahlung Fotolack quervernetzen und damit seine Entfernbarkeit verschlechtern. Abhilfe in Form einer Temperaturverringerung beschreibt Abschnitt 28.3 auf Seite 143. Für stark quervernetzte Positivlacke empfiehlt sich der Hochleistungs-Stripper TechniStrip® P1316 oder - bei großen Lackschichtdicken oder Novolak-basierten Negativlacken - der TechniStrip® NI555 (Abschnitt 22.4 auf Seite 118).

51.5 Nach dem Trockenätzen?

Im Prinzip gilt hier das gleiche wie im vorherigen Abschnitt beschrieben. Zusätzlich besteht beim Trockenätzen die Gefahr einer Redeposition geätzten Materials auf der Lackoberfläche, welches in Removern u. U. unlöslich ist und, evtl. unterstützt von Ultraschall, in entsprechenden Medien geätzt werden müsste.

51.6 Quervernetzte Negativlacke?

Novolak-basierte Negativlacke wie die AZ® nLOF 2000 oder der AZ® 15 nXT lassen sich in hartnäckigen Fällen (z. B. starke Quervernetzung durch hohe Prozesstemperaturen) mit dem TechniStrip® NI555 auflösen, während sich für den Acryl-basierten AZ® 125 nXT sowie Epoxy-basierte Lacke, Polyimide und Trockenfilme der TechniStrip® P1316 empfiehlt (Abschnitt 22.4 auf Seite 118).

In diesem letzten Abschnitt möchten wir Ihnen einen Überblick über die von uns vertriebenen Produkte rund um die Mikrostrukturierung geben.

Diese Auflistung ist aufgrund unserer ständig wachsenden Produktpalette vermutlich nicht mehr vollständig, die gelisteten Produkte nur in ihren wesentlichsten Eigenschaften beschrieben.

Für weiter führende Informationen empfehlen wir einen Besuch auf unserem Internetauftritt. Sehr gerne beraten wir Sie auch persönlich!

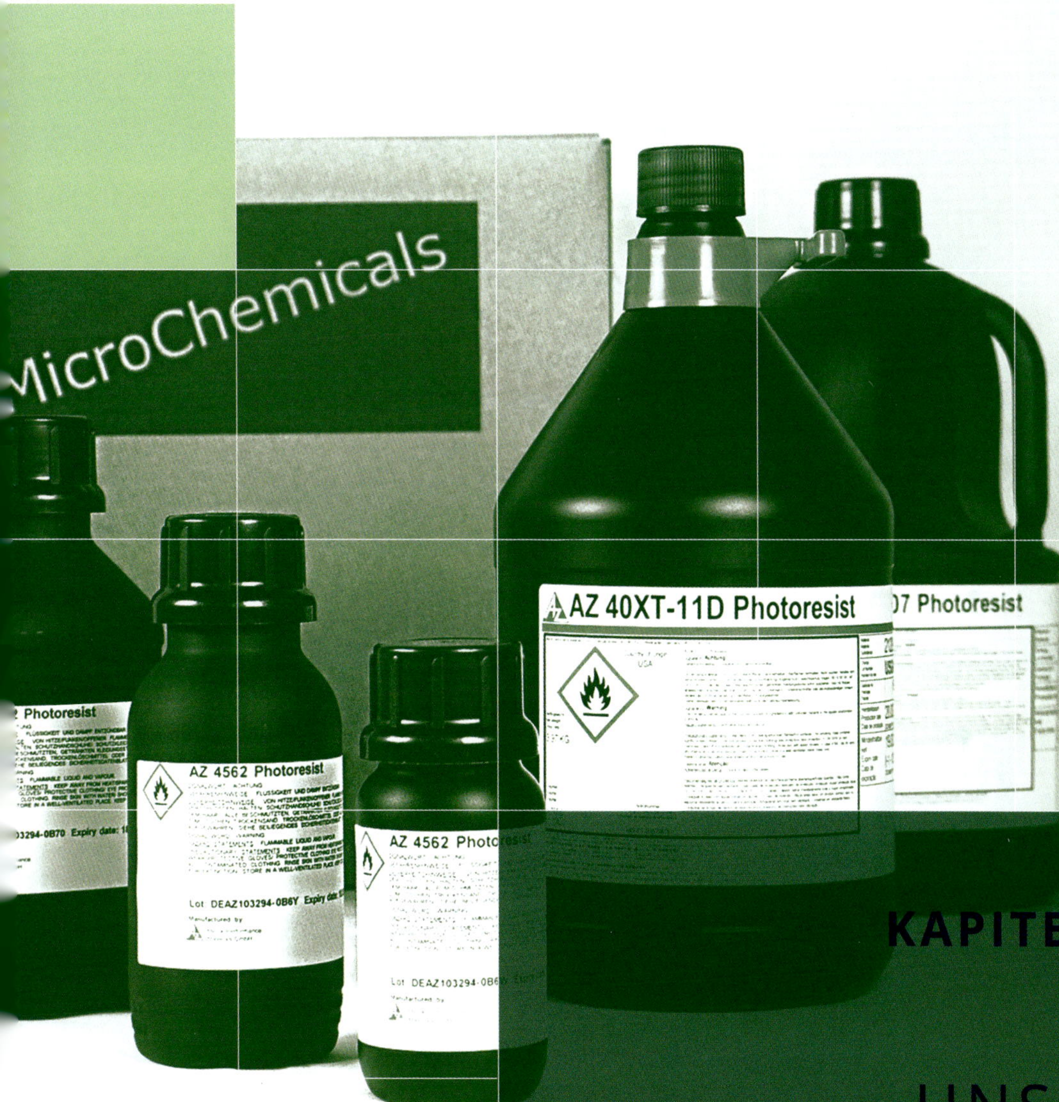

KAPITEL 06

UNSERE PRODUKTE

52. UNSERE WAFER

Dank eines Netzwerks von Herstellern und Händlern sowie einem sehr großen Kundenkreis können wir Ihnen nicht nur große Stückzahlen an Standardwafern, sondern auch Wafer mit „exotischen“ Spezifikationen in kleinen Stückzahlen günstig anbieten.

Neben Silicium-, Quarz-, Quarzglas und Glaswafern direkt aus der Produktion bieten wir auch Weiterverarbeitungsschritte wie die thermische Oxidation von Silicium-Wafern oder Beschichtungen mit verschiedenen Metallen und Dielektrika an. Unsere ständig aktualisierte Lagerliste versandbereiter Wafer können Sie hier einsehen:

http://www.microchemicals.com/de/produkte/wafer/lagerliste_verfuegbarer_wafer.html

52.1 Silicium-Wafer

Material

Der Ingot aus welchem einkristalline Silicium-Wafer hergestellt werden kann entweder über das Czochralski- (Abschnitt 1.2 auf Seite 14, *CZ-Silicium*) oder Float-Zone- Verfahren (Abschnitt 1.3 auf Seite 15, *FZ-Silicium*) gewachsen werden.

Die preiswerten CZ-Wafer werden mit Abstand am häufigsten eingesetzt, während die deutlich teureren FZ-Wafer dort Anwendung finden, wo sehr hochohmiges Material (100 - 10.000 ohm cm) erfordert wird.

Durchmesser und Form

Wir können Si-Wafer mit 1, 2, 3, 4, 5, 6 und 8 Zoll Durchmesser anbieten. Wenn nicht anders angegeben bedeutet „Zoll“ in diesem Zusammenhang 25,0 mm (und nicht 25,4 mm), ein 4 Zoll Wafer hat also 100 mm Durchmesser.

Neben runden Wafern sind auch in rechteckige Stücke vereinzelte Wafer möglich. Aufgrund der hohen Fixkosten bei dem Prozess der Vereinzelung machen aus ökonomischer Sicht meist nur Bestellmengen Sinn, welche der Vereinzelung von ca. 25 Ausgangswafern entsprechen.

Orientierung und Dicke

Silicium-Wafer können wir in der Kristallorientierung <100> und <111> anbieten, <110>-orientierte Wafern sind ggfalls. auf Anfrage möglich.

Neben vom Waferdurchmesser abhängigen Standarddicken (279 µm bei 2 Zoll, 380 µm bei 3 Zoll, 525 µm bei 4 und 5 Zoll, 675 µm bei 6 Zoll und 725 µm bei 8 Zoll) sind je nach Durchmesser auch dünnere Wafer bis ca. 180 µm möglich. Nach oben ist die Dicke bei ein- oder beidseitig polierten Wafern aus technologischen Gründen auf ca. 2 mm begrenzt. Ohne die Notwendigkeit einer Bearbeitung der Oberfläche(n) ist die Dicke der Wafer nur durch die Länge des Ingots (typ. mehrere 10 cm) begrenzt.

Oberfläche

Silicium-Wafer sind üblicherweise ein- oder beidseitig poliert, wobei die Rauigkeit meist bei „< 1,5 nm“ oder „< 1,0 nm“ spezifiziert ist. Die nicht polierte Seite ist auf eine Rauigkeit im µm-Maßstab geätzt.

Auf Wunsch können Wafer auch mit Oberflächen „as cut“, also ohne weitere Oberflächenbearbeitungsschritte nach dem Sägen beschaffen sein.

Prime-, Test- und Dummy-Qualität

Die Spezifikationen für *Prime-* und *Test*-grade richten sich nach SEMI Standards. Der Preisunterschied ist vergleichsweise gering, die Unterschiede in den Spezifikationen ebenfalls: Im Wesentlichen besitzen Test-grade Wafer eine größere Toleranz bei der Spezifikation der Partikel, gelegentlich auch größere Widerstandsbereiche (z. B. 1 - 20 ohm cm).

Unter die Bezeichnung „*Dummy*-grade“ fallen alle Wafer die aus unterschiedlichen Gründen weder Prime- noch Test-grade Anforderungen genügen. Dies kann lediglich eine mit z. B. +/- 50 µm große Dickentoleranz bei sonst Prime-grade entsprechenden Spezifikationen bedeuten, aber auch Reclaim-Wafer bei denen außer dem Durchmesser nichts definiert ist. Selbst solche Wafer eigen sich aufgrund ihres sehr günstigen Preises in vielen Fällen noch für einfache Belackungstests oder dem Testen und Einfahren von Equipment zur Wafer-Prozessierung.

Beschichtungen

Wir bieten unsere Wafer optional auch ganzflächig mit einem oder mehreren Metallfilmen sowie PECVD- oder LPCVD-Siliciumnitrid beschichtet an, Machbarkeit und Preis werden hier individuell kalkuliert.

Die thermische beidseitige Oxidation von Siliciumwafern erfolgt bis zu einer SiO_2-Dicke von 200 nm üblicherweise trocken (dry), darüber in der Folge trocken/nass/trocken gewachsen um rasches SiO_2-Wachstum mit einer trocken gewachsenem Oxid vergleichbaren Materialqualität zu kombinieren. SiO_2-Dicken von mehreren µm sind möglich, allerdings mit zunehmend hohen Kosten verbunden da das Oxid nur logarithmisch mit der Zeit wächst (vgl. Abb. 24 auf Seite 24).

52.2 Einkristalline Quarz-Wafer

Durchmesser und Form

Wir können einkristalline Quarz-Wafer mit 2, 3 und 4 Zoll Durchmesser anbieten. Wenn nicht anders angegeben bedeutet „Zoll" in diesem Zusammenhang 25,0 mm (und nicht 25,4 mm), ein 4 Zoll Wafer hat also 100 mm Durchmesser.

Neben runden Wafern sind auch in rechteckige Stücke vereinzelte Wafer möglich. Aufgrund der hohen Fixkosten bei dem Prozess der Vereinzelung machen aus ökonomischer Sicht meist nur Bestellmengen Sinn, welche der Vereinzelung von ca. 10 Ausgangswafern entsprechen.

Orientierung und Dicke

Quarz-Wafer können wir u. a. in den Kristallorientierungen X-cut, Y-cut, Z-cut, AT-cut und ST-cut anbieten, übliche Waferdicken sind 200 µm, 500 µm, 700 mm und 1000 µm. Die Verfügbarkeit anderer Kristallorientierungen und Dicken prüfen wir gerne auf Anfrage.

Oberfläche

Quarz-Wafer sind üblicherweise beidseitig, für bestimmte Anwendungen auch einseitig poliert. Die Rauigkeit ist üblicherweise auf „< 1,5 nm" oder „< 1,0 nm" spezifiziert.

52.3 Quarzglas-Wafer

Material

Quarzglas gibt es wie in Abschnitt 4.2 auf Seite 33 erläutert als JGS1, JGS2 und JGS3 Material. Der Unterschied liegt im Wesentlichen in Verunreinigungen und Störstellen, welche sich auf die Transmission im kurzwelligen ultravioletten sowie infraroten Spektralbereich auswirken.

Durchmesser und Form

Wir können Quarzglas-Wafer mit 2, 3, 4 und 6 Zoll Durchmesser anbieten. Wenn nicht anders angegeben bedeutet „Zoll" in diesem Zusammenhang 25,0 mm (und nicht 25,4 mm), ein 4 Zoll Wafer hat also 100 mm Durchmesser.

Neben runden Wafern sind auch in rechteckige Stücke vereinzelte Wafer möglich. Aufgrund der hohen Fixkosten bei dem Prozess der Vereinzelung machen aus ökonomischer Sicht meist nur Bestellmengen Sinn, welche der Vereinzelung von ca. 10 Ausgangswafern entsprechen.

Dicke und Oberfläche

Quarzglas-Wafer sind amorph, weshalb für die Wafer keine Kristallorientierung definiert werden kann.

Übliche Waferdicken sind 200 µm, 500 µm, 700 mm und 1000 µm, davon abweichende Dicken sind ggfalls. möglich.

Quarzglas-Wafer sind üblicherweise beidseitig, für bestimmte Anwendungen auch einseitig poliert. Die Rauigkeit ist üblicherweise auf „< 1,5 nm" oder „< 1,0 nm" spezifiziert.

52.4 Glas-Wafer

Material, Durchmesser und Form

Unsere Glaswafer bestehen aus Borosilikatglas. Wir können Glas-Wafer mit 2, 3, 4, 6 und 8 Zoll Durchmesser anbieten. Wenn nicht anders angegeben bedeutet „Zoll“ in diesem Zusammenhang 25,0 mm (und nicht 25,4 mm), ein 4 Zoll Wafer hat also 100 mm Durchmesser.

Neben runden Wafern sind auch in rechteckige Stücke vereinzelte Wafer möglich. Aufgrund der hohen Fixkosten bei dem Prozess der Vereinzelung machen aus ökonomischer Sicht meist nur Bestellmengen Sinn, welche der Vereinzelung von wenigstens 25 Ausgangswafern entsprechen.

Dicke und Oberfläche

Übliche Waferdicken sind 200 µm, 500 µm, 700 mm und 1000 µm, davon abweichende Dicken sind ggfalls. möglich.

Glas-Wafer sind üblicherweise beidseitig, für bestimmte Anwendungen auch einseitig poliert. Die Rauigkeit ist üblicherweise auf „< 1,5 nm“ oder „< 1,0 nm“ spezifiziert.

53. UNSERE FOTOCHEMIKALIEN

Hierzu zählen nicht nur Positiv-, Umkehr- und Negativlacke, sondern auch die zu deren Prozessierung notwendige bzw. hilfreichen Hilfsstoffe wie Entwickler, Haftvermittler und Remover. Eine aktuelle Übersicht aller von uns verfügbaren Fotochemikalien samt Datenblättern und Prozessierungsanweisungen finden Sie auf unserem Internetauftritt.

53.1 Haftvermittler

HMDS

HMDS (HexaMethylDiSilazan) ist ein metallionenfreier Haftvermittler zwischen Substrat und Fotolack, welcher aus der Gasphase auf beheizte Substrate aufgebracht wird und dabei chemisch an die Substratoberfläche bindet.

TI Prime

TI Prime basiert auf einer organischen Titanverbindung. Nach dem Aufschleudern bewirkt ein Backschritt eine chemische Bindung an die Substratoberfläche.

53.2 Anti-Reflexionsbeschichtungen

AZ Aquatar (Top Layer Anti-Reflective Coating, TARC)

AZ® Aquatar ist ein für AZ® und TI Lacke optimiertes TARC. Dieses wird einfach nach dem Softbake der Fotolackschicht auf diese aufgeschleudert, getrocknet und nach der Belichtung durch seine Wasserlöslichkeit beim Entwickeln automatisch mit abgetragen.

AZ Barli (Bottom Layer Anti-Reflective Coating, BARC)

AZ® Barli II ist ein für monochromatisch i-Linien belichtete AZ® und TI Lacke optimiertes BARC. Diese Anti-Reflexionsbeschichtung wird vor der eigentlichen Belackung auf das Substrat aufgeschleudert und bei ca. 200°C ausgebacken um eine ausreichende Stabilität gegen das Lösemittel des danach aufgebrachten Fotolacks zu gewährleisten. Dadurch quervernetzt AZ® Barli thermisch und kann an den freientwickelten Stellen sowie und nach dem Strippen des Fotolacks auf den übrigen Flächen durch Trockenätzen entfernt werden.

53.3 Positivlacke

AZ® 1500 Serie für 0.5 - 2.5 µm Lackschichtdicke (g-, h- und i-line)

Die AZ® 1500 Serie weisen aufgrund ihrer Harzstruktur eine für nasschemisches Ätzen optimierte Haftung zum Substrat auf, eignen sich jedoch als Standardlack grundsätzlich für alle lithographischen Prozesse bei denen maximale Flankensteilheit kein Kriterium ist.

Die beiden Lacke AZ® 1505 (0.5 µm Lackschichtdicke bei 4000 U/min) und AZ® 1518 (1.8 µm) unterscheiden sich nur im Lösemittelgehalt. Der AZ® 1514H (1.4 µm) zeigt eine weiter verbesserte Haftung auf Metallen, der AZ® 1512 HS durch einen erhöhten Fotoinitiator-Gehalt einen sehr großen Kontrast.

Als Entwickler empfiehlt sich der NaOH-basierte AZ® 351B oder ein TMAH-basierter Entwickler wie der AZ® 326 oder 726 MIF.

AZ® 4500 Serie für 3 - 20 µm Lackschichtdicke (g-, h- und i-line)

Die AZ® 4500 Serie schließt im erziel- und prozessierbaren Lackschichtdickenbereich an die AZ® 1500 Serie an. AZ® 4533 (3.3 µm Lackschichtdicke bei 4000 U/min) und AZ® 4562 (6.2 µm) besitzen im Vergleich mit Dünnlacken eine geringere Fotoinitiator-Konzentration. Damit ist eine Durchbelichtung auch dicker Lackschichten über 10 µm ohne N_2-Bläschenbildung möglich, allerdings auf Kosten einer deutlich geringeren Entwicklungsrate.

Als Entwickler empfiehlt sich der KOH-basierte AZ® 400K oder ein TMAH-basierter Entwickler wie der AZ® 326, 726 oder 826 MIF.

AZ® 9200 Serie für 5 - 30 µm Lackschichtdicke (h- und i-line)

Die AZ® 9260 lassen sich als höher auflösende Weiterentwicklung der AZ® 4500 Serie mit ebenfalls verbesserter Flankensteilheit auffassen. Der AZ® 9260 (6 µm Lackschichtdicke bei 4000 U/min) lässt sich durch seine geringere Absorption bei noch dickeren Lackschichten prozessieren als der AZ® 4562.

Als Entwickler empfiehlt sich der KOH-basierte AZ® 400K oder ein TMAH-basierter Entwickler wie der AZ® 326 oder 726 MIF.

AZ® ECI 3000 Serie für 0,7 - 4 µm Lackschichtdicke (g-, h- und i-line)

Die AZ® ECI 3000 Lacke sind eine aufgrund ihrer guten Haftung und thermischen Stabilität sowohl für nass- als auch trockenchemische Prozesse bestens geeignete Serie, verfügbar in den drei Viskositätsstufen AZ® ECI 3007 (0.7 µm Lackschichtdicke bei 4000 U/min), AZ® ECI 3012 (1.2 µm) und AZ® ECI 3027 (2.7 µm)

Das sehr hohe Auflösungspotenzial erlaubt laterale Strukturgrößen bis 300 nm und öffnet bei geringeren Auflösungsanforderungen ein vergleichsweise großes und stabiles Prozessfenster.

Als Entwickler empfiehlt sich der NaOH-basierte AZ® 351B oder ein TMAH-basierter Entwickler wie der AZ® 326 oder 726 MIF.

AZ® 40 XT für 15 - 100 µm Lackschichtdicke (i-line)

Der chemisch verstärkte AZ® 40 XT ist ein Ultradicklack dessen hohe Viskosität sehr große Lackschichtdicken via Einfachbelackung erlaubt. Er erfordert keine Rehydrierung, benötigt geringe Lichtdosen, setzt beim Belichten keinen Stickstoff frei und entwickelt sehr rasch und erlaubt damit verglichen mit Standard-Dicklacken wesentlich kürzere Prozesszeiten. Allerdings benötigt der AZ® 40 XT zwingend einen Post Exposure Bake um entwickelbar zu werden.

Als Entwickler empfiehlt sich der KOH-basierte AZ® 400K oder ein TMAH-basierter Entwickler wie der AZ® 326 oder 726 MIF.

PL 177 für 4 - 8 µm Lackschichtdicke (g-, h- und i-line)

Der PL 177 ist ein preiswerter Lack für nicht zu hohe Anforderungen bzgl. Auflösung und Flankensteilheit. Bei einer Lackschichtdicke von ca. 5 µm bei 4000 U/min ist eine Auflösung von ca. 5 µm möglich, seine sehr gute Haftung empfiehlt diesen Lack für nasschemische Ätzprozesse gröberer Strukturen.

Als Entwickler empfiehlt sich der NaOH-basierte 351B, der KOH-basierte AZ® 400K oder ein TMAH-basierter Entwickler wie der AZ® 326, 726 oder 826 MIF.

AZ® 701 MiR für < 1 µm Lackschichtdicke (g-, h- und i-line)

Der AZ® 701 MiR ist als thermisch stabiler, hoch auflösender Positivlack vor allem für trockenchemisches Ätzen feiner bis sehr feiner Strukturen optimiert. Dieser Lack kann problemlos weiter verdünnt werden, um z. B. in Anwendungen der Laserinterferenz-Lithographie noch bessere Auflösungen zu erzielen.

Als Entwickler empfiehlt sich der NaOH-basierte AZ® 351B oder ein TMAH-basierter Entwickler wie der AZ® 326 oder 726 MIF.

53.4 Negativlacke

AZ® nLOF 2000 Serie für 2 - 10 µm Lackschichtdicke (i-line)

Die AZ® nLOF 2000 Serie ist mit unterschnittenen Lackprofilen und einer hohen Beständigkeit gegen thermisches Verfließen für Lift-off Anwendungen optimiert. Die drei Viskositätsstufen AZ® nLOF 2020 (2.0 µm Lackschichtdicke bei 4000 U/min), AZ® nLOF 2035 (3.5 µm) und AZ® nLOF 2070 (7.0 µm) decken einen großen

Lackschichtdickenbereich bei gleichzeitig hohem möglichen Aspektverhältnis ab. Ein Post Exposure Bake ist obligatorisch um die beim Belichten initiierte Quervernetzung auszuführen.

Als Entwickler empfiehlt sich ein TMAH-basierter Entwickler wie der AZ® 326, 726 oder 826 MIF, alternativ der KOH-basierte AZ® 400K.

AZ® 15 nXT Serie für 5 - 20 µm Lackschichtdicke (i-line)

Der AZ® 15 nXT ist ein Negativlack für Schichtdicken bis ca. 20 µm, mit einer Lackschichtdicke von 6 µm bei 4000 U/min. Seine Quervernetzung und sehr gute Lackhaftung macht ihn z. B. für alle üblichen Galvanik-Anwendungen stabil. Bis etwa 10 µm Lackschichtdicke sind die Lackflanken senkrecht, bei größeren Schichtdicken zunehmend negativ (unterschnitten) so dass sich die abgeformten Metallstrukturen nach oben hin verjüngen. Ein Post Exposure Bake ist obligatorisch um die beim Belichten initiierte Quervernetzung auszuführen.

Als Entwickler empfiehlt sich ein TMAH-basierter Entwickler wie der AZ® 326, 726 oder 826 MIF.

AZ® 125 nXT für 25 - 200 µm Lackschichtdicke (i-line)

Der AZ® 125 nXT ist ein Negativlack für Schichtdicken bis über 100 µm bei gleichzeitig sehr hoher Flankensteilheit. Seine Quervernetzung und sehr gute Lackhaftung macht ihn in für alle üblichen Galvanik-Anwendungen stabil. Dieser Lack benötigt keinen Post Exposure Bake.

Als Entwickler empfiehlt sich ein TMAH-basierter Entwickler wie der AZ® 326, 726 oder 826 MIF.

53.5 Umkehrlacke

AZ® 5214E für 1 - 2 µm Lackschichtdicke (g-, h- und i-line)

AZ® 5214E ist ein Umkehrlack für Lift-off Anwendungen mit rel. hohem Erweichungspunkt. Die geringe Lackschichtdicke erlaubt eine hohe Auflösung, verkleinert jedoch das Prozessfenster für unterschnittene Lackflanken. Als Entwickler empfiehlt sich der NaOH-basierte AZ® 351B oder ein TMAH-basierter Entwickler wie der AZ® 326 oder 726 MIF.

TI 35ES für 2.5 - 5 µm Lackschichtdicke (g-, h- und i-line)

TI 35ES ist ein Umkehrlack Lift-off Anwendungen mit rel. hohem Erweichungspunkt. Durch die verglichen mit dem AZ® 5214E kann ein ausgeprägter Unterschnitt in einem größeren Prozessfenster erzielt werden. Als Entwickler empfiehlt sich der NaOH-basierte AZ® 351B oder ein TMAH-basierter Entwickler wie der AZ® 326 oder 726 MIF.

TI 35E für 2.5 - 5 µm Lackschichtdicke (g-, h- und i-line)

TI 35E ist ein Umkehrlack mit optimierter Lackhaftung, jedoch einer verglichen mit dem TI 35ES geringeren Erweichungstemperatur. Dadurch eignet er sich eher für nasschemische Ätzprozesse. Als Entwickler empfiehlt sich der KOH-basierte AZ® 400K oder ein TMAH-basierter Entwickler wie der AZ® 326, 726 oder 826 MIF.

53.6 Sprüh- und Tauchlacke

AZ® 4999 für 1 - 20 µm Lackschichtdicke (g-, h- und i-line)

Der AZ® 4999 ist ein fertig angesetzter Sprühlack dessen hoher Anteil an nieder siedendem Lösemittel durch die rasche Verdunstung und Antrocknung der gebildeten Lackschicht eine hohe Kantenbedeckung auf Kosten einer etwas raueren Lackoberfläche erlaubt.

Als Entwickler empfiehlt sich der KOH-basierte AZ® 400K oder ein TMAH-basierter Entwickler wie der AZ® 326, 726 oder 826 MIF.

TI Spray für 1 - 20 µm Lackschichtdicke (g-, h- und i-line)

TI Spray ist ein fertig angesetzter Sprühlack dessen geringer Anteil an nieder siedendem Lösemittel durch eine langsame Antrocknung der gebildeten Lackschicht eine glatte Lackoberfläche auf Kosten einer etwas geringeren Kantenbedeckung ermöglicht.

Als Entwickler empfiehlt sich der KOH-basierte AZ® 400K oder ein TMAH-basierter Entwickler wie der AZ® 326, 726 oder 826 MIF.

MC Dip Coating Resist für 2 - 10 µm Lackschichtdicke (g-, h- und i-line)

Dieser Lack besitzt eine für die Tauchbelackung hinsichtlich homogener Lackschichtdicke und glatter Lackoberfläche optimierte Lösemittelzusammensetzung.

Als Entwickler empfiehlt sich der NaOH-basierte 351B, der KOH-basierte AZ® 400K oder ein TMAH-basierter Entwickler wie der AZ® 326, 726 oder 826 MIF.

53.7 Entwickler

Anorganische Entwickler

AZ® Developer ist auf minimalen Aluminiumabtrag optimiert und wird typischerweise 1 : 1 verdünnt in DI-Wasser für hohen Kontrast oder unverdünnt für hohe Entwicklungsraten eingesetzt. Der Dunkelabtrag dieses Entwicklers ist verglichen mit anderen Entwicklern etwas höher.

AZ® 351B basiert auf gepufferter NaOH und wird üblicherweise 1 : 4 mit Wasser verdünnt angewandt.

AZ® 400K basiert auf gepufferter KOH und wird üblicherweise 1 : 4 mit Wasser verdünnt angewandt.

AZ® 303 speziell für den AZ® 111 XFS Fotolack basiert auf KOH und NaOH und wird üblicherweise 1 : 5 - 1 : 10 mit Wasser verdünnt angewandt.

Metallionenfreie Entwickler (TMAH-basiert)

AZ® 326 MIF ist 2.38 % TMAH (TetraMethylAmmoniumHydroxid) in H_2O.

AZ® 726 MIF ist 2.38 % TMAH in Wasser, mit zusätzlichen Netzmitteln zur raschen und homogenen Benetzung des Substrates.

AZ® 826 MIF ist 2.38 % TMAH in Wasser, mit zusätzlichen Netzmitteln zur raschen und homogenen Benetzung des Substrates und weiteren Additiven zur Entfernung schwer löslicher Lackbestandteile (Rückstände bei bestimmten Lackfamilien), allerdings auf Kosten eines etwas höheren Dunkelabtrags.

53.8 Remover

Standard-Remover AZ® 100 Remover

Der AZ® 100 Remover ist ein Amin-Lösemittel Gemisch und Standard-Remover für AZ® und TI Fotolacke. Zur Verbesserung seiner Performance kann AZ® 100 Remover auf 60 - 80°C erhitzt werden. Da der AZ® 100 Remover mit Wasser stark alkalisch reagiert eignet er sich für diesbezüglich empfindliche Substratmaterialien wie z. B. Cu, Al oder ITO nur wenn eine Kontamination mit Wasser ausgeschlossen werden kann.

Hochleistungs-Remover der TechniStrip® Reihe

TechniStrip® P1316 ist ein Remover mit sehr starker Lösekraft für Novolak-basierte Lacke (u. a. alle AZ® Positivlacke), Epoxy-basierte Lacke, Polyimide und Trockenfilme. Bei typischen Anwendungstemperaturen um 75°C kann TechniStrip® P1316 auch z. B. durch Trockenätzen oder Ionenimplantation stärker quervernetzte Lacke rückstandsfrei auflösen. TechniStrip® P1316 kann auch im Sprühverfahren eingesetzt werden.

Bei alkalisch sehr empfindlichen Materialien wäre der TechniStrip® P1331 eine Alternative zum P1316.

TechniStrip® NI555 ist ein Stripper mit sehr starker Lösekraft für Novolak-basierte Negativlacke wie dem AZ® 15 nXT und der AZ® nLOF 2000 Serie und sehr dicke Positivlacken wie dem AZ® 40 XT. TechniStrip® NI555 wurde dafür entwickelt, auch quervernetzte Lacke nicht nur abzulösen, sondern rückstandsfrei aufzulösen. Dadurch werden Verunreinigungen des Beckens und Filter durch Lackpartikel und -häutchen verhindert, wie sie bei Standard-Strippern auftreten können.

54. UNSERE LÖSEMITTEL, ÄTZCHEMIKALIEN UND HILFSSTOFFE

Eine aktuelle Übersicht aller von uns verfügbaren organischen Lösemitteln, Säuren, Basen und Ätzgemischen samt Datenblättern und Prozessierungsanweisungen finden Sie auf unserem Internetauftritt.

54.1 Organische Lösemittel

Aceton (VLSI und ULSI)

Aceton eignet sich gut zum Entfernen fettiger Verunreinigungen. Sein großer Dampfdruck bewirkt jedoch rasches Antrocknen, verbunden mit einer Resorption der Verunreinigungen auf das Substrat. Deshalb empfiehlt sich ein unmittelbar nachfolgender Reinigungsschritt mit einem höher siedenden Lösemittel wie z. B. Isopropanol.

Cyclopentanon (ULSI)

Cyclopentanon wird häufig in Verbindung mit Epoxy-basierten Resistformulierungen, sowie als organischer Entwickler für quervernetzende Fotoresiste wie e-Beam Lacke verwendet.

DMSO = Dimethylsulfoxid (ULSI)

DMSO ist durch seinen geringen Dampfdruck und seine Wasserlöslichkeit eine sehr gut geeignete, ungiftige Alternative für das seit einiger Zeit als toxisch eingestufte NMP. Mischungen mit Cyclopentanon oder mit MEK erhöhen die Leistung dieses Strippers für bestimmte Anwendungen

Ethyllactat (VLSI)

Ethyllactat eignet sich als hoch siedendes Lösemittel neben PGMEA zur Verdünnung von AZ® und TI Fotolacken.

Ethylacetat (VLSI)

Ethylacetat ist ein Lösemittel, das häufig in Klebstoffen Verwendung findet.

Isopropanol (VLSI und ULSI)

Isopropanol eignet sich nach einem vorherigen Aceton-Reinigungsschritt gut zur Substratreinigung für organische Verunreinigungen und die Entfernung von Partikeln. Weiter wird es als Additiv für anisotropes Si-Ätzen verwendet.

MEK = Ethylmethylketon (VLSI)

MEK kann als niedrig siedendes Lösemittel zum Verdünnen von Sprühlacken eingesetzt werden, wo eine rasche Trocknung der aufgebrachten Lackschicht von Vorteil ist.

Methanol (VLSI)

Methanol kann wegen seiner guten Lösekraft für verunreinigtes Aceton in einem dreistufigen Reinigungsprozess (Aceton à Methanol à Isopropanol) zur verbesserten Substratreinigung verwendet werden. Durch seine Giftigkeit sollte sein Einsatz jedoch mit den möglichen Vorteilen abgewogen werden.

MIBK = Methylisobutylketon (VLSI)

MIBK wird in der Mikroelektronik unter anderem als Entwickler für e-beam Resiste eingesetzt.

NMP = 1-Methyl-2-pyrrolidon (ULSI)

NMP ist aufgrund seines geringen Dampfdrucks, der hohen Lösekraft und der geringen Resorptionsrate gelöster Partikel/gelifteter (Metall-)flitter ein geeignetes Lift-off Medium, welches aufgrund des hohen Siedepunktes stark erhitzt werden kann. Aus gleichem Grund kann es (auch in wässriger Lösung) als organischer Stripper für Fotolacke eingesetzt werden. Durch seine Giftigkeit sollte jedoch ein Wechsel zu weniger kritischen Alternativen wie DMSO in Erwägung gezogen werden.

PGMEA = AZ® EBR Solvent (VLSI)

PGMEA (Propylenglykolmonomethylethylacetat bzw. 1-Methoxy-2-propyl-acetat) ist aufgrund seiner geringen Neigung zur Partikelbildung und seines geringen Dampfdrucks das Hauptlösemittel bzw. der geeignete

Verdünner aller AZ® und TI Fotolacke. Weiterhin wird es nach dem Aufschleudern von Fotolacken zur Randwallentfernung eingesetzt.

54.2 Säuren, Basen und Oxidationsmittel

Säuren

Essigsäure (99.8 %, VLSI), Flusssäure (1 %, 10 % und 50 %, VLSI), gepufferte Flusssäure (BOE 7 : 1, VLSI), Phosphorsäure (85 %, VLSI), Salpetersäure (69.5 %, VLSI), Salzsäure (37 %, VLSI), Schwefelsäure (96 %, VLSI)

Basen

Ammoniaklösung (28-30 %, ULSI), Kaliumhydroxidlösung (44 %, VLSI), TMAH (25 %, ULSI)

Oxidationsmittel

Wasserstoffperoxid (30.5 %, VLSI)

54.3 Ätzgemische

Aluminium-Ätze TechniEtch Al80 (MOS)

Fertig angesetzte, auf Phosphorsäure, Salpetersäure und Essigsäure basierende Ätzmischung für Aluminium

Chrom-Ätze TechniEtch Cr01 (VLSI)

Fertig angesetzte, auf Ammoniumcernitrat und Perchlorsäure basierende Ätzmischung für Chrom

Silizium-Ätzen

Verschiedene fertig angesetzte, auf Flusssäure und Salpetersäure basierende isotrope Ätzgemische für Silicium

Gold-Ätze ACI2 (VLSI)

Fertig angesetzte, auf einer Kaliumiodid und Iod basierende Ätzmischung für Gold

55. UNSERE ELEKTROLYTE UND ZUBEHÖR FÜR DIE GALVANIK

Eine aktuelle Übersicht aller von uns verfügbaren Elektrolyte sowie für die galvanische Abscheidung nötigem Zubehör und Verbrauchsmaterial finden Sie in unserem Internetauftritt.

55.1 Elektrolyte

Gold-Elektrolyt NB Semiplate Au 100

Der *ready-to-use* NB SEMIPLATE AU 100 ist ein alkalischer, nicht-zyanidischer Elektrolyt für eine glänzende, mechanisch unverspannte Gold-Abscheidung. Verglichen mit anderen Elektrolyten zeigt er eine überragende Uniformität über Texturen, Gräben und Durchführungen auch komplexer Geometrie.

Mit dem NB SEMIPLATE AU 100 abgeschiedene Schichten zeigen die einzigartige Eigenschaft, auch bei zunehmender Schichtdicke hohen Glanz aufzuweisen. Dichte-Messungen der abgeschiedenen Schicht zeigen Werte von 19.1 g/cm^3, was belegt, dass keine Co-Deposition organischer Bestandteile statt findet wie sie generell bei anderen Formulierungen auftreten.

Haupteinsatzgebiet des NB SEMIPLATE AU 100 Elektrolyten sind Anwendungen im Bereich MEMS Prozessierung. Mit geeigneter Fotolackprozessierung ist dieser Elektrolyt trotz seines basischen Charakters mit gängigen Fotolacken kompatibel.

Kupfer-Elektrolyt NB Semiplate Cu 100

Der *ready-to-use* NB SEMIPLATE CU 100 Ansatz ist ein saurer Kupfer-Sulfamat Elektrolyt, entwickelt für die Galvanik auf Wafern für Bond Pads und Interconnects für VLSI/ULSI oder MEMS. Mit dem NB SEMIPLATE CU 100 Elektrolyten erzielte Schichten zeigen eine exzellente Homogenität und Oberflächengüte über Texturen und Kanten mit minimaler mechanischer Verspannung.

Der Elektrolyt ist kompatibel mit allen AZ® und TI Fotolacken.

Nickel-Elektrolyt NB Semiplate Ni 100

Der *ready-to-use* NB SEMIPLATE NI 100 ist ein Nickelsulfamat-Elektrolyt für eine reine, unverspannte, halbglänzende, feinkörnige Nickel-Abscheidung wie sie von der Halbleiter-Industrie gefordert wird. Er ist optimiert für die Ni-Abscheidung auf mikrostrukturierten Wafern (*Micro System Technology*).

Der NB SEMIPLATE NI 100 Elektrolyt enthält als Additiv einen Anoden-Aktivator um den anodischen Abtrag zu erhöhen und eine Passivierung der Anode zu verhindern. Die Eigenschaften der abgeschiedenen Schicht sind einfach zu kontrollieren und während der Abscheidung aufrecht zu halten.

Der Elektrolyt ist kompatibel mit allen AZ® und TI Fotolacken.

Zinn-Elektrolyt NB Semiplate Sn 100

Der *ready-to-use* NB SEMIPLATE SN 100 ist ein hochreiner Zinn-Elektrolyt für eine feinkörnige, reine Zinn-Schicht mit matter Oberfläche. Haupteinsatzgebiet ist die Herstellung von Schaltkreisen und Bond Pads auf Halbleiter-Wafern.

Der Elektrolyt enthält keine Fluoborate oder Formaldehyd und kann mit löslichen oder unlöslichen Anoden eingesetzt werden. Er ist kompatibel mit allen AZ® und TI Fotolacken.

Silber-Elektrolyt NB Semiplate Ag 100

Der *ready-to-use* Silber-Elektrolyt NB SEMIPLATE AG 100 ist ein alkalischer (pH 9 - 11), nicht-cyanidischer Ansatz. Mit dem NB SEMIPLATE AG 100 Elektrolyten abgeschiedene Schichten sind seidenglänzend und besitzen eine gute Leitfähigkeit, eine Reinheit von ca. 99,0 bis 99,9, eine Härte von ca. 70 bis 90 HV und eine Dichte von ca. 10.4 g/cm^3.

Mit geeigneter Fotolackprozessierung ist der Silber-Elektrolyt NB SEMIPLATE AG 100 trotz seines basischen Charakters mit gängigen Fotolacken kompatibel.

55.2 Anoden und Equipment

Anoden flächig (Beispiele)

- Kupfer-Anode quadratisch (150 x 150 mm, Stärke 10 mm)
- Kupfer-Anode rund (150 mm Durchmesser, Stärke 10 mm)
- Nickel-Anode quadratisch (150 x 150 mm, Stärke 10 mm)
- Nickel-Anode rund (150 mm Durchmesser, Stärke 10 mm)
- Zinn-Anode quadratisch (150 x 150 mm, Stärke 10 mm)
- Zinn-Anode rund (150 mm Durchmesser, Stärke 10 mm)
- Titan-Anode platiniert Steckmetall (200 x 200 mm, 2.5 µm Pt)

Anodenmaterialien und Zubehör (Beispiele)

- Kupfer Pellets (*wire ends*) in Einheiten zu 1 kg
- Nickel Pellets (rund) in Einheiten zu 1 kg
- Zinn-Kegel in Einheiten zu 1 kg
- Anodensack Flachmaß 170 x 170 mm
- Titan Anodenkörbchen 150 x 150 x 15 mm, Hakenlänge 150 mm, Steckmetallmasche 10 x 5 x 1 mm

Zellen für die galvanische Abscheidung

Bitte kontaktieren Sie uns bei Interesse nach speziellen Lösungen für Ihre individuellen Anforderungen.

56. LITHOPROTECT® GELBLICHTPRODUKTE

Wir empfehlen die Lithoprotect® Produkte zur Filterung kurzwelliger Strahlung für die Prozessierung von Fotochemikalien, die sich in Folien (selbstklebend und nicht-selbstklebend) sowie fertig mit Filterfolie bestückte Hülsen für Leuchtstoffröhren gliedern. Erhältlich sind die aufgeführten Lithoprotect® Produkte unter: www.lithoprotect.com

56.1 Lithoprotect® Eigenschaften

Die **Lithoprotect® UV-Schutz Produkte** wurden speziell für UV-fotosensible Anwendungen entwickelt und blockieren zuverlässig UV-Strahlung unterhalb von 520 nm. Die **Lithoprotect® UV-Schutz Produkte** bestehen aus gelb-durchgefärbtem Cellulosetriacetat. Aufgrund der Durchfärbung kann auch bei anspruchsvollen Anwendungen ein zuverlässiger UV-Schutz unterhalb von 520 nm garantiert werden. Der UV-Sperrfilter findet Anwendung im Bereich der Fotolithographie, der Leiterplatten- und Mikroelektronik-Fertigung, Druckplatten- und Fotolack-Herstellung sowie beim Umgang mit Fotoresisten und Diazofilmen. Selbst in der Pharma-Forschung, -Entwicklung und –Produktion kommen unsere Folien zum Einsatz.

Die **Lithoprotect® Gelbfolie Y520E212** ist wasserfest und beständig gegen Öle, Fette, Benzine und aliphatische Kohlenwasserstoffe. Die Gelbfolie wird von Chlorkohlenwasserstoffen, Ketonen aromatischen Lösungsmitteln angelöst bzw. aufgequollen. Dies kann die optischen Eigenschaften beeinträchtigen. Die UV-Schutzfolie ist nicht beständig gegen konzentrierte Säuren und Laugen. In diesen Substanzen wird die Folie angegriffen. Weitere Informationen werden im Abschnitt „7.3 Lichtbedingungen" auf Seite 44 erläutert.

56.2 Lithoprotect® Anwendungsbereiche

Die **Lithoprotect® UV-Schutz Gelbfolie Y520E212** kann wie Papier verarbeitet werden. Sie kann mit doppelseitigem Klebeband an Fenster, Sichtschutzelemente, Raumteiler, Lampen und vor Öffnungen geklebt werden. Für großflächige Fensteranwendungen empfehlen wir unsere **Lithoprotect® UV-Schutz Gelbfolie YSA520E212 selbstklebend**. Die **Lithoprotect® UV-Schutz Gelbfolie YSA520E212 selbstklebend** kann mit unserer **Montageflüssigkeit DXMF301** problemlos und blasenfrei auf jeglichen glatten und festen Oberflächen verklebt werden. (Genauere Informationen hierzu erhalten Sie in unserer Montageanleitung zur **UV-Schutz Gelbfolie YSA520E212 selbstklebend**.)

Zum Filtern von Leuchtstoffröhren bieten wir Ihnen spezielle Polycarbonat-Hülsen (**Y520E212 T5** und **Y520E212 T8**) an, in die unser **Lithoprotect® UV Sperrfilter** eingearbeitet ist, so können Sie kostengünstig aus normalen Leuchtstoffröhren UV-freie Leuchtmittel (Gelblicht) herstellen.

56.3 Versandeinheiten und Maße der Lithoprotect® Produkte

Gelbfolie:	**Breite:**	**Länge:**
Lithoprotect® UV-Schutz Gelbfolie Y520E212	1,08 m	1, 5, 10, 20, 50 m
Lithoprotect® UV-Schutz Gelbfolie YSA520E212 selbstklebend	1,08 m	1, 5, 10, 15, 20 m
Filterröhren:	**Watt:**	
Lithoprotect® UV-Schutz Filterröhre Y520E212 für Leuchtmittel T5 (5/8" = Ø 16 mm)	6 W, 8 W, 13 W, 14 W, 21 W, 28 W, 35 W	
Lithoprotect® UV-Schutz Filterröhre Y520E212 für Leuchtmittel T8 (8/8" = Ø 26 mm)	15 W, 18 W, 30 W, 36 W, 58 W, 70 W	
Zubehör:	**Breite:**	**Länge:**
Lithoprotect® Nahtband YST520E212	10 mm	50 m
Lithoprotect® Kunststoffrakel DXRA100	**Gebinde:**	
Lithoprotect® Montageflüssigkeit DXMF301	5 L, 800 ml	